Differentialgeometrie und Minimalflächen

Jost-Hinrich Eschenburg • Jürgen Jost

Differentialgeometrie und Minimalflächen

3., aktualisierte Auflage

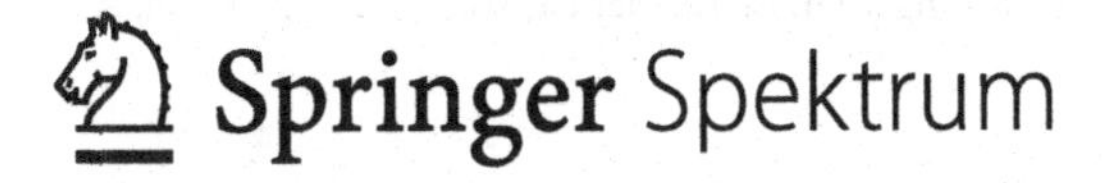

Jost-Hinrich Eschenburg
Universität Augsburg
Institut für Mathematik
Augsburg, Deutschland

Jürgen Jost
Max Planck Institut für Mathematik
in den Naturwissenschaften
Leipzig, Deutschland

ISBN 978-3-642-38521-6
ISBN 978-3-642-38522-3 (eBook)
DOI 10.1007/978-3-642-38522-3

Die Deutsche Nationalbibliothek verzeichnet diese Publikation in der Deutschen Nationalbibliografie; detaillierte bibliografische Daten sind im Internet über http://dnb.d-nb.de abrufbar.

Springer Spektrum

Gedruckt auf säurefreiem und chlorfrei gebleichtem Papier

Springer Spektrum ist eine Marke von Springer DE. Springer DE ist Teil der Fachverlagsgruppe Springer Science+Business Media.
www.springer-spektrum.de

Vorwort

Das vorliegende Lehrbuch richtet sich an Studentinnen und Studenten der Mathematik und Physik in mittleren Studiensemestern und will ihnen eine Einführung in ein wichtiges Gebiet der reinen Mathematik anbieten, das gleichzeitig vielfältige Anwendungen in verschiedenen Bereichen der Physik besitzt und auch für viele Problemstellungen in den Ingenieurwissenschaften, in der Architektur und nicht zuletzt in der Geodäsie nützlich ist. In mathematischer Hinsicht wollen wir durch diesen Text die geometrische Vorstellungskraft der Studierenden schulen, sie auf anschauliche Weise zu den wesentlichen Begriffsbildungen der modernen Geometrie hinführen und ihnen auch die in der mathematischen Forschung so wichtige Verbindung von geometrischer Anschauung und analytischen Methoden darstellen.

Schon die Entdecker der Differential- und Integralrechnung, Newton und Leibniz, und des letzteren Schüler und Nachfolger wie die Bernoullibrüder und Euler hatten analytische Methoden auf geometrische Fragestellungen angewandt und hierzu insbesondere die Variationsrechnung entwickelt, die die Gestalt optimaler Formen bestimmen will. Die moderne Differentialgeometrie beginnt aber eigentlich erst mit Carl Friedrich Gauß' berühmter, 1828 erschienener Abhandlung „Disquisitiones generales circa superficies curvas"[15]. Diese Abhandlung war noch auf lateinisch geschrieben – die deutsche Übersetzung lautet: „Allgemeine Untersuchungen über gekrümmte Flächen"[1] – aber es handelt sich um eines der letzten bedeutenden mathematischen Werke, das auf lateinisch verfasst wurde, und noch zu Lebzeiten von Gauß vollzog sich die Ablösung des Lateins durch Deutsch als Wissenschaftssprache. Überhaupt markiert Gauß' Werk einen wichtigen Übergang. Gauß, der von 1777 bis 1855 lebte, löst sowohl den engen, und oft auch einengenden Bezug der Mathematik zur Naturphilosophie, die an den Akademien, den wesentlichen Forschungsstätten des 18. Jahrhunderts, eine große Bedeutung hatte, wie auch die Verbindung mit der Kriegstechnik, die in der napoleonischen Zeit für Geometer wie Gaspard Monge ein wesentlicher Antrieb für die Entwicklung der Geometrie gewesen war. Gauß wurde zu seinen bedeutenden

[1] http://www.caressa.it/pdf/gauss00.pdf
Eine deutsche Übersetzung erschien 1905 unter dem kürzeren und weniger aussagekräftigen Titel „Allgemeine Flächentheorie" in der Reihe Ostwald's Klassiker der Wissenschaften bei Engelmann in Leipzig.

geometrischen Erkenntnissen durch eine friedlichere praktische Problemstellung inspiriert, nämlich die Vermessung des Königreichs Hannover, die er leitete. Daher ist es nicht verwunderlich, dass die von Gauß begründete Differentialgeometrie auch heute noch eine wesentliche Grundlage der Landvermessungslehre, der Geodäsie, darstellt. Aber die Tragweite der Gaußschen wissenschaftlichen Entdeckungen ist viel größer. Gauß hat eine allgemeine Lehre von Flächen im Raum geschaffen. Dabei hat er insbesondere die beiden wichtigsten Krümmungsbegriffe gefunden, die mittlere Krümmung und die nach ihm benannte Gaußsche Krümmung. Formal sehen die beiden eigentlich ganz ähnlich aus, wie wir in diesem Buch bald sehen werden: Die eine, die mittlere Krümmung H, ist in jedem Punkt das arithmetische Mittel, also die halbe Summe, der elementar zu definierenden Krümmungen zweier zueinander senkrechter Kurven auf der zu untersuchenden Fläche durch den gegebenen Punkt. Die andere, die Gaußsche Krümmung K, ist das Produkt zweier derartiger Kurvenkrümmungen. Trotzdem spielen H und K völlig unterschiedliche Rollen in der Differentialgeometrie, und damit sind auch schon die beiden wesentlichen Themenstränge unseres Buches angedeutet. Die mittlere Krümmung H beschreibt, wie eine Fläche im Raum liegt. Wir werden uns ausführlich mit der Klasse derjenigen Flächen befassen, deren mittlere Krümmung H überall verschwindet. Dies sind die sog. Minimalflächen, also Flächen, die, wie der Name schon sagt, den Flächeninhalt minimieren (zumindest im Kleinen, aber mit dieser Subtilität wollen wir uns in diesem Vorwort noch nicht befassen). Minimalflächen können durch eine vorgegebene Randkurve in viele verschiedene, geometrisch reichhaltige Gestalten gezwungen werden. Experimentell lassen sie sich durch Seifenfilme realisieren; mathematisch handelt es sich dabei um die Bestimmung einer Fläche mit kleinstem Flächeninhalt bei vorgegebener Randkurve. Das ist das sog. Plateausche Problem, benannt nach dem belgischen Physiker, der im 19. Jahrhundert durch seine Seifenfilmexperimente den Reichtum der geometrisch möglichen Formen von Minimalflächen vorführte. Das Plateausche Problem wird uns die Gelegenheit bieten, darzustellen, wie analytische Methoden (die wir vollständig entwickeln werden) aus dem Bereich der harmonischen Funktionen und der konformen Abbildungen zur Lösung eines geometrischen Problems eingesetzt werden können. Mit diesen analytischen Methoden können wir sowohl die lokalen als auch die globalen Eigenschaften von Minimalflächen untersuchen. Insbesondere können wir auch Minimalflächen in ihrer Gesamterstreckung verstehen. Als Beispiel werden wir den Satz von Bernstein beweisen, der besagt, dass die einzigen über der ganzen Ebene definierten minimalen Graphen im dreidimensionalen Raum die Ebenen sind. Derartige Sätze, dass nämlich global definierte geometrische Objekte durch ihre lokalen Krümmungseigenschaften stark eingeschränkt werden, nehmen einen zentralen Platz in der heutigen geometrischen Forschung ein, und der Bernsteinsche Satz ist ein mathematisch besonders fruchtbares Beispiel. Ganz allgemein bildet die Theorie der Minimalflächen ein Musterbeispiel dafür, wie man durch das Zusammenwirken von geometrischem Denken mit analytischen Methoden räumliche Formen und Strukturen unter globalen Kriterien, hier der Minimierung des Flächeninhaltes, optimieren kann. Dies weist auf vielfältige Anwendungen in Natur und Technik hin, die wir hier allerdings nicht systematisch verfolgen können. Für ein tiefergehendes Studium der Minimalflächen verweisen wir auf die Monographien [5, 6, 7] sowie [38].

Die andere Krümmung, die Gaußsche Krümmung K, ist dagegen, wie Gauß herausgefunden hat, von der Lage der Fläche im Raum unabhängig. Wenn wir eine Fläche im Raum verbiegen, ohne ihren inneren Maßverhältnisse zu ändern, wenn wir beispielsweise ein Stück Papier zu einem Zylinder oder Kegel zusammenrollen, so bleibt K unverändert ($= 0$ im Falle des Papierblattes). Diese Entdeckung von Gauß bedeutet, dass es nichttriviale geometrische Größen gibt, die allein von den Verhältnissen auf der Fläche, den Längen von Kurven und den Winkeln zwischen ihnen, abhängen und daher auch schon durch Messungen nur auf der Fläche selbst bestimmt werden können. Dies ist offensichtlich von großer Bedeutung für die Landvermessung, aus der Gauß, wie geschildert, seine ursprüngliche Motivation bezog. Die Tragweite dieser Entdeckung reicht allerdings wesentlich weiter. Der dreidimensionale euklidische Raum verliert seine ausgezeichnete Rolle als Träger aller Geometrie. Diese Konsequenz hat Bernhard Riemann in seinem Habilitationsvortrag „Über die Hypothesen, welche der Geometrie zu Grunde liegen“ [41] gezogen, dem zweiten Schlüsseltext der Differentialgeometrie. Dieser Vortrag wurde am 10. Juni 1854 gehalten, und man kann dieses Datum als den Geburtstag der modernen Geometrie ansehen. In seinem Vortrag entwickelt Riemann die Vorstellung eines Raumes beliebiger Dimension, dessen Maßverhältnisse alleine durch geeignete infinitesimale Größen in seinen einzelnen Punkten bestimmt werden, und er deutet am Ende seines Vortrages an, dass diese Größen dann durch physikalische Kräfte bestimmt werden müssen. Bei diesen Überlegungen ist Riemann wohl auch durch naturphilosophische Spekulationen beeinflusst worden, was er aber in seinem Vortrag nicht zum Ausdruck brachte, denn die Fachwelt betrachtete so etwas zur Zeit Riemanns (der von 1826 bis 1866 lebte) schon, im Unterschied zur Situation im 18. Jahrhundert, mit großem Misstrauen. Riemanns Überlegungen hatten aber dann umgekehrt enorme Auswirkungen für die Naturphilosophie und können vor allem als grandiose Vorahnung und als mathematische Basis wesentlicher Entwicklungslinien der Physik des 20. Jahrhunderts gesehen werden. Der damals schon 77-jährige Gauss jedenfalls war durch Riemanns Vortrag außerordentlich beeindruckt. Einige Nachfolger Riemanns wie Christoffel und Lipschitz, aber insbesondere italienische Mathematiker um Beltrami, Ricci und Levi-Civita bauten dann ab der zweiten Hälfte des 19. Jahrhunderts die oft nur skizzenhaft angedeuteten Überlegungen Riemanns (der veröffentlichte Vortrag enthielt übrigens praktisch keine Formeln, was sicher sehr ungewohnt für eine mathematische Abhandlung ist und in diesem Buch dann auch nicht nachgeahmt wird) zu einem formal durchstrukturierten Tensorkalkül aus. Dieser Kalkül wiederum bildete dann das entscheidende mathematische Hilfsmittel für die Allgemeine Relativitätstheorie Einsteins. Das Prinzip ist dieses: Riemannsche Räume werden lokal durch Koordinaten beschrieben, aber im Unterschied zum kartesischen oder euklidischen Raum gibt es im Allgemeinen keine besonders ausgezeichneten Koordinaten mehr. Die Koordinatenwahl wird also beliebig. Nun hat man aber das Problem, dass man nicht mit beliebigen Größen operierten möchte, denn dann würde alles willkürlich. Man möchte also Invarianten finden, Größen, die gerade nicht von der Wahl der Koordinaten abhängen, sondern wesentliche Eigenschaften des betrachteten Raumes erfassen. Riemann hat die Lösung dieses Problems schon angegeben: Krümmungsgrößen! Damit erscheint die Gaußsche Krümmung K in einem ganz neuen Licht, als Spezialfall der Riemannschen Invarianten. Objekte der Geometrie wie Tangentialvektoren oder Ableitungen von Funktionen sehen allerdings in verschiedenen Koordinatendarstellungen auch verschieden aus, hängen also von der gewählten – und dabei, wie gesagt, eigentlich völlig willkürlichen – Beschreibung ab. Die Regeln für die Umrechnung von einer Koordinatenbeschreibung in eine andere machen dann das Wesen des Tensorkalküls aus. Dies ist nicht nur, wie angedeutet, fundamental für die Allgemeine Relativitätstheorie, sondern auch für die Quantenfeldtheorie, die theoretische Grundlage der modernen Hochenergiephysik. So wird der Tensorkalkül der Riemannschen Geometrie die Sprache der theoretischen Physik. Aber nicht nur diese, sondern auch wesentliche Teile beispielsweise der Strukturmechanik, wie die Elastizitätstheorie, benutzen diese geometrische Sprache mit großem Gewinn.

Die euklidische Geometrie hatte aber sogar schon vor Riemann ihre Einzigartigkeit, ihren Alleinvertretungsanspruch zur Wahrnehmung und Beschreibung von in Raum und Zeit ablaufenden physikalischen Prozessen verloren. Gauß, der dies allerdings aus Angst vor dem Unverständnis seiner Zeitgenossen geheimhielt, sowie Bolyai in Ungarn und Lobatschewski in Russland hatten die nichteuklidische Geometrie entdeckt, eine Alternative zur euklidischen Geometrie, die genauso konsistent wie diese war und daher im Prinzip auch genauso gut als Träger physikalischer Prozesse dienen könnte. Riemann hat anscheinend diese Entwicklung nicht gekannt, aber die nichteuklidische Geometrie lässt sich leicht als Spezialfall der Riemannschen auffassen, und zwar als der Fall, wo die Krümmung $K \equiv -1$ ist. In einem (zu präzisierenden) Sinne ist diese nichteuklidische Geometrie dual zu derjenigen auf der Kugeloberfläche, der Sphäre, die durch $K \equiv +1$ gekennzeichnet ist.

Die Differentialgeometrie bietet also spannende Themen im Überfluss, und die hoffentlich neugierig gewordenen Leserinnen und Leser mögen jetzt vielleicht fragen, wie wir diese in unserem Buch behandeln können. Daher geben wir nun einen kurzen Überblick über den Inhalt, als eine Art von Kommentierung des Inhaltsverzeichnisses.

Das erste Kapitel hat eher einleitenden Charakter und behandelt die euklidische Raumvorstellung und ruft auch einige Grundlagen der Analysis im kartesischen Raum ins Gedächtnis – schwierigere analytische Grundlagen werden wir im Anhang vollständig darlegen. Räumliche Kurven sind das – noch sehr elementare, aber für die Flächentheorie technisch unabdingbare – Thema des zweiten Kapitels. Im dritten und vierten Kapitel werden Flächen im dreidimensionalen Raum behandelt und insbesondere die wichtigen Begriffe der ersten und der zweiten Fundamentalform eingeführt. Die erste beschreibt die geometrischen Maßverhältnisse auf einer Fläche, die zweite die Lage der Fläche im umgebenden Raum, indem sie die Änderung des Normalenvektors beim Übergang von einem Punkt zu einem anderen wiedergibt. Wir werden hierbei auch auf die grundlegenden Krümmungsbegriffe, die Gaußsche und die mittlere Krümmung geführt. Beide werden zunächst durch die zweite Fundamentalform gewonnen, auch wenn, wie schon erwähnt, die Gaußsche Krümmung sich später als nur von der ersten Fundamentalform abhängig erweisen wird. Im fünften Kapitel befassen wir uns dann mit kürzesten Linien auf Flächen. Wenn man sich die Fläche S im dreidimensionalen Raum vorstellt, so handelt es sich dabei Kurven im Raum, die die kürzeste Verbindung zwischen ihren Endpunkten unter der Zwangsbedingung darstellen, dass sie ganz auf S liegen, sich also an die Gestalt der Fläche anpassen müssen. Uns geht es aber in erster Linie darum, solche Kurven intrinsisch, d.h. durch die Geometrie auf der Fläche zu charakterisieren. Im sechsten Kapitel führen wir dann diese innere Geometrie weiter und untersuchen u.a., wie man einen Begriff von Parallelität zwischen Tangentialvektoren in verschiedenen Punkten einer Kurve auf einer gekrümmten Fläche entwickeln kann. Dies werden wir dann später in Kapitel 11 wieder aufgreifen. – Auch wenn das Thema unseres Buches Flächen, also zweidimensionale Objekte sind, so lassen sich doch viele Teile des differentialgeometrischen Kalküls ohne zusätzliche Mühe in beliebiger Dimension entwickeln. Das Geschenk dieser Allgemeinheit werden wir insbesondere im siebten Kapitel nutzen, wo wir sehen werden, dass es von der Dimension 3 an viel weniger konforme Abbildungen als noch in zwei Dimensionen gibt.

Die drei nächsten Kapitel sind dann den Minimalflächen gewidmet, also Flächen mit verschwindender mittlerer Krümmung, oder (im Wesentlichen) äquivalent, Minima des Flächeninhaltes. Wir diskutieren zunächst verschiedene Möglichkeiten der analytischen Beschreibung und einige schöne Beispiele und beweisen dann den oben schon angesprochenen Satz von Bernstein. Das neunte Kapitel löst das ebenfalls schon genannte Plateausche Problem, eine Minimalfläche mit vorgegebener Randkurve zu finden. Wir entwickeln alle erforderlichen Hilfsmittel der Analysis, die übrigens auch in anderen Bereichen der Mathematik (partielle Differentialgleichungen, Variationsrechnung, komplexe Analysis, Funktionalanalysis,...) von großem Interesse sind. Dies macht die Differentialgeometrie dann auch interessant für Mathematikerinnen und Mathematiker, deren Interesse vornehmlich in der Analysis liegt. Eine wesentliche Vereinfachung geschieht durch die Einführung konformer (= winkeltreuer) Koordinaten auf der Fläche, ein Hilfsmittel, das nur für Flächen, nicht mehr für höherdimensionale Mannigfaltigkeiten zur Verfügung steht. Daher muss die hier entwickelte Theorie der Minimalflächen auch strikt zweidimensional bleiben. Ein dimensionsunabhängiges analytisches Hilfsmittel dagegen ist das Maximumprinzip (s.u.), mit dem wir im zehnten Kapitel geometrische Restriktionen für minimale Hyperflächen und sogar allgemeiner für Hyperflächen konstanter mittlerer Krümmung in beliebiger Dimension herleiten.

Im elften Kapitel greifen wir dann den Riemannschen Ansatz auf. Wir entwickeln nun alle geometrischen Konzepte und Größen allein aus inneren Maßverhältnissen, unabhängig von irgendeiner Einbettung in einen euklidischen Raum und sogar unabhängig von der Möglichkeit einer solchen Einbettung. Insbesondere führt uns dies zu dem grundlegenden Satz von Gauß, dass K eine Größe der inneren Geometrie ist. Im zwölften Kapitel betrachten wir dann Flächen mit Riemannschen Metriken in ihrer Gesamterstreckung. Nach einer ausführlichen Diskussion der nichteuklidischen oder hyperbolischen Ebene und deren verschiedenen Modellen kommen wir dann zu einem weiteren Höhepunkt der Geometrie, dem Satz von Gauß-Bonnet, der eine Beziehung zwischen dem Integral einer lokalen Größe, nämlich der Gaußschen Krümmung K, und der globalen topologischen Gestalt einer Fläche liefert. Ein Ausblick auf die höherdimensionale Situation beschließt das Buch, mit Ausnahme zweier Anhänge. Der erste von diesen liefert eine einheitliche Behandlung von Integrationsbedingungen für überbestimmte Systeme von Differentialgleichungen, die wir gleichermaßen zur Behandlung des Problems, wann ein Riemannscher Raum lokal isometrisch zu einem euklidischen Raum ist (dies ist genau dann der Fall, wenn die Krümmung identisch verschwindet) wie zur Beantwortung der Frage nutzen können, wann zwei vorgebene Formen die erste und zweite Fundamentalform einer Hyperfläche im euklidischen Raum sind – nämlich genau dann, wenn von Gauss und Codazzi und Mainardi aufgestellte Gleichungen zwischen (dem aus der ersten Fundamentalform berechneten) Krümmungstensor und der zweiten Fundamentalform sowie zwischen den Ableitungen der zweiten Fundamentalform erfüllt sind.

Der Schwierigkeitsgrad der einzelnen Abschnitte ist recht unterschiedlich. In analytischer Hinsicht ist der Höhepunkt sicher die Behandlung des Plateauproblems in Kapitel 9 (Konstruktion von Minimalflächen bei gegebenem Rand), wobei wir allerdings nur auf Konzepte der Analysis im euklidischen Raum zurückgreifen müssen. Andere Anwendungen im Bereich der Minimalflächen benötigen analytische Begriffe der Riemannschen Geometrie wie den Laplace-Beltrami-Operator; wir führen deshalb bereits in den Abschnitten 4.4, 6.3, 6.4 solche Konzepte ein, auf die man zunächst verzichten kann, wenn man die Anwendungen nicht behandeln möchte. Es handelt sich um die Existenz von isothermen (konformen) Parametern auf Minimalflächen (8.6 und 8.7) sowie das Maximumprinzip für minimale Hyperflächen (10.1). Isotherme Parameter sind ein unentbehrliches Hilfsmittel zum Verstehen von Minimalflächen; man kann deren Existenz natürlich ohne Beweis akzeptieren, aber bei der Untersuchung minimaler Graphen (Bernstein-Problem, 8.7) kommen wir mit der Existenz nicht mehr aus, sondern benötigen die Konstruktion. Das Maximumprinzip sagt, dass verschiedene Minimalflächen sich nicht einseitig berühren können. Dies lässt sich mit euklidischer Analysis zeigen, wenn man die Flächen als Graphen parametrisiert [29]; wir geben einen anderen Beweis, der keine spezielle Parametrisierung, sondern Riemannsche Analysis benutzt.

Auch die Übungsaufgaben haben sehr unterschiedlichen Schwierigkeitsgrad. In ihrer Mehrzahl sollen sie die vorgestellten Begriffe und Methoden an Hand von Beispielen verdeutlichen und vertiefen, einige aber gehen über den Stoff hinaus und könnten auch Proseminarthemen abgeben.

Das Buch soll nicht nur zum Selbststudium geeignet sein, sondern auch als Grundlage einer Vorlesung für mittlere Studiensemester dienen können. Daher hat es auch vom Umfang und der Schwierigkeit des Inhalts her seine natürlichen Grenzen. Wir entwickeln, wie gesagt, die Geometrie von Flächen im Raum, unter Ausweitung auf beliebige Dimensionen, wann immer sich dies zwanglos anbietet, und wir führen die Leserin und den Leser hin zu den Konzepten der inneren Geometrie. Insofern bietet das Buch einen guten Einstieg in die Riemannsche Geometrie. Zu den Begrenzungen des Buches gehört allerdings, dass wir weitgehend in einer Parametrisierung arbeiten. Wir entwickeln daher nicht den allgemeinen und abstrakten Begriff der Riemannschen Mannigfaltigkeit, sondern müssen dies weiterführenden Texten überlassen. Wir erlauben uns, als sinnvolle Fortsetzung an dieser Stelle das Werk „Riemannian Geometry and Geometric Analysis“ [30] des zweitgenannten Autors zu empfehlen.

Bei dem vorliegenden Werk handelt es sich um eine vom erstgenannten Verfasser durchgeführte vollständige und grundlegende Überarbeitung, Umgestaltung und Erweiterung in Abstimmung mit dem zweitgenannten Verfasser von dessen 1994 erschienenem Werk [26] mit dem gleichen Titel.

Wir danken Minjie Chen für das kompetente und engagierte Anfertigen der geometrischen Skizzen und Figuren, Karin Reich und Rüdiger Thiele sowie den Autoren der mathematikhistorischen Webseite der St.-Andrews-Universität[2] für wissenschaftsgeschichtliche Auskünfte, Hermann Karcher für das Bild der Zweiten Scherkschen Minimalfläche, das auch bei der Umschlaggestaltung Verwendung fand, Shimpei Kobayashi für die Hilfe zum Verstehen der Delaunayflächen, Friedrich Pukelsheim für die Erläuterung der Fishermetrik und Antje Vandenberg für vielfältige logistische Hilfe. Für mannigfache Hinweise auf Fehler und Ungenauigkeiten danken wir vor allem Jürgen Kampf, Peter Quast und Vladimir Matveev sowie vielen Studierenden, die mit einer Vorabversion des Textes bereits gearbeitet haben.

Die vorliegende Neuauflage enthält einige Korrekturen und Aktualisierungen.

[2] http://www-gap.dcs.st-and.ac.uk/~history/Mathematicians/

Augsburg/Leipzig,
Juni 2013

Jost-Hinrich Eschenburg,
Jürgen Jost

Inhaltsverzeichnis

1. Der begriffliche Rahmen ... 1
1.1 Geometrie ... 1
1.2 Anschauliche und Analytische Geometrie ... 1
1.3 Glattheit ... 6
1.4 Messungen ... 9
1.5 Übungsaufgaben ... 11

2. Kurven ... 13
2.1 Bogenlänge ... 13
2.2 Die Variation der Bogenlänge ... 18
2.3 Krümmung ... 19
2.4 Totalkrümmung geschlossener ebener Kurven ... 23
2.5 Totalkümmung von Raumkurven ... 25
2.6 Torsion ... 27
2.7 Übungsaufgaben ... 29

3. Die erste Fundamentalform ... 35
3.1 Länge und Winkel ... 35
3.2 Skalarprodukte ... 37
3.3 Flächeninhalt ... 39
3.4 Zueinander isometrische Immersionen ... 41
3.5 Übungsaufgaben ... 42

4. Die zweite Fundamentalform ... 45
4.1 Die Lageänderung des Tangentialraums ... 45
4.2 Die Gaußabbildung einer Hyperfläche ... 46
4.3 Weingarten-Abbildung ... 48
4.4 Abstandsfunktion und Parallelhyperflächen ... 51
4.5 Die lokale Gestalt einer Hyperfläche ... 53
4.6 Der Normalanteil des Krümmungsvektors ... 54
4.7 Normalenschnitte ... 56
4.8 Übungsaufgaben ... 57

5. Geodäten und Kürzeste ... 61
5.1 Die Variation der Bogenlänge auf Immersionen ... 61
5.2 Die Differentialgleichung der Geodäten ... 62
5.3 Die geodätische Exponentialabbildung ... 64
5.4 Kürzeste Kurven ... 67
5.5 Übungsaufgaben ... 68

6. Die tangentiale Ableitung ... 71
6.1 Die Christoffelsymbole ... 71
6.2 Die Levi-Civita-Ableitung ... 72
6.3 Vektorfelder längs Kurven, Parallelität ... 74
6.4 Gradient und Hesseform ... 76
6.5 Übungsaufgaben ... 79

7. Nabelpunkte und konforme Abbildungen ... 81
7.1 Nabelpunkthyperflächen ... 81
7.2 Orthogonale Hyperflächensysteme ... 82
7.3 Konforme Abbildungen ... 84
7.4 Möbius-Transformationen ... 87
7.5 Die Stereographische Projektion ... 91
7.6 Übungsaufgaben ... 94

8. Minimalflächen ... 99
8.1 Variation des Flächeninhalts ... 99
8.2 Minimaler Flächeninhalt ... 102
8.3 Seifenhäute und mittlere Krümmung ... 106
8.4 Konforme Parameter und komplexe Zahlen ... 110
8.5 Die Weierstraß-Darstellung ... 115
8.6 Konstruktion konformer Parameter ... 120
8.7 Minimale Graphen und Satz von Bernstein ... 122
8.8 Übungsaufgaben ... 127

9. Das Plateau-Problem ... 133
9.1 Einführung ... 133
9.2 Flächeninhalt und Energie ... 135
9.3 Das Dirichletsche Prinzip ... 136
9.4 Bestimmung der Randparameter ... 140
9.5 Schwache Konformität ... 144
9.6 Ausschluss von Verzweigungspunkten ... 153
9.7 Harmonische Funktionen ... 157
9.8 Holomorphe Funktionen ... 164
9.9 Übungsaufgaben ... 169

10. Minimalflächen und Maximumprinzip ... 171
10.1 Das Maximumprinzip für minimale Hyperflächen ... 171
10.2 Hindernisse für Minimalflächen ... 175
10.3 Übungsaufgaben ... 179

11. Innere und äußere Geometrie ... 181
11.1 Von der inneren zur Riemannschen Geometrie ... 181
11.2 Die Levi-Civita-Ableitung ... 184
11.3 Der Riemannsche Krümmungstensor ... 187
11.4 Lokal euklidische Metriken ... 190
11.5 Gauß-Gleichung und Theorema Egregium ... 192
11.6 Übungsaufgaben ... 195

12. Krümmung und Gestalt ... 197
12.1 Geodätische Koordinaten ... 197
12.2 Die Jacobigleichung ... 199
12.3 Die hyperbolische Ebene ... 201
12.4 Geodätische Krümmung auf Flächen ... 208
12.5 Der Satz von Gauß-Bonnet ... 209
12.6 Zusammenhangsform und Krümmung ... 212
12.7 Der Satz von Gauß-Bonnet im Großen ... 214
12.8 Übungsaufgaben ... 219

A. Integration ... 225
A.1 Cartanableitung und Integration ... 225
A.2 Der Divergenzsatz ... 230
A.3 Integrationsbedingungen ... 232
A.4 Übungsaufgaben ... 235

B. Gewöhnliche Differentialgleichungen ... 237
B.1 Existenz und Eindeutigkeit ... 237
B.2 Lineare Differentialgleichungen ... 239
B.3 Stetige Abhängigkeit von Parametern und Anfangswerten ... 240
B.4 Differenzierbare Abhängigkeit von den Anfangswerten ... 242
B.5 Der Fluss eines Vektorfeldes ... 244
B.6 Übungsaufgaben ... 246

Literatur ... 249

Sachverzeichnis ... 251

1. Der begriffliche Rahmen

1.1 Geometrie

Der Name „Geometrie“ kommt aus dem Griechischen; es handelt sich um ein von den alten Griechen aus den Bestandteilen γῆ (*gē*), Erde, und μέτρειν (metrein), messen, gebildetes Kunstwort. Warum die Geometrie ursprünglich etwas mit der Erde zu tun hatte, werden wir unten noch genauer erläutern. Aber der zweite Namensbestandteil, das Messen, ist wohl heute der wichtigere, und die grundlegenden von der Geometrie gemessenen Größen sind Längen (Abstände, Entfernungen), Winkel, Flächeninhalte und Volumina.

1.2 Anschauliche und Analytische Geometrie

Geometrie im ursprünglichen Verständnis handelt von Ebene und Raum und den darin enthaltenen Figuren und Gegenständen und deren Maßverhältnissen. Da wir mit solchen Gegenständen täglich umzugehen gewohnt sind, besitzen wir alle eine große Menge geometrischen Wissens, selbst wenn wir uns nie mit Mathematik beschäftigt haben. Deshalb ist die Geometrie auch für den Schulunterricht besonders geeignet: Ohne großen begrifflichen Aufwand können interessante neue Einsichten gewonnen werden, indem das Verborgene auf das Offensichtliche zurückgeführt wird. Einer strengen mathematischen Behandlung werden die Gegenstände der Geometrie allerdings erst dann zugänglich, wenn wir sie in den axiomatischen Rahmen der Mathematik eingeordnet haben; alle getroffenen Aussagen müssen sich danach logisch auf die Axiome zurückführen lassen. Die Anschauung dient dann „nur“ noch als Leitfaden, um diese Schlusskette zu finden. Dahinter steht die Einsicht, dass Anschauung alleine ein zwar mächtiges, aber manchmal auch trügerisches Hilfsmittel ist (man denke nur an optische Täuschungen), und da die Mathematik sich nicht allein auf Erfahrung gründen kann (sie möchte ja im Gegenteil unerwünschte Erfahrungen – etwa den Einsturz einer Brücke – durch gedankliche Antezipation vermeiden helfen), ist sie auf sichere Schlussweisen angewiesen.

Einen ersten Versuch dieser Art unternahm um 300 v. Chr. der griechische Mathematiker *Euklid*,[1] indem er alle damals bekannten Sätze der ebenen und

[1] Euklid von Alexandria, ca. 325–265 v.Chr.

räumlichen Geometrie auf wenige Axiome zurückführte, die für unmittelbar einsichtig und daher keines weiteren Beweises bedürftig angesehen wurden [11]. Eine moderne Version dieses Programms sind die 1899 erschienenen „Grundlagen der Geometrie“ [17] von D. Hilbert.[2] In der Folge dieses Buches wurde im 20. Jahrhundert Schritt für Schritt die gesamte Mathematik auf eine axiomatische Grundlage gestellt.

Heute ist deshalb ein eigenes Axiomensystem für die euklidische Geometrie eigentlich entbehrlich; sie kann in den axiomatischen Rahmen der Analysis (der Theorie der reellen Zahlen) eingeordnet werden. Das geschieht mit Hilfe der *analytischen Geometrie*, in der jedem Punkt des Anschauungsraumes umkehrbar eindeutig ein Tripel reeller Zahlen (*Koordinaten*) zugeordnet wird, die wir auf drei Achsen durch einem gemeinsamen Punkt 0 (dem *Koordinatenursprung*) abtragen.

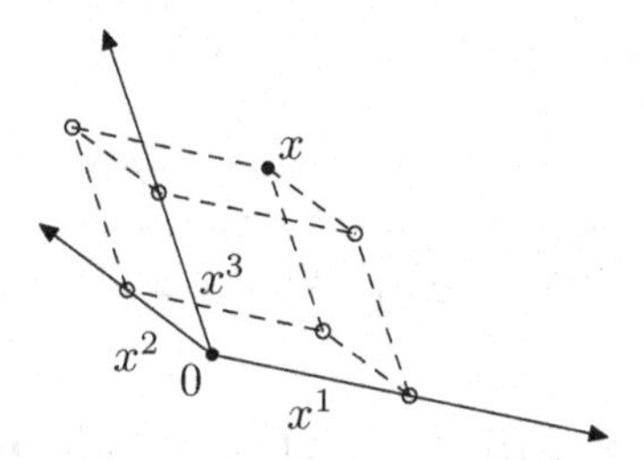

Man ersetzt dadurch den *Anschauungsraum* durch die Menge $\mathbb{R}^3 = \mathbb{R}\times\mathbb{R}\times\mathbb{R}$, die aus allen Zahlentripeln $x = (x^1, x^2, x^3)$ besteht;[3] entsprechend wird die *Ebene* durch die Menge $\mathbb{R}^2 = \mathbb{R} \times \mathbb{R}$ aller Zahlenpaare ersetzt. Diese Idee ist der wohl bedeutendste mathematische Beitrag des französischen Philosophen und Mathematikers *R. Descartes*;[4] die *kartesischen Koordinaten* und das *kartesische Produkt* werden daher nach ihm benannt.

Geraden und Ebenen werden in diesem mathematischen *Modell* der euklidischen Geometrie mit Hilfe der Vektorraumstruktur des $\mathbb{R}^3$ als ein- und zweidimensionale *affine Unterräume* (Untervektorraum plus konstanter Vektor) modelliert. So können wir mittels der kartesischen Struktur die Punkte im dreidimensionalen Raum identifizieren und beschreiben, wir haben einen Begriff davon, wann etwas gerade, also nicht gekrümmt ist, eben wenn es ein solcher affiner Unterraum ist, und wir haben schließlich einen Dimensionsbegriff, zumindest für affine Unterräume. Aber wir können noch nicht messen, und daher ist der kartesische Zahlenraum $\mathbb{R}^3$ noch inhaltsärmer als unser Anschauungsraum. Es fehlen noch der euklidische Abstands- und Winkelbegriff. Diese Struktur läßt sich mathematisch am elegantesten durch das *innere*

[2] David Hilbert, 1862 (Königsberg) – 1943 (Göttingen)

[3] Wir werden die Komponenten (*Koordinaten*) stets mit oberen Indizes bezeichnen; x^1, x^2, x^3 sind also keine Potenzen, sondern nur Namen für drei verschiedene Zahlen. Oft werden diese Zahlen auch einfach x, y, z genannt (in dem Fall darf der Punkt in $\mathbb{R}^3$ natürlich nicht mehr x oder y heißen).

[4] René Descartes, lat. Cartesius, 1596 (Touraine, Frankreich) – 1650 (Stockholm)

Produkt (*Skalarprodukt*) einführen, das je zwei Vektoren $x, y \in \mathbb{R}^3$ die Zahl

$$\langle x, y \rangle = x^1 y^1 + x^2 y^2 + x^3 y^3 \tag{1.1}$$

zuordnet. Hierdurch gewinnen wir eine mathematische Definition für die *Länge* oder den *Betrag* eines Vektors x, nämlich die Zahl

$$|x| = \sqrt{\langle x, x \rangle}, \tag{1.2}$$

den *Abstand* zweier Punkte x, y,

$$|x - y| = \sqrt{\langle x - y, x - y \rangle} = \sqrt{\sum (x^i - y^i)^2} \tag{1.3}$$

sowie den *rechten Winkel*:

$$x \perp y :\iff \langle x, y \rangle = 0. \tag{1.4}$$

Damit wird z.B. die Gültigkeit des Lehrsatzes von *Pythagoras*[5] erzwungen, der natürlich bei der Definition des Skalarprodukts (1.1) bereits Pate gestanden hat: Ist $x \perp y$, also $\langle x, y \rangle = 0$, so folgt

$$\begin{aligned} |x - y|^2 &= \langle x - y, x - y \rangle \\ &= \langle x, x - y \rangle - \langle y, x - y \rangle \\ &= \langle x, x \rangle - \langle x, y \rangle - \langle y, x \rangle + \langle y, y \rangle \\ &= |x|^2 + |y|^2. \end{aligned} \tag{1.5}$$

Mit dem Skalarprodukt lassen sich auch *Winkel* bestimmen: Sind zwei Vektoren v, w mit $\angle(v, w) = \alpha$ gegeben, dann zerlegen wir w in eine zu v parallele und eine zu v senkrechte Komponente: $w = w_\parallel + w_\perp$ mit $w_\parallel = \lambda v$ und $w_\perp \perp v$.

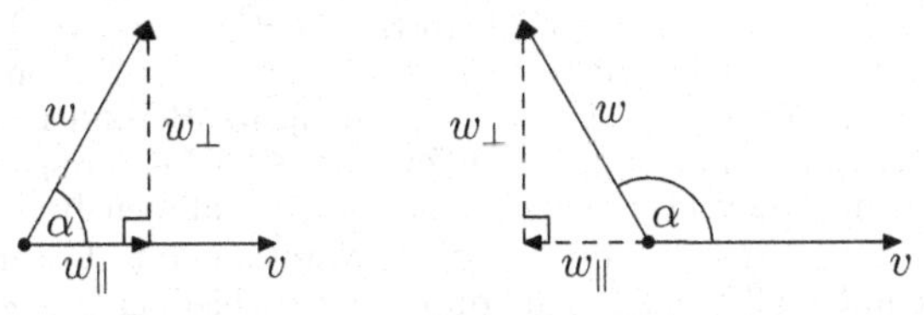

[5] Pythagoras von Samos, ca. 569–475 v.Chr.

Dann ist $\langle v, w \rangle = \langle v, w_{\|} \rangle = \lambda\,|v|^2 = \pm |v|\,|w_{\|}|$. Nach der alten Schulweisheit „Cosinus = Ankathete / Hypothenuse“ ist $\cos\alpha = \pm |w_{\|}|/|w|$ (siehe voranstehende Figur), und wir erhalten

$$\langle v, w \rangle = |v|\,|w|\,\cos\alpha. \tag{1.6}$$

Diese Beziehung können wir nun umgekehrt als *Definition* des Winkels α zwischen den Vektoren v und w auffassen.

Der dreidimensionale kartesische Raum $\mathbb{R}^3$, versehen mit dem Skalarprodukt (1.1), ist der *euklidische Raum* $\mathbb{E}^3$.[6] Das so gefundene mathematische Modell gibt die räumliche euklidische Geometrie vollständig wieder: Jeder geometrische Sachverhalt entspricht einem beweisbaren Satz im $\mathbb{E}^3$. Allerdings leistet das Modell etwas „zu viel“: Während der euklidische Raum *homogen* und *isotrop* sein soll, was bedeutet, dass alle Punkte und Richtungen gleichberechtigt sind, werden bereits durch das kartesische Modell ein Punkt, nämlich der Ursprung 0, sowie die drei Richtungen der Koordinatenachsen ausgezeichnet. Die Geometrie ist natürlich von dieser Wahl, d.h. der Position und Lage des Koordinatenkreuzes unabhängig. Der Übergang von einer Koordinatenbeschreibung in eine andere wird durch einen *Koordinatenwechsel* geleistet: Dabei wird jeder Punkt $x \in \mathbb{R}^3$ einer Abbildung der Form $x \mapsto \tilde{x} = Ax + b$ für einen konstanten Vektor $b \in \mathbb{R}^3$ und eine 3×3-Matrix A unterworfen. Um die Abstandsformel (1.5) auch in den neuen Koordinaten $\tilde{x}$ zu erhalten, ist die Matrix A *orthogonal*[7] zu wählen; diese Abbildungen $x \mapsto \tilde{x}$ sind genau die *Isometrien* des $\mathbb{E}^3$, die Transformationen, die alle Abstände und damit die gesamte Geometrie erhalten (vgl. Üb. 8).[8]

Bemerkung: Der euklidische Raum $\mathbb{E}^3$ gilt uns als der Raum unserer alltäglichen geometrischen Vorstellung und in ihm spielen sich die den Gesetzen der Newtonschen Mechanik gehorchenden physikalischen Prozesse ab. Aber nicht

---

[6] Wir können diese Unterscheidung in unserer Notation nicht immer sorgfältig durchhalten; oft werden wir den kartesischen Raum $\mathbb{R}^3$ implizit mit seiner euklidischen Struktur versehen.

[7] *Orthogonalität* ist wieder erst durch das Skalarprodukt (die euklidische Struktur) definiert: Eine Matrix A heißt *orthogonal*, wenn $\langle Ax, Ay \rangle = \langle x, y \rangle \;\forall x, y \in \mathbb{R}^3$.

[8] Um das „Zu viel“ des Modells begrifflich deutlicher zu machen, unterscheidet man häufig zwischen dem *Vektorraum* $\mathbb{R}^3$, in dem der Nullpunkt 0 eine ausgezeichnete Rolle spielt, und dem *affinen Raum* $\mathbb{A}^3$, der als Menge mit $\mathbb{R}^3$ übereinstimmt, in dem die Auszeichnung des Nullpunktes aber aufgehoben ist. In $\mathbb{A}^3$ sind daher alle affinen Unterräume gleichberechtigt; die linearen Unterräume spielen keine Sonderrolle mehr. Die Elemente von $\mathbb{A}^3$ heißen *Punkte*, im Gegensatz zu *Vektoren* (Elementen des Vektorraums $\mathbb{R}^3$): Für zwei Punkte $a, b \in \mathbb{A}^3$ ist die *Differenz* $v = b - a$ (die ja bei Verschiebung des Nullpunkts ungeändert bleibt) ein „Vektor“; zwar ist der *Punkt* 0 nichts Besonderes, wohl aber die *Differenz* 0. Auch Grenzwerte von Differenzen sind Vektoren, zum Beispiel die Ableitung (Tangentenvektor) einer *Kurve* $a(t)$ im affinen Raum (Figur S. 13): $\frac{d}{dt}a(t) = \lim_{h \to 0} \frac{1}{h}(a(t+h) - a(t))$. Um die Notation einfacher zu halten, werden wir diese Feinheit allerdings nicht durch unterschiedliche Bezeichnungen ausdrücken. Für den genauen Begriff des affinen Raumes vgl. [2], Bd. 1, sowie [**?**].

nur die Newtonsche Physik, sondern auch die ihr zugrundeliegende Raumvorstellung sind historisch relativ junge Errungenschaften des menschlichen Geistes. Die räumliche Geometrie wird zwar bei Euklid [11] teilweise entwickelt, wenn auch weit weniger ausführlich als die ebene. Stärker aber als die Bücher von Euklid, die im Westen nur in Auszügen bekannt waren und erst im Spätmittelalter aus dem Arabischen übersetzt wurden [42], wirkte sich zunächst der Einfluss von *Aristoteles*[9] aus, der den Raum nur als Ansammlung von Örtern verstand. Jedes Ding hatte nach Aristoteles den ihm zukommenden Ort, zu dem es hinstrebte, und so fiel ein losgelassener Gegenstand aus der Luft auf den Erdboden, weil dort sein natürlicher Ort war. Eine solche Ansammlung von Örtern ist aber im Gegensatz zum euklidischen Raum $\mathbb{E}^3$ weder homogen noch isotrop (z.B. sind „oben" und „unten" gänzlich unterschiedlich). Die Wegbereiter der euklidischen Raumvorstellung waren wohl erst die Künstler der Renaissance, die ihre Bilder nach den Gesetzmäßigkeiten der wiedergefundenen euklidischen Geometrie konstruierten. Sie übertrugen die Gesetze der Ausbreitung von Lichtstrahlen in die Konstruktion der *Linearperspektive*, als deren Entdecker der florentinische Architekt *Brunelleschi*[10] um 1410 gilt. Erst auf dieser Grundlage waren die physikalischen Theorien von *Galilei*[11] und *Newton*[12] möglich, die auf einer quantitativ-mathematischen Basis standen und die qualitativ-logisch argumentierende Naturphilosophie von Aristoteles ablösten.

Nach dem Übergang von der anschaulichen Geometrie in Ebene und Raum zum mathematischen Modell $\mathbb{E}^2$ bzw. $\mathbb{E}^3$ gibt es kein logisches Hindernis mehr, die Dimensionszahl 2 oder 3 durch eine beliebige Zahl n zu ersetzen. Der 5-dimensionale Raum z.B. mag schwer vorstellbar sein, aber die Menge $\mathbb{R}^5$ aller Quintetts reeller Zahlen $(x^1, \dots, x^5)$ ist ebenso leicht zu handhaben wie der $\mathbb{R}^3$. Viele geometrische Aussagen im Modell $\mathbb{E}^3$ behalten ihre Gültigkeit, wenn wir $\mathbb{E}^3$ durch $\mathbb{E}^n$ (mit der zugehörigen Vektorraumstruktur und dem inneren Produkt $\langle x, y \rangle = \sum_{i=1}^n x^i y^i$) ersetzen, wie sicherlich bereits in der Linearen Algebra und der mehrdimensionalen Analysis deutlich wurde. Damit wird die anschauliche Geometrie indirekt auch auf Bereiche weit jenseits jeder Anschauung bezogen.

Das vorliegende Buch handelt allerdings weitgehend von der Geometrie im dreidimensionalen Raum, die der Anschauung noch direkt zugänglich ist. Das hat nicht nur didaktische, sondern auch mathematische Gründe, denn viele Aussagen über Flächen im dreidimensionalen Raum lassen sich nicht ohne weiteres auf höhere Dimensionen übertragen. Wo immer es ohne Mehraufwand möglich ist, werden wir dennoch unsere Sätze für den n-dimensionalen Raum $\mathbb{E}^n$ formulieren, um allgemeinere Gesetzmäßigkeiten und Konstruktionen deutlicher hervortreten zu lassen.

---

[9] Aristoteles, 384 (Stagira) – 322 v.Chr. (Chalcis, Euböa)
[10] Filippo Brunelleschi, 1377–1446 (Florenz)
[11] Galileo Galilei, 1564 (Pisa) – 1642 (Arcetri bei Florenz)
[12] Sir Isaac Newton, 1643 (Woolsthorpe) – 1727 (London)

1.3 Glattheit

Die geometrisch einfachsten Objekte im Raum sind die affinen Unterräume, z.B. Geraden und Ebenen. Aber die Gegenstände, die uns im täglichen Leben am häufigsten begegnen, sind oft durch *gekrümmte* Linien oder Flächen begrenzt, und solche Objekte will die Differentialgeometrie studieren. Sie sind zwar nicht mehr gerade oder eben, aber sie sind an jedem ihrer Punkte durch Geraden oder Ebenen *approximierbar*. In der Umgangssprache bezeichnen wir diese Eigenschaft mit dem Wort „glatt“ im Gegensatz zu „rauh“; eine glatte Oberfläche braucht zwar insgesamt durchaus nicht eben zu sein (das wird durch das Wort „gekrümmt“ ausgedrückt), aber im Kleinen gibt es keine merkbaren Unebenheiten. Mathematisch wird ein solches Verhalten durch den Begriff „differenzierbar“ beschrieben.

Zur Erinnerung: Eine Abbildung $X : U \to \mathbb{R}^n$, definiert auf einer offenen Teilmenge $U \subset \mathbb{R}^m$, heißt *differenzierbar*, wenn X an jeder Stelle $u \in U$ durch ein lineare Abbildung ($n \times m$-Matrix) ∂X_u approximiert werden kann: Für alle $h \in \mathbb{R}^m$ mit $|h| < \epsilon$ gilt

$$X(u+h) - X(u) = \partial X_u h + o(h) \tag{1.7}$$

wobei $o(h)$ eine Funktion mit $\lim_{h \to 0} \frac{o(h)}{|h|} = 0$ ist. Die Matrix ∂X_u heißt *Ableitung* oder *Jacobimatrix*[13] von X im Punkt u; ihre Spalten sind die *partiellen Ableitungen* $\partial_i X(u)$, kurz $X_i(u)$ $(i = 1, \dots, m)$.

Wir werden also die „glatten, gekrümmten Objekte“ im Raum $\mathbb{R}^n$, mit denen sich die Differentialgeometrie beschäftigt, durch differenzierbare Abbildungen $X : U \to \mathbb{R}^n$ beschreiben, wobei U ein Gebiet des $\mathbb{R}^m$ mit $m \leq n$ ist; für $m = 1$ nennen wir diese Abbildungen *Kurven*, für $m = 2$ *Flächen*. Doch anders als in der Analysis ist es in der Geometrie nicht so sehr die Abbildung X selbst, an der wir interessiert sind. Anschaulich gesehen ist eine Fläche ja eher eine Teilmenge des Raumes als eine Abbildung in den Raum. In gewissem Sinne ist also nur die Bildmenge $X(U)$ von Interesse. Allerdings können sehr verschiedenartige Abbildungen dasselbe Bild haben. So ist für jedes genügend große Intervall $U \subset \mathbb{R}^1$ das Bild der Abbildung $X : U \to \mathbb{R}^2$, $X(u) = (\cos u, \sin u)$ immer die ganze Einheitskreislinie; das bloße Bild zeigt uns nicht, wie oft der Kreis durchlaufen wurde.

Wir unterscheiden daher etwas genauer und nennen zwei Abbildungen $X : U \to \mathbb{R}^n$ und $\tilde{X} : \tilde{U} \to \mathbb{R}^n$ *geometrisch äquivalent*, wenn $X = \tilde{X} \circ \phi$ für einen *Diffeomorphismus* (eine umkehrbar differenzierbare Abbildung) $\phi : U \to \tilde{U}$. Insbesondere haben X und $\tilde{X}$ dann natürlich auch dasselbe Bild: $X(U) = \tilde{X}(\tilde{U})$. Das zugehörige *geometrische Objekt* (die Kurve oder Fläche) ist eine Äquivalenzklasse, eine Klasse geometrisch äquivalenter differenzierbarer Abbildungen in den $\mathbb{E}^n$. Jede der zu X geometrisch äquivalenten Abbildungen heißt eine *Parametrisierung* dieses Objektes, und der Diffeomorphismus ϕ wird deshalb *Parameterwechsel* genannt. Da die Jacobimatrix

[13] Carl Gustav Jacob Jacobi, 1804 (Potsdam) - 1851 (Berlin)

(totale Ableitung) $\partial\phi_u$ für jedes $u \in U$ eine umkehrbare Matrix ist, ist ihre Determinante überall von Null verschieden; manchmal werden wir darüber hinaus verlangen, dass sie positiv sein soll, und sprechen dann von *orientierten Parameterwechseln.* Wir werden zwar weiterhin so tun, als wäre X das geometrische Objekt, das wir untersuchen wollen, wir werden aber stets daran denken, dass X durch eine äquivalente Abbildung ersetzbar ist; alle unsere *geometrischen Begriffe* müssen daher unter Parameterwechseln invariant sein. Die verschiedenen Parametrisierungen spielen für das geometrische Objekt eine ähnliche Rolle wie die im vorigen Abschnitt erwähnten verschiedenen Koordinatensysteme, mit denen wir den Raum beschreiben können: Jeder Punkt $X(u)$ wird festgelegt durch die m Zahlen $u^1, \ldots, u^m$, die Komponenten des Parameters u.

Es gibt aber noch ein Problem: Das Bild einer differenzierbaren Abbildung ist im Allgemeinen gar nicht überall glatt! Zum Beispiel ist die *Neile'sche Parabel*[14] $X : \mathbb{R}^1 \to \mathbb{R}^2$, $X(u) = (u^2, u^3)$ (hier sind die Hochzahlen wirklich Potenzen) zwar beliebig oft differenzierbar, aber das Bild $X(\mathbb{R}) \subset \mathbb{R}^2$ hat im Ursprung eine Spitze. Dies wird durch das Verschwinden der Ableitung $X'(0)$ ermöglicht.

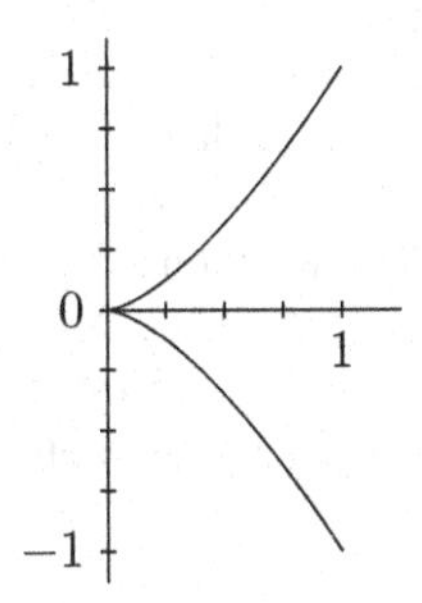

Um solche Komplikationen (zumindest vorläufig, vgl. aber Abschnitt 9.6) auszuschließen, beschränken wir uns auf Abbildungen $X : U \to \mathbb{R}^n$, deren partielle Ableitungen $\partial_1 X(u), \ldots, \partial_m X(u)$ an jeder Stelle u linear unabhängig sind; diese heißen *reguläre Abbildungen* oder *Immersionen.*[15] Der von den Vektoren $\partial_1 X(u), \ldots, \partial_m X(u) \in \mathbb{R}^n$ aufgespannte Unterraum $T_u = \text{Bild}(\partial X_u) \subset \mathbb{R}^n$ ist dann stets m-dimensional und heißt der *Tangentialraum* von X an der Stelle u, sein orthogonales Komplement $N_u = T_u^\perp$ wird *Normalraum* genannt. Tangential- und Normalraum sind geometrische Begriffe im oben definierten Sinne, denn wenn $X = \tilde{X} \circ \phi$ für einen Parameterwechsel ϕ, dann ist

$$T_u = \text{Bild}\,\partial X_u = \text{Bild}(\partial\tilde{X}_{\phi(u)}\,\partial\phi_u) = \text{Bild}\,\partial\tilde{X}_{\phi(u)} = \tilde{T}_{\phi(u)},$$

[14] William Neile, 1637 (Bishopsthorpe, Yorkshire) – 1670 (White Waltham, Berkshire)

[15] Das Wort *Immersion* kommt von dem lateinischen Verb *immergere*, eintauchen. Eine Immersion taucht sozusagen ein Stück des $\mathbb{R}^m$ in den $\mathbb{R}^n$ ein.

weil $\partial\phi_u$ eine invertierbare Matrix ist.[16]

Eine andere Art von „glatten, gekrümmten Objekten“ im Raum sind *Untermannigfaltigkeiten*, d.h. Teilmengen $M \subset \mathbb{R}^n$, die *lokal diffeomorph* zum $\mathbb{R}^m$ sind: Zu jedem $x \in M$ gibt es eine offene Umgebung W_x von x in $\mathbb{R}^n$ und einen Diffeomorphismus $\Phi : \tilde{W} \to W_x$ von einer offenen Menge $\tilde{W} \subset \mathbb{R}^n$ auf W_x mit der Eigenschaft, dass $\Phi(\mathbb{R}^m \cap \tilde{W}) = M \cap W_x$, wobei $\mathbb{R}^m$ in der natürlichen Weise als Unterraum von $\mathbb{R}^n$ angesehen wird.

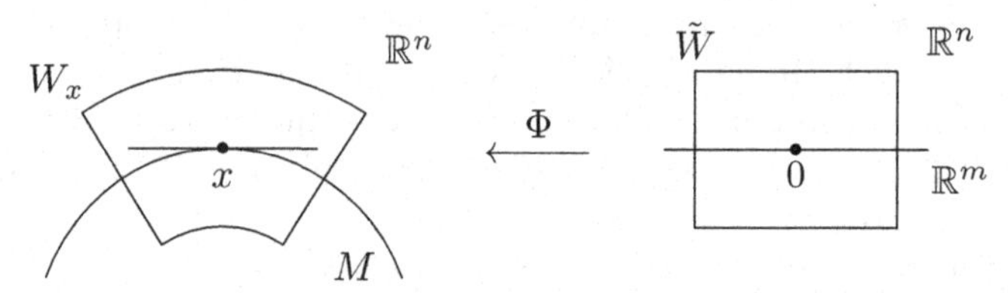

Untermannigfaltigkeiten hängen eng mit Immersionen zusammen: Die Menge $U = \mathbb{R}^m \cap \tilde{W}$ ist eine offene Teilmenge des $\mathbb{R}^m$ und $X = \Phi|_U : U \to M \cap W_x \subset \mathbb{R}^n$ ist eine Immersion; die partiellen Ableitungen sind linear unabhängig, weil X eine Einschränkung eines Diffeomorphismus ist. Das Bild von X überdeckt allerdings nicht ganz M, sondern nur den Teil $M \cap W_x$; deshalb wird X als *lokale Parametrisierung* von M bezeichnet. Umgekehrt zeigt die Fußnote 16 auf dieser Seite, dass jede Immersion $X : U \to \mathbb{R}^n$ lokal auch eine Untermannigfaltigkeit parametrisiert: Zu jedem $u_o \in U$ gibt es eine Umgebung $U_o \subset U$ von u_o mit der Eigenschaft, dass $X(U_o)$ eine Untermannigfaltigkeit ist. Global stimmt das nicht: $X(U)$ kann *Selbstschnitte* haben, d.h. es kann $u, u' \in U$ mit $X(u) = X(u')$ und $T_u \neq T_{u'}$ geben, und in diesem Fall ist $X(U)$ keine Untermannigfaltigkeit mehr.

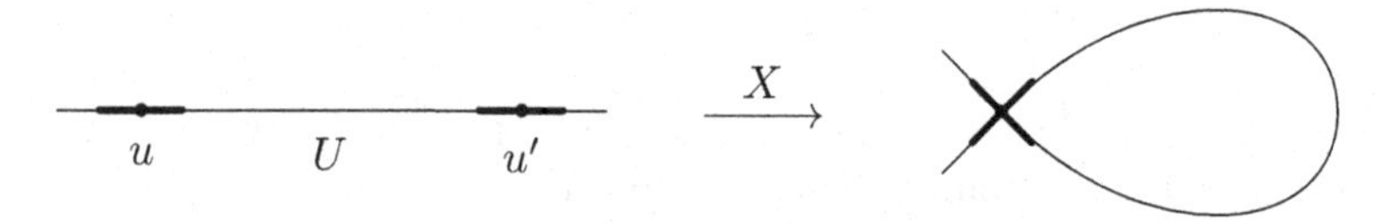

Häufig wird eine Untermannigfaltigkeit M allerdings nicht als *Bild* $X(U)$ gegeben, sondern als *Urbild* $F^{-1}(a)$, d.h. als Lösungsmenge der Gleichung $F(x) = a$. Dabei ist $F : \mathbb{R}^n \to \mathbb{R}^k$ $(k = n - m)$ eine differenzierbare Abbildung und $a \in \mathbb{R}^k$. Die Menge $M = F^{-1}(a) = \{x \in \mathbb{R}^n;\ F(x) = a\}$ wird *reguläres Urbild* genannt, wenn $\partial F_x : \mathbb{R}^n \to \mathbb{R}^k$ surjektiv, also von Rang k

[16] Dass Immersionen tatsächlich ein glattes Bild haben, ist eine Konsequenz des *Umkehrsatzes* der Analysis: Durch Koordinatenwahl dürfen wir $T_u = \mathbb{R}^m \subset \mathbb{R}^n = \mathbb{R}^m \times \mathbb{R}^k$ mit $k = n - m$ annehmen. Dann hat $\Phi : U \times \mathbb{R}^k \to \mathbb{R}^n$, $(u, v) \mapsto X(u) + v$ im Punkt $(u_o, 0) \in U \times \mathbb{R}^k$ invertierbare Ableitung $\partial\Phi_{(u_o,0)}$. Nach dem Umkehrsatz ist Φ deshalb in einer Umgebung $U_o \times V$ von $(u_o, 0)$ ein Diffeomorphismus, der $U_o \times \{0\}$ auf $X(U_o)$ abbildet. Also ist $X(U_o)$ diffeomorph zu einer offenen Teilmenge des $\mathbb{R}^m$, was Spitzen und andere Unebenheiten in $X(U_o)$ ausschließt. *Selbstschnitte* sind aber erlaubt: Wir verbieten nicht, dass $X(U_1)$ und $X(U_2)$ für disjunkte offene Teilmengen $U_1, U_2 \subset U$ einen nichtleeren Schnitt haben.

ist für alle $x \in M$. (Es genügt natürlich, dass F auf einer offenen Teilmenge von $\mathbb{R}^n$ definiert ist.) Nach dem Umkehrsatz ist ein solches M eine Untermannigfaltigkeit.[17] Oft finden beide Darstellungsarten Verwendung. So ist die *Kugelfläche* oder *Sphäre*, die für uns ein Leitbeispiel darstellt, einerseits durch eine Gleichung definiert:

$$\mathsf{S}_r^m = \{x \in \mathbb{E}^{m+1};\ |x| = r\}; \tag{1.8}$$

hier ist $F(x) = |x|$ und $a = r \in \mathbb{R}^1$ mit $r > 0$ (oder auch $F(x) = \langle x, x \rangle$ und $a = r^2$). Andererseits werden wir auch vielfache (lokale) Parametrisierungen der Sphäre kennenlernen (als Graph, in Kugelkoordinaten, mit konformen oder flächentreuen Parametrisierungen), die unterschiedliche Aspekte der Geometrie des Sphäre berücksichtigen.

1.4 Messungen

Glattheit im Sinne des vorigen Abschnittes ist ein *qualitativer* Begriff: Bestimmte Abbildungen müssen differenzierbar und ihre partiellen Ableitungen linear unabhängig sein. Solche Untersuchungen gehören genau genommen zur *Differentialtopologie*, eine Theorie, die invariant unter Diffeomorphismen ist und die kartesische und metrische Struktur des Raumes $\mathbb{E}^n$ nicht berücksichtigt. Die eigentliche *Differentialgeometrie* hat es dagegen mit *quantitativen* Begriffen, also mit *Messungen* zu tun. Auch der bereits erwähnte Begriff „gekrümmt“ wird nicht nur qualitativ, im Sinne von „nicht gerade“, sondern quantitativ (wie stark gekrümmt?) verstanden werden. Um diese Begriffsbildungen deutlich zu machen, beginnen wir mit einem kleinen historischen Exkurs, durch den wir übrigens auch unser obiges Versprechen, den Namensbestandteil γῆ (*gē*, Erde) zu erläutern, einlösen können.

Die Geschichte der Differentialgeometrie ist eng verbunden mit der Entwicklung der *Geodäsie* (Vermessungslehre), was die Bezeichnung „Geodätische Linie“) noch widerspiegelt. Bei der Vermessung der Gestalt der Erdoberfläche gab es von Anfang an zwei verschiedene Methoden, die „innere“ und die „äußere“: Man kann einerseits die Entfernungen durch Messungen auf der Erdoberfläche bestimmen (mit Hilfe von genau vermessenen *trigonometrischen Punkten* in der Landschaft, siehr Figur S. 47), oder man kann

[17] Ist $M = F^{-1}(a)$ ein reguläres Urbild und $x \in M$, so sind k Spalten der $(k \times n)$-Matrix ∂F_x linear unabhängig, etwa die letzten k Spalten. Dann zerlegen wir den $\mathbb{R}^n$ entsprechend: $\mathbb{R}^n = \mathbb{R}^m \times \mathbb{R}^k$, $x = (x_1; x_2)$, und wir erweitern $F - a$ zu einer Abbildung $\hat{F} : \mathbb{R}^m \times \mathbb{R}^k \to R^m \times \mathbb{R}^k$, $\hat{F}(x_1, x_2) = (x_1; F(x_1, x_2) - a)$. Dann sind alle n Spalten von $\partial \hat{F}_x$ linear unabhängig, also gibt es Umgebungen W_x von x und $\tilde{W}$ von $\hat{F}(x) = (x_1; 0)$ mit der Eigenschaft, dass $\hat{F}|_{W_x} : W_x \to \tilde{W}$ ein Diffeomorphismus ist, und es gilt $\hat{F}(M \cap W_x) = \mathbb{R}^m \cap \tilde{W}$. Daher ist M eine Untermannigfaltigkeit im Sinne der obigen Definition mit $\Phi = \hat{F}^{-1}$.

die Lage der Erde im umgebenden Raum berücksichtigen. Zwar können wir die Erde erst seit wenigen Jahrzehnten vom Weltraum aus betrachten, aber immer schon konnte man umgekehrt von der Erde in den Weltraum hinausblicken und dies für die Erdvermessung nutzbar machen.

Auf diese Weise bestimmte der griechische Mathematiker *Eratosthenes*[18] bereits um 200 v. Chr. den Erdradius: Es war bekannt, dass am Tag der Sommersonnenwende die Sonne am Mittag genau senkrecht in einen tiefen Brunnen in Syrene (Assuan) in Oberägypten hineinfiel und diesen ausleuchtete. Zum selben Zeitpunkt maß Eratosthenes in Alexandria den Sonnenstand und konnte aus dem Winkel α zwischen Sonnenstand und Zenit[19] sowie der Entfernung d zum Brunnen den Erdradius $R = d/\alpha$ errechnen. Im 18. Jahrhundert wies *Maupertuis*[20] auf ganz ähnliche Art die Abplattung der Erde nach (vgl. [19]), indem er den Abstand von zwei um ein Grad differierenden Breitenkreisen in Lappland vermaß und mit entsprechenden Messergebnissen aus dem tropischen Südamerika verglich. Die Breitenkreise gehören zur „äußeren Geodäsie", denn sie werden durch den Winkel zwischen Zenit und Himmelspol (Polarstern) festgelegt. Weil die Erde die Gestalt eines an den Polen abgeflachten Ellipsoids hat, ist der Breitenkreisabstand in der Nähe des Pols größer als in der Nähe des Äquators. Sowohl Eratosthenes als auch Maupertuis verglichen also die Winkel zwischen den Zenitrichtungen an zwei verschiedenen Orten und bestimmten damit die Änderung der Zenitrichtung mit dem Ort.

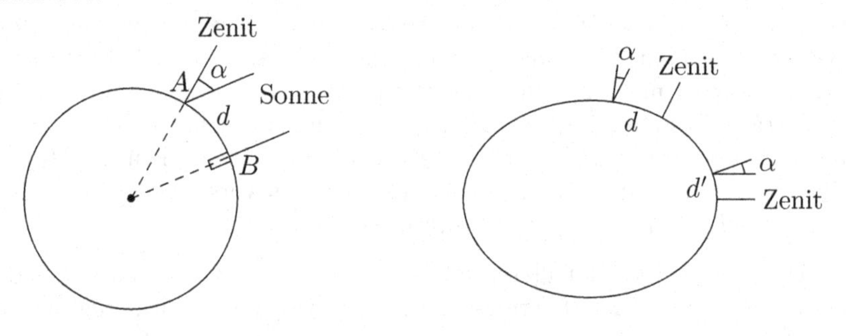

Eratosthenes Maupertuis

In ähnlicher Weise wie die Geodäsie zerfällt auch die Differentialgeometrie in einen inneren und einen äußeren Teil. In der *inneren Geometrie* geht es darum, Winkel, Abstände, Flächeninhalte usw. auf dem Bild $X(U)$ einer Immersion X zu bestimmen. Dazu werden Längen und Winkel der partiellen Ableitungen $\partial_i X = X_i$ benötigt, also deren innere Produkte, die zusammen die *Erste Fundamentalform* bilden:

[18] Eratosthenes von Kyrene, 276 (Kyrene, jetzt Shahhat, Libyen) – 194 v. Chr. (Alexandria)

[19] Der *Zenit* (von arabisch samt = Weg, Richtung) ist die Richtung senkrecht nach oben, also die Flächennormale der Erdoberfläche.

[20] Pierre-Louis Moreau de Maupertuis, 1698 (Saint Malo) – 1759 (Basel)

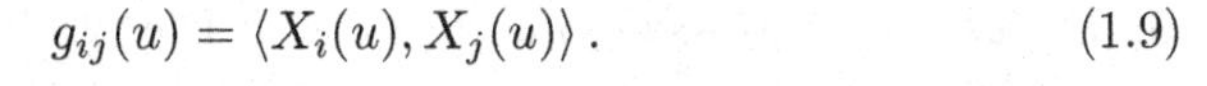

$$g_{ij}(u) = \langle X_i(u), X_j(u) \rangle \,. \tag{1.9}$$

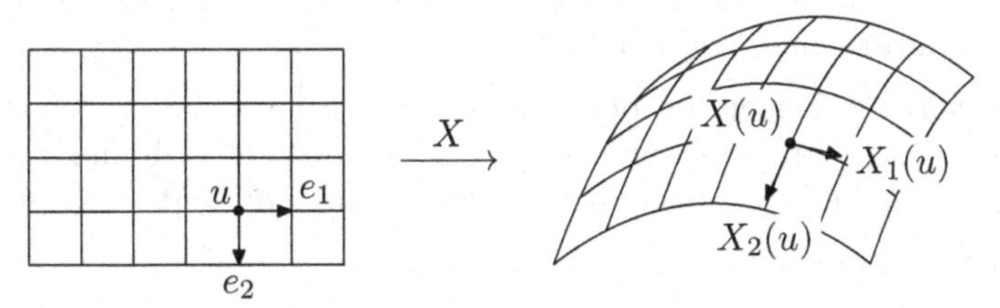

Die *äußere Geometrie* dagegen beschreibt die Lage von $X(U)$ im umgebenden Raum und besonders die Änderung des Tangentialraums T_u oder des Normalraums N_u (dem in der Geodäsie die Zenitrichtung entspricht) in Abhängigkeit von u. Da der Tangentialraum T_u von den partiellen Ableitungen $\partial_i X(u)$ aufgespannt wird, wird seine Änderung von den zweiten partiellen Ableitungen beschrieben, und zwar nur von deren Komponenten senkrecht zu T_u, im Normalraum N_u. Diese bilden zusammen die *Zweite Fundamentalform*

$$\mathbf{h}_{ij}(u) = (\partial_i \partial_j X(u))^{N_u} \tag{1.10}$$

Diese Größen, ihre geometrische Bedeutung und ihre gegenseitigen Abhängigkeiten werden wir im weiteren Verlauf des Buches genau beleuchten. Zunächst aber werden wir uns mit den einfachsten Objekten der Differentialgeometrie beschäftigen, den Kurven. Bei ihnen lassen sich die beiden Fundamentalformen auf zwei Zahlen reduzieren: *Bogenlänge* und *Krümmung*.

1.5 Übungsaufgaben

1. *Geometrische Äquivalenz:* Zeigen Sie, dass „geometrisch äquivalent" eine Äquivalenzrelation ist auf der Menge

$$\mathrm{Imm}_{m,n} := \{(U, X);\ U \subset \mathbb{R}^m \text{ offen},\ X : U \to \mathbb{R}^n \text{ Immersion}\}.$$

2. *Äquivalenz linearer Immersionen:* Zeigen Sie: Für zwei *lineare* Immersionen (injektive lineare Abbildungen) $X, \tilde{X} : \mathbb{R}^m \to \mathbb{R}^n$ gilt: $\mathrm{Bild}\, X = \mathrm{Bild}\, \tilde{X}$ genau dann, wenn es eine invertierbare lineare Abbildung $\phi : \mathbb{R}^m \to \mathbb{R}^m$ gibt mit $X = \tilde{X} \circ \phi$.

3. *Immersionen mit gleichem Bild:* Betrachten Sie die Immersion $X : \mathbb{R} \to \mathbb{R}^2$, $X(u) = (\cos u, \sin u)$ und $\tilde{X} = X|_{(0,3\pi)}$. Zeigen Sie: X und $\tilde{X}$ haben dasselbe Bild, nämlich $\mathrm{S}^1 \subset \mathbb{R}^2$, sind aber nicht geometrisch äquivalent.

4. *Regularität:* Skizzieren Sie das Bild der beiden Kurven $X_1, X_2 : \mathbb{R} \to \mathbb{R}^2$,

$$X_1(t) = (\cos t, \sin 2t), \quad X_2(t) = (\cos 2t, \sin t).$$

Welche der beiden Abbildungen ist eine *Immersion* (eine *reguläre Kurve*)?

5. *Eratosthenes' Messung des Erdradius:* Die Stadt Alexandria liegt etwa auf 32° nördlicher Breite, Syrene (Assuan) auf 24°. Welchen Sonnenstand hat Eratosthenes gemessen?

6. *Cosinussatz:* Zeigen Sie den eukidischen Cosinussatz: Ist (A, B, C) ein Dreieck im $\mathbb{R}^n$ mit Seitenlängen $a = |B-C|$, $b = |C-A|$ und $c = |A-B|$ und mit Winkel $\gamma \in (0, \pi)$ bei C, dann ist $c^2 = a^2 + b^2 - 2ab\cos\gamma$.

7. *Satz von Thales:*[21]

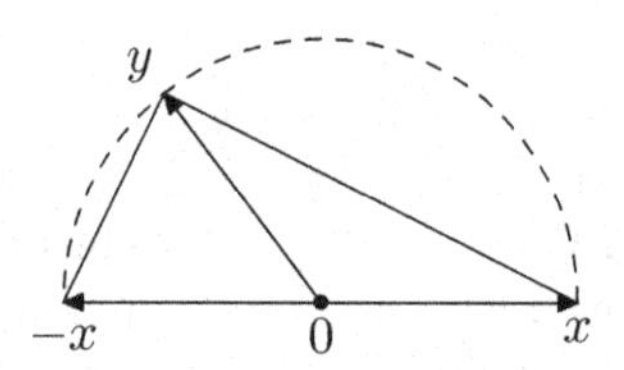

Zeigen Sie: Das Dreieck mit den Eckpunkten $-x, y, x$ hat genau dann einen rechten Winkel bei y, wenn die drei Eckpunkte auf einem gemeinsamen Kreis mit Mittelpunkt 0 liegen, d.h wenn $|x| = |y|$ gilt.

8. *Euklidische Bewegungsgruppe:* Eine *Isometrie* (*Bewegung*) des euklidischen Raums $\mathbb{E} = \mathbb{E}^n$ ist eine Abbildung $f : \mathbb{E} \to \mathbb{E}$, die Abstände erhält:

$$|f(x) - f(y)| = |x - y| \tag{1.11}$$

für alle $x, y \in \mathbb{E}$. Zeigen Sie:

a) Die Isometrien von $\mathbb{E}$ bilden eine Gruppe (mit der Komposition $\circ$ als Gruppenoperation), die *Euklidische Gruppe* $E(n)$.

b) Die Menge $O(n)$ der orthogonalen linearen Abbildungen (Matrizen) $x \mapsto Ax$ sowie die Menge $T(n)$ der *Translationen* oder *Verschiebungen* $x \mapsto x + a$ mit *Verschiebungsvektor* $a \in \mathbb{E}$ bilden Untergruppen von $E(n)$, die *Orthogonale Gruppe* und die *Translationsgruppe*.

c) Jede Isometrie ist Komposition von genau einer orthogonalen Abbildung und genau einer Translation: Zu jedem $f \in E(n)$ gibt es eindeutige $A \in O(n)$ und $a \in \mathbb{E}$ mit $f(x) = Ax + a$ für alle $x \in \mathbb{E}$. *Anleitung:* Zu dem gegebenen $f \in E(n)$ betrachten Sie $f_o \in E(n)$ mit $f_o(x) = f(x) - f(0)$ (Nachschalten der Translation mit Verschiebungsvektor $-f(0)$). Die Abbildung f_o erfüllt zusätzlich $f_o(0) = 0$. Zeigen Sie nun, dass f_o linear ist (f_o erhält Geraden – kürzeste Verbindungen, s. Satz 2.1.1 – und Parallelen, Geradenpaare mit konstantem Abstand) und das Skalarprodukt erhält[22]

d) Die Gruppe $E(n)$ ist ein *semidirektes Produkt* der Untergruppen $O(n)$ und $T(n) \cong (\mathbb{E}, +)$ mit der Gruppenmultiplikation

$$(A, a)(B, b) = (AB, a + Ab). \tag{1.12}$$

---

[21] Thales von Milet, ca. 627–547 v. Chr. (Milet, Kleinasien)

[22] Man beachte den *Polarisationstrick*: $2\langle x, y\rangle = |x + y|^2 - |x|^2 - |y|^2$.

2. Kurven

2.1 Bogenlänge

Die einfachsten Immersionen sind *reguläre Kurven.* Das sind stetige differenzierbare (C^1-) Abbildungen $c : I \to \mathbb{E}^n$, definiert auf einem offenen Intervall [1] $I \subset \mathbb{R}$, mit $c'(t) \neq 0$ für alle $t \in I$. Der *Ableitungsvektor*

$$c'(t) = \lim_{h \to 0} \frac{c(t+h) - c(t)}{h} \tag{2.1}$$

wird auch *Tangentenvektor* genannt, denn er zeigt in Richtung der Geraden $\tau_t = c(t) + \mathbb{R}\, c'(t)$, der *Tangente* an die Kurve im Punkt $c(t)$. Der Vektor $c(t+h) - c(t)$ verbindet die Punkte $c(t)$ und $c(t+h)$ und zeigt deshalb in die Richtung der *Sekante* $\sigma_{t,h}$, der Geraden durch die Kurvenpunkte $c(t)$ und $c(t+h)$, und die Tangente τ_t im Punkt t ist nach Definition die Limes-Gerade der Sekanten $\sigma_{t,h}$ für festes t und $h \to 0$.

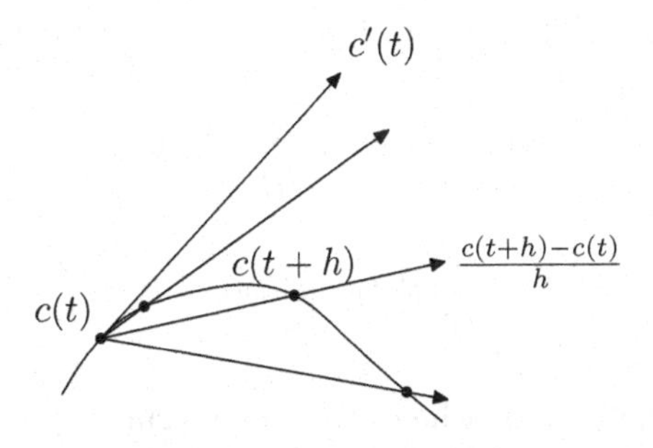

Die Tangente ändert sich nicht bei Parameterwechsel: Ist $c = \tilde{c} \circ \phi$ für einen Diffeomorphismus $\phi : I \to J$, so ist $c'(t) = \phi'(t) \cdot \tilde{c}'(\phi(t))$ und damit ist τ_t auch die Tangente der Kurve $\tilde{c}$ im Punkte $\phi(t)$.

Die Kurven sind für die Differentialgeometrie nicht nur die einfachsten Beispiele, sondern sie sind auch von allgemeiner Bedeutung, nämlich für die Abstandsmessung. *Länge* und *Abstand* gehören zu den wichtigsten Begriffen

---

[1] Das Intervall braucht nicht unbedingt offen sein. Ganz allgemein werden wir eine Abbildung auf einer beliebigen Teilmenge $D \subset \mathbb{R}^m$ *stetig differenzierbar* (bzw. C^k) nennen, wenn sie (wenigstens lokal) zu einer stetig differenzierbaren (bzw. C^k-) Abbildung auf einer offenen Umgebung von D fortsetzbar ist.

der Geometrie. Dazu benötigen wir das *Skalarprodukt* im $\mathbb{E}^n$, das je zwei Vektoren $x = (x^1, \ldots, x^n)$ und $y = (y^1, \ldots, y^n)$ im $\mathbb{E}^n$ die reelle Zahl

$$\langle x, y \rangle = \sum_{i=1}^{n} x^i y^i \tag{2.2}$$

zuordnet, und wir bezeichnen die Größe

$$|x| := \sqrt{\langle x, x \rangle} = \sqrt{(x^1)^2 + \ldots + (x^n)^2} \tag{2.3}$$

als *Betrag*, *Norm* oder *Länge* des Vektors x. Die Quadratsumme unter der Wurzel spiegelt den Lehrsatz des *Pythagoras* wieder (vgl. Kapitel 1, S. 3).

Nun definieren wir die *Bogenlänge* einer (nicht notwendig regulären) stetig differenzierbaren Kurve $c : I = [a, b] \to \mathbb{E}^n$ als die Zahl

$$\mathcal{L}(c) = \int_a^b |c'(t)| \, dt. \tag{2.4}$$

Wieso entspricht diese Definition der anschaulichen Bedeutung von „Länge einer krummen Linie“? Wenn wir das Intervall genügend fein unterteilen, $a = t_0 < t_1 < \ldots < t_N = b$, und dann in jedem Teilintervall $[t_{i-1}, t_i]$ den Tangentenvektor $c'(t)$ durch den Sekantenvektor $\frac{c(t_i) - c(t_{i-1})}{t_i - t_{i-1}}$ ersetzen, so erhalten wir $\mathcal{L}(c) \approx \sum_{i=1}^{N} |c(t_i) - c(t_{i-1})|$; wir addieren also die Abstände von benachbarten Kurvenpunkten auf. Ein genaues Argument folgt weiter unten.

Lemma 2.1.1. *Die Bogenlänge ändert sich nicht bei Parameterwechseln.*

Beweis: Ist $c = \tilde{c} \circ \phi$ für einen Parameterwechsel $\phi : I \to J$, so erhalten wir mit der Substitution $u = \phi(t)$, $du = \phi'(t)dt$

$$\mathcal{L}(c) = \int_I |c'(t)| dt = \int_I |\phi'(t)| \cdot |\tilde{c}'(\phi(t))| \, dt = \int_J |\tilde{c}'(u)| \, du = \mathcal{L}(\tilde{c}). \qquad \square$$

Unter den vielen möglichen Parametrisierungen einer regulären Kurve gibt es besonders ausgezeichnete, die *Bogenlängen-Parametrisierungen.* Eine differenzierbare Kurve $c : J \to \mathbb{E}^n$ heißt *nach der Bogenlänge parametrisiert*, wenn $|c'(s)| = 1$ für alle $s \in J$.

Lemma 2.1.2. *Jede reguläre Kurve $c : I \to \mathbb{E}^n$ lässt sich nach Bogenlänge parametrisieren.*

Beweis: Wir wählen $t_o \in I$ fest und definieren eine Funktion $\lambda : I \to \mathbb{R}$ durch

$$\lambda(t) = \int_{t_o}^{t} |c'(\tau)| \, d\tau. \tag{2.5}$$

Nach dem Hauptsatz der Differential- und Integralrechnung ist diese Funktion differenzierbar mit Ableitung $\lambda'(t) = |c'(t)| > 0$. Also bildet λ das Intervall I diffeomorph und monoton wachsend auf ein Intervall J ab. Die Umkehrfunktion $\phi = \lambda^{-1} : J \to I$ wählen wir als Parameterwechsel und setzen $\tilde{c} = c \circ \phi$. Dann folgt $\phi'(s) = 1/\lambda'(\phi(s)) = 1/|c'(\phi(s))|$ und daher $|\tilde{c}'(s)| = |c'(\phi(s))| \cdot \phi'(s) = 1$. □

Als Beispiel betrachten wir die *Strecke* zwischen zwei Punkten x und y, also die „Kurve" $c_{xy} : [0,1] \to \mathbb{E}^n$ mit $c_{xy}(t) = x + t(y-x)$. Dann ist $(c_{xy})'(t) = y - x$ für alle t und daher $\mathcal{L}(c_{xy}) = |y-x|$.

Satz 2.1.1. *Die Strecke ist die kürzeste Verbindung zwischen zwei Punkten: Sind $x, y \in \mathbb{E}^n$ und ist $c : [a,b] \to \mathbb{E}^n$ eine reguläre Kurve mit $c(a) = x$ und $c(b) = y$, so ist*

$$\mathcal{L}(c) \geq \mathcal{L}(c_{xy}) = |y-x|, \tag{2.6}$$

und Gleichheit gilt genau dann, wenn c und c_{xy} geometrisch äquivalent sind, d.h. sich nur um einen Parameterwechsel unterscheiden. [2]

Beweis: Durch Wahl der Koordinaten von $\mathbb{E}^n$ dürfen wir $x = 0$ und $y = Le_1$ mit $L = |y-x| = \mathcal{L}(c_{xy})$ annehmen. Die Komponenten von c bezeichnen wir mit c^k, d.h. $c(t)$ ist der Vektor $(c^1(t), \dots, c^n(t))$, und $|c'(t)| \geq |(c^1)'(t)| \geq (c^1)'(t)$. Dann ist

$$\mathcal{L}(c) = \int_a^b |c'(t)|\, dt \geq \int_a^b (c^1)'(t)\, dt = c^1(b) - c^1(a) = |y-x| = \mathcal{L}(c_{xy}).$$

Gleichheit gilt genau dann, wenn $|c'(t)| = (c^1)'(t)$ für alle $t \in [a,b]$, d.h. wenn $c'(t) = \mu(t)e_1$ mit $\mu(t) > 0$. Durch Integration folgt $c(t) = \phi(t)e_1$, wobei $\phi : [a,b] \to [0,L]$ Stammfunktion von μ ist: $\phi(t) = \int_a^t \mu(\tau)d\tau$. Somit ist $c(t) = c_{xy}(\phi(t))$, also $c = c_{xy} \circ \phi$. □

---

[2] Immanuel Kant (1724–1804 Königsberg) nennt in der Einleitung zur „Kritik der Reinen Vernunft" diesen Satz als Prototyp eines „synthetischen Urteils a priori", d.h. einer nicht nur auf Begriffsanalyse beruhenden Aussage. Zur Begründung sagt er: „Denn mein Begriff von Geradem enthält nichts von Größe, sondern nur eine Qualität. Der Begriff des Kürzesten kommt also gänzlich hinzu, und kann durch keine Zergliederung aus dem Begriffe der geraden Linie gewonnen werden." (Kritik der Reinen Vernunft (B), S.16.) Wir werden diesem Satz in der Geometrie der krummen Flächen wiederbegegnen, wo die geodätischen Linien die Rolle der Geraden übernehmen. Tatsächlich können auch die geodätischen Linien durch zwei verschiedene Eigenschaften charakterisiert werden, entweder dadurch, dass sie „gerade" in dem Sinne sind, dass ihre Tangenten an verschiedenen Punkten stets zueinander „parallel" sind, oder dadurch, dass sie auf der Fläche kürzeste Verbindungen zwischen den auf ihnen liegenden Punkten sind. Der zweite Aspekt wird aus (2.17) in diesem Abschnitt hervorgehen (vgl. die Abschnitte 5.1, 5.3) während der erste erst später unter dem Begriff „Parallelverschiebung" auftreten wird (siehe (6.24)).

Bemerkung: Dieser Beweis erfordert einen *isometrischen* (d.h. längenerhaltenden) Koordinatenwechsel, im $\mathbb{E}^n$, eine Drehung des Koordinatenkreuzes. Dabei wird der Einheitsvektor $\frac{1}{L}(y-x)$ auf den ersten Basisvektor e_1 abgebildet. Die Argumentation wird dadurch sehr einfach: Die anderen Komponenten $(c^2)', \dots, (c^n)'$ vergrößern nur $|c'|$, ohne einen „Fortschritt" für die entscheidende c^1-Komponente zu erzielen.

Eine andere, von Koordinatendarstellungen unabhängige Argumentation benutzt die *Cauchy-Schwarz-Ungleichung*:[3] Für alle $v, w \in \mathbb{E}^n$ gilt

$$\langle v, w \rangle \leq |v|\,|w|, \tag{2.7}$$

und Gleichheit gilt genau dann, wenn v und w *gleichgerichtet* sind ($w = tv$ mit $t \geq 0$ oder $v = 0$).[4] Eine Folgerung daraus ist die Integralabschätzung

$$\left| \int_a^b v(t)\,dt \right| \leq \int_a^b |v(t)| dt \tag{2.8}$$

für jede stetige Abbildung $v : [a,b] \to \mathbb{E}^n$, wobei Gleichheit genau dann eintritt, wenn alle $v(t)$ gleichgerichtet sind. Für den Vektor $w = \int_a^b v(t)\,dt$ gilt nämlich mit (2.7)

$$|w|^2 = \left\langle w, \int_a^b v(t)\,dt \right\rangle = \int_a^b \langle w, v(t) \rangle\; dt \leq \int_a^b |w|\,|v(t)|\,dt$$

und damit $\left|\int_a^b v(t)\,dt\right| = |w| \leq \int_a^b |v(t)|\,dt$, und Gleichheit folgt genau dann, wenn alle $v(t)$ mit w gleichgerichtet sind. Wenden wir (2.8) in der Situation von Satz 2.1.1 auf $v = c'$ an, so erhalten wir

$$\mathcal{L}(c) = \int_a^b |c'(t)|\,dt \geq \left| \int_a^b c'(t)\,dt \right| = |c(b) - c(a)| = \mathcal{L}(c_{xy}).$$

Wir wollen nun die oben angedeutete Aussage präzisieren, dass die Bogenlänge als Summe der Abstände benachbarter Kurvenpunkte aufgefasst werden kann. Dazu benötigen wir zunächst nur eine stetige Abbildung $c : [a,b] \to \mathbb{E}^n$. Eine *Zerlegung* des Intervalls $[a,b]$ ist eine endliche Teilmenge $Z = \{t_0, \dots, t_N\}$ mit $a = t_0 < t_1 < \ldots < t_N = b$. Wir setzen

$$\mathcal{L}_Z(c) = \sum_{i=1}^{N} |c(t_i) - c(t_{i-1})|,$$

[3] Hermann Amandus Schwarz, 1843 (Hermsdorf, Schlesien) – 1921 (Berlin)
Augustin Louis Cauchy, 1789 (Paris) – 1857 (Sceaux bei Paris)

[4] Beweis: Für alle $t > 0$ gilt $0 \leq |tv - t^{-1}w|^2 = t^2|v|^2 + t^{-2}|w|^2 - 2\langle v, w\rangle$; speziell für $t^2 = |w|/|v|$ folgt die gewünschte Ungleichung $0 \leq 2\left(|v|\,|w| - \langle v, w\rangle\right)$, und Gleichheit gilt genau dann, wenn $tv = t^{-1}w$.

$$\hat{\mathcal{L}}(c) = \sup_Z \mathcal{L}_Z(c), \tag{2.9}$$

wobei Z alle Zerlegungen von $[a, b]$ durchläuft. Wir nennen c *rektifizierbar*, wenn das Supremum endlich ist, also $\hat{\mathcal{L}}(c) < \infty$.

Satz 2.1.2. *Jede stetig differenzierbare Kurve $c : [a, b] \to \mathbb{E}^n$ ist rektifizierbar, und es gilt $\hat{\mathcal{L}}(c) = \mathcal{L}(c)$.*

Beweis: Aus Gleichung (2.6) folgt bereits die Ungleichung $\hat{\mathcal{L}} \leq \mathcal{L}$ und damit insbesondere die Rektifizierbarkeit, denn für jede Zerlegung $Z = \{t_0, \ldots, t_N\}$ von $[a, b]$ ist

$$\mathcal{L}_Z(c) = \sum_{i=1}^{N} |c(t_i) - c(t_{i-1})| \leq \sum_{i=1}^{N} \mathcal{L}(c|_{[t_{i-1},t_i]}) = \mathcal{L}(c). \tag{2.10}$$

Wir zeigen nun, dass die Funktion $\lambda(t) = \hat{\mathcal{L}}(c|_{[a,t]})$ differenzierbar ist mit Ableitung $\lambda'(t) = |c'(t)|$; dann folgt die Behauptung aus dem Hauptsatz der Differential- und Integralrechnung. Wir benötigen dazu die Intervall-Additivität von $\hat{\mathcal{L}}$: Für alle $t, u \in [a, b]$ mit $u > t$ ist

$$\hat{\mathcal{L}}(c|_{[a,t]}) + \hat{\mathcal{L}}(c|_{[t,u]}) = \hat{\mathcal{L}}(c|_{[a,u]}) \tag{2.11}$$

(Supremumseigenschaft; siehe Übung 1). Also erhalten wir

$$\lambda(u) - \lambda(t) = \hat{\mathcal{L}}(c|_{[t,u]}). \tag{2.12}$$

Außerdem gilt

$$|c(u) - c(t)| \leq \hat{\mathcal{L}}(c|_{[t,u]}) \leq \mathcal{L}(c|_{[t,u]}) = \int_t^u |c'(\tau)| d\tau. \tag{2.13}$$

Die erste Ungleichung folgt aus der Definition von $\hat{\mathcal{L}}$ als Supremum, die zweite wegen $\hat{\mathcal{L}} \leq \mathcal{L}$.

Dividieren wir diese Ungleichungskette (2.13) durch die positive Zahl $u-t$ und lassen $u \searrow t$ gehen, so streben die beiden äußeren Terme gegen $|c'(t)|$, der mittlere wegen (2.12) gegen den rechtsseitigen Limes des Differenzenquotienten von λ:

$$\lim_{u \searrow t} \frac{\lambda(u) - \lambda(t)}{u - t} = |c'(t)|. \tag{2.14}$$

Ebenso erhalten wir den linksseitigen Limes, wenn wir $t \nearrow u$ streben lassen. Damit ist λ differenzierbar mit Ableitung $|c'|$, was zu zeigen war. □

Beispiele: 1. Der *Kreis vom Radius* r ist die ebene Kurve $c : [0, 2\pi] \to \mathbb{E}^2$, $c(t) = (r \cos t, r \sin t)$. Dann ist $c'(t) = (-r \sin t, r \cos t)$, also $|c'(t)| = r$ und $\mathcal{L}(c) = 2\pi r$.

2. Die *Ellipse* mit Halbachsen a und b ist die Kurve $c : [0, 2\pi] \to \mathbb{E}^2$ mit $c(t) = (a \cos t, b \sin t)$. Dann ist $c'(t) = (-a \sin t, b \cos t)$ und

$$|c'(t)| = \sqrt{a^2 \sin^2 t + b^2 \cos^2 t} = a\sqrt{1 - k^2 \cos^2 t} \tag{2.15}$$

mit $k = \sqrt{1 - \frac{b^2}{a^2}}$. Das Integral über $|c'(t)|$ lässt sich nicht mehr elementar auswerten (*elliptisches Integral*, vgl. [29], S.209).

2.2 Die Variation der Bogenlänge

Wir wollen sehen, wie sich die Länge einer Kurve verändert, wenn wir zu benachbarten Kurven übergehen. Gegeben sei eine nach Bogenlänge parametrisierte C^2-Kurve $c : [a, b] \to \mathbb{E}^n$. Eine *Variation* von c ist eine Schar von Kurve $c_s : [a, b] \to \mathbb{E}^n$, $s \in (-\epsilon, \epsilon)$, mit $c_0 = c$, wobei die Abbildung $(s, t) \mapsto c_s(t)$ ebenfalls C^2-differenzierbar sein soll. Zur Abkürzung setzen wir

$$\delta := (\partial/\partial s)|_{s=0} \tag{2.16}$$

Das Vektorfeld[5] δc_s heißt das *Variationsvektorfeld* längs c.

Satz 2.2.1. Erste Variation der Bogenlänge

$$\delta\mathcal{L}(c_s) = \langle \delta c_s, c' \rangle|_a^b - \int_a^b \langle \delta c_s, c'' \rangle \tag{2.17}$$

Beweis: Die Bogenlänge von c_s ist $\mathcal{L}(c_s) = \int_a^b |c_s'(t)| dt$. Die Ableitung des Integranden ergibt $\delta|c_s'| = \delta\sqrt{\langle c_s', c_s' \rangle} = \langle \delta c_s', c' \rangle / |c'| = \langle \delta c_s', c' \rangle$, da $|c'| = 1$. Mit $\langle \delta c_s', c' \rangle = \langle \delta c_s, c' \rangle' - \langle \delta c_s, c'' \rangle$ folgt („*partielle Integration*“):

$$\delta\mathcal{L}(c_s) = \int_a^b \langle \delta c_s', c' \rangle = \int_a^b \langle \delta c_s, c' \rangle' - \int_a^b \langle \delta c_s, c'' \rangle = \langle \delta c_s, c' \rangle|_a^b - \int_a^b \langle \delta c_s, c'' \rangle$$

□

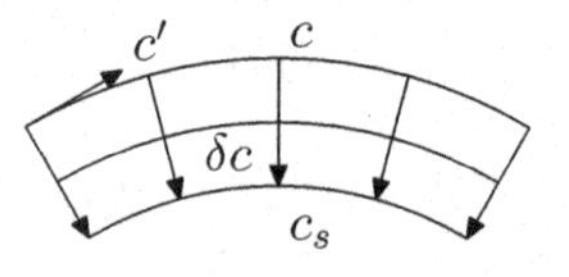

Die Längenänderung (2.17) setzt sich also aus zwei Anteilen zusammen: Der erste Term $\langle \delta c_s, c' \rangle|_a^b$ wird durch den Winkel zwischen Tangenten- und Variationsvektor am Anfang und am Ende bestimmt, der zweite $\int_a^b \langle \delta c_s, c'' \rangle$

[5] Ein *Vektorfeld* ist vorläufig einfach eine differenzierbare Funktion von unserem Parameterbereich $[a, b]$ nach $\mathbb{R}^n$.

durch den Anteil des Variationsvektors in Richtung von c''. Falls die Endpunkte für alle c_s gleich sind, $c_s(a) = c(a)$ und $c_s(b) = c(b)$ für alle s, dann wird die Längenänderung allein durch den zweiten Term in (2.17) bestimmt, d.h. durch den Vektor c'', der auch als *Krümmungsvektor* bezeichnet wird. Wenn δc_s in Richtung von c'' zeigt, ist $\delta\mathcal{L}(c_s) < 0$, d.h. die Nachbarkurven c_s sind kürzer als c.

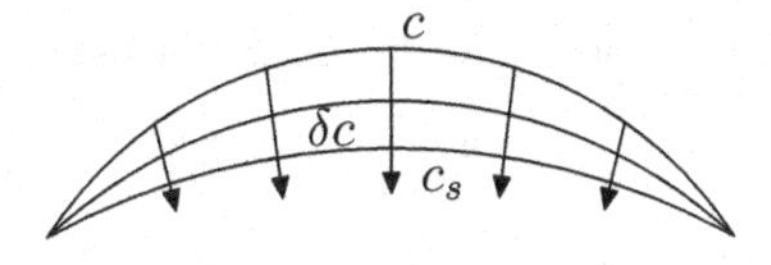

2.3 Krümmung

Die *Krümmung* einer Kurve $c : I \to \mathbb{E}^n$ ist ein Maß dafür, wie schnell sich der Tangentenvektor c' ändert. Wird c nach Bogenlänge parametrisiert, dann ist die Ableitung $c' : I \to \mathbb{E}^n$ eine Kurve, deren Bild in der *Einheitssphäre* $\mathsf{S} := \mathsf{S}^{n-1} = \{v \in \mathbb{E}^n;\ |v| = 1\}$ liegt. Ihre Ableitung c'' ist der *Krümmungsvektor*, und dessen Betrag die *Krümmung* κ der Kurve c:

$$\kappa(t) = |c''(t)| \tag{2.18}$$

für alle $t \in I$. Die Krümmung verschwindet genau dann, wenn $c'' = 0$ und c daher eine (nach Bogenlänge parametrisierte) Gerade ist; allgemein stellt sie ein Maß für die Abweichung der Kurve c von der geraden Linie dar.

Im Fall $n = 2$ gibt es eine Besonderheit: Auf der *Kreislinie* $\mathsf{S} = \mathsf{S}^1$ kann sich der Vektor c' nur in zwei Richtungen bewegen. Deshalb können wir hier der Krümmung noch zusätzlich ein Vorzeichen geben: positiv, wenn c' sich auf dem Kreis im mathematisch positiven Sinn, also gegen den Uhrzeigersinn bewegt, andernfalls negativ. Linkskurven haben deshalb positive Krümmung, Rechtskurven negative.

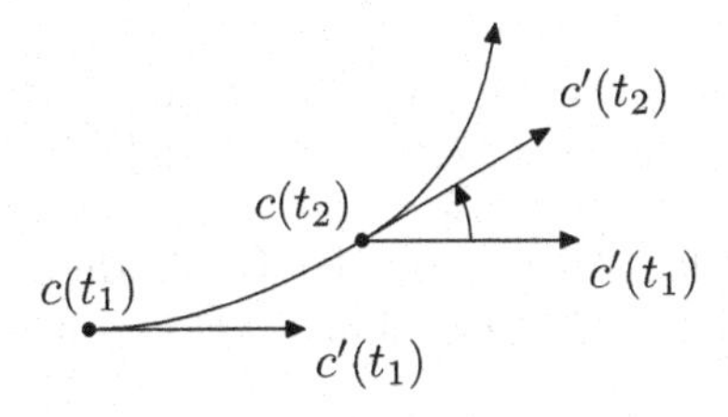

Um dies etwas präziser zu machen, betrachten wir den *orientierten Einheitsnormalenvektor* der Kurve. Das ist für jedes $t \in I$ der Vektor $n(t) \in \mathbb{E}^2$ mit der Eigenschaft, dass das Paar $(c'(t), n(t))$ eine orientierte Orthonormalbasis bildet. Mit anderen Worten, $n(t)$ entsteht aus $c'(t)$ durch die 90°-Drehung nach links, also

$$n(t) = J\,c'(t) \tag{2.19}$$

mit $J = \begin{pmatrix} 0 & -1 \\ 1 & 0 \end{pmatrix}$; bei der üblichen Identifizierung von $\mathbb{E}^2$ mit $\mathbb{C}$ wird J gerade die Multiplikation mit $i = \sqrt{-1}$. Weil c' ein Einheitsvektor ist, muss c'' auf c' senkrecht stehen (aus $\langle c', c' \rangle = 1$ folgt $0 = \langle c', c' \rangle' = 2\langle c'', c' \rangle$). Damit ist c'' ein Vielfaches von n, genauer $c'' = \langle c'', n \rangle \, n$, und dieses Vielfache

$$\kappa = \langle c'', n \rangle \tag{2.20}$$

ist die (mit Vorzeichen versehene) *Krümmung* der ebenen Kurve c. Demnach ist

$$c'' = \kappa n \, . \tag{2.21}$$

Aus (2.20) folgt weiterhin mit $0 = \langle c', n \rangle' = \langle c'', n \rangle + \langle c', n' \rangle$:

$$\kappa = -\langle c', n' \rangle, \tag{2.22}$$

und damit gilt auch $n' = -\kappa c'$. Die beiden Gleichungen

$$c'' = \kappa n, \quad n' = -\kappa c' \tag{2.23}$$

heißen die *Frenet-Gleichungen* der ebenen Kurve c; vgl. (2.40).

Wenn eine reguläre Kurve nicht nach Bogenlänge, sondern beliebig parametrisiert ist, so erhalten wir für die Krümmung den Ausdruck

$$\kappa = \det(c', c'')/|c'|^3. \tag{2.24}$$

Dieser Ausdruck ist nämlich invariant unter orientiertem Parameterwechsel, d.h. für $\tilde{c} = c \circ \phi$ ist $\tilde{\kappa} = \kappa \circ \phi$, und für Bogenlängenparameter ($|c'| = 1$) ergibt sich wieder $\kappa = \langle c'', n \rangle$ (vgl. Übung 4).

Beispiel: Wir betrachten einen Kreis mit Mittelpunkt $m \in \mathbb{E}^2$ und Radius $r > 0$. Dieser wird nach Bogenlänge parametrisiert durch die Kurve

$$c(t) = m + (r \cos \frac{t}{r}, r \sin \frac{t}{r}) \tag{2.25}$$

mit den Ableitungen $c'(t) = (-\sin \frac{t}{r}, \cos \frac{t}{r})$ und $c''(t) = -\frac{1}{r}(\cos \frac{t}{r}, \sin \frac{t}{r})$. Der Normalenvektor ist $n(t) = Jc'(t) = -(\cos \frac{t}{r}, \sin \frac{t}{r})$ und damit ist die Krümmung $\kappa(t) = \langle c''(t), n(t) \rangle = \frac{1}{r}$.

Etwas allgemeiner kann man einen Kreis mit Radius r und Mittelpunkt m auch mit Hilfe eines beliebigen Einheitsvektors $e \in \mathbb{E}^2$ folgendermaßen schreiben:

$$c(t) = m + e \cdot r \cos \frac{t - t_o}{r} + Je \cdot r \sin \frac{t - t_o}{r} \, ; \tag{2.26}$$

dabei ist

$$c(t_o) = m + re, \quad c'(t_o) = Je, \quad c''(t_o) = -e/r. \tag{2.27}$$

Für $e = (1, 0)$ und $t_o = 0$ ergibt sich die vorherige Darstellung (2.25).

Eine *beliebige* nach Bogenlänge parametrisierte Kurve $c : I \to \mathbb{E}^2$ mit Krümmung $\kappa \neq 0$ kann bei jedem Parameterwert $t_o \in I$ durch einen Kreis c_{t_o} approximiert werden, der bis zur zweiten Ordnung mit der Kurve übereinstimmt, dem *Krümmungskreis* von c bei t_o. Dieser hat den Radius[6] $r = 1/\kappa(t_o)$ (*Krümmungsradius*) und Mittelpunkt $m = c(t_o) + r \cdot n(t_o)$ (*Krümmungsmittelpunkt*). Wenn wir in der Darstellung (2.26) $Je = c'(t_o)$ und damit $e = -n(t_o)$ setzen, dann stimmen nach (2.27) und (2.21) der Wert und die ersten beiden Ableitungen von c_{t_o} und c bei t_o überein.

Unter allen Kreisen, die die Kurve c im Punkt $c(t_o)$ *berühren*, also dieselbe Tangente haben, ist der Krümmungskreis folgendermaßen bestimmt: Er scheidet die Kreise, die nahe $c(t_o)$ auf der *rechten* Seite der Kurve liegen, von denen, die auf der *linken* Seite liegen. Dabei muss die Tangente ebenfalls als berührender Kreis, nämlich mit Radius ∞, aufgefasst werden. [7]

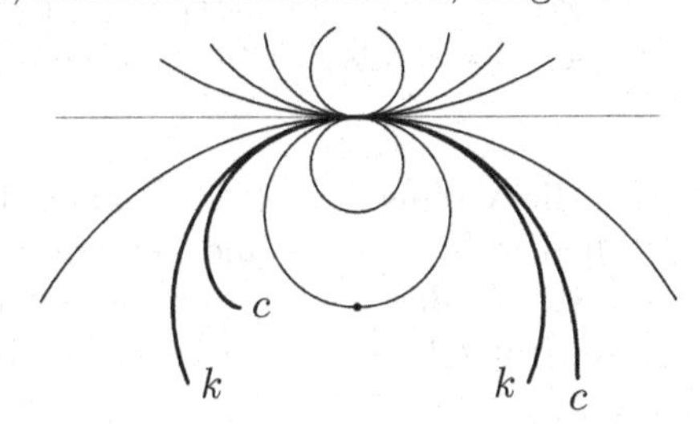

Auf einer Eisenbahnfahrt ist der Krümmungsmittelpunkt der Bahnstrecke in der Landschaft leicht auszumachen: Wenn der Zug eine Linkskurve fährt und man zum (bezüglich der Fahrtrichtung) linken Fenster hinausschaut, dann scheinen sich die nahe an der Bahnstrecke liegenden Gegenstände gegenüber dem Fensterrahmen nach links zu bewegen, die weit entfernten dagegen nach rechts. Dazwischen gibt es einen Ort, der momentan zu ruhen scheint; das ist der Krümmungsmittelpunkt.

Wir fragen uns als nächstes, wieweit eine Kurve durch ihre Krümmung bestimmt ist: Wenn $\kappa : I = [a, b] \to \mathbb{R}$ die Krümmung einer nach Bogenlänge parametrisierten ebenen Kurve $c : I \to \mathbb{E}^2$ ist, wird diese dann durch die Funktion κ eindeutig festgelegt? Sicherlich können wir sie in der Ebene verschieben oder drehen, ohne ihre Krümmung zu verändern, d.h. die Kurve $\tilde{c}(t) = Ac(t) + b$ hat für jede Drehmatrix A und jeden Verschiebungsvektor b dieselbe Krümmung; allerdings darf A keine Spiegelung sein, sonst würde eine Links- in eine Rechtskurve überführt und damit das Vorzeichen der Krümmung verändert. Bis auf solche Bewegungen ist die Kurve durch ihre Krümmung κ eindeutig bestimmt, wie wir gleich sehen werden; dabei ist $\int \kappa$ der *Winkel* φ, um den der Tangentenvektor $v = c'$ von einer Ausgangsposition aus gedreht wird. Zunächst zeigen wir, dass dieser Winkel eindeutig bestimmt ist (nicht nur bis auf Vielfache von 2π). Allgemein gilt:

[6] Dieser „Radius“ darf auch negativ und sogar unendlich sein.

[7] Man sieht dies am einfachsten, wenn man c und die berührenden Kreise als Graphen parametrisiert; vgl. Aufgabe 5

Lemma 2.3.1. *Jede C^1-Abbildung $v : I \to \mathbb{S}^1$ bestimmt eindeutig eine stetige Funktion $\kappa : I \to \mathbb{R}$ mit*

$$v' = \kappa J v, \tag{2.28}$$

und umgekehrt ist v durch κ und $v_o := v(t_o)$ für ein $t_o \in I$ eindeutig bestimmt:

$$v(t) = e^{i\varphi(t)} v_o \tag{2.29}$$

$$\varphi(t) = \int_{t_o}^{t} \kappa(\tau) d\tau. \tag{2.30}$$

Beweis: Da $\langle v, v\rangle = 1$, ist $v' \perp v$, also sind v' und Jv linear abhängig, d.h. $v' = \kappa J v$ mit $\kappa = \langle v', Jv\rangle$. Ist umgekehrt $v : I \to \mathbb{S}^1$ differenzierbar mit $v' = \kappa J v = \kappa i v$ (bei Identifizierung von $\mathbb{E}^2$ mit $\mathbb{C}$), wobei $\kappa : I \to \mathbb{R}$ eine stetige Funktion ist, so folgt $v = v_o e^{i\varphi}$ mit $\varphi(t) = \int_{t_o}^t \kappa$, denn $(ve^{-i\varphi})' = (v' - i\varphi' v)e^{-i\varphi} = (v' - \kappa i v)e^{-i\varphi} = 0$, also ist $ve^{-i\varphi} = const = v_o$ und damit $v = v_o e^{i\varphi}$. □

Bemerkung: Wir können die Voraussetzung „C^1" auch durch „stetig und stückweise C^1" abschwächen, d.h. es gibt eine Zerlegung $a = t^0 < t^1 < \ldots < t^N = b$ mit der Eigenschaft, dass $c|_{[t^{i-1}, t^i]}$ stetig differenzierbar ist für $i = 1, \ldots, N$. Dann wenden wir den Beweis an auf jedes der Intervalle $[t^{i-1}, t^i]$ anstelle von I und t^{i-1} anstelle von t_o.[8]

Satz 2.3.1. *Zu jeder stetigen Funktion $\kappa : I \to \mathbb{R}$ gibt es genau eine nach Bogenlänge parametrisierte C^2-Kurve $c : I \to \mathbb{E}^2 = \mathbb{C}$ mit Krümmung κ, wobei wir für ein festes $t_o \in I$ die Anfangswerte $c(t_o) = x_o$ und $c'(t_o) = v_o$ noch frei vorgeben dürfen. Und zwar ist*

$$\begin{aligned} c(t) &= x_o + \int_{t_o}^{t} v(\tau) d\tau, \\ v(t) &= c'(t) = e^{i\varphi(t)} v_o, \\ \varphi(t) &= \int_{t_o}^{t} \kappa(\tau) d\tau. \end{aligned} \tag{2.31}$$

Beweis: Dies folgt aus dem eben bewiesenen Lemma 2.3.1 mit (2.21) und (2.19). □

Die Zahl

$$\bar{\kappa}(c|_{[t_o, t_1]}) = \int_{t_o}^{t_1} \kappa(t) dt = \varphi(t_1) - \varphi(t_o) \tag{2.32}$$

nennt man die *Totalkrümmung* der Kurve $c|_{[t_o, t_1]}$. Sie ist der Gesamtwinkel, den der Einheitsvektor $c'(t)$ für $t_o \le t \le t_1]$ durchmisst.

---

[8] Für (2.29) reicht es sogar, wenn v nur stetig ist, denn solange $v(t)$ in einem Halbkreis bleibt, können wir leicht (ohne (2.30) einen stetig von t abhängige Winkel $\varphi(t)$ mit (2.29) finden, und diese lokal definierten Winkel lassen sich leicht zu einer stetigen Funktion $\varphi : I \to \mathbb{R}$ zusammensetzen.

2.4 Totalkrümmung geschlossener ebener Kurven

Eine reguläre (nach Bogenlänge parametrisierte) Kurve $c : [a, b] \to \mathbb{E}^2$ heißt *geschlossen*, wenn $c(a) = c(b)$ und $c'(a) = c'(b)$. Setzen wir wieder $c'(t) = e^{i\varphi(t)}$ für eine stetige Funktion $\varphi : [a, b] \to \mathbb{R}$, so ist $\varphi(b) - \varphi(a)$ ein ganzzahliges Vielfaches von 2π: Nach (2.32) ist $\varphi(b) - \varphi(a)$ die Totalkrümmung $\bar{\kappa}(c)$, also der Gesamtwinkel, den c' von a bis b durchmisst, und da $c'(a) = c'(b)$, muss dies ein Vielfaches von 2π sein. Wir erhalten demnach

$$\bar{\kappa}(c) = 2\pi k \tag{2.33}$$

für eine ganze Zahl k, die *Tangentendrehzahl* genannt wird, denn sie gibt an, wie oft der Tangentenvektor $c'(t)$ die Kreislinie umläuft, wenn wir den Parameter t das ganze Intervall $[a, b]$ durchlaufen lassen. Wenn wir die geschlossene Kurve stetig deformieren, und zwar so, dass auch der Tangentenvektor stetig deformiert wird (*„reguläre Homotopie“*), kann sich diese Zahl nicht ändern, weil sie stetig vom Deformationsparameter abhängt, aber immer ganz bleiben muss. Nach dem *Satz von Whitney und Graustein*[9] gilt auch die Umkehrung: Wenn zwei geschlossene Kurven dieselbe Tangentendrehzahl haben, lassen sie sich durch eine reguläre Homotopie ineinander deformieren, wie zum Beispiel in der folgenden Figur:

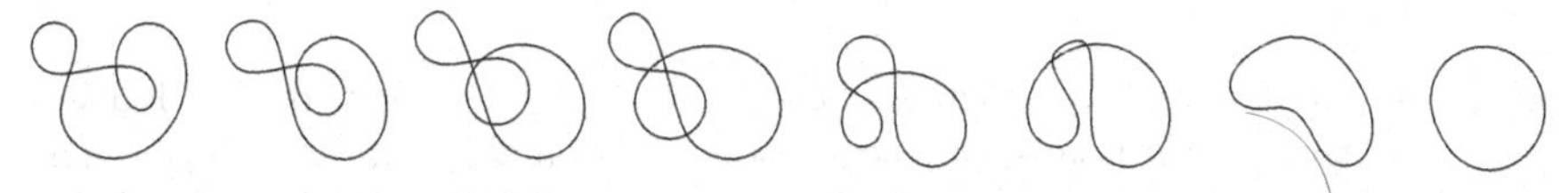

Eine geschlossene Kurve $c : [a, b] \to \mathbb{E}^2$ heißt *einfach geschlossen*, wenn sie injektiv auf $[a, b)$ ist, also kein Punkt doppelt durchlaufen wird (keine Selbstschnitte). Der *Umlaufsatz von Hopf*[10] besagt nun:

Satz 2.4.1. *Eine einfach geschlossene Kurve hat Tangentendrehzahl* ± 1.

Beweis: Wir können die Kurve $c : [a, b] \to \mathbb{E}^2$ periodisch auf ganz $\mathbb{R}$ fortsetzen, wobei $[a, b]$ ein Periodenintervall wird. Die Aussage bleibt dieselbe, wenn wir $[a, b]$ durch ein beliebiges anderes Intervall derselben Länge (ein anderes Periodenintervall) ersetzen. Setzen wir $c(t) = (x(t), y(t))$, so besitzt die periodische Funktion $y(t)$ ein Minimum, und wir können nun ohne Einschränkung annehmen, dass dieses bei $t = a$ liegt. Nach einer Verschiebung des Koordinatensystems (Anwendung einer Translation) können wir außerdem $c(a) = (0, 0)$ annehmen; insbesondere gilt dann $y(t) \geq 0$ für alle $t \in [a, b]$. Da $y'(a) = 0$, ist $c'(a) = \pm e_1$; durch Wahl der Parametrisierungsrichtung dürfen wir $c'(a) = e_1$ voraussetzen.

[9] Hassler Whitney, 1907 (New York) – 1989 (Dents Blanches, Schweiz): On Regular Closed Curves in the Plane. Compos. Math. 4, 276–284, 1937. Ein graphischer Beweis dieses Satzes wird in dem Film „Outside In“ vorgeführt, siehe http://www.geom.uiuc.edu/docs/outreach/oi/scene6.html

[10] Heinz Hopf, 1894 (Breslau) – 1971 (Zürich)

Wir werden den Tangentenvektor $c' : I = [a, b] \to \mathsf{S}^1$ mit Hilfe der Sekanten der Kurve zu einer Abbildung von zwei Variablen fortsetzen. Für jeden Vektor $w \in \mathbb{R}^2 \setminus \{0\}$ betrachten wir den zugehörigen Einheitsvektor $\frac{w}{|w|}$ und insbesondere den *Sekanteneinheitsvektor*

$$v(s,t) = \frac{c(t) - c(s)}{|c(t) - c(s)|} \tag{2.34}$$

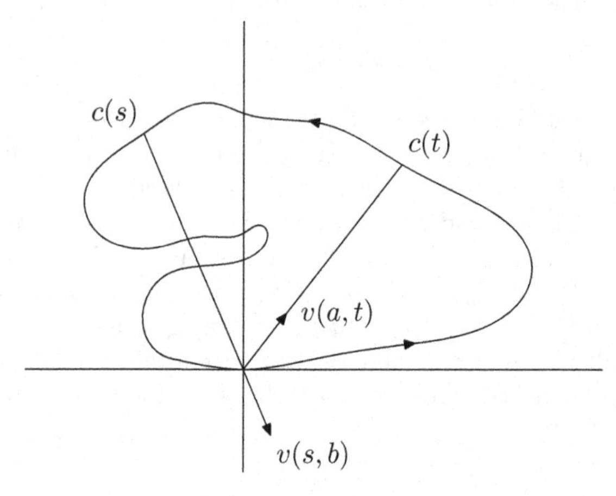

Dieser ist für alle $(s, t) \neq (a, b)$ mit $a \leq s < t \leq b$ definiert, da die Kurve $c|_{(a,b)}$ injektiv ist. Wir können ihn sogar noch auf den abgeschlossenen Bereich $\Delta := \{(s, t) \in I \times I;\ s \leq t\}$ stetig fortsetzen; die fehlenden Werte erhalten wir durch die Limiten

$$v(t,t) := \lim_{s \nearrow t} \frac{c(t) - c(s)}{|c(t) - c(s)|} = \lim_{s \nearrow t} \frac{\frac{c(t)-c(s)}{t-s}}{\frac{|c(t)-c(s)|}{t-s}} = \frac{c'(t)}{|c'(t)|} = c'(t),$$

$$v(a,b) := \lim_{s \searrow a} \frac{c(b) - c(s)}{|c(b) - c(s)|} = \lim_{s \searrow a} \frac{\frac{c(a)-c(s)}{a-s}}{\frac{|c(a)-c(s)|}{a-s}} = \frac{c'(a)}{-|c'(a)|} = -e_1$$

(man beachte $|c'| = 1$). Dann ist $v(s, t) = e^{i\varphi(s,t)}$ für eine stetige Funktion $\varphi : \Delta \to \mathbb{R}$ wie im Lemma 2.3.1,[11] und wir erhalten

$$\bar{\kappa}(c) = \varphi(b, b) - \varphi(a, a) = \varphi(b, b) - \varphi(a, b) + \varphi(a, b) - \varphi(a, a). \tag{$*$}$$

Nun ist $\varphi(a, b) - \varphi(a, a) = \pi$, denn die Kurve $t \mapsto v(a, t) = \frac{c(t)-c(a)}{|c(t)-c(a)|}$ der vom Punkt $c(a)$ ausgehenden Sekanteneinheitsvektoren ist am Anfang ($t = a$) gleich e_1 und am Ende ($t = b$) gleich $-e_1$ und bleibt ganz in der oberen Halbebene, sie durchmisst also den Winkel π. Ebenso durchmisst auch die

[11] Z.B. könnte man mit Lemma 2.3.1 zuerst $\varphi(t, t)$ für $t \in [a, b]$ und dann $\varphi(s, t)$ für $s \in [a, t]$ definieren.

Kurve $s \mapsto v(s,b) = e(c(b)-c(s))$ den Winkel π, denn sie ist am Anfang $s = a$ gleich $-e_1$ und am Ende $s = b$ gleich e_1 und sie bleibt ganz in der unteren Halbebene. Deshalb ist auch $\varphi(b,b) - \varphi(a,b) = \pi$ und die Behauptung folgt aus $(*)$. □

2.5 Totalkümmung von Raumkurven

Für eine nach Bogenlänge parametrisierte Raumkurve $c : I = [a,b] \to \mathbb{E}^3$ (wir könnten $\mathbb{E}^3$ auch durch $\mathbb{E}^n$ ersetzen) mit Krümmung $\kappa = |c''|$ definieren wir die *Totalkrümmung* als

$$\bar{\kappa}(c) = \int_I \kappa(\tau)d\tau = \int_I |c''| = \mathcal{L}(c'), \tag{2.35}$$

wobei $L(c')$ die *Länge* der vom Tangentenvektor beschriebenen Kurve $c' : I \to \mathsf{S}^2 \subset \mathbb{E}^3$ ist. Wieder ist diese Größe besonders interessant für *geschlossene* Kurven ($c(b) = c(a)$, $c'(b) = c'(a)$). Der folgende Satz wurde 1929 von W. Fenchel[12] bewiesen:

Satz 2.5.1. *Für eine geschlossene C^2-Raumkurve c ist $\bar{\kappa}(c) \geq 2\pi$,*

Beweis: Es sei $c : I \to \mathbb{E}^3$ geschlossen und nach Bogenlänge parametrisiert. Warum kann die Länge des *Tangentenbildes*, d.h. der Kurve $v = c' : I \to \mathsf{S}^2$ nicht kleiner als 2π sein? Die Idee dazu ist, dass eine kurze geschlossene Kurve v auf S^2 ganz in einer *Halbsphäre* $\mathsf{H}_p := \{x \in \mathsf{S}^2;\ \langle x,p\rangle > 0\}$ für einen festen Vektor $p \in \mathsf{S}^2$ liegen müsste (siehe nachfolgendes Lemma 2.5.1). Aber das ist für $v = c'$ unmöglich, denn weil c geschlossen ist, verschwindet das Integral von v:

$$\int_I v(t)dt = \int_I c'(t)dt = c(b) - c(a) = 0.$$

Wäre $v(t) \in \mathsf{H}_p$ für alle t, dann wäre $\langle v,p\rangle > 0$, aber $\int_I \langle v,p\rangle = \langle \int_I v, p\rangle = 0$; das ist ein Widerspruch. □

Lemma 2.5.1. *Es sei v eine geschlossene rektifizierbare Kurve (z.B. C^1) in $\mathsf{S}^2 \subset \mathbb{E}^3$ mit Länge $L < 2\pi$. Dann liegt v ganz in einer offenen Halbsphäre.*

Beweis:[13] Wir denken uns die Kurve $v : [0,L] \to \mathsf{S}^2$ nach Bogenlänge parametrisiert. Insbesondere gilt für alle $t \in [0, L/2]$

$$t = \mathcal{L}(v|_{[0,t]}) \geq \angle(v(0), v(t)),$$

[12] Werner Fenchel, 1905 (Berlin) - 1988 (Kopenhagen)

[13] Dieser Beweis stammt von Jens Heber (1996)

denn der (im $\mathbb{E}^3$ gemessene) Winkel $\angle(v(0), v(t))$ ist die Länge des Großkreisbogens von $v(0)$ nach $v(t)$, der kürzesten Verbindung zwischen diesen Punkten auf der Kugelfläche S^2 (vgl. Kap. 5, Übung 3 und Satz 5.4.1). Im Intervall $[0, \pi]$ ist die Cosinusfunktion streng monoton fallend, und damit gilt für alle $t \in [0, L/2] \subset [0, \pi]$:

$$\cos t \leq \cos \angle(v(0), v(t)) = \langle v(0), v(t) \rangle \tag{2.36}$$

mit (1.6). Ebenso können wir vom Endpunkt $v(L)$ ausgehen und erhalten für alle $t \in [0, L/2]$:

$$t = \mathcal{L}(v|_{[L-t,L]}) \geq \angle(v(L), v(L-t))$$

und damit

$$\cos t \leq \cos \angle(v(L), v(L-t)) = \langle v(L), v(L-t) \rangle. \tag{2.37}$$

Für das Integral $p := \int_0^L v(t)dt$ ergibt sich mit $(*)$ $v(L) = v(0)$:

$$\begin{aligned} \langle v(0), p \rangle &= \int_0^L \langle v(0), v(t) \rangle dt \\ &\stackrel{(*)}{=} \int_0^{L/2} \langle v(0), v(t) \rangle dt + \int_0^{L/2} \langle v(L), v(L-t) \rangle dt \\ &\geq 2 \int_0^{L/2} \cos t \, dt = 2 \sin(L/2) > 0. \end{aligned}$$

Aber der Parameterwert 0 ist in keiner Weise ausgezeichnet: Wir können die Abbildung v periodisch auf ganz $\mathbb{R}$ fortsetzen, und jedes Intervall der Länge L ist ein Periodenintervall. Das Integral von v über jedes Periodenintervall ist gleich (nämlich $= p$): Für das Integral über eine L-periodische Funktion gilt $\int_s^{s+L} = \int_s^L + \int_L^{L+s} = \int_s^L + \int_0^s = \int_0^L$ für alle $s \in (0, L)$. Daher folgt $\langle v(s), p \rangle > 0$ für alle $s \in [0, L]$, also verläuft die Kurve v ganz in H_p. □

Bemerkung 1: Zum Satz 2.5.1 gehört auch eine Gleichheitsdiskussion:

$\bar{\kappa}(c) = 2\pi \iff$ *c ist eine einfach geschlossene konvexe Kurve in einer Ebene.*

Die drei Formelzeilen nach (2.37) gelten nämlich auch noch unter der schwächeren Voraussetzung $L \leq 2\pi$, nur das letzte „$>$" ist durch „$\geq$" zu ersetzen. Aber für $v = c'$ gilt $p = 0$, also tritt hier der Gleichheitsfall ein. Damit tritt Gleichheit auch in (2.36) und (2.37) ein. Diese Gleichheiten bedeuten, dass die Kurven $v(t)$ für $t \in [0, L/2]$ und für $t \in [L/2, L]$ Kürzeste sind, also Großkreisbögen. Da wir den Anfang der Periode beliebig wählen dürfen, muss die ganze Kurve $v(t)$ ein Großkreis sein. Insbesondere liegen alle Vektoren $v(t)$ in ein und derselben Ebene; die Kurve c ist damit eine geschlossene ebene Kurve. Jede Richtung $w \in \mathsf{S}^1$ muss mindestens einmal tangential an c sein, d.h. es gibt ein $t \in [0, L]$ mit $c'(t) = \pm w$.[14] Der Einheitsvektor c' durchläuft

[14] Die Funktion $f_w(t) = \langle c(t), Jw \rangle$ besitzt im Intervall $[0, L]$ ein Minimum (und ein Maximum); dort ist $0 = f_w'(t) = \langle c'(t), Jw \rangle$, also $c'(t) \perp Jw$, d.h. $c'(t) = \pm w$.

also mindestens einen Halbkreis. Da die Länge der Bahn von c' gleich 2π ist, muss c' entweder den Kreis genau einmal durchlaufen – dann ist c eine konvexe ebene Kurve – oder einen Halbkreis genau einmal hin und zurück durchlaufen, aber das widerspräche der Gleichung $\int_I c' = 0$.

Bemerkung 2: Der Satz von Fenchel besitzt eine berühmte Verschärfung von Fary[15] und Milnor[16], welche besagt: *Wenn eine geschlossene Raumkurve verknotet ist, dann ist ihre Totalkrümmung sogar größer als* 4π.

2.6 Torsion

In höheren Dimensionen $n \geq 3$ reicht die Krümmung κ nicht mehr aus, um eine nach Bogenlänge parametrisierte Kurve $c : I \to \mathbb{E}^n$ eindeutig bis auf *eigentliche Bewegungen*[17] zu kennzeichnen.

Beispiel: Die Kurve $c : \mathbb{R} \to \mathbb{E}^3$, $c(t) = (a\cos t, a\sin t, bt)$ ist nach der Bogenlänge parametrisiert, wenn $a^2 + b^2 = 1$. Für $a, b \neq 0$ heißt sie *Schraubenlinie.* Sie hat konstante Krümmung $\kappa = |c''| = a$ wie der Kreis vom Radius $1/a$, liegt aber nicht in einer Ebene.

Wir benötigen also weitere Größen. Dazu setzen wir voraus, dass die Kurve nach Bogenlänge parametrisiert und $(n-1)$-mal stetig differenzierbar (C^{n-1}) ist, und die ersten $n-1$ Ableitungen $c'(t), c''(t), \ldots, c^{(n-1)}(t)$ sollen an jeder Stelle t linear unabhängig sein; eine solche Kurve heißt *Frenet-Kurve.*[18] Nun betrachten wir die *Gram-Schmidt-Orthonormalisierung*[19] $b_1(t), \ldots, b_{n-1}(t)$ der Vektoren $c'(t), \ldots, c^{(n-1)}(t)$; dabei ist $b_1 = c'/|c'| = c'$ und $b_j = a_j/|a_j|$ mit

$$a_j = c^{(j)} - \sum_{i=1}^{j-1} \langle c^{(j)}, b_i \rangle \, b_i, \tag{2.38}$$

insbesondere ist $b_1 = c'$, $a_2 = c''$ und $b_2 = c''/|c''|$. Wir nehmen noch den eindeutig bestimmten Vektor $b_n(t)$ hinzu, der $(b_1(t), \ldots, b_{n-1}(t))$ zu einer positiv orientierten Orthonormalbasis von $\mathbb{E}^n$ ergänzt.[20] Da $\langle b_i, b_j \rangle = \delta_{ij} = const$,

[15] I. Fary: Sur la courbure totale d'une courbe gauche faisant un nœud, Bull. Soc. Math. France 77, 128–138 (1949)

[16] J. Milnor: On the total curvature of knots, Ann. of Math. 52, 248–257 (1950)

[17] *Eigentliche Bewegungen* sind die orientierungserhaltenden isometrischen Abbildungen des euklidischen Raums $\mathbb{E}^n$, d.h. Verkettungen von Translationen $x \mapsto x + v$ mit orthogonalen linearen Abbildungen mit $x \mapsto Ax$ mit $\det A = 1$ (*Drehungen*), vgl. Kap. 1, Übung 8.

[18] Jean Frédéric Frenet, 1816–1900 (Périgueux)

[19] Jorgen Pedersen Gram, 1850 (Nustrup, Dänemark) – 1916 (Kopenhagen), Erhard Schmidt, 1876 (Dorpat, jetzt Tartu, Estland) – 1959 (Berlin)

[20] Es gilt $b_n = b_1 \times \ldots \times b_{n-1}$, wobei auf der rechten Seite das verallgemeinerte *Vektorprodukt* von $b_1, \ldots, b_{n-1}$ steht; vgl. Kapitel 4, Fußnote 2, S. 46

ist $\langle b_i, b_j\rangle' = 0$, also $\langle b_i', b_j\rangle = -\langle b_j', b_i\rangle$. Weiterhin ist b_i eine Linearkombination von $c', \dots, c^{(i)}$, also ist b_i' eine Linearkombination von $c', \dots, c^{(i+1)}$ und damit von $b_1, \dots, b_{i+1}$. Somit ist $\langle b_i', b_j\rangle = 0$ für $j \geq i+2$. Die antisymmetrische Matrix $(\langle b_i', b_j\rangle)$ hat daher nur Einträge auf der ersten Nebendiagonalen oberhalb und unterhalb der Hauptdiagonalen. Diese bezeichnen wir mit

$$\kappa_i := \langle b_i', b_{i+1}\rangle = -\langle b_{i+1}', b_i\rangle, \tag{2.39}$$

insbesondere ist $\kappa_1 = \langle c'', \frac{c''}{|c''|}\rangle = |c''| = \kappa$. Damit ergeben sich die *Frenetschen Gleichungen*, die in Matrixform folgendermaßen lauten:

$$(b_1, \dots, b_n)' = (b_1, \dots, b_n) \begin{pmatrix} 0 & -\kappa_1 & & & \\ \kappa_1 & 0 & -\kappa_2 & & \\ & \ddots & \ddots & \ddots & \\ & & \kappa_{n-2} & 0 & -\kappa_{n-1} \\ & & & \kappa_{n-1} & 0 \end{pmatrix} \tag{2.40}$$

also

$$b_1{}' = \kappa_1 b_2, \quad b_2{}' = -\kappa_1 b_1 + \kappa_2 b_3, \quad \dots, \quad b_n{}' = -\kappa_{n-1} b_{n-1}. \tag{2.41}$$

Dies ist eine lineare Differentialgleichung für die Matrix

$$B(t) = (b_1(t), \dots, b_n(t)),$$

die zu vorgegebenen Funktionen $\kappa_1, \dots, \kappa_{n-1} : I \to \mathbb{R}$ und zu jedem Anfangswert $B(t_o)$ eine auf ganz I definierte eindeutige Lösung besitzt (Satz B.2.1); insbesondere ist dann $c' = b_1$ bestimmt. Also bestimmen die Funktionen $\kappa_1, \dots, \kappa_{n-1}$ die Kurve c wieder eindeutig bis auf Bewegungen.

Man nennt $b_1 = c'$ den *Tangentenvektor* und $b_2 = c''/|c''|$ den *Normalenvektor*. Die von b_1, b_2 aufgespannte Ebene wird *Schmiegebene* der Kurve genannt. Im Fall $n = 3$ heißt $b_3 = b_1 \times b_2$ (Vektorprodukt) der *Binormalenvektor*, und die Größe

$$\tau := \kappa_2 = \langle b_2', b_3\rangle \tag{2.42}$$

heißt *Torsion* oder *Windung* der Kurve c. Die Frenetschen Gleichungen in $\mathbb{E}^3$ lauten damit

$$b_1' = \kappa b_2, \quad b_2' = -\kappa b_1 + \tau b_3, \quad b_3' = -\tau b_2. \tag{2.43}$$

Die Torsion misst, wie stark eine Kurve im Raum von einer ebenen Kurve abweicht:

Satz 2.6.1. *Eine Frenet-Kurve $c : I \to \mathbb{E}^3$ (also $c \in C^2$, $|c'(t)| = 1$, $c''(t) \neq 0$ für alle $t \in I$) liegt genau dann in einer Ebene, wenn ihre Torsion τ überall verschwindet.*

Beweis: $\tau = 0 \iff b_3' = 0$ (Frenetsche Gleichungen (2.43)) $\iff b_3 = const \iff \forall_{t \in I}\ c'(t) \in E_o := (b_3)^\perp \iff \forall_{t \in I}\ c(t) \in E = c(t_o) + E_o$. □

Wenn $c : I \to \mathbb{E}^3$ eine Frenetkurve ist, die nicht mehr notwendig nach Bogenlänge parametrisiert ist, d.h. $c'(t), c''(t)$ sind linear unabhängig für alle $t \in I$, dann sind Krümmung und Torsion folgendermaßen zu berechnen:

$$\kappa = |c' \times c''|/|c'|^3, \quad \tau = \det(c', c'', c''')/|c' \times c''|^2. \tag{2.44}$$

Diese Ausdrücke ändern sich nämlich nicht bei orientiertem Parameterwechsel: Für die umparametrisierte Kurve $\tilde{c} = c \circ \phi$ gilt $\tilde{\kappa} = \kappa \circ \phi$ und $\tilde{\tau} = \tau \circ \phi$, und für bogenlängenparametrisierte Kurven ergibt sich der frühere Wert (siehe Übung 16).

2.7 Übungsaufgaben

1. *Bogenlänge:* Zeigen Sie, dass die in (2.9) definierte Bogenlänge $\hat{\mathcal{L}}$ die Intervalladditivität (2.10) erfüllt.
2. *Zykloide:* Ein Rad mit Radius r rolle in der xy-Ebene auf der x-Achse nach rechts.

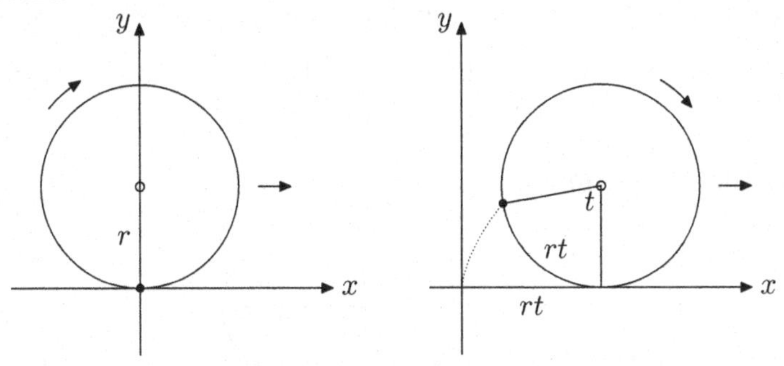

   a) Beschreiben Sie analytisch die Bahn eines Punktes auf der Peripherie des Rades (schwarzer Punkt) bei einer vollen Radumdrehung als Kurve $c : [0, 2\pi] \to \mathbb{R}^2$ und skizzieren Sie diese. Der Anfangspunkt $c(0)$ ist der Ursprung 0, der Parameter t von c ist der Drehwinkel des Rades. Diese Kurve heißt *Zykloide.*
   b) Berechnen Sie die Bogenlänge von c.
   Hinweis: Aus $\cos^2 s + \sin^2 s = 1$ und $\cos^2 s - \sin^2 s = \cos 2s$ folgt $2 \sin^2 s = 1 - \cos 2s$.
3. *Krümmungsmittelpunkt als momentaner Ruhepunkt:* Gegeben sei eine nach Bogenlänge parametrisierte Kurve $c : I \to \mathbb{E}^2$ mit der Normalen $n = Jc'$ und Krümmung $\kappa > 0$. Für jedes $r > 0$ betrachten wir die *Parallelkurve* $c_r(t) = c(t) + rn(t)$ im Abstand r. Zeigen Sie: Die Parallelkurve ist genau dort stationär, wo r der *Krümmungsradius* von c ist, in Formeln: $c_r'(t) = 0 \iff r = 1/\kappa(t)$.

4. *Krümmung bei beliebigen Parametern:* Für eine reguläre Kurve $c : I \to \mathbb{E}^2$ wird die *Krümmung* wie folgt definiert:

$$\kappa = \frac{\det(c', c'')}{|c'|^3}. \tag{2.45}$$

Zeigen Sie:
a) Ist c nach Bogenlänge parametrisiert, so ist κ die früher definierte Krümmung, $\kappa = \langle c'', Jc' \rangle$.
b) Die durch (2.45) definierte Funktion ist invariant unter orientierten Parameterwechseln: Ist $\alpha : \tilde{I} \to I$ bijektiv und C^2 mit $\alpha' > 0$ und ist $\tilde{c} = c \circ \alpha$, und ist $\tilde{\kappa}$ entsprechend wie in (2.45) definiert, so gilt $\tilde{\kappa} = \kappa \circ \alpha$. Was gilt bei Orientierungsumkehrung ($\alpha' < 0$)?

5. *Graphenkurven:* Es sei $f : I \to \mathbb{R}$ eine C^2-Funktion und $c : I \to \mathbb{R}^2$ der zugehörige *Graph* in der xy-Ebene, d.h. die Kurve $c : I \to \mathbb{E}^2$, $c(x) = (x, f(x))$. Bestimmen Sie die Bogenlänge von $c|_{[a,b]}$ für $[a, b] \subset I$ sowie die Krümmung von c in Abhängigkeit von f und seinen Ableitungen f', f''.

6. *Bogenlängenparameter eines Graphen:* Es sei $c(x) = (x, f(x))$ eine Graphenkurve wie in der vorigen Aufgabe und $\tilde{c}(s) = c(x(s))$ die Umparametrisierung nach Bogenlänge (mit Parameterwechsel $s \mapsto x(s)$). Zeigen Sie

$$\frac{dx}{ds} = \frac{1}{\sqrt{1 + f'(x(s))^2}}. \tag{2.46}$$

7. *Krümmung der Ellipse:*

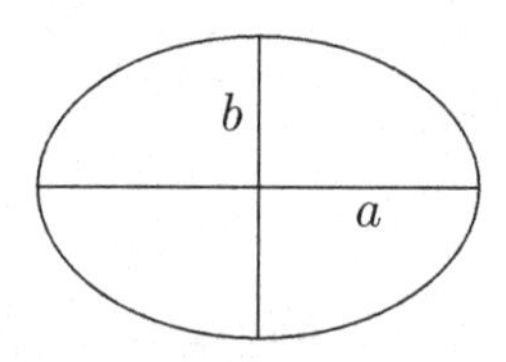

Zeigen Sie: Der Krümmungsradius der *Ellipse* $\{(x, y);\ \frac{x^2}{a^2} + \frac{y^2}{b^2} = 1\}$ ist $r_1 = \frac{a^2}{b}$ in den Punkten $(0, \pm b)$ und $r_2 = \frac{b^2}{a}$ in den Punkten $(\pm a, 0)$.

8. *Erdabplattung:* Die Erde ist eine um ihre kürzere Achse rotierende Ellipse mit den Halbachsen $a = 6378{,}137$ km und $b = 6356{,}752$ km, und damit $\frac{a^2}{b^2} \approx 1{,}00674$. Wie groß sind die Abstände von zwei um ein Grad differierenden Breitenkreisen am Äquator einerseits und am Pol andererseits? Wie groß ist demnach die Differenz, die *Maupertuis* und seine Zeitgenossen messen mussten (vergleiche S. 10)?

9. *Evolute und Evolvente:* Die *Evolute* einer nach Bogenlänge parametrisierten Kurve $c : I \to \mathbb{R}^2$ mit monoton wachsender positiver Krümmung ($\kappa > 0$, $\kappa' \geq 0$) und Einheitsnormale $n = Jc'$ ist die Kurve der Krümmungsmittelpunkte $\tilde{c} := c + \frac{1}{\kappa} n$. Die *Evolvente* („Abwickelnde“)

einer Kurve $\tilde{c}$ ist die Kurve c, die das lose Ende eines auf die Bahn von $\tilde{c}$ gewickelten Fadens beim Abziehen beschreibt: Die Strecke von $\tilde{c}(t)$ nach $c(t)$ ist im Punkte $\tilde{c}(t)$ tangential zur Kurve $\tilde{c}$ und die „Fadenlänge" $l(t) = \mathcal{L}(\tilde{c}|_{[t_o,t]}) + |\tilde{c}(t) - c(t)|$ ist konstant für alle $t \geq t_o$. Zeigen Sie: Die Kurve c ist die Evolvente ihrer Evolute $\tilde{c}$. *Hinweis:* Zeigen Sie dazu $l' = 0$.

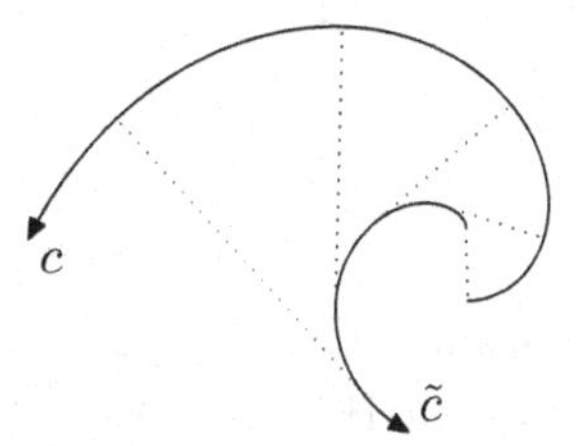

10. *Evolute der Zykloide:* Zeigen Sie, dass die Evolute der Zykloide

$$c : [0, 2\pi] \to \mathbb{R}^2, \quad c(t) = r(t - \sin t,\ 1 - \cos t) \tag{2.47}$$

wieder eine (verschobene und gespiegelte) Zykloide ist und zeichnen Sie die beiden Kurven! *Hinweise:* Beachten Sie, dass die Zykloide nicht nach Bogenlänge parametrisiert ist; daher ist jetzt $n = Jc'/|c'|$ und $\kappa = \det(c', c'')/|c'|^3$, also

$$\tilde{c} = c + \frac{|c'|^2}{\det(c', c'')} Jc'. \tag{2.48}$$

11. *Zykloide als Tautochrone:* Skizzieren Sie die (nach unten gedrehte) Zykloide $c(u) = r \cdot (u + \sin u, 1 - \cos u)$ und zeigen Sie folgende Eigenschaft: Ist $\tilde{c}$ die Umparametrisierung von c nach Bogenlänge, genauer $\tilde{c}(s) = c(u(s))$ mit $|\tilde{c}'| = 1$ und $u(0) = 0$, $u' = \frac{du}{ds} > 0$, dann gilt (mit $e_2 := (0, 1)$):

$$\langle \tilde{c}'(s), e_2 \rangle = s/(4r). \tag{2.49}$$

Hinweis: Sie brauchen die Umparametrisierung nicht explizit durchzuführen, sondern können (2.49) zu einer Beziehung für $c(u)$ umformen, die Sie direkt verifizieren können. Beachten Sie, dass u' aus der Beziehung $|\tilde{c}'| = 1$ berechnet werden kann.

Hintergrund: Wenn ein Massenpunkt am Ort $x(t)$ zur Zeit t durch Zwangskräfte an die Bahn der Kurve c oder $\tilde{c}$ gebunden ist, $x(t) = \tilde{c}(s(t))$, und sich unter dem Einfluss der Schwerkraft bewegt (diese ist konstant und zeigt nach unten, in Richtung $-e_2$), so wirkt auf den Massenpunkt bei Auslenkung aus der Ruhelage 0 als rücktreibende Kraft nur die tangentiale Komponente der Schwerkraft, $-\langle \tilde{c}'(s(t)), e_2 \rangle \overset{2.49}{=} -s(t)/4r$, und nach dem Newtonschen Gesetz ist $s'' = -s/(4r)$. Dies ist eine Schwingungsgleichung mit der Lösung $s(t) = s_o \cos \frac{t}{2\sqrt{r}}$, wo s_o die Auslenkung zur Zeit $t = 0$ ist. Die Bewegung ist periodisch mit Periodendauer $4\sqrt{r}\pi$, unabhängig von der Anfangsauslenkung s_o, daher der Name „Tautochrone" („gleiche Zeit").[21] Eine solche Bewegung eignet sich daher als Uhr, wenn es gelingt, einen Massenpunkt an diese Zykloidenbahn zu binden.

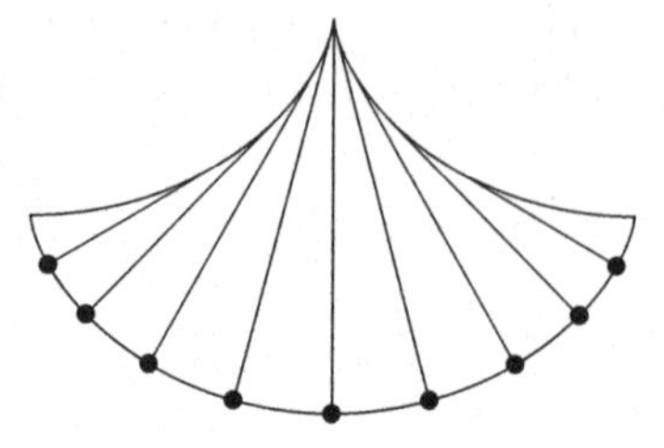

Eine solche Konstruktion gelang Huygens[22] 1673 in seiner Schrift „Horologium Oscillatorium" mit Hilfe der Abwicklungseigenschaft aus Übung 10: Das *Zykloidenpendel* besteht aus einem Gewicht an einem Faden, der zwischen zwei Zykloiden hängt und sich beim Schwingen auf diese aufwickelt.[23]

12. *Ellipse, parametrisiert und als Gleichung:*
a) Zeigen Sie, dass die Kurve $c : \mathbb{R} \to \mathbb{R}^2$, $c(\varphi) = r(\varphi)e^{i\varphi}$ mit
$$\frac{1}{r(\varphi)} = \frac{a}{b^2}\left(1 - \frac{e}{a}\cos\varphi\right) \tag{2.50}$$
für Zahlen $a > b > 0$ und $e = \sqrt{a^2 - b^2}$ eine um e nach rechts verschobene Ellipse ist, d.h. verifizieren Sie die Gleichung
$$\frac{(x-e)^2}{a^2} + \frac{y^2}{b^2} = 1 \tag{2.51}$$
für alle Punkte $c(\varphi) = (x, y)$ der Kurve (2.50).[24]
Hinweis: Formen Sie (2.50) um zu $b^2 = r(a - e\cos\varphi)$ und setzen Sie $\cos\varphi = \frac{x}{r}$ ein.

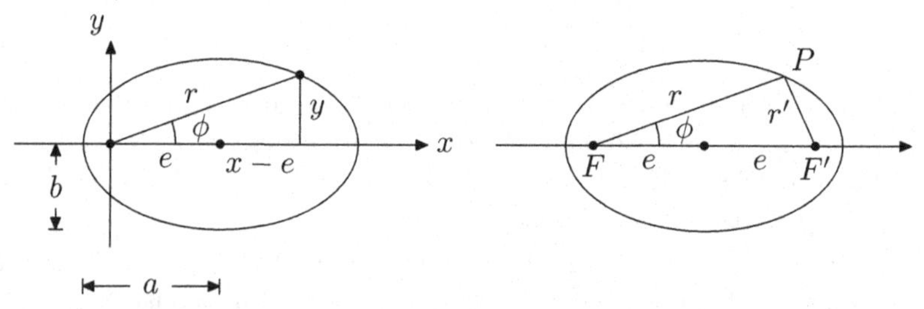

[21] Als überraschende Konsequenz folgt, dass auch die Zeit bis zum tiefsten Punkt (eine Viertelperiode) unabhängig von der Auslenkung ist.

[22] Christiaan Huygens, 1629–1695 (Den Haag).

[23] Die Zykloide hat noch eine weitere Eigenschaft: Sie ist auch die *Brachystochrone* („Kurve kürzester Zeit") im homogenen Schwerefeld, d.h. ein schwerer Massenpunkt gelangt auf dem Zykloidenweg in kürzester Zeit von einem Punkt zu einem anderen, weiter unten liegenden; vgl. [10], [33].

[24] Siehe auch die Übungen zur Planetenbahn in Anhang B.

b) Zeigen Sie: Die Menge der Punkte P mit

$$r + r' = 2a \tag{2.52}$$

(siehe rechte Figur) bildet eine Ellipse mit Hauptachse a und $b = \sqrt{a^2 - e^2}$. Gilt auch die Umkehrung?
Hinweis: Benutzen Sie den Cosinussatz (Kapitel 1, Übung 6) für das Dreieck (F, P, F').[25]

13. *Rollkurven:* Gegeben sei eine konvexe, nach Bogenlänge parametrisierte ebene Kurve $c(s)$, $s \in I$ mit $c(0) = 0$, $c'(0) = e_1 = (1, 0)$. Eine *Rollbewegung* von c (vgl. Aufgabe 2.2) ist eine differenzierbare Schar von Bewegungen $z \mapsto A(s)z + b(s)$ für eine Drehung $A(s)$ (in komplexer Notation: $A(s)z = e^{i\phi(s)}z$) und eine Verschiebung um einen Vektor $b(s) \in \mathbb{R}^2$, und zwar so, dass die bewegte Kurve $c_s = A(s)c + b(s)$ im Punkt

$$k(s) = c_s(s) = (s, 0) \tag{2.53}$$

(dem *Kontaktpunkt*) die x-Achse berührt, d.h. für alle $s \in I$ gilt

$$A(s)c(s) + b(s) = (s, 0), \tag{2.54}$$

$$A(s)c'(s) = (1, 0), \tag{2.55}$$

und durch Ableiten von (2.54) und Vergleich mit (2.55) folgt noch

$$A'(s)c'(s) = -b'(s). \tag{2.56}$$

Für einen beliebigen Punkt $f_o \in \mathbb{E}^2$ heißt $f(s) := A(s)f_o + b(s)$ die *Rollkurve des Punktes* f_o (in der Aufgabe 2.2 ist $f_o = 0$).
Aufgabe: Zeigen Sie, dass der Tangentenvektor $f'(s)$ senkrecht auf der Verbindung von $f(s)$ zum Kontaktpunkt $k(s)$ steht:

$$\langle f', f - k\rangle = 0. \tag{2.57}$$

14. *Rollkurve des Ellipsen-Brennpunkts:*

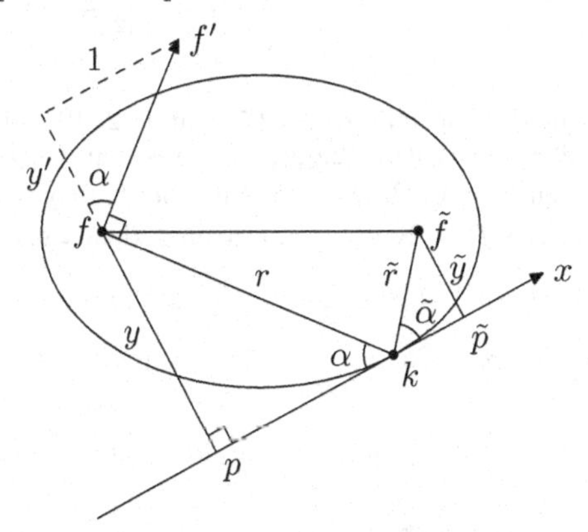

[25] Es gibt einen rechenfreien Beweis dieser Tatsache mit Hilfe räumlicher Geometrie (*Dandelinschen Kugeln*); vgl. [2], [18] oder [?], S. 62.

(Vgl. Kap. 8, Übung 7) Zur Bestimmung der Kurve $f(x)$, die ein Brennpunkt f beim Abrollen der Ellipse auf der x-Achse beschreibt, benötigen wir die folgenden Beziehungen für die Winkel $\alpha, \tilde{\alpha}$ und Abstände $y, \tilde{y}$ der Brennpunkte $f, \tilde{f}$ von der Tangente in einem Ellipsenpunkt k sowie die Entfernungen $r, \tilde{r}$ der Brennpunkte von k:[26]

$$\alpha = \tilde{\alpha} \tag{2.58}$$

$$r + \tilde{r} = 2a, \tag{2.59}$$

$$y\tilde{y} = b^2 \tag{2.60}$$

Wir betrachten die Tangente von nun an als x-Achse. Zeigen Sie

$$\frac{y}{r} = \frac{\tilde{y}}{\tilde{r}} = \sin\alpha = \frac{1}{\sqrt{1+(y')^2}} \tag{2.61}$$

und folgern Sie daraus mit (2.59) und (2.60) die Differentialgleichung $y + b/y = 2a/\sqrt{1+(y')^2}$ und damit

$$y^2 - \frac{2ay}{\sqrt{1+(y')^2}} = -b^2. \tag{2.62}$$

15. *Schraubenlinie:* Eine *Schraubenlinie* ist eine Kurve $c : I \to \mathbb{E}^3 = \mathbb{C} \times \mathbb{R}$, $c(t) = (ae^{it/\gamma}, bt/\gamma)$ für Konstanten $a, b > 0$ und $\gamma := \sqrt{a^2+b^2}$. Zeichnen Sie diese Kurve. Zeigen Sie, dass c nach Bogenlänge parametrisiert ist. Berechnen Sie die Frenet-Basis $b_1 = c'$, $b_2 = c''/|c''|$, $b_3 = b_1 \times b_2$ sowie die Krümmung κ und die Torsion τ von c.

16. *Torsion bei beliebigen Parametern:* Zeigen Sie analog zur Aufgabe 4: Die Torsion τ einer beliebigen *Frenet-Kurve* $c : I \to \mathbb{E}^3$ (d.h. $c'(t), c''(t)$ linear unabhängig für jedes $t \in I$, aber nicht notwendig $|c'| = 1$) ist gegeben durch
$$\tau = -\frac{\det(c', c'', c''')}{|c' \times c''|^2} \tag{2.63}$$

[26] Für die ersten beiden Beziehungen (2.58) und (2.59) vgl. Übung 12 b) und [2], Bd. II, S. 221–228. Die dritte, (2.60), folgt aus dem Cosinussatz für das Dreieck $(f, k, \tilde{f})$; das Argument verdanken wir Shimpei Kobayashi: Der Winkel bei k ist $\pi - 2\alpha$, und da $|f - \tilde{f}| = 2\sqrt{a^2-b^2}$, gilt nach dem Cosinussatz mit (2.59):

$$4(a^2-b^2) = r^2 + (2a-r)^2 - 2r(2a-r)\cos(\pi - 2\alpha)$$

Andererseits ist $\cos(\pi - 2\alpha) = -\cos 2\alpha = -(\cos^2\alpha - \sin^2\alpha) = -1 + 2\sin^2\alpha$. Also ergibt sich

$$4a^2 - 4b^2 = 2r^2 - 4ar + 4a^2 + 4ar - 2r^2 - 4r(2a-r)\sin^2\alpha$$

und damit
$$b^2 = r(2a-r)\sin^2\alpha \overset{2.61}{=} y\tilde{y}.$$

3. Die erste Fundamentalform

3.1 Länge und Winkel

Wir wollen nun Geometrie auf dem Bild einer Immersion $X : U \to \mathbb{E}$ betreiben und insbesondere Längen und Abstände messen. Dabei tritt ein Problem auf, das wir von Anfang an im Auge haben müssen. Die Geometrie spielt sich auf der „Fläche" $X(U)$ und im umgebenden Raum $\mathbb{E}$ ab. Aber $X(U)$ wird durch $U \subset \mathbb{R}^m$ parametrisiert, und nur die Parameter $u \in U$ können wir wirklich voneinander unterscheiden, denn die Fläche kann Selbstschnitte haben, X muss nicht injektiv sein. Auch die gewohnte Analysis steht uns nur auf U, nicht auf $X(U)$ zur Verfügung.[1] Wir werden daher oft mit Hilfe der Abbildung X zwischen dem Parametergebiet $U \subset \mathbb{R}^m$ und dem Bild $X(U) \subset \mathbb{E}$ hin- und herspringen und damit die von $X(U)$ herkommende geometrische Information auf U ansiedeln.

Wenn X eine *Kurve* ist (Dimension $m = 1$), so geschieht die Längenmessung durch das *Bogenlängenintegral* (vgl. Abschnitt 2.1)

$$\mathcal{L}(X|_{[t_0,t_1]}) = \int_{t_0}^{t_1} \langle X'(t), X'(t)\rangle^{1/2} dt. \tag{3.1}$$

Der Integrand wird mit dem Skalarprodukt der Ableitung X' gebildet. Für Dimensionen $m \geq 2$ hat man statt der einen Ableitung X' sämtliche *partiellen* Ableitungen $X_i = \partial_i X$ und deren Skalarprodukte zu betrachten, d.h. die Funktionen $g_{ij} : U \to \mathbb{R}$,

$$g_{ij} := \langle X_i, X_j\rangle = \langle \partial X.e_i, \partial X.e_j\rangle \tag{3.2}$$

Die Matrix[2] $(g_{ij}(u)) = (\partial X_u)^t\, \partial X_u$ definiert für jedes $u \in U$ eine symmetrische Bilinearform g_u auf $\mathbb{R}^m$:

$$g_u(v, w) = \sum g_{ij}(u) v^i w^j = \langle \partial X_u v, \partial X_u w\rangle \tag{3.3}$$

---

[1] Eine Alternative wäre, Analysis direkt auf Untermannigfaltigkeiten zu betreiben. Ein besonders schöner Zugang dazu findet sich z.B. bei Milnor [37]. Allerdings lassen sich damit keine Selbstschnitte beschreiben, und die Theorie der Minimalflächen benötigt Parametrisierungen (vgl. Kapitel 8).

[2] Mit ∂X_u^t bezeichnen wir die *Transponierte* der Jacobimatrix ∂X_u

für alle $v = (v^1, \dots, v^m)$ und $w = (w^1, \dots, w^m)$ in $\mathbb{R}^m$. Diese Bilinearform wird *erste Fundamentalform* von X an der Stelle u genannt. Wegen der Injektivität von ∂X_u ist sie positiv definit und kann als ein neues *Skalarprodukt* auf $\mathbb{R}^m$ aufgefasst werden: Für $v \in \mathbb{R}^m \setminus \{0\}$ ist $\partial X_u v \neq 0$ und damit

$$g_u(v, v) = |\partial X_u v|^2 > 0. \tag{3.4}$$

Ein solches variables (von $u \in U$ abhängiges) Skalarprodukt nennt man auch *Riemannsche Metrik* auf U (vgl. Abschnitt 11.1).

Wir wollen sehen, dass diese auf U definierten Funktionen g_{ij} Längen und Winkel von Kurven auf $X(U) \subset \mathbb{E}$ beschreiben. Eine Kurve $c : [a, b] \to \mathbb{E}$ heißt *Kurve auf* X, wenn $c = X \circ \alpha$ für eine *Parameterkurve* $\alpha : [a, b] \to U$. Dann ist $|c'(t)| = |\partial X_{\alpha(t)} \alpha'(t)| = g_{\alpha(t)}(\alpha'(t), \alpha'(t))^{1/2}$ und damit

$$\mathcal{L}(c) = \int_a^b |c'(t)| dt = \int_a^b g_{\alpha(t)}(\alpha'(t), \alpha'(t))^{1/2} \, dt. \tag{3.5}$$

Wenn sich zwei solche Kurven $c_1 = X \circ \alpha_1$ und $c_2 = X \circ \alpha_2$ in einem Punkt $X(u)$ mit $u = \alpha_1(t_1) = \alpha_2(t_2)$ schneiden, so definieren wir den *Schnittwinkel* als den Winkel φ zwischen den Tangentenvektoren $v_i = c_i{}'(t_i) = \partial X_u a_i$ für $a_i := \alpha_i{}'(t_i)$:

$$\cos \varphi = \frac{\langle v_1, v_2 \rangle}{|v_1| \, |v_2|} = \frac{g_u(a_1, a_2)}{g_u(a_1, a_1)^{\frac{1}{2}} \cdot g_u(a_2, a_2)^{\frac{1}{2}}} \tag{3.6}$$

Wir sehen also, dass für die Kenntnis von Längen und Winkeln auf $X(U)$ nur die Parameterkurven sowie die erste Fundamentalform erforderlich sind.

Beispiel: Es sei $c = (\rho, z) : I \to (0, \infty) \times \mathbb{R}$, $c(u) = (\rho(u), z(u))$ eine reguläre Kurve in der rechten Halbebene. Die *Drehfläche* mit *Profilkurve* c ist die Fläche $X : I \times \mathbb{R} \to \mathbb{E}^3$,

$$X(u, v) = (\rho(u) \cos v, \rho(u) \sin v, z(u)) = (\rho(u) e^{iv}; z(u)) \tag{3.7}$$

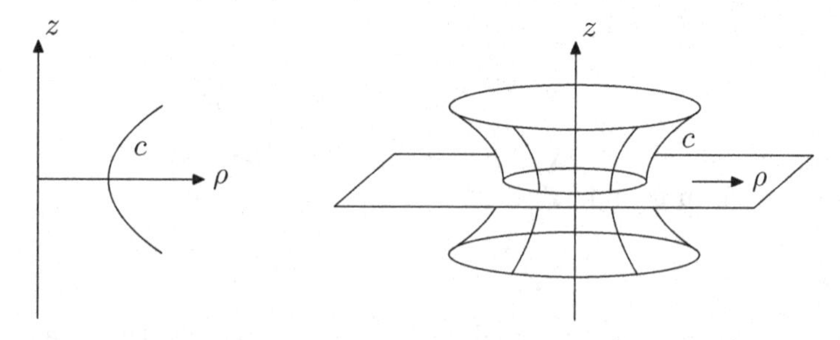

(mit $\mathbb{R}^2 = \mathbb{C}$ und $\mathbb{R}^3 = \mathbb{C} \times \mathbb{R}$). Mit $\mathsf{c} := \cos v$ und $\mathsf{s} := \sin v$ erhalten wir $X_u = (\rho'\mathsf{c}, \rho'\mathsf{s}, z')$ und $X_v = (-\rho\mathsf{s}, \rho\mathsf{c}, 0)$. Damit ist $g_{uu} = \langle X_u, X_u \rangle = (\rho')^2 + (z')^2 = |c'|^2$ und $g_{vv} = \langle X_v, X_v \rangle = \rho^2$ und $g_{uv} = \langle X_u, X_v \rangle = 0$. Die u- und die v-Parameterlinien schneiden sich also senkrecht; die u-Parameterlinien

$\{v = const\}$ heißen *Längenkreise* oder *Meridiane*, die v-Parameterlinien $\{u = const\}$ sind die *Breitenkreise*, wie bei geographischen Koordinaten. Ist die Profilkurve c nach Bogenlänge parametrisiert, so ist $g_{uu} = 1$.

Natürlich ist die erste Fundamentalform g eine *geometrische Größe* im früher eingeführten Sinne, d.h. bei Parameterwechseln $X = \tilde{X} \circ \phi$ invariant. Dies ist klar, weil sie eigentlich nur das auf $T_u = \tilde{T}_{\phi(u)}$ eingeschränkte Skalarprodukt in $\mathbb{E}$ ist: Für $\tilde{a} = \partial\phi_u a$ und $\tilde{b} = \partial\phi_u b$ ist $\partial X_u a = \partial\tilde{X}_{\tilde{u}}\tilde{a}$ und $\partial X_u b = \partial\tilde{X}_{\tilde{u}}\tilde{b}$ und daher $\langle\partial X_u a, \partial X_u b\rangle = \langle\partial\tilde{X}_{\tilde{u}}\tilde{a}, \partial\tilde{X}_{\tilde{u}}\tilde{b}\rangle$ mit $\tilde{u} := \phi(u)$, und wir erhalten die Transformationsformel

$$g_u(a,b) = \tilde{g}_{\tilde{u}}(\tilde{a},\tilde{b}). \tag{3.8}$$

Für $a = e_i$ und $b = e_j$ wird $\tilde{a} = \partial_i\phi$ und $\tilde{b} = \partial_j\phi$ und die Transformationsformel lautet jetzt

$$g_{ij} = \sum_{k,l} \tilde{g}_{kl}(\phi)\, \partial_i\phi^k\, \partial_j\phi^l. \tag{3.9}$$

Dasselbe noch einmal in Matrixschreibweise: Wegen $\partial X = \partial\tilde{X}_\phi\, \partial\phi$ ist

$$g = \partial X^t \partial X = \partial\phi^t \partial\tilde{X}_\phi^t\, \partial\tilde{X}_\phi\, \partial\phi = \partial\phi^t\, \tilde{g}_\phi\, \partial\phi. \tag{3.10}$$

Wir sehen hier ein grundlegendes Prinzip, das uns noch häufiger begegnen wird. Eine geometrische Größe soll metrische Verhältnisse auf einer Immersion in parameterunabhängiger Weise beschreiben. Werden solche Größen aber mittels Parametrisierungen ausgedrückt, so zeigen sie ein charakteristisches Transformationsverhalten gegenüber Parameterwechseln. Dadurch, dass wir sie in lokalen Parametern ausdrücken, gewinnen wir einen nützlichen und schlagkräftigen Kalkül, handeln uns aber den Nachteil ein, dass unsere Rechengrößen nun parameterabhängig werden, obwohl sie etwas Parameterinvariantes beschreiben.

3.2 Skalarprodukte

Alle Skalarprodukte in $\mathbb{R}^m$ sind zwar äquivalent, aber für unser neues Skalarprodukt $g = (g_{ij})$ (wir halten $u \in U$ fest und lassen diese Variable daher in der Notation weg) ist die kanonische Basis $e_1, \dots, e_m$ keine Orthonormalbasis, wenn $g_{ij} = g(e_i, e_j) \neq \delta_{ij}$. Dies ist etwas ungewohnt und daher ist an dieser Stelle ein kurzer Blick auf die Lineare Algebra hilfreich.

Ein Skalarprodukt g auf $V = \mathbb{R}^m$ macht aus einem Vektor $v \in V$ eine Linearform $v^* = g(v,.) \subset V^* = \mathrm{Hom}(V,\mathbb{R})$ mit $v^*(w) = g(v,w)$. Für $v \neq 0$ ist $v^* \neq 0$, denn $v^*(v) = g(v,v) > 0$. Deshalb kann g als ein Isomorphismus $g : V \to V^*$ zwischen V und seinem Dualraum $V^* = \mathrm{Hom}(V,\mathbb{R})$ aufgefasst werden.

Wie sieht das in Koordinaten aus? Jeder *Vektor* $v \in \mathbb{R}^m$ wird als Spalte

$$v = \begin{pmatrix} v^1 \\ \vdots \\ v^m \end{pmatrix} = (v^1, \dots, v^m)^t \tag{3.11}$$

aufgefasst. Jede Linearform $\lambda \in (\mathbb{R}^m)^*$ ist eine Zeile, eine einzeilige Matrix $\lambda = (\lambda_1, \dots, \lambda_m)$ mit den Einträgen $\lambda_i = \lambda(e_i)$. Insbesondere ist

$$v^* = (v_1, \dots, v_m), \quad v_i = v^*(e_i) = g(v, e_i). \tag{3.12}$$

Was haben die Zahlen v_i und v^i miteinander zu tun? Es gilt

$$v_i = g(\sum v^j e_j, e_i) = \sum v^j g_{ji} = v^j g_{ji}\,, \tag{3.13}$$

wobei wir im letzten Schritt (wie auch künftig) in der Notation das Summenzeichen mit der *Einsteinschen Summenkonvention* eingespart haben:

> *Tritt in einem Produkt derselbe Indexname gleichzeitig oben und unten auf, so wird über diesen Index summiert.*

Die umgekehrte Beziehung erhalten wir durch Anwenden der Umkehrmatrix $g^{-1} = (g^{ik})$ auf (3.13), d.h. durch Multiplikation beider Seiten mit g^{ik} und Summation („*Überschieben*" mit g^{ik}):

$$v_i g^{ik} = v^j g_{ji} g^{ik} = v^j \delta_j^k = v^k \tag{3.14}$$

wobei $\delta_j^k = 0$ für $j \neq k$ und $\delta_k^k = 1$ für jedes k. Formal gesehen bedeutet das Überschieben mit g_{ji} wie in (3.13) bzw. mit g^{ik} wie in (3.14) ein Herunter- bzw. Heraufziehen des Index von v, wodurch aus einem Vektor eine Linearform bzw. aus einer Linearform ein Vektor wird.

Dieser nach *Ricci*[3] benannte Kalkül des wechselseitigen Umwandelns von Vektoren und Linearformen durch Herunter- und Heraufziehen von Indizes lässt sich noch weiter fortsetzen. Die Matrixkoeffizienten einer $m \times m$-Matrix A, eines Endomorphismus von $\mathbb{R}^m$, schreiben wir mit oberem und unterem Index: $Ae_i = a_i^j e_j$. Die Spur von A ist also a_i^i (Summation über i). Dabei ist der obere Index der erste, der Zeilenindex. Die Matrixkoeffizienten eines Produkts $C = AB$ sind demnach $c_k^i = a_j^i b_k^j$. Mit Hilfe des Skalarproduktes können wir nun einen Endomorphismus A in eine Bilinearform a verwandeln, $a(v, w) := g(Av, w)$, und dieser Prozess ist umkehrbar.[4] Im Riccikalkül sieht das dann so aus: Ist $A = (a_j^i)$ und $a = (a_{ij})$ (mit $a_{ij} = a(e_i, e_j)$), so gilt

$$a_{ij} = g_{ik} a_j^k, \quad a_j^k = g^{ki} a_{ij}. \tag{3.15}$$

---

[3] Gregorio Ricci-Curbastro, 1853 (Lugo) – 1925 (Bologna)

[4] Wenn g als lineare Abbildung $\mathbb{R}^m \to (\mathbb{R}^m)^*$, $v \mapsto g(v, .)$ aufgefasst wird und a ebenso, dann ist $A = g^{-1} a$.

Die *Spur* einer Bilinearform a ist bekanntlich nur mit Hilfe eines Skalarprodukts g zu bilden, nämlich als Spur des zugehörigen Endomorphismus $A = (a^i_j)$, also

$$\operatorname{Spur}_g a = a^i_i = g^{ij} a_{ji}. \tag{3.16}$$

3.3 Flächeninhalt

Eine weitere Größe, die sich allein aus der Kenntnis der ersten Fundamentalform bestimmen lässt, ist der *Flächeninhalt* einer Immersion $X : U \to \mathbb{E}$.[5] Er wird mit $\mathcal{A}$ (für „Area") bezeichnet und folgendermaßen definiert: Für jede messbare kompakte Teilmenge $C \subset U$ mit nichtleerem Inneren setzen wir entsprechend dem Transformationssatz für Integrale (Substitutionsregel)[6]

$$\mathcal{A}(X(C)) = \int_C |\det \partial X_u| \, du, \tag{3.17}$$

dabei ist $|\det \partial X_u|$ der Verzerrungsfaktor für den Flächeninhalt beim Übergang von C zu $X(C)$. Allerdings ist $|\det \partial X_u|$ erst noch zu definieren, denn $A = \partial X_u$ ist eine lineare Abbildung zwischen zwei verschiedenen Vektorräumen, $\mathbb{R}^m$ und $\mathbb{R}^n$, und dafür ist $|\det A|$ noch gar nicht erklärt. Das wollen wir jetzt nachholen.

Gegeben sei eine $n \times m$-Matrix $A = (a_1, \dots, a_m)$ mit $a_i = Ae_i$. Für $m = n$ ist $|\det A| = |\det(a_1, \dots, a_m)|$ das Volumen des Bildes des Einheitswürfels unter der Abbildung A, also das Volumen des von $a_1, \dots, a_m$ aufgespannten „schiefen Quaders", den man auch als *Spat* oder m-dimensionales *Parallelogramm* oder *Parallelepiped* bezeichnet (siehe Figur auf S. 2). Diese Definition macht auch noch Sinn für $m < n$. Wenn A injektiv ist (andernfalls ist die gesuchte Größe ohnehin Null), dann ist $\operatorname{Bild} A$ ein m-dimensionaler Unterraum von $\mathbb{R}^n$. Wir machen aus dem m-dimensionalen Flächeninhalt des von $a_1, \dots, a_m$ aufgespannten Spats ein gleich großes n-dimensionales Volumen, indem wir einen Einheitswürfel im Lotraum $N = (\operatorname{Bild} A)^\perp$ hinzufügen: Für eine Orthonormalbasis $B = (b_1, \dots, b_k)$ von N setzen wir

$$|\det A| := |\det(A, B)| = |\det(a_1, \dots, a_m, b_1, \dots, b_k)|. \tag{3.18}$$

Die so gefundene Größe lässt sich allerdings erheblich einfacher berechnen, nämlich mit der Determinante der $m \times m$-Matrix $A^t A$:

Lemma 3.3.1. $|\det(A, B)|^2 = \det(A^t A)$.

[5] Falls das Parametergebiet U eine höhere Dimension als 2 hat, sollten wir eigentlich eher von Volumen statt Flächeninhalt sprechen. Uns wird diese Größe allerdings hauptsächlich im Zusammenhang mit Minimalflächen interessieren, also in einer zweidimensionalen Situation.

[6] $\int_{\phi(C)} f(\tilde u) d\tilde u = \int_C f(\phi(u)) \, |\det \partial\phi_u| \, du$ mit $\phi : U \overset{\cong}{\to} \tilde U$, $f : \tilde U \to \mathbb{R}$ (vgl. [?]).

Beweis: Wir setzen $\hat{A} = (A, B)$. Da $\det \hat{A} = \det \hat{A}^t$, gilt $\det \hat{A} = \det(\hat{A}^t \hat{A})^{1/2}$. Wir müssen also nur $\det(\hat{A}^t \hat{A}) = \det(A^t A)$ zeigen. Dies ist richtig, denn

$$\hat{A}^t \hat{A} = \begin{pmatrix} A^t \\ B^t \end{pmatrix} (A, B) = \begin{pmatrix} A^t A & A^t B \\ B^t A & B^t B \end{pmatrix} = \begin{pmatrix} A^t A & 0 \\ 0 & I \end{pmatrix},$$

da $\langle a_i, b_j \rangle = 0$ und $\langle b_i, b_j \rangle = \delta_{ij}$. □

Wir definieren deshalb einfach

$$|\det A| := \sqrt{\det A^t A} = \sqrt{\det(\langle Ae_i, Ae_j \rangle)}. \tag{3.19}$$

Diese Definition ist jedenfalls sinnvoll, denn $A^t A$ ist eine symmetrische, positiv semidefinite $m \times m$-Matrix, deren Determinante daher im üblichen Sinn erklärt und ≥ 0 ist. Außerdem bleibt die Definitionsgleichung für $m = n$ (wo die linke Seite bereits erklärt ist) richtig, denn in diesem Fall ist $\det A^t A = \det A^t \det A = (\det A)^2$. [7]

Insbesondere erhalten wir für $A = \partial X_u$:

$$|\det \partial X| = \sqrt{\det(\langle \partial_i X, \partial_j X \rangle)} = \sqrt{\det(g_{ij})} = \sqrt{\det g}, \tag{3.20}$$

und damit

$$\mathcal{A}(X(C)) = \int_C \sqrt{\det g(u)} du. \tag{3.21}$$

Wir sehen also, dass von der Immersion X nur die erste Fundamentalform bekannt sein muss, um den Flächeninhalt zu bestimmen. Aus dem Transformationssatz (Substitutionsregel) für Integrale folgt, dass der Begriff „geometrisch", also unabhängig von der Parametrisierung ist, denn für $X = \tilde{X} \circ \phi$ gilt $\partial X_u = \partial \tilde{X}_{\phi(u)} \partial \phi_u$ und damit[8]

$$|\det \partial X_u| = |\det \partial \tilde{X}_{\phi(u)}| |\det \partial \phi_u|$$

und also ist $\int_C |\det \partial X| = \int_{\phi(C)} |\det \partial \tilde{X}|$. [9] Für den Spezialfall, dass X eine Kurve ist ($m = 1$), wird C ein reelles Intervall $[a, b]$ und $\mathcal{A}(X(C))$ ist die Bogenlänge $\mathcal{L}(X|_{[a,b]})$.

---

[7] Wenn A injektiv ist (sonst ist ohnehin $|\det A| = 0$), können wir $|\det A|$ auch folgendermaßen erklären: Wir wählen eine Orthonormalbasis $(b_1, \ldots, b_m)$ des Bildraumes $A(\mathbb{R}^m) \subset \mathbb{R}^m$ und betrachten die Matrix (a_{ij}) von A bezüglich dieser Basis, also $a_{ij} = \langle Ae_j, b_i \rangle$. Dann ist $|\det A| = |\det(a_{ij})|$.

[8] Ist B invertierbar, z.B. $B = \partial \phi_u$, so ist $|\det AB|^2 = \det((AB)^t(AB)) = \det(B^t A^t AB) = \det(B^t) \det(A^t A) \det(B) = |\det A|^2 |\det B|^2$.

[9] Wir können diesen Flächeninhaltsbegriff zu einem parameterunabhängigen Integralbegriff auf X erweitern und für eine beliebige stetige Funktion $f : U \to \mathbb{R}$, die wir eigentlich als Funktion auf der „Fläche" $X(U)$ auffassen, definieren:

$$\int_C f d\mathcal{A} := \int_C f(u) \sqrt{\det g(u)} du. \tag{3.22}$$

3.4 Zueinander isometrische Immersionen

Die geometrischen Größen einer Immersion X, die sich durch die erste Fundamentalform beschreiben lassen, also insbesondere Längen, Winkel, Flächeninhalte, bilden zusammen die *innere Geometrie* von X. Zwei Immersionen $X, \tilde{X} : U \to \mathbb{E}$, deren erste Fundamentalformen übereinstimmen, für die also $g = \tilde{g}$ oder $\langle \partial_i X, \partial_j X \rangle = \langle \partial_i \tilde{X}, \partial_j \tilde{X} \rangle$ gilt, sollen *isometrisch* heißen; sie haben die gleiche innere Geometrie.

Beispiel 1: $X : \mathbb{R}^2 \to \mathbb{E}^3 = \mathbb{R}^2 \times \mathbb{R} = \mathbb{C} \times \mathbb{R}$ sei die *Zylinderfläche*:

$$f(u,v) = (\cos v, \sin v; u) = (e^{iv}; u). \tag{3.23}$$

Damit ist $X_u = (0,0;1)$ und $X_v = (ie^{iv};0) = (-\sin v, \cos v; 0)$ und folglich $g_{uu} = g_{vv} = 1$, $g_{uv} = 0$, ebenso wie bei der Ebene $\tilde{X} : \mathbb{R}^2 \to \mathbb{E}^3$, $\tilde{X}(u,v) = (u,v;0)$. Eine weitere zur Ebene isometrische Immersion ist der *flache Torus*; dafür müssen wir allerdings die Dimension von $\mathbb{E}$ erhöhen: $X : \mathbb{R}^2 \to \mathbb{E}^4 = \mathbb{R}^2 \times \mathbb{R}^2 = \mathbb{C} \times \mathbb{C}$,

$$X(u,v) = (\cos u, \sin u; \cos v, \sin v) = (e^{iu}; e^{iv}). \tag{3.24}$$

Diesmal gilt $X_u = (ie^{iu};0)$ und $X_v = (0; ie^{iv})$, und wieder ist $g_{uu} = g_{vv} = 1$ und $g_{uv} = 0$. [10]

Beispiel 2: Das Problem bei isometrischen Immersionen sind die möglichen Parameterwechsel, die ja die Geometrie nicht verändern, wohl aber die formelmäßige Darstellung. Betrachten wir noch ein anderes einfaches Beispiel, die *Kegelfläche* $X : (0,\infty) \times (0,2\pi) \to \mathbb{E}^3 = \mathbb{C} \times \mathbb{R}$,

$$X(u,v) = (ue^{iv}; pu) \tag{3.25}$$

mit einer Konstante $p > 0$, die den Anstieg der Kegelfläche gegenüber der horizontalen Ebene misst. Hier ist $X_u = (e^{iv}, p)$ und $X_v = (iue^{iv}; 0)$ und somit $g_{uu} = 1 + p^2$, $g_{vv} = u^2$ und $g_{uv} = 0$. Man sieht also nicht ohne weiteres, dass auch diese Fläche isometrisch zur Ebene ist. Das wird erst dann deutlich, wenn wir die Ebene folgendermaßen umparametrisieren: $\tilde{X} : (0,\infty) \times (0,2\pi) \to \mathbb{R}^2 = \mathbb{C}$,

$$\tilde{X}(u,v) = aue^{ibv} \tag{3.26}$$

[10] Offensichtlich sind Zylinderfläche und Torus als Untermannigfaltigkeiten des euklidischen Raumes *nicht* zur Ebene isometrisch, denn wenn man einmal um den Zylinder oder Torus herumläuft, kommt man zum Ausgangspunkt zurück, während man sich in der Ebene längs einer Geraden immer weiter vom Ausgangspunkt entfernt. Dies ist aber ein globaler Aspekt, der sich nicht erkennen läßt, solange wir nur kleine Stücke unserer Flächen betrachten, auf denen die Immersion X injektiv ist. Die Aussage in unseren Beispielen ist, dass solche genügend kleinen Stücke von Zylinder oder Torus zu entsprechenden offenen Mengen in der euklidischen Ebene, d.h. $\mathbb{R}^2$ versehen mit seiner euklidischen Struktur, isometrisch sind.

für zwei Konstanten $a > 0$, $0 < b < 1$. Dadurch wird nicht die ganze Ebene parametrisiert, sondern nur ein Sektor mit Öffnungswinkel $2\pi b$. Wir erhalten $\tilde{X}_u = ae^{ibv}$ und $\tilde{X}_v = ibaue^{ibv}$ und damit $\tilde{g}_{uu} = a^2$, $\tilde{g}_{vv} = a^2b^2u^2$ und $\tilde{g}_{uv} = 0$. Wählen wir also die Konstanten a und b so, dass $a^2 = 1 + p^2$ und $b^2 = 1/a^2 = 1/(1 + p^2)$, so ergibt sich $\tilde{g} = g$. Wir erhalten damit die folgende

Beobachtung: *Die (geschlitzte) Kegelfläche mit Anstieg p ist isometrisch zu dem Sektor der Ebene mit Öffnungswinkel $2\pi/\sqrt{1+p^2}$.*

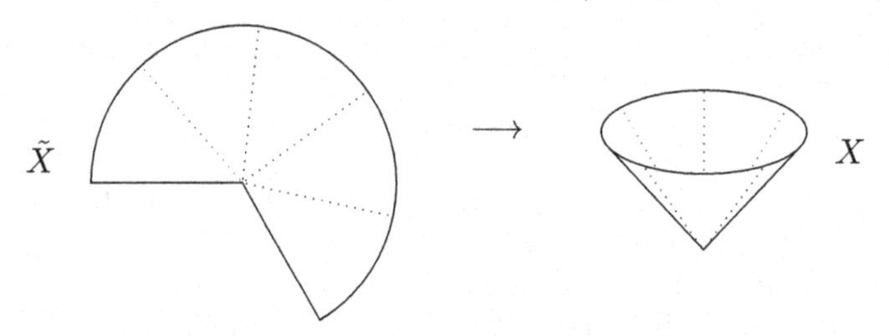

Allgemein nennen wir Flächen, die (bis auf Parameterwechsel) isometrisch zu einer offenen Teilmenge der Ebene sind, *abwickelbar*. Es sind dies genau die Flächen, die wir (wie die Kegelfläche) aus einem ebenen Stück Papier formen können; Papier hat nämlich die physikalische Eigenschaft, *biegsam*, aber (fast) nicht *dehnbar* zu sein, d.h. es kann vielerlei Gestalt annehmen, ohne seine innere Geometrie zu verändern.

Es bleibt die Frage offen, wie man zwei Flächen oder allgemeiner Immersionen ansieht, ob sie (bis auf Parameterwechsel) isometrisch sind oder nicht. Wir werden bald eine Invariante kennenlernen, die diese Frage in einem wichtigen Spezialfall beantwortet und insbesondere klärt, wann eine Fläche abwickelbar ist: die *Gaußsche Krümmung* (vgl. 11.4).

3.5 Übungsaufgaben

1. *Rotationstorus:* Betrachten Sie die Drehfläche $X : \mathbb{R} \times \mathbb{R} \to \mathbb{E}^3 = \mathbb{C} \times \mathbb{R}$ mit der Profilkurve $c(u) = (a + r\cos u, r\sin u)$ für Konstanten $a > r > 0$,

$$X(u,v) = \big((a + r\cos u)e^{iv}; r\sin u\big) \tag{3.27}$$

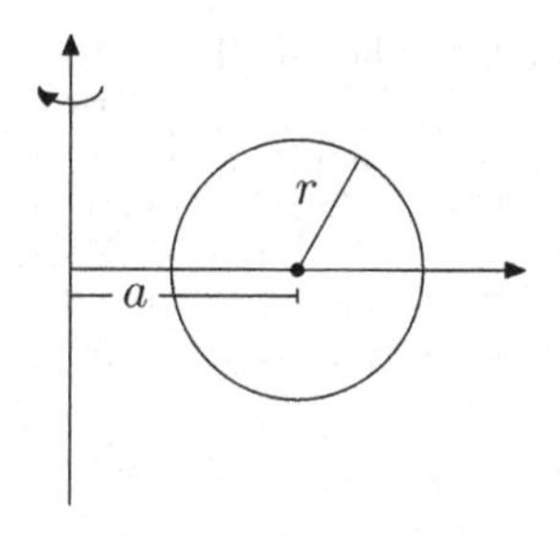

Berechnen Sie die Komponenten der ersten Fundamentalform g_{uu}, g_{uv}, g_{vv}. Skizzieren Sie diese Fläche für Konstanten $a > r > 0$. Was passiert für $a = r$ und $a < r$?

2. *Flächeninhalt des Rotationstorus:* Berechnen Sie den Flächeninhalt des Rotationstorus (vgl. vorige Aufgabe, $0 \leq u, v \leq 2\pi$).

3. *Regelflächen:* Eine *Regelfläche* ist eine Immersion $X : I \times \mathbb{R} \to \mathbb{E}^3$ mit

$$X(u,v) = c(u) + v\, b(u) \tag{3.28}$$

für eine reguläre Kurve $c : I \to \mathbb{E}^3$ und eine Schar von Vektoren $b : I \to \mathbb{E}^3$ mit der Eigenschaft, dass $b(u), c'(u)$ linear unabhängig sind für alle $u \in I$. Die Fläche wird also durch die Geraden $v \mapsto X(u,v)$ überdeckt („*Regelgeraden*"). Die *Leitkurve* c ist geometrisch nicht eindeutig bestimmt; zur Leitkurve erheben können wir statt c ebenso gut jede Kurve $\tilde{c}$ der Form $\tilde{c}(u) = c(u) + v_o(u)b(u)$ (für eine differenzierbare Funktion $v_o : I \to \mathbb{R}$); dann erhalten wir eine neue Regelfläche $\tilde{X} = X \circ \phi$; was ist dabei der Parameterwechsel ϕ?
Aufgabe: Finden Sie zu c und b eine Funktion v_o mit $\tilde{X}_u \perp \tilde{X}_v$.

4. *Tangentenfläche:* Die Tangenten einer regulären Raumkurve c mit nirgends verschwindender Krümmung spannen eine Regelfläche auf, die *Tangentenfläche* von c. Wir nehmen an, dass $c : I \to \mathbb{E}^3$ nach Bogenlänge parametrisiert ist und setzen $X : I \times (0, \infty) \to \mathbb{E}^3$,

$$X(u,v) = c(u) + v\, c'(u). \tag{3.29}$$

Zeigen Sie, dass X eine Immersion ist und berechnen Sie die erste Fundamentalform. Zeigen Sie insbesondere, dass diese nur von der Krümmung κ von c abhängt. Wieso folgt daraus, dass X isometrisch zu einer Parametrisierung eines offenen Teils der Ebene $\mathbb{E}^2$ ist?

5. *Abwickelbare Regelflächen:* Eine Regelfläche (3.28) heißt *abwickelbar*, wenn sie isometrisch zu einer gleichartigen Immersion $\tilde{X}$ mit Werten in der Ebene $\mathbb{E}^2$ ist. Zeigen Sie: X ist abwickelbar genau dann, wenn $b'(u)$ für alle $u \in I$ in der von $c'(u)$ und $b(u)$ aufgespannten Ebene $E(u)$ liegt.[11]

6. *Flächeninhalt von Graphen:* Gegeben sei eine offene Teilmenge $U \subset \mathbb{R}^2$ und eine C^1-Funktion $f : U \to \mathbb{R}$. Die zugehörige *Graphenfläche* ist die Abbildung $X : U \to \mathbb{R}^3$, $X(x,y) = (x, y, f(x,y))$. Man zeige, dass X eine Immersion ist und für jede kompakte Teilmenge $C \subset U$ gilt:

---

[11] *Anleitung:* Es sei $\{c'(u), n(u)\}$ eine Orthonormalbasis von $E(u)$. Wegen $b \in E$ gilt (1) $b = \alpha c' + \beta n$ für gewisse α, β. Aus $b' \in E$ folgt (2) $\alpha c'' + \beta n' = \gamma c' + \delta n$ für gewisse γ, δ. Wenn $\tilde{X}$ existiert, muss dieselbe Bedingung für die ebene Kurve $\tilde{c}$ und das ebene Vektorfeld $\tilde{b}$ gelten. Dies führt mit (2.23) zu zwei Bedingungen an die Krümmung $\tilde{\kappa}$ von $\tilde{c}$; deren Verträglichkeit sieht man, wenn man die Gleichung (2) skalar mit c' und n multipliziert. Auf die so berechnete Krümmungsfunktion wende man Satz 2.3.1 an.

$$\mathcal{A}(X|_P) = \int_C \sqrt{1 + (f_x)^2 + (f_y)^2}\, dx\, dy. \tag{3.30}$$

7. *Katenoid und Wendelfläche sind isometrisch:* Zeigen Sie, dass die Flächen $X, \tilde{X} : \mathbb{R}^2 \to \mathbb{E}^3 = \mathbb{C} \times \mathbb{R}$,

$$X(u,v) = (\cosh(u)e^{iv}; u), \quad \tilde{X}(u,v) = (\sinh(u)e^{iv}; v) \tag{3.31}$$

zueinander isometrisch sind und dass X eine *Drehfläche*, $\tilde{X}$ eine *Regelfläche* ist. Skizzieren Sie die beiden Flächen. Sie heißen *Katenoid* und *Wendelfläche* und werden uns in diesem Buch noch oft begegnen, besonders im Kapitel 8 (siehe S. 117f).

8. *Winkel- und Flächentreue:* Zwei Immersionen $X, \tilde{X} : U \to \mathbb{E}^n$ mit $U \subset \mathbb{R}^m$ heißen zueinander *konform* oder *winkeltreu*, wenn $\tilde{g}_{ij} = \lambda^2 g_{ij}$ für eine Funktion $\lambda : U \to (0, \infty)$. Sie heißen zueinander *flächentreu*, wenn $\mathcal{A}(X|_C) = \mathcal{A}(\tilde{X}|_C)$ für jede kompakte Teilmenge $C \subset U$, mit anderen Worten, wenn $\det \tilde{g} = \det g$. Zeigen Sie: Wenn X und $\tilde{X}$ gleichzeitig winkel- und flächentreu sind, dann sind sie isometrisch.

9. *Flächentreue Immersionen:* Zeigen Sie, dass die Parametrisierungen der Sphäre und des umbeschriebenen Zylinders im $\mathbb{E}^3$ durch die Höhe u über der xy-Ebene und den Winkel v in der xy-Ebene zueinander flächentreu sind.

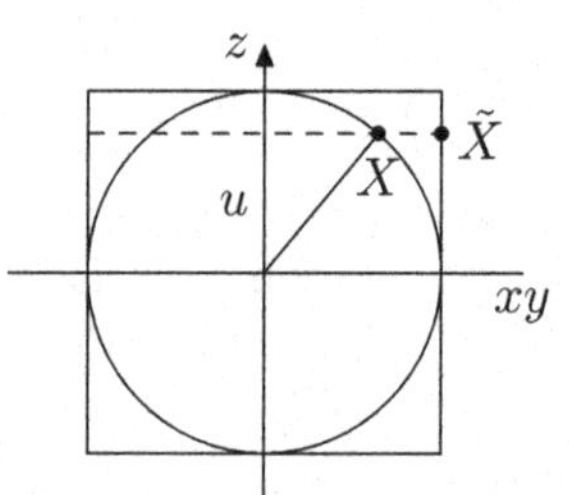

In Formeln: $X, \tilde{X} : (-1,1) \times (-\pi, \pi) \to \mathbb{E}^3 = \mathbb{C} \times \mathbb{R}$,

$$X(u,v) = (e^{iv}\sqrt{1-u^2}; u), \quad \tilde{X}(u,v) = (e^{iv}; u). \tag{3.32}$$

Zu zeigen ist $\det g = \det \tilde{g}$.
Zusatzfrage: Der Zylinder lässt sich ja auf die Ebene abwickeln; wir erhalten damit also eine flächentreue Erdkarte. Skizzieren Sie diese ungefähr. Warum ist sie wohl nicht so gebräuchlich, d.h was sind ihre Nachteile?

4. Die zweite Fundamentalform

4.1 Die Lageänderung des Tangentialraums

Die *äußere Geometrie* einer Immersion $X : U \to \mathbb{E}$ beschreibt die Lage des Tangentialraums T_u und des Normalraums $N_u = (T_u)^\perp$ im umgebenden Raum $\mathbb{E}$. Wie die erste Fundamentalform g zur inneren Geometrie, so gehört die *zweite Fundamentalform* h zur äußeren. Sie beschreibt, wie der Tangentialraum T_u in Abhängigkeit von u variiert und übernimmt damit die Aufgabe der *Krümmung* im Fall von Kurven. Bekanntlich ist $T_u \subset \mathbb{E}$ der von den partiellen Ableitungen $X_i(u) = \partial_i X(u)$ für $i = 1, \dots, m$ aufgespannte Unterraum. Um die Änderung von T_u zu messen, müssen wir die Änderung der Vektoren X_j in Richtungen senkrecht zu T_u bestimmen, also die Normalkomponenten der zweiten partiellen Ableitungen $\partial_i \partial_j X = X_{ij}$; dazu werden wir von jetzt an voraussetzen, dass unsere Immersion X mindestens zweimal stetig differenzierbar (C^2) ist. Für jedes *Normalenvektorfeld* ν, also jede C^1-Abbildung $\nu : U \to \mathbb{E}$ mit $\nu(u) \in N_u$ für alle $u \in U$ setzen wir daher

$$h_{ij}^\nu = \langle X_{ij}, \nu \rangle. \tag{4.1}$$

Die Zahlen $h_{ij}^\nu(u)$ sind die Komponenten einer (wegen $X_{ij} = X_{ji}$) symmetrischen Bilinearform h_u^ν auf $\mathbb{R}^m$, der *zweiten Fundamentalform* von X bezüglich ν: Wir setzen

$$h_u^\nu(a, b) = a^i b^j h_{ij}^\nu(u) = \langle \partial_a \partial_b X(u), \nu(u) \rangle \tag{4.2}$$

für je zwei Vektoren $a = a^i e_i$ und $b = b^j e_j$ in $\mathbb{R}^m$, wobei $\partial_a = a^i \partial_i$ die *Richtungsableitung* in Richtung des Vektors $a = a^i e_i$ beschreibt.[1] Wir können auch auf die Wahl eines Normalenfeldes ν verzichten und die *vektorwertige zweite Fundamentalform*

$$\mathbf{h}_{ij} = (X_{ij})^N, \quad \mathbf{h}(a, b) = (\partial_a \partial_b X)^N \tag{4.3}$$

[1] Die Formel (4.2) bleibt gültig, wenn die Koeffizienten a^i und b^j nicht mehr konstant, sondern von $u \in U$ abhängig (C^1) sind. Dann sind a und b *Vektorfelder* auf U, also C^1-Abbildungen von der offenen Teilmenge $U \subset \mathbb{R}^m$ nach $\mathbb{R}^m$, und es gilt $\partial_a \partial_b X = a^i \partial_i (b^j \partial_j X) = a^i (b_i^j X_j + b^j X_{ij})$ (mit $b_i^j := \partial_i b^j$). Wir erhalten also zusätzlich den Term $a^i b_i^j X_j$. Aber der ist eine Linearkombination der X_i und sein Skalarprodukt mit ν_u verschwindet daher. Somit bleibt (4.2) gültig.

definieren, wobei ^{N} die Normalkomponente, d.h. an der Stelle u die Projektion auf N_u bezeichnet; dann gilt $h^\nu = \langle \mathbf{h}, \nu \rangle$.

4.2 Die Gaußabbildung einer Hyperfläche

Wir wollen uns weitgehend auf den Fall der *Hyperflächen* beschränken, wo es bis auf skalare Vielfache nur *ein* Normalenfeld ν gibt (siehe aber Fußnote 7, S. 50). Die Immersion $X : U \to \mathbb{E}$ ist eine *Hyperfläche*, wenn U eine offene Teilmenge des $\mathbb{R}^{n-1}$ ist, wenn also $m = n - 1$ gilt. Wir denken dabei besonders an den Fall der Flächen im Raum: $m = 2$, $n = 3$. Der Normalenraum N_u einer Hyperfläche ist eindimensional und der Normalenvektor $\nu(u)$ ist daher bis auf Vielfache eindeutig bestimmt; wenn wir zusätzlich $|\nu| = 1$ fordern (*Normaleneinheitsvektor*), so gibt es sogar überhaupt nur noch zwei Möglichkeiten.

Eine Auswahl unter diesen beiden Möglichkeiten treffen wir zum Beispiel, indem wir setzen:

$$\nu = \nu_o / |\nu_o|, \qquad \nu_o = \sum_{i=1}^{n} \det(X_1, \dots, X_{n-1}, e_i) e_i. \tag{4.4}$$

ν_o ist ein Normalvektorfeld, da $\langle \nu_o, X_j \rangle = \det(X_1, \dots, X_j, \dots, X_{n-1}, X_j) = 0$ für jedes j, und es gilt $\nu_o(u) \neq 0$ für alle $u \in U$, denn für jeden Vektor $v \in \mathbb{E} \setminus T_u$ ist $\langle \nu_o, v \rangle$ die Determinante der linear unabhängigen Vektoren $X_1(u), \dots, X_{n-1}(u), v$. Im Fall $n = 3$ ist ν_o gerade das *Vektorprodukt*[2] der partiellen Ableitungen: $\nu_o = X_1 \times X_2$. Bei dieser Wahl von ν schreiben wir statt h^ν einfach h, also

$$h_{ij} = \langle X_{ij}, \nu \rangle, \quad h(a, b) = \langle \partial_a \partial_b X, \nu \rangle. \tag{4.5}$$

Beispiel: Wir setzen das Beispiel der *Drehflächen* (3.7) fort: Es war

$$X(u, v) = (\rho(u) \cos v, \rho(u) \sin v, z(u))$$

für eine reguläre Kurve $c(u) = (\rho(u), z(u))$ in der rechten Halbebene. Mit $\mathsf{c} := \cos v$ und $\mathsf{s} := \sin v$ erhalten wir $X_u = (\rho' \mathsf{c}, \rho' \mathsf{s}, z')$ und $X_v = (-\rho \mathsf{s}, \rho \mathsf{c}, 0)$. Es folgt $\nu_o = X_u \times X_v = (-z' \rho \mathsf{c}, -z' \rho \mathsf{s}, \rho \rho')$. Also ist $|\nu_o| =$

[2] In der Tat lässt sich das Vektorprodukt auf den $\mathbb{R}^n$ übertragen. Während das übliche Vektorprodukt eine bilineare Abbildung $\mathbb{R}^3 \times \mathbb{R}^3 \to \mathbb{R}^3$ ist, wird die Verallgemeinerung eine $(n-1)$-fach lineare Abbildung $\mathbb{R}^n \times \dots \times \mathbb{R}^n \to \mathbb{R}^n$, definiert durch die obige Formel: Für je $n - 1$ Vektoren $v_1, \dots, v_{n-1} \in \mathbb{R}^n$ setzt man $v_1 \times \dots \times v_{n-1} = \sum_i \det(v_1, \dots, v_{n-1}, e_i) e_i$ oder $\langle v_1 \times \dots \times v_{n-1}, w \rangle = \det(v_1, \dots, v_{n-1}, w)$ für alle $w \in \mathbb{E}$. Dieses $(n-1)$-fache Vektorprodukt hat ganz analoge Eigenschaften wie das gewöhnliche; insbesondere steht das Produkt $v_1 \times \dots \times v_{n-1}$ senkrecht auf allen Faktoren $v_1, \dots, v_{n-1}$ und verschwindet genau dann, wenn die Faktoren linear abhängig sind.

$\rho\sqrt{(z')^2 + (\rho')^2} = \rho|c'|$ und $\nu = (-z'\mathsf{c}, -z'\mathsf{s}, \rho')/|c'|$. Die zweiten Ableitungen sind $X_{uu} = (\rho''\mathsf{c}, \rho''\mathsf{s}, z'')$ und $X_{vv} = (-\rho\mathsf{c}, -\rho\mathsf{s}, 0)$ sowie $X_{uv} = (-\rho'\mathsf{s}, \rho'\mathsf{c}, 0)$. Die Skalarprodukte dieser Vektoren mit ν ergeben die Komponenten der zweiten Fundamentalform: $h_{uu} = (-\rho''z' + z''\rho')/|c'|$ und $h_{vv} = \rho z'/|c'|$ sowie $h_{uv} = \rho' z'\mathsf{sc} - \rho' z'\mathsf{cs} = 0$. Ist die Kurve c nach Bogenlänge parametrisiert, also $|c'| = 1$, so ist $h_{uu} = \kappa(u)$ die *Krümmung* der Kurve c (vgl. (2.20)).

Der so festgelegte Einheitsnormalenvektor ν definiert eine C^1-Abbildung mit Werten in der Einheitssphäre

$$\nu : U \to \mathsf{S}^{n-1} \subset \mathbb{E}, \tag{4.6}$$

die wir *Gaußsche Normalenabbildung* oder einfach *Gaußabbildung* nennen. Der Name *Gauß*[3] erinnert an die im ersten Kapitel erwähnte Beziehung zwischen Differentialgeometrie und *Geodäsie*: Die differentialgeometrischen Untersuchungen von Gauß sind nämlich im Zuge seiner Beschäftigung mit der Geodäsie entstanden; als Leiter der Göttinger Sternwarte war er für die Vermessung des Königreichs Hannover (in etwa des heutigen Niedersachsens) zuständig, was auf dem letzten 10-Mark-Schein dokumentiert war.[4]

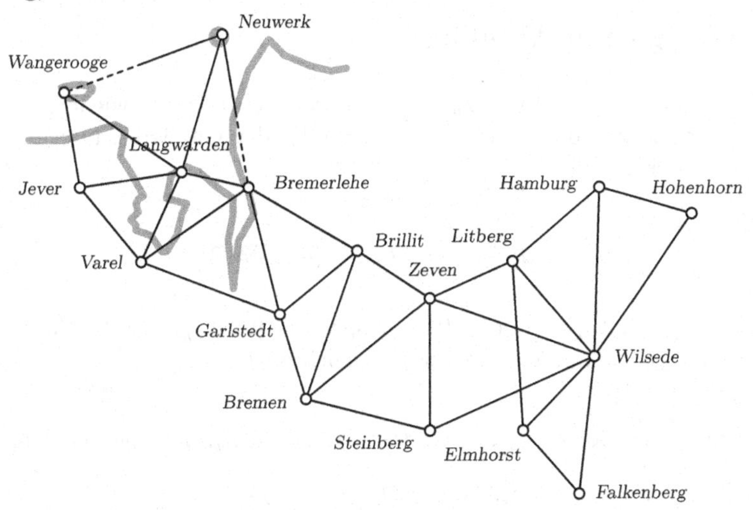

Auf die Rolle der Flächennormalen (*Zenit*) bei der Erdvermessung wurde bereits im Abschnitt 1.3 eingegangen.

[3] Carl Friedrich Gauß, 1777 (Braunschweig) – 1855 (Göttingen)

[4] Die obige Karte wurde von Minjie Chen nachgezeichnet, nebenstehend ist das Original. Auf der Vorderseite des Geldscheins befand sich ein Porträt von C.F. Gauß und die berühmte Gaußsche Verteilungsfunktion (vgl. Kap. 12, Übung 9), auf der Rückseite waren das Vermessungsgerät und (unten rechts) die Triangulierung abgebildet.

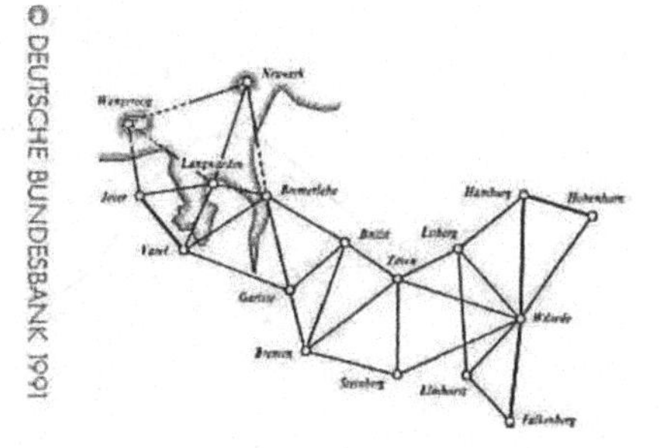

Satz 4.2.1. *Die Gaußabbildung ν einer Hyperfläche $X : U \to \mathbb{E}$ ist invariant unter orientierungstreuen Parameterwechseln: Ist $X = \tilde{X} \circ \phi$ für einen Diffeomorphismus $\phi : U \to \tilde{U}$ mit* $\det \partial\phi_u > 0$ *für alle $u \in U$, so gilt*

$$\tilde{\nu}(\phi(u)) = \nu(u). \tag{4.7}$$

Beweis: Da $\tilde{T}_{\phi(u)} = T_u$ und $\tilde{\nu}$ und ν Einheitslänge haben mit $\tilde{\nu} \perp \tilde{T}$, $\nu \perp T$, gilt diese Gleichung bereits bis auf das Vorzeichen. Da $\partial X_u = \partial\tilde{X}_{\tilde{u}}\partial\phi_u$ für $\tilde{u} = \phi(u)$, gilt außerdem

$$\det(X_1(u), \dots, X_{n-1}(u), w) = \det(\tilde{X}_1(\tilde{u}), \dots, \tilde{X}_{n-1}(\tilde{u}), w) \cdot \det \partial\phi_u$$

für jeden festen Vektor $w \in \mathbb{E}$. Weil $\det \partial\phi_u > 0$, erhalten wir aus (4.4), dass $\nu_o(u)$ und $\tilde{\nu}_o(\tilde{u})$ sich nur um einen positiven Faktor unterscheiden und daher $\nu(u) = \tilde{\nu}(\tilde{u})$ gilt. □

4.3 Weingarten-Abbildung

Wenn $\nu(u)$ die *Position* von T_u und h_u deren *Veränderung* wiedergibt, dann sollte h etwas mit den Ableitungen $\nu_i = \partial_i\nu$ der Gaußabbildung ν zu tun haben. In der Tat gilt:

Satz 4.3.1.

$$\langle \nu_i, X_j \rangle = -h_{ij}, \quad \langle \nu_i, \nu \rangle = 0. \tag{4.8}$$

Beweis: Da $\langle \nu, X_j \rangle = 0$, folgt $0 = \partial_i \langle \nu, X_j \rangle = \langle \nu_i, X_j \rangle + \langle \nu, X_{ij} \rangle$ und damit $h_{ij} = \langle \nu, X_{ij} \rangle = -\langle \nu_i, X_j \rangle$. Die zweite Gleichung gilt, da $\langle \nu, \nu \rangle \equiv 1$ und damit $0 = \partial_i \langle \nu, \nu \rangle = 2\langle \nu_i, \nu \rangle$. □

Insbesondere folgt $\partial\nu_u(e_i) = \nu_i(u) \in \nu(u)^\perp = T_u$; mit anderen Worten,

$$\operatorname{Bild} \partial\nu_u \subset T_u = \operatorname{Bild} \partial X_u. \tag{4.9}$$

Das können wir auch geometrisch nachvollziehen, denn da ν in die Einheitssphäre $\mathsf{S} = \mathsf{S}^{n-1}$ abbildet, müssen die Ableitungen von ν in u im Tangentialraum der Sphäre $T_{\nu(u)}\mathsf{S}$ liegen, aber $T_{\nu(u)}\mathsf{S} = \nu(u)^\perp = T_u$.

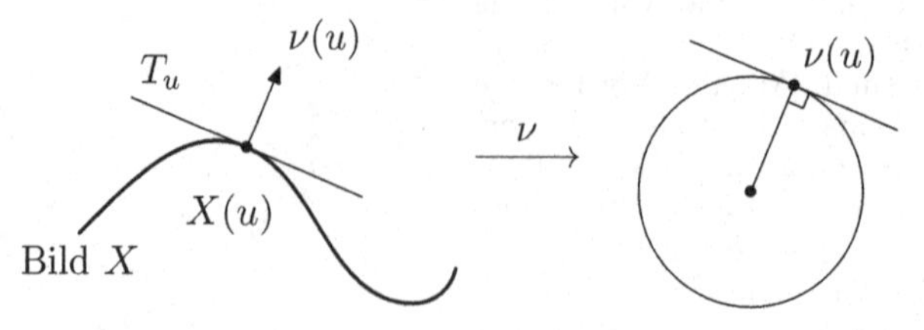

Wenn wir T_u und $\mathbb{R}^m$ mit Hilfe des Isomorphismus ∂X_u identifizieren, machen wir $d\nu_u$ zu einem Endomorphismus auf T_u; dieser ist (bis auf das Vorzeichen) die *Weingartenabbildung*[5] L_u von X in u (auch *Formoperator* genannt):[6]

$$L_u = -\partial\nu_u \cdot (\partial X_u)^{-1} : T_u \to T_u, \quad L_u(X_i(u)) = -\nu_i(u). \tag{4.10}$$

Satz 4.3.2. *Die Weingartenabbildung $L_u : T_u \to T_u$ ist selbstadjungiert mit*

$$\langle L_u X_i(u), X_j(u)\rangle = h_{ij}(u) \tag{4.11}$$

und bleibt bei orientierungstreuen Parameterwechseln unverändert: Ist $X = \tilde{X} \circ \phi$ für einen Diffeomorphismus $\phi : U \to \tilde{U}$ mit $\det \partial\phi_u > 0$ und $\tilde{u} = \phi(u)$, so gilt

$$L_u = \tilde{L}_{\tilde{u}}. \tag{4.12}$$

Beweis: Es gilt $\langle LX_i, X_j\rangle = -\langle \nu_i, X_j\rangle = h_{ij}$, und wegen $h_{ij} = h_{ji}$ ist $\langle LX_i, X_j\rangle = \langle X_i, LX_j\rangle$. Da die Vektoren $X_i(u)$ für $i = 1, \dots, n-1$ eine Basis von T_u bilden, folgt die Selbstadjungiertheit von L_u. Nach Satz 4.2.1 ist $\nu = \tilde{\nu} \circ \phi$, also $\partial\nu_u = \partial\tilde{\nu}_{\tilde{u}}\partial\phi_u$. Da ja auch $\partial X_u = \partial\tilde{X}_{\tilde{u}}\partial\phi_u$, folgt $L_u = -\partial\nu_u(\partial X_u)^{-1} = -\partial\tilde{\nu}_{\tilde{u}}(d\tilde{X}_{\tilde{u}})^{-1} = \tilde{L}_{\tilde{u}}$. □

Satz 4.3.3. *Die Matrix von L bezüglich der Basis $X_1, \dots, X_{n-1}$ ist $g^{-1}h$ mit $g = (g_{ij}) = (\langle X_i, X_j\rangle)$ und $h = (h_{ij}) = (\langle LX_i, X_j\rangle)$.*

Beweis: Die Matrix von L sei $l = (l_{ij})$, d.h. $LX_j = \sum_i l_{ij}X_i$. Dann ist $h_{jk} = \langle LX_j, X_k\rangle = \sum_i l_{ij}\langle X_i, X_k\rangle = \sum_i l_{ij}\, g_{ik} = \sum_i g_{ki}\, l_{ij}$, also $h = gl$ und damit $l = g^{-1}h$. □

Ein selbstadjungierter Endomorphismus ist bekanntlich reell diagonalisierbar durch eine Orthonormalbasis von Eigenvektoren. Die Eigenwerte von L_u werden als *Hauptkrümmungen* $\kappa_1(u), \dots, \kappa_{n-1}(u)$ bezeichnet, die zugehörigen Eigenvektoren als *(Haupt-)Krümmungsrichtungen* . Spur und Determinante von L haben eigene Namen: Die Funktion H, definiert durch

$$mH = \operatorname{Spur}_g h = \operatorname{Spur} g^{-1}h = \operatorname{Spur} L = \kappa_1 + \ldots + \kappa_m \tag{4.13}$$

heißt *mittlere Krümmung* und

$$K = \det L = \frac{\det h}{\det g} = \kappa_1 \cdot \ldots \cdot \kappa_m \tag{4.14}$$

Gaußkrümmung (für $m > 2$ auch *Gauß-Kronecker-Krümmung*).Die geometrische Bedeutung dieser Größen werden wir noch ausführlich erörtern.

Zusammenfassend können wir festhalten, dass die zweite Fundamentalform auf zwei Weisen interpretierbar ist:

[5] Julius Weingarten, 1836 (Berlin) – 1910 (Freiburg i.Br.)

[6] Bei einer Immersion $X : U \to \mathbb{E}$ mit *beliebiger* Kodimension kann man zu jedem Normalenvektorfeld ν eine Weingartenabbildung $L_u^\nu = -\partial\nu_u^T \cdot (\partial X_u)^{-1}$ definieren; in diesem Fall liegt das Bild von $\partial\nu_u$ nicht von selbst in T_u, deshalb betrachtet man die Tangentialkomponente $\partial\nu_u^T$.

1. als Normalkomponente der zweiten Ableitung von X, gemäß $h_{ij} = \langle X_{ij}, \nu \rangle$, oder
2. als Änderung des Normalenvektors (der Gaußabbildung) längs der Hyperfläche, gemäß $h_{ij} = -\langle \nu_i, X_j \rangle$.

Die beiden Aspekte hatten wir bereits im Abschnitt 2.3 bei der Krümmung κ einer ebenen Kurven $c : I \to \mathbb{R}^2$ (d.h. $m = 1$, $n = 2$) beobachtet; nach (2.20), (2.22) galt $\kappa = \langle c'', n \rangle = -\langle c', n' \rangle$. Später werden wir weitere Eigenschaften kennenlernen, vgl. (4.22), (4.27), (4.30), (6.41), (6.50), (8.6), (11.48).[7]

Beispiel 1: Wir setzen das Beispiel der *Drehflächen* (3.7) fort (vgl. auch Abschnitt 4.2): $X(u, v) = (\rho(u) \cos v, \rho(u) \sin v, z(u))$. Die nicht verschwindenden Koeffizienten von g und h sind

$$g_{uu} = |c'|^2, \quad g_{vv} = \rho^2, \quad h_{uu} = \frac{z''\rho' - \rho''z'}{|c'|}, \quad h_{vv} = \frac{\rho z'}{|c'|}, \tag{4.15}$$

Dann ist $L = g^{-1}h$ die Diagonalmatrix mit den Einträgen

$$\begin{aligned} \kappa_1 &= l_{uu} = h_{uu}/g_{uu} = \kappa, \\ \kappa_2 &= l_{vv} = h_{vv}/g_{vv} = \frac{z'}{|c'|}\frac{1}{\rho}, \end{aligned} \tag{4.16}$$

wobei $\kappa = (z''\rho' - \rho''z')/|c'|^3 = \det(c', c'')/|c'|^3$ nach (2.24) die *Krümmung* der Profilkurve c ist. Andererseits ist l_{vv} das $\frac{z'}{|c'|}$-fache der Krümmung $1/\rho$ des horizontalen Breitenkreises. Dies ist ein Spezialfall des Satzes von *Meusnier* (4.33); zur geometrischen Bedeutung des Faktors $\frac{z'}{|c'|}$ siehe Übungen 6 und 7. Ist c nach Bogenlänge parametrisiert, also $|c'| = 1$, so erhalten wir

$$2H = \text{Spur } L = \kappa + z'/\rho, \quad K = \det L = \kappa z'/\rho. \tag{4.17}$$

Beispiel 2: Es sei $X : U \to \mathsf{S}^m \subset \mathbb{E}^{m+1}$ eine lokale Parametrisierung der m-dimensionalen Einheitssphäre. Dann ist $\nu(u) = X(u)$ ein Einheitsnormalenvektor für X (wir sollten X so wählen, dass $\det(X_1, \dots, X_m, X) > 0$ ist),

[7] Dieselbe Theorie kann für Immersionen $X : U \to \mathbb{E}^n$ mit beliebiger Kodimension $k = n - m$ durchgeführt werden. Die möglichen Positionen des Tangentialraums T_u können dann allerdings nicht mehr durch einen einzigen Vektor, den Normalenvektor $\nu(u) \in \mathsf{S}^{n-1}$ beschrieben werden. An die Stelle der Sphäre S^{n-1} tritt die *Grassmann-Mannigfaltigkeit* G aller k-dimensionalen Unterräume $N \subset \mathbb{E}^n$. Indem wir jeden Unterraum N durch die orthogonale Projektion $P_N : \mathbb{E} \to V \subset \mathbb{E}$ ersetzen, können wir G als Untermannigfaltigkeit des Raums $S(n)$ aller symmetrischen $n \times n$-Matrizen auffassen, der wiederum zum $\mathbb{R}^{n(n+1)/2}$ isomorph ist. Der Tangentialraum von G im „Punkt“ $N \in \mathsf{G}$ ist der Unterraum aller symmetrischen Matrizen, die N auf $T = N^\perp$ abbilden und umgekehrt, d.h. $T_N\mathsf{G} \cong \text{Hom}(N, T)$. Die Gaußabbildung ν wird ersetzt durch die Abbildung $N : U \to \mathsf{G}$, $N(u) = N_u$. Die Weingartenabbildung L^ν (vgl. Fußnote 7, S. 50) hängt linear vom Normalenvektor ν ab und kann daher in jedem Punkt u als eine lineare Abbildung $L_u : T_u \to \text{Hom}(N_u, T_u) = T_{N_u}\mathsf{G}$ gesehen werden, und ähnlich wie in (4.10) gilt $L_u = -\partial N_u (\partial X_u)^{-1}$.

und wir erhalten $h_{ij} = -\langle \nu_i, X_j \rangle = -\langle X_i, X_j \rangle = -g_{ij}$. Somit ist $L = -I$, also $H = -1$ und $K = (-1)^m$.

4.4 Abstandsfunktion und Parallelhyperflächen

Zweite Fundamentalform und Weingartenabbildung einer Hyperfläche X in $\mathbb{E}^n$ hängen eng mit der *Abstandsfunktion* von der Hyperfläche zusammen, die die Entfernung jedes Punktes von Bild X misst.[8] Wir erweitern dazu die Immersion $X : U \to \mathbb{E}^n$ zu der folgenden Abbildung $\hat{X} : U \times \mathbb{R} \to \mathbb{E}^n$,

$$\hat{X}(u, r) := X^r(u) := X(u) + r\nu(u). \tag{4.18}$$

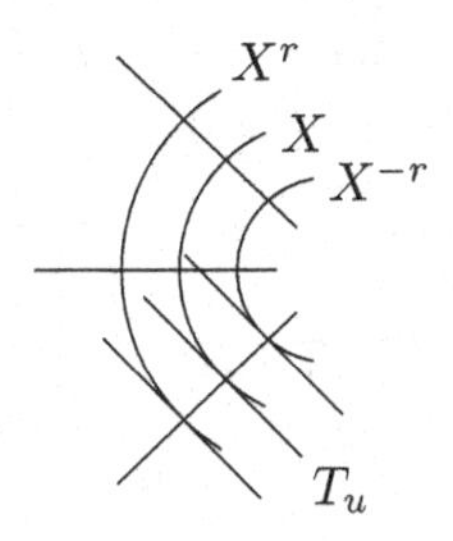

Sie beschreibt die zu X *parallelen* oder *äquidistanten* Hyperflächen X^r im konstanten Abstand $|r|$ von X, denn wir erreichen $X^r(u)$, indem wir uns von $X(u)$ aus in gerader Linie senkrecht zu X (nämlich in Richtung des Normalenvektors $\pm\nu(u)$) um eine Wegstrecke der Länge $|r|$ fortbewegen. Die partiellen Ableitungen sind $\hat{X}_i = X_i + r\nu_i$ und $\hat{X}_r = \nu$. Da die Vektoren $X_1, ..., X_{n-1}$ und ν an jeder Stelle u linear unabhängig sind, hat $\partial\hat{X}_{(u,0)}$ den Rang n und ist daher invertierbar. Also besitzt $\hat{X}$ in einer offenen Umgebung W von $X(U) \subset \mathbb{R}^n$ eine differenzierbare Umkehrabbildung

$$\hat{Y} : \hat{X}(u, r) \mapsto (u, r) : W \to U \times \mathbb{R}.$$

Deren letzte (n-te) Komponente

$$\hat{\rho} = \hat{Y}^n : W \to \mathbb{R}, \quad \hat{X}(u, r) \mapsto r \tag{4.19}$$

bezeichnen wir als *Abstandsfunktion von der Hyperfläche* X, denn ihre *Niveauhyperflächen* $\hat{\rho}^{-1}(r) = \{x \in W;\ \hat{\rho}(x) = r\}$ sind die Bilder der äquidistanten Immersionen $X^r = X + r\nu$. Deren Tangentialraum $T_u^r = \text{Bild}\,\partial X_u^r$ (für $|r| < \epsilon$) ist mit T_u identisch, denn da $\nu_i \perp \nu$ (weil $\langle \nu, \nu \rangle = 1$ und damit $\langle \nu_i, \nu \rangle = \frac{1}{2}\partial_i \langle \nu, \nu \rangle = 0$), ist

$$\partial_i X^r = X_i + r\nu_i \in T_u. \tag{4.20}$$

[8] In Kapitel 10 werden wir wichtige Anwendungen der hier entwickelten Begriffe sehen.

Daher ist ν Einheitsnormale auch von X^r und steht somit senkrecht auf den Niveaus von $\hat{\rho}$, ist also ein Vielfaches des Gradienten $\nabla\hat{\rho}$. Dieses Vielfache ist aber gleich Eins, denn an jeder Stelle $x = \hat{X}(u,r) = X(u) + r\nu(u) \in W$ gilt $\hat{\rho}(x) = r$ und damit $\langle\nabla\hat{\rho},\nu\rangle(x) = (\partial_\nu\hat{\rho})(x) = \frac{d}{dr}r = 1$. Also erhalten wir

$$\nabla\hat{\rho}(\hat{X}(u,r)) = \nu(u). \tag{4.21}$$

Die Abstandsfunktion $\hat{\rho}$ ist eng mit der Geometrie der Hyperflächen X^r verbunden. Ihre zweite Ableitung (*Hesseform*)[9] $\partial\partial\hat{\rho} = (\partial_i\partial_j\hat{\rho})$ ist im Wesentlichen die zweite Fundamentalform:

Satz 4.4.1. *Für tangentiale Vektorfelder $A = \partial_a X^r$ und $B = \partial_b X^r$ längs X^r gilt*

$$\partial\partial\hat{\rho}(A,B) = -h^r(a,b), \tag{4.22}$$

$$\partial\partial\hat{\rho}(A,\nu) = 0. \tag{4.23}$$

Beweis:

$$\begin{aligned}\partial\partial\hat{\rho}(A,B) &= \langle\partial_a\nabla\rho, B\rangle = \langle\partial_a\nu, B\rangle \\ &= -\langle\nu,\partial_a B\rangle = -h^r(a,b), \\ \partial\partial\hat{\rho}(A,\nu) &= \langle\partial_a\nu,\nu\rangle = 0. \qquad \square\end{aligned}$$

Die Spur der Hesseform ist der *Laplace-Operator*[10] Δ. Die Spur einer Bilinearform lässt sich mit Hilfe einer beliebigen Orthonormalbasis berechnen; wir wählen dafür eine Orthonormalbasis $a_1, ..., a_{n-1}$ von T_u^r und ergänzen sie durch $\nu(u)$ zu einer Orthonormalbasis von $\mathbb{E}^n$. Durch Spurbildung erhalten wir somit aus den vorigen Gleichungen (4.22) und (4.23):

Korollar 4.4.1.

$$\Delta\hat{\rho}\circ X^r = -\mathrm{Spur}_{g^r} h^r \overset{4.13}{=} -\mathrm{Spur}\, L^r, \tag{4.24}$$

wobei L^r die Weingartenabbildung von X^r bezeichnet. $\square$

Der nächste Satz zeigt uns, wie die Weingartenabbildung von X^r von r abhängt:

Satz 4.4.2. *Es sei $L_u^r = -\partial\nu_u \circ (\partial X_u^r)^{-1} \in \mathrm{End}\, T_u$ die Weingartenabbildung von X^r und $L = L^0$ die von X. Falls $|r|$ genügend klein ist, gilt:*

$$L^r = L(I - rL)^{-1}. \tag{4.25}$$

Beweis: Aus $X^r = X + r\nu$ und $\partial\nu = -L\,\partial X$ folgt $\partial X^r = \partial X + r\,\partial\nu = (I - rL)\,\partial X$, also $L^r = -\partial\nu\,(\partial X^r)^{-1} = L\,\partial X\,(\partial X^r)^{-1} = L(I - rL)^{-1}$. $\square$

[9] Ludwig Otto Hesse, 1811 (Königsberg) – 1874 (München)
[10] Pierre-Simon Laplace, 1749 (Beaumont-en-Auge) – 1827 (Paris)

4.5 Die lokale Gestalt einer Hyperfläche

Die zweite Fundamentalform h_{u_o} einer Hyperfläche $X : U \to \mathbb{E}^n$ (wobei $U \subset \mathbb{R}^m$, $m = n - 1$) verrät uns deren Gestalt in der Nähe einer beliebigen Stelle $u_o \in U$. Um dies zu sehen, wählen wir zunächst die Orthonormalbasis von $\mathbb{E}$ in der Weise, dass der letzte Basisvektor e_n gleich dem Normalenvektor $\nu(u_o)$ und damit $T_{u_o} = \mathbb{R}^m$ ist. Nun benutzen wir eine andere Parametrisierung von X, nämlich als *Graph* einer Funktion auf $\mathbb{R}^m$. Das folgende Lemma zeigt, dass eine solche Parametrisierung immer möglich ist:

Lemma 4.5.1. *Zu jedem $u_o \in U$ gibt eine offene Umgebung $U_o \subset U$ von u_o und einen Parameterwechsel $\phi : U_o \to \tilde{U}$ mit der Eigenschaft, dass $\tilde{X} = X \circ \phi^{-1}$ Graph einer C^2-Funktion $f : \tilde{U} \to \mathbb{R}$ mit $\partial f_{\phi(u_o)} = 0$ ist, d.h. für alle $\tilde{u} \in \tilde{U}$ gilt*

$$\tilde{X}(\tilde{u}) = (\tilde{u}; f(\tilde{u})) \in \mathbb{R}^m \times \mathbb{R} = \mathbb{E}. \tag{4.26}$$

Beweis: Wir setzen $\phi = \pi \circ X$, wobei $\pi : \mathbb{E} = \mathbb{R}^n \to \mathbb{R}^m$ die orthogonale Projektion bezeichnet. Da π und ∂X_{u_o} auf $\mathbb{R}^m$ injektiv sind, ist $\partial \phi_{u_o} = \pi \circ \partial X_{u_o}$ ein Isomorphismus. Nach dem Umkehrsatz ist ϕ daher nahe u_o ein Diffeomorphismus, d.h. es gibt eine offene Umgebung U_o von u_o in U, die von ϕ diffeomorph auf eine offene Umgebung $\tilde{U}$ von $\pi(X(u_o))$ in $\mathbb{R}^m$ abgebildet wird. Für $\tilde{X} = X \circ \phi^{-1}$ und die Funktion $f = \tilde{X}^n$ (n-te Komponente von $\tilde{X} = (\tilde{X}^1, \dots, \tilde{X}^n)$) folgt nun $\tilde{X}(\tilde{u}) = (\tilde{u}; f(\tilde{u}))$, denn für $\tilde{u} = \phi(u)$ gilt $\pi(\tilde{X}(\tilde{u})) = \pi(X(u)) = \phi(u) = \tilde{u}$ und $(\tilde{X})^n(\tilde{u}) = f(\tilde{u})$. Da $\partial \tilde{X}_{\tilde{u}} = (I, \partial f_{\tilde{u}})$ und $\operatorname{Bild} \partial \tilde{X}_{\phi(u_o)} = \operatorname{Bild} \partial X_{u_o} = T_{u_o} = \mathbb{R}^m$, ist $\partial f_{\phi(u_o)} = 0$. □

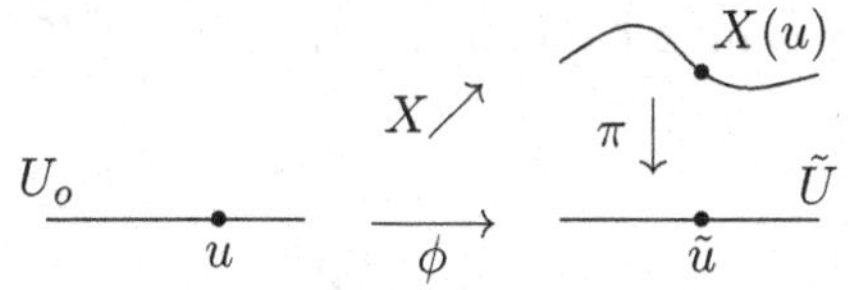

Satz 4.5.1. *Es sei U eine offene Teilmenge von $\mathbb{R}^m$ und $f : U \to \mathbb{R}$ eine C^2-Funktion. Für die zweite Fundamentalform h der Graphen-Hyperfläche $X = (\mathrm{id}; f) : U \to \mathbb{E}^n = \mathbb{R}^m \times \mathbb{R} : u \mapsto (u; f(u))$ gilt dann*

$$h_{ij} = f_{ij} / \sqrt{1 + |\nabla f|^2}. \tag{4.27}$$

Beweis: Für alle $a \in \mathbb{R}^m$ ist $\partial_a X = (a; \partial_a f)$, daher gilt $X_i = (e_i; f_i)$ und $X_{ij} = (0; f_{ij}) = f_{ij} e_n$. Es bleibt der Normalenvektor auszurechnen. Ein Vektor $\nu = (v; t) = v + t e_n$ mit $v \in \mathbb{R}^m$ ist *normal* auf X, wenn für alle $a \in \mathbb{R}^m$ gilt:

$$0 = \langle (v; t), (a; \partial_a f) \rangle = \langle v, a \rangle + t \langle \nabla f, a \rangle = \langle v + t \nabla f, a \rangle.$$

Damit muss $v = -t \nabla f$ gelten und wir erhalten

$$\nu = t e_n + v = t(e_n - \nabla f). \tag{4.28}$$

Wählen wir $t = 1/|e_n - \nabla f| = 1/\sqrt{1 + |\nabla f|^2}$, so ist ν auch noch ein Einheitsvektor. Dieser hat die richtige Orientierung gemäß (4.4), d.h. $D(X) := \det(X_1, \dots, X_m, e_n - \nabla f) > 0$. Ersetzt man nämlich f durch sf für konstantes $s \in [0, 1]$ und betrachtet die zugehörige Graphen-Hyperfläche $X^s = (\mathrm{id}; sf)$, so gilt $(X^s)_i = e_i + sf_i\, e_n$, und die entsprechende Determinante $D(X^s)$ hat für $s = 0$ den Wert $D(X^0) = \det(e_1, \dots, e_n) = 1 > 0$; weil $D(X^s)$ aber stetig von s abhängt und nirgends verschwindet, folgt auch $D(X) = D(X^1) > 0$. Somit ist $h_{ij} = \langle X_{ij}, \nu \rangle = f_{ij} \langle e_n, \nu \rangle = f_{ij}\, t$. □

Da $f = X^n$ die *Höhe* der Hyperfläche X über der Hyperebene $\mathbb{R}^m$ bezeichnet, gibt die Hesseform $\partial\partial f = (f_{ij})$ über ihre lokale Gestalt Auskunft, besonders in solchen Punkten u_o, in denen der Gradient von f verschwindet, wo also die Tangentialebene horizontal ist ($T_{u_o} = \mathbb{R}^m$): In allen Richtungen $a \in \mathbb{R}^m$ mit $\partial_a \partial_a f(u_o) > 0$ liegt die Hyperfläche oberhalb ihrer Tangentialhyperebene durch $X(u_o)$, in den Richtungen b mit $\partial_b \partial_b f(u_o) < 0$ dagegen unterhalb. Das Verhalten nahe u_o wird also durch die Hauptkrümmungen in u_o (die Eigenwerte der Matrix $(h_{ij}(u_o))$ bestimmt. Speziell für Flächen ($m = 2$, $n = 3$) gibt es drei Möglichkeiten: Wenn beide Hauptkrümmungen das gleiche Vorzeichen haben, liegt die Fläche ganz auf einer Seite (oberhalb oder unterhalb) ihrer Tangentialebene (*elliptischer Fall*), haben sie verschiedene Vorzeichen, so bildet die Fläche einen Sattel und durchdringt ihre Tangentialebene (*hyperbolischer Fall*). Übrig bleibt der Fall, dass mindestens eine Hauptkrümmung verschwindet (*parabolischer Fall*); dann ist die lokale Gestalt der Fläche nicht mehr allein durch h_{u_o} bestimmt, sondern es müssten noch Ableitungen höherer Ordnung berücksichtigt werden. Dieser Fall tritt z.B. dann ein, wenn die Fläche die Gestalt einer Rinne hat. Die drei Fälle sind durch die Werte der Gaußkrümmung unterschieden: $K > 0$, $K < 0$ und $K = 0$.

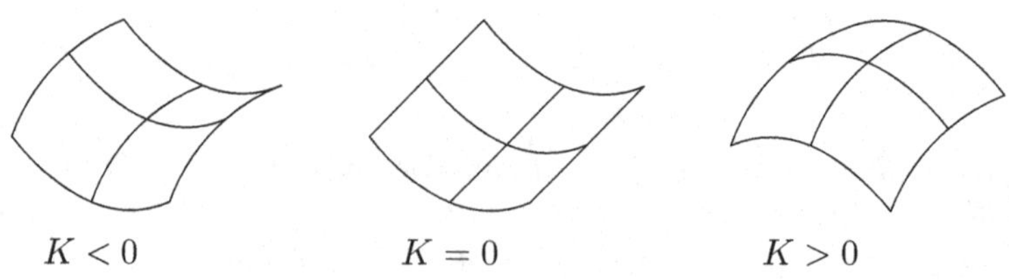

4.6 Der Normalanteil des Krümmungsvektors

Eine Kurve $c : I \to \mathbb{E}$ heißt *Kurve auf der Immersion* $X : U \to \mathbb{E}$, wenn $c(t) = X(\alpha(t))$ für eine Kurve $\alpha : I \to U$ im Parameterbereich (*Parameterkurve*). Wenn wir uns wie üblich $X(U) \subset \mathbb{E}$ als Fläche im Raum vorstellen, dann verläuft $c(I)$ auf dieser Fläche. Wir wollen annehmen, dass c nach Bogenlänge parametrisiert ist, also $|c'| = 1$ gilt. In Kapitel 2 hatten wir den Betrag des Krümmungsvektors c'' als *Krümmung* κ der Kurve definiert: $\kappa = |c''|$. Jetzt können wir etwas feiner unterscheiden: Wir zerlegen den Vektor $c''(t)$ in seine

Komponenten im Tangentialraum $T_{u(t)}$ und im Normalraum $N_{u(t)}$ von X und schreiben dafür

$$c'' = (c'')^T + (c'')^N. \tag{4.29}$$

Diese Anteile von c'' haben höchst unterschiedliche Bedeutung. Der Tangentialanteil $(c'')^T$ wird in Kapitel 5 behandelt; hier wollen zunächst den *Normalanteil* $(c'')^N$ untersuchen. Dieser hat mit der *äußeren* Geometrie von X zu tun und wird der Kurve c von der Immersion X aufgezwungen:

Satz 4.6.1. *Für jedes Normalenfeld ν auf X gilt:*

$$\langle c'', \nu \circ \alpha \rangle = h_\alpha^\nu(\alpha', \alpha'). \tag{4.30}$$

Beweis:

$$c'' = (X \circ \alpha)'' = (\partial X_\alpha \alpha')' = \partial\partial X_\alpha(\alpha', \alpha') + \partial X_\alpha \alpha'', \tag{4.31}$$

wobei $\partial\partial X_u$ die Hesseform von X in u bezeichnet: $\partial\partial X_u(a,b) = a^i b^j X_{ij}(u)$ für alle $a, b \in \mathbb{R}^m$. Der zweite Term der rechten Seite von (4.31) liegt in $\text{Bild}\, \partial X_\alpha = T_\alpha = \nu(\alpha)^\perp$, also ist $\langle c'', \nu(\alpha)\rangle = \langle \partial_{\alpha'}\partial_{\alpha'} X(\alpha), \nu(\alpha)\rangle = h_\alpha^\nu(\alpha', \alpha')$. □

Wenn X eine Hyperfläche ist, können wir $(c'')^N$ auch mit Hilfe der *Weingartenabbildung* ausdrücken: Nach (4.11) war

$$h_u(a,b) = \langle L_u\, \partial X_u a, \partial X_u b\rangle \tag{4.32}$$

für alle $a, b \in \mathbb{R}^m$ und daher $h_\alpha(\alpha', \alpha') = \langle L_\alpha \partial X_\alpha \alpha', \partial X_\alpha \alpha'\rangle = \langle L_\alpha c', c'\rangle$. Wir erhalten also

$$\langle L_\alpha c', c'\rangle = \langle c'', \nu(\alpha)\rangle = \kappa \cdot \cos\beta, \tag{4.33}$$

wobei $\beta(t)$ den Winkel zwischen $c''(t)$ und $\nu(\alpha(t))$ bezeichnet. Die von $c'(t)$ und $c''(t)$ aufgespannte Ebene ist die *Schmiegebene* von c an der Stelle t; da $c'(t)$ senkrecht auf $\nu(\alpha(t))$ steht, ist $\beta(t)$ auch der Winkel zwischen der Hyperflächennormale und der Schmiegebene von c. Die Formel (4.33) ist als *Satz von Meusnier*[11] bekannt.

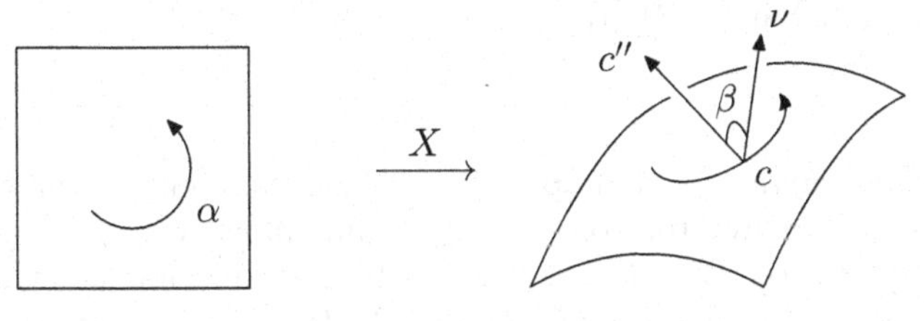

[11] Jean-Baptiste Meusnier de la Place, 1754–1793 (Paris)

4.7 Normalenschnitte

Die Beziehungen (4.30) und (4.33) geben uns eine neue Interpretation der zweiten Fundamentalform und der Weingartenabbildung einer Hyperfläche $X : U \to \mathbb{E}$ mit Hilfe von *Kurvenkrümmungen*. Besonders gut dafür geeignete Kurven c sind die *Normalenschnitte*: Schnitte von $X(U)$ mit einer Ebene P, die eine senkrecht auf X stehende Gerade $X(u_o) + \mathbb{R} \cdot \nu(u_o)$ enthält. Mit anderen Worten: an einer festen Stelle $u_o \in U$ betrachten wir für einen Tangenteneinheitsvektor $v \in T_{u_o}$ den zweidimensionalen affinen Unterraum $P = P_v = X(u_o) + \mathbb{R} \cdot v + \mathbb{R} \cdot \nu(u_o)$ und seinen Schnitt mit $X(U_o)$ für eine kleine Umgebung $U_o \subset U$ von u_o.

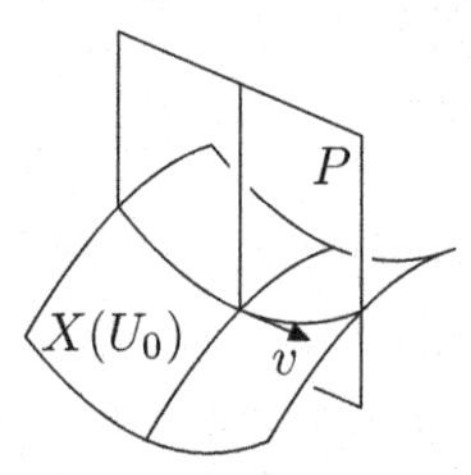

Lemma 4.7.1. *Für eine kleine Umgebung $U_o \subset U$ von u_o ist $P \cap X(U_o)$ das Bild einer Kurve c auf der Immersion X.*

Beweis: Dies ist am einfachsten zu sehen, wenn wir die in Abschnitt 4.5 eingeführte Parametrisierung von X als Graph benutzen: $X(u) = (u; f(u))$ für eine Funktion $f : U_o \to \mathbb{R}$. Dabei wählen wir die Koordinaten von $\mathbb{E}$ so, dass $X(u_o) = 0$ und $\nu(u_o) = e_n$, also $T_{u_o} = \mathbb{R}^m$. Dann ist $P = \mathbb{R}v + \mathbb{R}e_n$ und $X(U_o) \cap P = \{(tv; f(tv));\ t \in I\}$ für ein offenes Intervall I um 0. Damit ist $X(U_o) \cap P$ Bild der Kurve $c : I \to \mathbb{E}$, $c(t) = X(tv) = (tv; f(tv))$. □

Wir können $|v| = 1$ annehmen und c nach Bogenlänge umparametrisieren ($|c'| = 1$) mit $c(0) = X(u_o)$ und $c'(0) = v$. Mit Hilfe der Orthonormalbasis $(v, \nu(u_o))$ identifizieren wir P mit $\mathbb{E}^2$ und fassen damit c als Kurve in $\mathbb{E}^2$ auf. Der Ausdruck $\langle c''(0), \nu(u_o)\rangle$ in (4.30) und (4.33) ist dann genau die *Krümmung* κ dieser ebenen Kurve an der Stelle $t = 0$ (vgl. (2.20). Deshalb wird dieser Wert als *Normalkrümmung* κ_v von X in Richtung v bezeichnet (für festes u_o). Mit (4.33) erhalten wir:

$$\kappa_v = \langle L_{u_o} v, v\rangle. \tag{4.34}$$

Die *Hauptkrümmungen* sind spezielle Normalkrümmungen, nämlich solche, für die v ein Eigenvektor von L_{u_o} ist. Dafür finden wir nun eine geometrische Interpretation: Bekanntlich sind die Eigenvektoren einer symmetrischen reellen Matrix A genau die *stationären Punkte*[12] der Funktion $v \mapsto \langle Av, v\rangle$

[12] In einem stationären (oder *kritischen*), Punkt sind die ersten Ableitungen Null, allerdings nur in den Richtungen tangential zur Lösungsmenge der Neben-

auf der Sphäre $\mathsf{S} = \{v;\ |v| = 1\}$. Für $A = L_{u_o}$ sind daher die stationären Punkte der Funktion $v \mapsto \kappa_v$ unter der Nebenbedingung $|v| = 1$ genau die *Hauptkrümmungsrichtungen.* Im Fall der Flächen ($m = 2$, $n = 3$) gibt es nur zwei Eigenrichtungen; diese müssen also zum Maximum und zum Minimum der Funktion $v \mapsto \kappa_v$ gehören:

Satz 4.7.1. *An jeder Stelle $u_o \in U \subset \mathbb{R}^2$ einer Fläche $X : U \to \mathbb{E}^3$ sind die beiden Hauptkrümmungen der maximale und der minimale Wert für die Normalkrümmungen in u_o.* □

Geometrisch ausgedrückt: Dreht man die Ebene P um die Achse $a = X(u_o) + \mathbb{R}\nu(u_o)$ und betrachtet jeweils den Schnitt mit der Fläche $X(U_o)$, so wandert der Krümmungsmittelpunkt der Schnittkurve $X(U_o) \cap P$ auf der Achse a auf und ab. Da, wo er die Richtung wechselt, ist die Schnittkurve tangential zu einer Hauptkrümmungsrichtung.

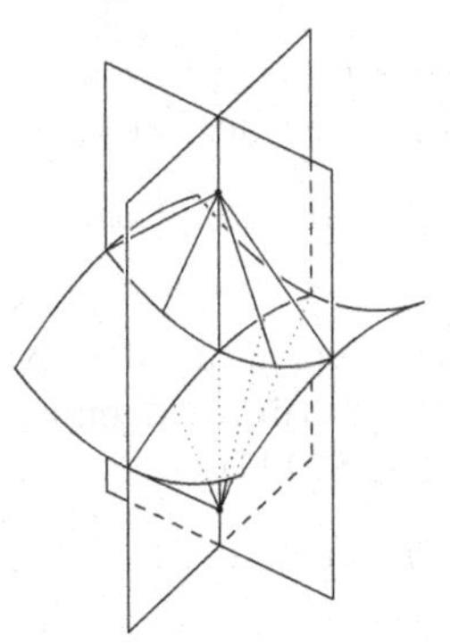

4.8 Übungsaufgaben

1. *Gaußbild:* Man skizziere die folgenden Drehflächen und beschreibe den Teil der Einheitssphäre, der durch das Bild ihrer Gaußabbildung überdeckt wird. Wir geben die Flächen nicht in Parameterform an, sondern als Lösungsmenge einer Gleichung für die drei Koordinaten x, y, z; dabei setzen wir $\rho := \sqrt{x^2 + y^2}$.

   a) *Paraboloid:* $z = \rho^2$,
   b) *einschaliges Hyperboloid:* $\rho^2 - z^2 = 1$,
   c) *zweischaliges Hyperboloid:* $z^2 - \rho^2 = 1$,
   d) *Katenoid:* $\rho = \cosh z$.

---

bedingung. Der Gradient der Funktion steht damit senkrecht auf dem Tangentialraum der Nebenbedingung; die Gradienten der Funktion und der Nebenbedingung sind dort also linear abhängig (*Lagrange-Bedingung*, vgl. [14] sowie Kap. 6, Übung 6). Für die Funktionen $v \mapsto \langle Av, v\rangle$ und $v \mapsto \langle v, v\rangle$ sind die Gradienten $2Av$ und $2v$ linear abhängig genau dann, wenn v Eigenvektor von A ist.

2. *Wendelfläche:* Skizzieren Sie die Wendelfläche (vgl. (3.31))

$$\tilde{X} : \mathbb{R}^2 \to \mathbb{E}^3 = \mathbb{C} \times \mathbb{R}, \quad \tilde{X}(u,v) = (\sinh(u)e^{iv}; v).$$

Die Fläche wird von der z-Achse $\{x = y = 0\}$ und den davon ausgehenden Geraden $t \mapsto g_v(t) = (te^{iv}; v)$ (mit $t = \sinh u$) gebildet, die wie die Stufen einer Wendeltreppe angeordnet sind. Bestimmen Sie nun das Gaußbild; wie verhält sich der Normalenvektor längs der Geraden g_v?

3. *Flächeninhalt des Gaußbildes:* Gegeben sei eine Hyperfläche $X : U \to \mathbb{E}^n$ (d.h. $U \subset \mathbb{R}^m$ und $n = m+1$) mit positiver Gauß-Kronecker-Krümmung: $K = \det L > 0$. Zeigen Sie, dass dann die Gaußabbildung $\nu : U \to \mathbb{S}^m \subset \mathbb{E}^n$ ebenfalls eine Immersion ist mit dem Flächeninhalt

$$\mathcal{A}(\nu|_C) = \int_C K \, d\mathcal{A} \tag{4.35}$$

für jede kompakte Teilmenge $C \subset U$, wobei $d\mathcal{A} = \sqrt{\det g_u}\, du$ und g_u die erste Fundamentalform von X an der Stelle $u \in U$ bezeichnet.

4. *Rotationstorus:* Berechnen Sie die Hauptkrümmungen des Rotationstorus (3.27).

5. *Katenoid und Wendelfläche:* Zeigen Sie, dass Katenoid und Wendelfläche (3.31) beide die gleichen Hauptkrümmungen und die mittlere Krümmung $H = 0$ haben (vgl. Kapitel 8, S. 117f).

6. *Hauptkrümmung von Drehflächen:*

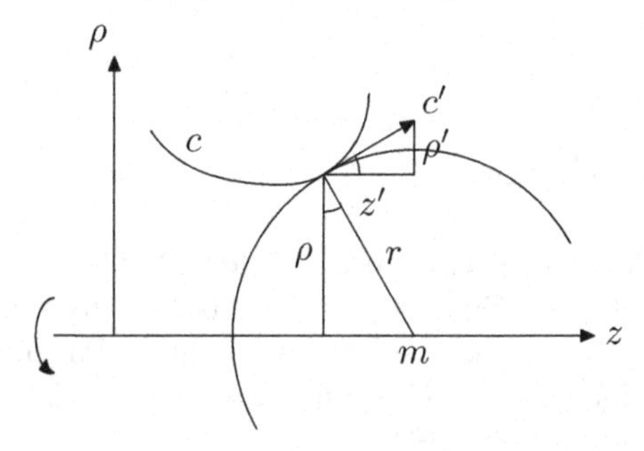

Gegeben eine Drehfläche $X(u,v) = (\rho(u)e^{iv};\, z(u)) \in \mathbb{C} \times \mathbb{R} = \mathbb{E}^3$ mit Profilkurve $c(u) = (\rho(u), z(u))$. Die Hauptkrümmung in Richtung der Breitenkreise (v-Richtung) ist $\kappa_2 = (z'/|c'|)/\rho$, vgl. (4.16). Zeigen Sie: $r = 1/\kappa_2$ ist die Länge des Normalenabschnitts zwischen Kurvenpunkt und z-Achse. Interpretieren Sie dies geometrisch (siehe Figur): Was haben die Fläche X und die Sphäre mit Mittelpunkt m und Radius r gemeinsam?

7. *Satz von Meusnier für Drehflächen:* Zeigen Sie, dass die Meusnier-Formel (4.33) sich zu (4.16) spezialisiert, wenn die Kurve $c = X \circ \alpha$ in (4.33) ein

nach Bogenlänge parametrisierter Breitenkreis $\{u = const\}$ einer Drehfläche $X(u,v) = (\rho(u)e^{iv}; z(u))$ ist, also $c(t) = (\rho(u)e^{it/\rho(u)}; z(u)) = X(u, t/\rho(u))$.

8. *Gaußkrümmung von Drehflächen:* Gegeben sei eine Drehfläche $X(u,v) = (\rho(u)e^{iv}; z(u))$ für eine nach Bogenlänge parametrisierte Profilkurve $c = (\rho, z)$, also $(z')^2 + (\rho')^2 = 1$. Berechnen Sie mit Hilfe von (4.17)[13] für die Gaußkrümmung den Wert $K = -\rho''/\rho$. Die geometrische Bedeutung dieser Formel werden wir im Abschnitt 12.2 (vgl. (12.3)) verstehen.

9. *Drehflächen konstanter Krümmung:* Bestimmen und skizzieren Sie die (nach Bogenlänge parametrisierten) Profilkurven) $(\rho(u), z(u))$ für die Drehflächen konstanter Krümmung K für die Werte $K = 0$, $K = 1$ und $K = -1$. Zeigen Sie insbesondere, dass die einzigen Drehflächen mit Krümmung 0 die Kegel und Zylinder sind.

   Hinweise: Die Funktion ρ ist nach der vorigen Aufgabe eine Lösung der Differentialgleichung $\rho'' + K\rho = 0$. Für $K = 1$ sind die Lösungen beliebige Linearkombinationen von sin und cos, und bei geeigneter Festlegung des Parameternullpunktes sind sie einfach Vielfache von cos, für $K = -1$ dagegen sind es Linearkombinationen von sinh und cosh. Die Funktion $z(u)$ ermittelt man aus der Gleichung $(\rho')^2 + (z')^2 = 1$; die Stammfunktion von $\sqrt{1 - (\rho')^2}$ ist in den meisten Fällen nicht explizit angebbar, aber ihr qualitatives Verhalten ist einfach zu sehen. Bestimmen Sie jeweils den maximalen Definitionsbereich.

10. *Hundeerziehung und negative Krümmung:* Hundebesitzer Alois Wuff führt seinen (wenig folgsamen) Dackel Waldi an einer Leine der Länge Eins spazieren. Er wartet zunächst im Ursprung $(0, 0)$ eines (ρ, z)-Koordinatensystems auf seinen Hund, der ausgiebig am Punkt $(1, 0)$ schnüffelt. Schließlich wird Herr Wuff ungeduldig und setzt seinen Spaziergang in Richtung der positiven z-Achse fort. Waldi sträubt sich und lässt sich an der Leine hinterherziehen, statt zu laufen. Man skizziere die Waldi-Kurve (auch *Ziehkurve* oder *Traktrix* genannt) $c = (\rho, z)$; sie ist dadurch gekennzeichnet, dass die Länge des Tangentenabschnitts („Hundeleine") zwischen Kurvenpunkt und z-Achse stets Eins ist. Man zeige mit dieser Bedingung, dass die zugehörige Rotationsfläche $X(u,v) = (\rho(u)e^{iv}; z(u))$ konstante negative Gaußkrümmung $K = -1$ hat. Man darf dabei annehmen, dass die Traktrix nach Bogenlänge parametrisiert ist. Wie passt das zu den Ergebnissen der vorigen Aufgabe?

11. *Normalkrümmungen und mittlere Krümmung:* Gegeben sei eine Fläche $X : U \to \mathbb{E}^3$. Man zeige an jeder Stelle $u \in U$, dass die Normalkrümmun-

[13] *Hinweis:* In dem Term $\kappa z' = (\rho' z'' - \rho'' z')z'$ von (4.17) substituiere man $(z')^2$ durch $1 - (\rho')^2$ und beachte, dass die Ableitung von $(z')^2 + (\rho')^2$ verschwindet.

gen zu zwei beliebigen orthogonalen Richungen in T_u immer dieselbe Summe ergeben, nämlich $2H(u)$.[14]

12. *Asymptotenlinien:* Eine Kurve $c = X \circ \alpha$ auf einer Fläche $X : U \to \mathbb{E}^3$ heißt *Asymptotenlinie*, wenn $h_\alpha(\alpha', \alpha') = 0$. Zeigen Sie, dass die *Schmiegebene* einer Asymptotenlinie mit der Tangentialebene der Fläche zusammenfällt. Folgern Sie für die Torsion τ einer Asymptotenlinie $c = X \circ \alpha$:
$$\tau^2 = -K \circ \alpha, \tag{4.36}$$
wobei K die Gaußkrümmung der Fläche ist.[15]

13. *Regelflächen und Torsen:* Eine Regelfläche $X(u, v) = c(u) + v\,b(u)$ heißt *Torse*, wenn das Gaußsche Normalenfeld ν längs jeder Regelgeraden konstant ist, $\nu_v = 0$. Zeigen Sie die Äquivalenz der folgenden Bedingungen:
    a) X ist Torse,
    b) X ist abwickelbar (s. Kapitel 3, Übung 5),
    c) X hat Gaußkrümmung Null.

14. *Kennzeichnung des Zylinders:* Zeigen Sie: Ein Flächenstück mit Hauptkrümmungen $\kappa_1 = 1$, $\kappa_2 = 0$ (oder $H = 2$, $K = 0$) ist ein Stück von einem zylindrischen Rohr vom Radius Eins. Sie dürfen dazu eine Parametrisierung $X(u, v)$ durch *Krümmungslinien* voraussetzen, d.h. X_u und X_v sind an jeder Stelle Hauptkrümmungsrichtungen.[16]

15. *Parallelflächen:* Es sei $X : U \to \mathbb{E}^3$ eine Fläche mit Hauptkrümmungen $\kappa_1 = 1/r_1$, $\kappa_2 = 1/r_2$. Zeigen Sie, dass die Parallelfläche $X^r = X + r\nu$ mit derselben Normalen ν die Hauptkrümmungen $\kappa_i(r) = 1/(r_i - r)$ hat. Schließen Sie daraus: Hat X konstante mittlere Krümmung $H = \frac{1}{2}$, d.h. $\kappa_1 + \kappa_2 = 1$, dann hat X^r für $r = 1$ konstante Gaußkrümmung $K = 1$ und für $r = 2$ konstante mittlere Krümmung $H = -\frac{1}{2}$.

16. *Invarianz der Fundamentalformen unter Bewegungen:* Es sei $X : U \to \mathbb{E} = \mathbb{E}^n$ eine Hyperfläche ($m = n - 1$) und $f : \mathbb{E} \to \mathbb{E}$ eine orientierungstreue Isometrie (eigentliche Bewegung). Zeigen Sie, dass die Hyperflächen X und $\tilde{X} = f \circ X$ die gleichen ersten und zweiten Fundamentalformen besitzen.

---

[14] *Hinweis:* Beachten Sie, dass man die Spur der Weingartenabbildung mit jeder Orthonormalbasis der Tangentialebene berechnen kann.

[15] *Hinweis:* Die Determinante des Endomorphismus L auf der Tangentialebene T ist die Determinante der zugehörigen Matrix (l_{ij}) bezüglich einer beliebigen Orthonormalbasis von T. Wählen wir die Orthonormalbasis $\{b_1, b_2\}$ mit $b_1 = c'/|c'|$, so ist $l_{11} = 0$ und damit $\det L = -(l_{12})^2 = -\langle Lb_1, b_2\rangle^2$.

[16] *Hinweise:* Aus den Voraussetzungen ergibt sich $\nu_u = X_u$ und $\nu_v = 0$. Daraus folgere man $X(u, v) = \nu(u) + a(v)$ für einen nur von v abhängenden Punkt a (wie „Achse"). Da $|\nu| = 1$, sind die u-Parameterlinien $u \mapsto X(u, v)$ Kreise um $a(v)$ vom Radius Eins. Wegen $\nu_v = 0$ folgt $X_v = da/dv$ unabhängig von u. Außerdem ist $\langle X_{vv}, \nu\rangle = -\langle X_v, \nu_v\rangle = 0$ und $\langle X_{vv}, X_u\rangle = \langle X_v, X_u\rangle_v - \langle X_v, X_{uv}\rangle = 0$, da $X_u \perp X_v$ und $X_{uv} = X_{vu} = 0$. Somit ist X_{vv} ein Vielfaches von X_v und damit sind die v-Parameterlinien $v \mapsto X(u, v)$ Geraden.

5. Geodäten und Kürzeste

5.1 Die Variation der Bogenlänge auf Immersionen

Für eine (C^2-)Kurve c auf einer Immersion $X : U \to \mathbb{E}$ hat der *tangentiale* Anteil $(c'')^T$ des Krümmungsvektors c'' eine ganz andere geometrische Bedeutung als der im vorigen Kapitel behandelte Normalanteil $(c'')^N$; wir werden sehen, dass $(c'')^T$ eine Größe der *inneren Geometrie* ist. Dieser Anteil misst, wie stark sich c innerhalb der „Fläche“ $X(U)$ krümmt und deshalb „Umwege“ macht.

Die geometrische Bedeutung von $(c'')^T$ wird aus der *Variationsformel* für die Länge von Kurven deutlich, vgl. (2.17). Hier schränken wir uns auf Kurven auf X ein: Ist $c = X \circ \alpha$ für eine Parameterkurve $\alpha : [a,b] \to U$, so betrachten wir Variationen α_s von α, also differenzierbare Abbildungen $(s,t) \mapsto \alpha_s(t) : (-\epsilon, \epsilon) \times [a,b] \to U$ mit $\alpha_0 = \alpha$, und wenden X darauf an: $c_s = X \circ \alpha_s$.

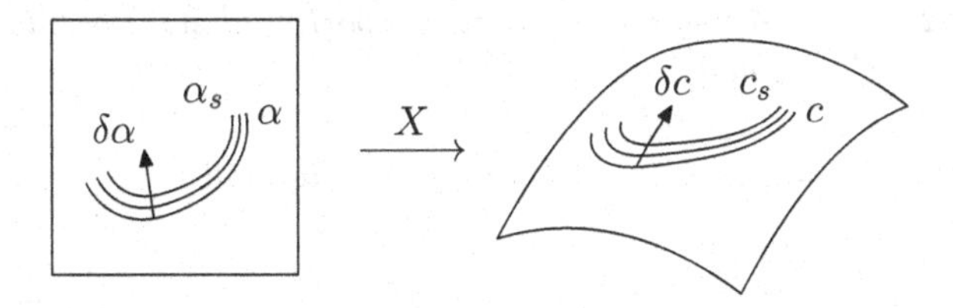

Satz 5.1.1. *Ist $c = X \circ \alpha : [a,b] \to \mathbb{E}$ eine nach Bogenlänge parametrisierte Kurve auf X und $c_s(t) = X(\alpha_s(t))$ eine C^2-Variation von c durch andere Kurven auf X, so gilt*

$$\delta\mathcal{L}(c_s) = \langle c', \delta c_s\rangle|_a^b - \int_a^b \langle (c'')^T, \delta c_s\rangle . \tag{5.1}$$

Beweis: Das Variationsvektorfeld δc_s ist tangential zu X,

$$\delta c_s(t) = \partial X_{\alpha(t)}\, \delta\alpha_s(t) \in T_{\alpha(t)} . \tag{5.2}$$

Daher kann der Vektor c'' in der Variationsformel (2.17) durch seinen Tangentialanteil $(c'')^T$ ersetzt werden, da nur sein Skalarprodukt mit dem Tangentialvektor δc_s vorkommt. □

Der Vektor $(c'')^T$ spielt daher für Kurven auf X eine ähnliche Rolle wie der Krümmungsvektor c'' für beliebige Kurven in $\mathbb{E}^n$: Eine Variation in diese (tangentiale) Richtung bei festgehaltenen Endpunkten verkürzt die Kurve (vgl. Abschnitt 2.2). Daher heißt $(c'')^T$ der *geodätische Krümmungsvektor* und seine Länge $|(c'')^T|$ ist die *geodätische Krümmung.*[1] Kurven $c = X \circ \alpha$ mit verschwindender geodätischer Krümmung

$$(c'')^T = 0 \tag{5.3}$$

nennen wir Geodätische Linien oder kurz *Geodäten.* Sie lassen sich auf die eben beschriebene Weise nicht mehr verkürzen und sind in der Tat auf kleinen Teilabschnitten kürzeste Verbindungen auf X, wie wir in Abschnitt 5.4 sehen werden. Sie spielen daher für die Geometrie der Immersionen eine ähnliche Rolle wie die Geraden für die euklidische Geometrie (vgl. Satz 2.1.1). Beispiele für Geodäten sind Großkreise auf Sphären (Übung 3), und dieses Beispiel zeigt auch, dass Geodäten auf größeren Teilabschnitten nicht mehr Kürzeste zu sein brauchen.

Wir können (5.3) auch so interpretieren: Eine Geodäte ist eine Kurve c auf X, die sich bemüht, „so gerade wie möglich“ zu sein, also $|c''|$ so klein wie möglich zu machen. Aber nur der Tangentialanteil $(c'')^T$ kann zum Verschwinden gebracht werden; der Normalanteil $(c'')^N$ hängt dagegen gar nicht von der Kurve, sondern von der Geometrie der Fläche X ab (vgl. Abschnitt 4.6).[2]

Durch (5.3) wird auch bereits die Parametrisierung weitgehend festgelegt:

Satz 5.1.2. *Jede Lösung von* (5.3) *ist proportional zur Bogenlänge parametrisiert, d.h.* $|c'| = const.$

Beweis: $\langle c', c'\rangle' = 2\langle c'', c'\rangle = 0$, da c' tangential und $(c'')^T = 0$. □

5.2 Die Differentialgleichung der Geodäten

Wir wollen nun die Gleichung (5.3) für $c = X \circ \alpha$ in eine gewöhnliche Differentialgleichung zweiter Ordnung für α umformen; dann wissen wir zum Beispiel, dass von jedem Punkt aus in jede Richtung eine Geodäte startet (Satz B.1.1 und (B.3)). Zunächst müssen wir für eine beliebige Kurve $c = X \circ \alpha$ den Tangentialanteil von c'' berechnen, wobei $\alpha = (\alpha^1, \dots, \alpha^m) : I \to U \subset \mathbb{R}^m$ eine reguläre Kurve im Parameterbereich ist (*Parameterkurve*). Nach der Kettenregel gilt (mit $X_i := \partial_i X$ usw.):

[1] In Dimension $m = 2$ hat auch die geodätische Krümmung ein Vorzeichen, ähnlich wie die Krümmung ebener Kurven, vgl. Erläuterung zu Satz 12.5.1.

[2] Die Geometrie der Immersion gleicht in dieser Hinsicht der euklidischen, vgl. Satz 2.1.1 und (2.17) sowie Fußnote 2 in Kap. 2, S. 15: Die kürzeste ist gleichzeitig die geradeste Kurve.

$$\begin{aligned} c' &= (X \circ \alpha)' = \partial X_\alpha \alpha' = (\alpha^i)' \cdot (X_i \circ \alpha)\,, \\ c'' &= (\alpha^i)'' \cdot (X_i \circ \alpha) + (\alpha^i)' \cdot (\partial X_i)_\alpha \alpha' \\ &= (\alpha^i)'' \cdot (X_i \circ \alpha) + (\alpha^i)' \cdot (\alpha^j)' \cdot (X_{ij} \circ \alpha). \end{aligned} \tag{5.4}$$

Von diesem Vektor wollen wir den Tangentialanteil $(c'')^T$ berechnen. Der erste Summand auf der rechten Seite von (5.4) ist eine Linearkombination der Tangentialvektoren X_i und damit bereits selbst tangential. Für den zweiten Term benötigen wir $(X_{ij})^T$, den Tangentialanteil der 2. Ableitung der Immersion X. Jeder Tangentialvektor, also auch $(X_{ij})^T$, lässt sich eindeutig als Linearkombination der Basisvektoren X_k, $k = 1, \dots, m$, schreiben:

$$(X_{ij})^T = \Gamma_{ij}^k X_k\,. \tag{5.5}$$

Die Koeffizientenfunktionen $\Gamma_{ij}^k : U \to \mathbb{R}$ werden allein durch die Immersion X bestimmt und hängen nicht von der Kurve c ab; wir werden im nächsten Kapitel sehen, dass sie sogar Größen der *inneren* Geometrie von X sind. Sie heißen *Christoffelsymbole.*[3] Wir erhalten also aus (5.4)

$$(c'')^T = \left((\alpha^k)'' + (\alpha^i)'(\alpha^j)'\Gamma_{ij}^k(\alpha)\right) \cdot (X_k \circ \alpha) \tag{5.6}$$

und damit wird die Geodätengleichung $(c'')^T = 0$ zu

$$(\alpha^k)'' + \Gamma_{ij}^k(\alpha)(\alpha^i)'(\alpha^j)' = 0 \tag{5.7}$$

für $k = 1, \dots, m$ oder kurz

$$\alpha'' + \Gamma_\alpha(\alpha', \alpha') = 0\,, \tag{5.8}$$

wobei wir $\Gamma_u = (\Gamma_{ij}^k(u))$ als bilineare Abbildung $\mathbb{R}^m \times \mathbb{R}^m \to \mathbb{R}^m$ aufgefasst haben. Diese Gleichung (5.8) ist eine gewöhnliche Differentialgleichungen 2. Ordnung für die vektorwertige Funktion $\alpha(t) = (\alpha^1(t), \dots, \alpha^m(t))$. Solche Gleichungen haben nach dem *Satz von Picard-Lindelöf*[4] (Satz B.1.1) bekanntlich eindeutige Lösungen auf einem genügend kleinen Intervall um 0, wenn wir einen Anfangswert $u_o = \alpha(0)$ und eine Anfangsableitung $v = \alpha'(0)$ vorgeben. Wir werden als *Geodäte* nicht nur die Kurve c auf der Immersion X, sondern auch ihre Parameterkurve α bezeichnen. Wir haben nun gezeigt:

Satz 5.2.1. *Zu jedem Punkt $u_o \in U$ und jedem Vektor $v \in \mathbb{R}^m$ gibt es genau eine Geodäte $\alpha_v : (-\epsilon, \epsilon) \to U$ für ein geeignetes $\epsilon > 0$ mit*

$$\alpha_v(0) = u_o, \quad (\alpha_v)'(0) = v$$

□

Nach der allgemeinen Theorie ist die Kurve α_v auf einem vielleicht nur sehr kleinen Intervall $(-\epsilon, \epsilon)$ definiert. Im Falle der Gleichung (5.8) aber

[3] Elwin Bruno Christoffel, 1829 (Monschau) – 1900 (Straßburg)

[4] Charles Emile Picard, 1856–1941 (Paris),
Ernst Leonard Lindelöf, 1870–1946 (Helsinki)

können wir etwas mehr über die Größe des Definitionsintervalls sagen. Diese Differentialgleichung hat nämlich eine besondere Form: Die zweiten Ableitungen treten linear, die ersten Ableitungen quadratisch auf. Dies hat die folgende Konsequenz, die manchmal als *Spray-Eigenschaft* bezeichnet wird.

Lemma 5.2.1. *Ist α_v auf $(-\epsilon, \epsilon)$ definiert, so ist α_{rv} für jedes $r > 0$ auf $(-\frac{\epsilon}{r}, \frac{\epsilon}{r})$ definiert, und für alle $t \in (-\frac{\epsilon}{r}, \frac{\epsilon}{r})$ gilt:*

$$\alpha_{rv}(t) = \alpha_v(rt). \tag{5.9}$$

Beweis: Setzen wir $\tilde{\alpha}(t) := \alpha_v(rt)$, so ist $\tilde{\alpha}'(t) = r\alpha_v'(rt)$ und folglich gilt

$$\tilde{\alpha}''(t) = r^2 \alpha_v''(rt)\,,$$
$$\Gamma_{\alpha(t)}(\tilde{\alpha}'(t), \tilde{\alpha}'(t)) = r^2 \Gamma_{\alpha_v(rt)}(\alpha_v'(rt), \alpha_v'(rt))\,.$$

Damit ist $\tilde{\alpha}$ eine Lösung von (5.8), weil α_v es ist. Die Anfangsbedingungen sind $\tilde{\alpha}(0) = \alpha_v(0) = u_o$ und $\tilde{\alpha}'(0) = r\alpha_v'(0) = rv$, und nach dem Eindeutigkeitssatz (vgl. Satz B.1.1) ist demnach $\tilde{\alpha} = \alpha_{rv}$. □

Geometrisch ist diese Aussage unmittelbar einleuchtend: Das Bild der Kurve $\alpha_{rv} : (-\frac{\epsilon}{r}, \frac{\epsilon}{r}) \to U$ ist das gleiche wie dasjenige der Kurve $\alpha_v : (-\epsilon, \epsilon) \to U$; nur wird die Bahn nun mit der r-fachen Geschwindigkeit durchlaufen. Daher benötigt man nun ein Intervall der $\frac{1}{r}$-fachen Länge, um das gleiche Bild zu erhalten.

Korollar 5.2.1. *Es gibt einen Radius $\epsilon > 0$ mit der Eigenschaft, dass alle Geodäten α_v mit $g_{u_o}(v, v) \leq \epsilon^2$ auf $[0, 1]$ definiert sind.*

Beweis: Weil die Kugel $K = \{\bar{v} \in \mathbb{R}^m;\ g_{u_o}(\bar{v}, \bar{v}) \leq 1\}$ kompakt ist, gibt es ein $\delta > 0$ mit der Eigenschaft, dass $\alpha_{\bar{v}}$ für jedes $\bar{v} \in K$ auf $(-\delta, \delta)$ definiert ist.[5] Für $\epsilon = \delta/2$ und $v = \epsilon\bar{v}$ ist daher $\alpha_v(t) = \alpha_{\bar{v}}(\epsilon t)$ sogar für alle $t \in (-2, 2)$ definiert. □

5.3 Die geodätische Exponentialabbildung

Wir halten einen Punkt $u_o \in U$ fest und versehen $\mathbb{R}^m$ mit dem Skalarprodukt g_{u_o}; nach Wahl einer Orthonormalbasis $e_1, \ldots, e_m$ für g_{u_o} können wir o.E. annehmen, dass g_{u_o} das kanonische Skalarprodukt $\langle\ ,\ \rangle$ auf $\mathbb{R}^m$ ist. Aus Gründen der Stetigkeit ist $g_u \approx g_{u_o}$ für alle u nahe u_o. Deshalb wird die

[5] Dies ist das Standard-Überdeckungsargument bei Kompaktheit: Zu jedem $\tilde{v} \in K$ gibt es nach dem Existenzsatz für Differentialgleichungen (Satz B.1.1) eine Umgebung $U_{\tilde{v}}$ von $\tilde{v}$ in K und ein von $\tilde{v}$ abhängiges $\delta_{\tilde{v}}$ mit der Eigenschaft, dass α_v für alle $v \in U_{\tilde{v}}$ auf $(-\delta_{\tilde{v}}, \delta_{\tilde{v}})$ definiert ist. Die offene Überdeckung $\{U_{\tilde{v}};\ \tilde{v} \in K\}$ von K besitzt eine endliche Teilüberdeckung $\{U_{\tilde{v}_1}, \ldots U_{\tilde{v}_N}\}$, und die Behauptung folgt für $\delta = \min\{\delta_{\tilde{v}_1}, \ldots, \delta_{\tilde{v}_N}\}$.

Geometrie von (U, g), die *innere Geometrie* von X, in der Nähe von u_o der euklidischen Geometrie von $\mathbb{R}^m$ (besser: $\mathbb{E}^m$) sehr ähnlich sein. Dies wird besonders deutlich durch eine Abbildung, die jede Gerade $t \mapsto tv$ durch den Ursprung von $\mathbb{R}^m$ längentreu auf die Geodäte α_v durch u_o mit derselben Anfangsrichtung abbildet. Wir nennen sie (*geodätische*) *Exponentialabbildung*[6] im Punkt u_o und bezeichnen sie mit $\exp_{u_o}$ (oder kurz mit e):

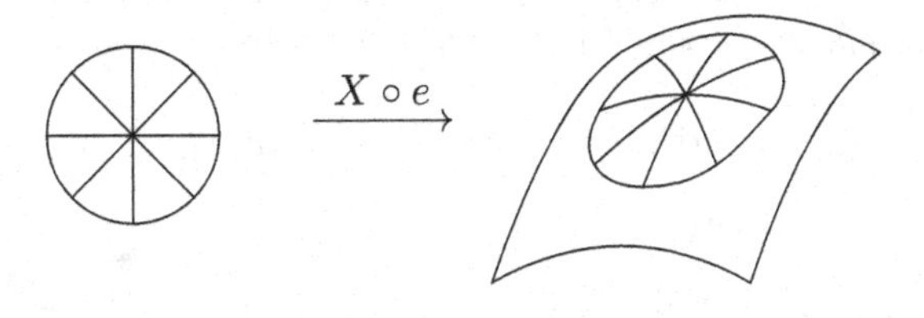

$$\exp_{u_o}(tv) := \alpha_v(t) = \alpha_{tv}(1), \tag{5.10}$$

für jeden Einheitsvektor $v \in \mathsf{S} \subset \mathbb{R}^m$ und alle $t \in [0, \epsilon]$ wobei wir die Sprayeigenschaft (Lemma 5.2.1) benutzt haben. Setzen wir $w = tv$, so folgt

$$\exp_{u_o}(w) = \alpha_w(1) \tag{5.11}$$

für alle $w \in \mathbb{R}^m$ mit $|w| \leq \epsilon$. Damit haben wir eine Abbildung $\exp_{u_o} : B \to U$ erklärt, wobei $B = B_\epsilon \subset \mathbb{R}^m$ die offene Kugel vom Radius ϵ ist. Aufgrund der differenzierbaren Abhängigkeit der Lösung einer Differentialgleichung von ihren Anfangswerten (Satz B.4.1) ist $\exp_{u_o}$ differenzierbar.

Lemma 5.3.1. *Ist ϵ genügend klein, so ist die Abbildung $e = \exp_{u_o}|_{B_\epsilon} : B_\epsilon \to U'$ ein Diffeomorphismus auf eine offene Umgebung $U' \subset U$ von u_o.*

Beweis: Nach dem Umkehrsatz (vgl. [14]) müssen wir nur zeigen, dass die Ableitung von $\exp_{u_o}$ im Ursprung, $\partial\left(\exp_{u_o}\right)_0$, umkehrbar ist. In der Tat ist

$$\partial\left(\exp_{u_o}\right)_0 v = \frac{d}{dt}\exp_{u_o}(tv)\bigg|_{t=0} = \frac{d}{dt}\alpha_v(t)\bigg|_{t=0} = v.$$

Also ist $\partial\left(\exp_{u_o}\right)_0 = I$ umkehrbar, und nach dem Umkehrsatz ist dann $\exp_{u_o}$ in einer Umgebung des Ursprungs umkehrbar, also in einer offenen Kugel $B_{\epsilon'}$ mit $0 < \epsilon' \leq \epsilon$. □

Wir können daher die Abbildung $e = \exp_{u_o}$ als Parameterwechsel verwenden. Die umparametrisierte Immersion $\tilde{X} = X \circ e : B_\epsilon \to \mathbb{E}^n$ bildet jeden Strahl

[6] Der Name *Exponentialabbildung* stammt von der Matrix-Exponentialabbildung, die jeder $n \times n$-Matrix A die Exponentialreihe $\exp A = \sum_k A^k/k!$ zuordnet. Ist A zum Beispiel eine antisymmetrische Matrix, so liegt $\exp A$ in der speziellen orthogonalen Gruppe $SO(n)$, die eine Untermannigfaltigkeit des Matrizenraums $\mathbb{R}^{n\times n}$ ist, und die Gerade $\{tA;\ t \in \mathbb{R}\}$ wird längentreu auf eine Geodäte in $SO(n)$ abgebildet.

$t \mapsto tv$ auf die Geodäte $c_v = X \circ \alpha_v$ mit $c_v(0) = X(u_o)$ und $c_v'(0) = \partial X_{u_o}.v$ ab. (Man beachte allerdings, dass Geradenstücke in B_ϵ, die nicht durch 0 laufen, im Allgemeinen keineswegs auf Geodäten abgebildet werden.)

Satz 5.3.1. Gaußlemma: *Die Immersion* $\tilde{X} = X \circ e : B_\epsilon \to \mathbb{E}$ *ist eine radiale Isometrie: Für einen beliebigen Ortsvektor* $0 \neq v \in B_\epsilon$ *zerlegen wir jedes* $w \in \mathbb{R}^m$ *in den „radialen", mit* v *gleichgerichteten Anteil* $w_\|$ *und den zu* v *senkrechten:* $w = w_\| + w_\perp$ *mit* $w_\| \in \mathbb{R}v$ *und* $w_\perp \perp v$. *Dann gilt:*

$$|\partial \tilde{X}_v w|^2 = |w_\||^2 + |\partial \tilde{X}_v w_\perp|^2. \tag{5.12}$$

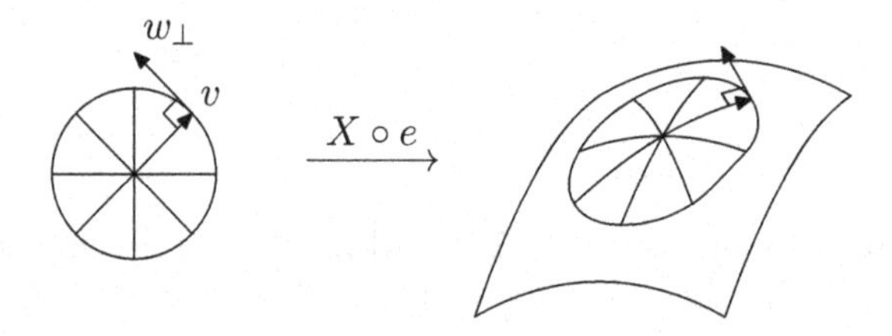

Das Gaußlemma enthält zwei wesentliche Aussagen und zwar

$$|\partial \tilde{X}_v w_\|| = |w_\|| \tag{5.13}$$

und

$$\partial \tilde{X}_v w \perp \partial \tilde{X}_v v \text{ falls } w \perp v, \tag{5.14}$$

wie wir im Beweis genauer sehen werden. Offen bleibt die Beziehung zwischen $|w_\perp|$ und $|\partial \tilde{X}_v w_\perp|$. Hier gibt es keine allgemein gültige Aussage, sondern dies hängt von der Geometrie von X ab, genauer von der *Gaußschen Krümmung*, wie wir in Abschnitt 12.2 sehen werden.

Beweis des Gaußlemmas: Zunächst gilt $|v| = |\partial \tilde{X}_v v|$, denn $|\partial \tilde{X}_v v| = |c_v'(1)| = |c_v'(0)| = |v|$ nach Satz 5.1.2. Damit folgt $|\partial \tilde{X}_v w_\|| = |w_\||$ für $w_\| = \lambda v$. Wir müssen nur noch $\partial \tilde{X}_v w \perp \partial \tilde{X}_v v$ für $w \perp v$ zeigen. Dies folgt aus der Variationsformel (5.1): Weil $w \perp v$, gibt es eine Schar von Vektoren v_s mit $v_0 = v$, $\delta v_s = w$ und $|v_s| = |v|$ für alle s.[7] Wir betrachten nun die Variation $c_s : [0,1] \to \mathbb{E}$, $c_s(t) = \tilde{X}(tv_s)$. Diese besteht aus Geodäten von gleicher Länge $|v|$, denn nach Satz 5.1.2 ist $|c_s'(t)| = |c_s'(0)| = |v_s| = |v|$. Somit folgt $\delta\mathcal{L}(c_s) = 0$, und aufgrund der Variationsformel (5.1) ist

$$0 = \delta\mathcal{L}(c_s) = \langle \delta c_s(1), c'(1) \rangle,$$

denn $(c'')^T = 0$ und $\delta c_s(0) = 0$. Da $\delta c_s(1) = \delta \tilde{X}(v_s) = \partial \tilde{X}_v w$ und $c'(1) = \partial \tilde{X}_v v$, folgt $\partial \tilde{X}_v v \perp \partial \tilde{X}_v w$. □

[7] Zum Beispiel setzen wir $v_s = \cos(\lambda s)v + \sin(\lambda s)\bar{w}$ mit $\bar{w} = \frac{|v|}{|w|} \cdot w$ und $\lambda = \frac{|w|}{|v|}$.

Satz 5.3.2. *Ist $\beta : [a,b] \to B_\epsilon$ eine reguläre Kurve von 0 nach v, d.h. $\beta(a) = 0$, $\beta(b) = v$, so ist*

$$\mathcal{L}(\tilde{X} \circ \beta) \geq r := |v|, \tag{5.15}$$

und Gleichheit gilt genau dann, wenn $\beta(t) = \rho(t)v$ für alle $t \in [a,b]$, wobei $\rho : [a,b] \to [0,1]$ ein Parameterwechsel ist.

Beweis: Wir dürfen $v \neq 0$ und außerdem $\beta(t) \neq 0$ für alle $t \in (a,b]$ annehmen, denn andernfalls macht die Kurve β eine Schleife durch 0 und wird dadurch noch länger. Deshalb gibt es für eine differenzierbar von t abhängige Zerlegung $\beta(t) = r(t)\bar{v}(t)$ mit $r(t) > 0$ und $|\bar{v}(t)| = 1$. Also ist $\beta' = r'\bar{v} + r\bar{v}'$, wobei $\bar{v}' \perp \bar{v}$ (da $\langle \bar{v}, \bar{v} \rangle = 1$ und somit $0 = \langle \bar{v}, \bar{v} \rangle' = 2\langle \bar{v}', \bar{v} \rangle$). Nach dem voranstehenden Satz 5.3.1 ist

$$|(\tilde{X} \circ \beta)'|^2 = |\partial \tilde{X}_\beta \beta'|^2 = |r'|^2 + r^2 |\partial \tilde{X}_\beta \bar{v}'|^2 \geq |r'|^2 \tag{5.16}$$

und damit

$$\mathcal{L}(\tilde{X} \circ \beta) = \int_a^b |(\tilde{X} \circ \beta)'(t)|\, dt \overset{1}{\geq} \int_a^b |r'(t)|\, dt \overset{2}{\geq} \int_a^b r'(t)\, dt = r(b) = r.$$

Gleichheit gilt genau dann, wenn die Ungleichungen 1 und 2 Gleichheiten sind. An der Stelle 1 heißt das $\partial \tilde{X}_{\beta(t)} \bar{v}'(t) = 0$ für alle t (vgl. (5.16)) und damit $\bar{v}'(t) = 0$, also $\bar{v} = const = \bar{v}(b) = v/|v|$ und folglich $\beta' = r'v/|v|$. Weil β regulär, ist $\beta' \neq 0$ an jeder Stelle, also $r' \neq 0$, und bei 2 gilt Gleichheit genau dann, wenn $r' > 0$. Damit folgt die Behauptung mit $\rho = r/|v|$. □

Bemerkung: Man vergleiche diesen Beweis mit dem von Satz 2.1.1. In der Abschätzung (2.6) wird ebenso wie in (5.16) eine Komponente des Tangentenvektors bezüglich einer orthogonalen Zerlegung weggelassen.

5.4 Kürzeste Kurven

Wir können nun zeigen, dass genügend kleine Abschnitte von Geodäten tatsächlich kürzeste Kurven auf X sind; es gibt keine kürzere Kurve auf X mit denselben Endpunkten. Genauer: Jede geometrisch verschiedene Kurve mit denselben Endpunkten ist länger. Die Länge einer Kurve $c = X \circ \alpha : [a,b] \to \mathbb{R}^n$ können wir bekanntlich auch von der Parameterkurve α ablesen, wenn wir zur Längenmessung das Skalarprodukt $g_{\alpha(t)}$ benutzen (vgl. (3.5)):

$$\mathcal{L}(c) = \int_a^b \sqrt{g_{\alpha(t)}(\alpha'(t), \alpha'(t))}\, dt =: \mathcal{L}_g(\alpha). \tag{5.17}$$

Satz 5.4.1. *Es sei $X : U \to \mathbb{E}$ eine Immersion, $u_o \in U$ und $\epsilon > 0$ derart, dass die geodätische Exponentialabbildung $e = \exp_{u_o}$ auf der offenen Kugel $B_\epsilon \subset \mathbb{R}^m$ ein Diffeomorphismus ist. Dann existiert für alle $u \in U' := e(B_\epsilon)$ bis auf Parameterwechsel genau eine bezüglich der Länge $\mathcal{L}_g$ kürzeste Kurve α von u_o nach u, nämlich die Geodäte $\alpha(t) = e(tv)$ mit $v := e^{-1}(u)$.*

Beweis: Ist $\beta : [a,b] \to U$ eine reguläre Kurve von $\beta(a) = u_o$ nach $\beta(b) = u$, dann verlässt die Kurve $\tilde{\beta} := e^{-1} \circ \beta$ irgendwo die offene Kugel B_r um 0 mit Radius $r = |v|$, denn ihr Endpunkt v liegt außerhalb von B_r. Es gibt also ein $b' \in (a,b]$ mit $|\tilde{\beta}(b')| = r$ und $|\tilde{\beta}(t)| \leq r$ für alle $t \in [a,b']$. Mit Satz 5.3.2 und $\tilde{X} = X \circ e$ folgt

$$\mathcal{L}(X \circ \beta) = \mathcal{L}(\tilde{X} \circ \tilde{\beta}) \geq \mathcal{L}(\tilde{X} \circ \tilde{\beta}|_{[a,b']}) \geq r$$

mit Gleichheit genau dann, wenn $b' = b$ und $\tilde{\beta} = \rho \cdot v$ für einen Parameterwechsel $\rho : [a,b] \to [0,1]$. □

Beispiel: Ist X eine Parametrisierung der Einheitssphäre $\mathbb{S}^m \subset \mathbb{E}$, so bildet $\tilde{X} = X \circ e : B_\epsilon \to \mathbb{E}$ jeden Strahl $t \mapsto tv$ längentreu auf den von $p = X(u_o)$ ausgehenden Großkreisbogen in Richtung v ab. Diese Abbildung ist ein Diffeomorphismus, solange sich die Großkreisbögen nicht wieder treffen, also für alle $\epsilon < \pi$. Bis zur Länge π sind Großkreisbögen also Kürzeste, danach aber nicht mehr, denn der restliche Teil des Großkreises wird dann kürzer.

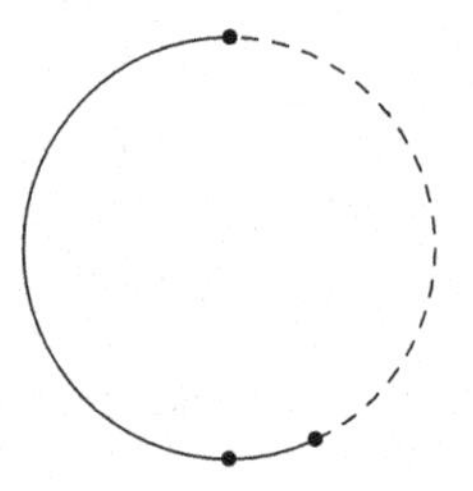

5.5 Übungsaufgaben

1. *Variation der Energie von Kurven:* Die *Energie* $\mathcal{D}(c)$ (vgl. Abschnitt 9.2) einer Kurve $c = X \circ \alpha : [a,b] \to \mathbb{E}$ (nicht notwendig nach Bogenlänge parametrisiert) auf einer Immersion $X : U \to \mathbb{E}$ ist definiert als

$$\mathcal{D}(c) = \int_a^b |c'(t)|^2 dt. \tag{5.18}$$

   Bestimmen Sie die erste Variationsformel für dieses Funktional analog zu Satz 5.1.1. Zeigen Sie insbesondere für Variationen $c_s = X \circ \alpha_s$ von $c = c_0$ mit festen Endpunkten $\alpha_s(a) = \alpha(a)$, $\alpha_s(b) = \alpha(b)$: Falls c eine Geodäte ist (d.h. $(c'')^T = 0$), dann ist $\delta\mathcal{D}(c) = 0$ für alle solchen Variationen. Gilt auch die Umkehrung?

2. *Geodäten und Kürzeste:* Es seien $c_i = X \circ \alpha_i : [a,b] \to \mathbb{E}$ für $i = 1,2$ zwei geometrisch verschiedene Geodäten auf einer Immersion $X : U \to \mathbb{E}$, deren Parameterkurven α_i den gleichen Anfangs- und den gleichen Endpunkt haben, und beide Geodäten seien Kürzeste (insbesondere müssen

sie die gleiche Länge haben). Zeigen Sie, dass keine von ihnen als Kürzeste fortgesetzt werden kann. *Hinweis:* Anschaulich ist das völlig klar, wenn Sie sich das geodätische Zweieck bestehend aus c_1, c_2 aufmalen und die Kurven c_1 oder c_2 fortsetzen: Durch Abschneiden an einer Ecke können Sie den Weg verkürzen.

3. *Geodäten auf Sphären:* Ein *Großkreis* auf der Sphäre $\mathsf{S} = \mathsf{S}^m \subset \mathbb{E}^{m+1}$ ist der Schnitt von S mit einem 2-dimensionalen linearen Unterraum („Ebene“) E von $\mathbb{R}^{m+1}$. In Parameterform ist ein Großkreis eine Kurve der Form $c(t) = v \cos t + w \sin t$, wobei $\{v, w\}$ eine Orthonormalbasis von E bildet. Zeigen Sie, dass c eine Geodäte auf S ist (vgl. (5.3)) und begründen Sie, warum es außer Großkreisen keine anderen Geodäten auf S geben kann.

4. *Geodäten auf Drehflächen:* Es sei $c = (\rho, z) : I \to \mathbb{R}^2$ nach Bogenlänge parametrisiert mit $\rho > 0$ und $X : I \times \mathbb{R} \to \mathbb{E}^3 = \mathbb{C} \times \mathbb{R}$, $X(u, v) = (\rho(u)e^{iv}, z(u))$ die zugehörige Drehfläche. Zeigen Sie:
   a) Die Kurven $u \mapsto X(u, v)$ (*Meridiane*) sind Geodäten für alle $v \in \mathbb{R}$.
   b) Die Kurven $v \mapsto X(u, v)$ (*Breitenkreise*) sind Geodäten genau für diejenigen $u \in I$ mit $\rho'(u) = 0$.

5. *Geodätische Krümmung der Breitenkreise:* Gegeben sei eine Drehfläche $X(u, v) = (\rho(u)e^{iv}, z(u))$. Bestimmen Sie die geodätische Krümmung der Breitenkreise $v \mapsto c_u(v) = X(u, v)$ für festes u.

6. *Exponentialparametrisierung der Sphäre:* Zeigen Sie: Die Abbildung $\tilde{X} : B_\pi \to \mathsf{S}^m$ (mit $B_\pi = \{v \in \mathbb{R}^m;\ |v| < \pi\}$),

$$\tilde{X}(v) = e_{m+1} \cos |v| + \bar{v} \sin |v|$$

   mit $\bar{v} := v/|v|$ ist eine injektive Immersion, und jedes Geradenstück $t \mapsto tv$ durch 0 wird längentreu auf die Geodäte γ_v mit $\gamma_v(0) = e_{m+1}$ und $\gamma_v'(0) = v$ abgebildet.

7. *Satz von Clairaut:*[8] Es sei $X : I \times \mathbb{R} \to \mathbb{C} \times \mathbb{R}$ eine Drehfläche, d.h. $X(u, v) = (\rho(u)e^{iv}, z(u))$ für eine Kurve $(\rho, z) : I \to \mathbb{R}^2$ mit $\rho > 0$.
   a) Zeigen Sie zunächst

$$\langle X_{uv}, X_u \rangle = \langle X_{vv}, X_v \rangle = 0, \quad \langle X_{uv}, X_v \rangle = -\langle X_{vv}, X_u \rangle = \rho' \rho.$$

   b) Nun sei $c = X \circ \alpha$ eine Geodäte auf X; wir setzen $\alpha(t) = (u(t), v(t))$. Zeigen Sie (durch Ableiten nach t)

$$\langle c', X_v \circ \alpha \rangle = const \tag{5.19}$$

   und folgern Sie daraus den Satz von Clairaut („Drehimpulssatz“):

[8] Alexis Claude Clairaut, 1713 – 1765 (Paris)

$$v'(t) \cdot \rho(u(t))^2 = a = const. \tag{5.20}$$

(Die Konstante a wird *Drehimpuls* der Geodäten c genannt.)[9]

8. *Geodäten auf dem Rotationsparaboloiden:* Das *Rotationsparaboloid* ist die Drehfläche mit der Gleichung $z = \rho^2$, parametrisiert durch $X(u,v) = (\rho(u)e^{iv}, z(u))$ mit $\rho(u) = \sqrt{u}$ und $z(u) = u$ für $u \in (0,\infty)$. Zeigen Sie mit der vorigen Aufgabe: Eine auf $[0,\infty)$ nach Bogenlänge parametrisierte Geodäte $c = X \circ \alpha$ mit Drehimpuls $a = 0$ ist Teil eines Meridians $v = const$; für $a \neq 0$ dagegen trifft c jeden Meridian unendlich oft.[10]
   Zusatzfrage: Gilt die gleiche Aussage auch für das Hyperboloid $z^2 = 1+\rho^2$, $z > 0$? Beachten Sie, dass diese Fläche sich einem Kegel annähert!

9. *Regelflächen:* Eine besonders einfache Klasse von Geodäten auf einer Fläche sind *Geraden*, die ganz auf der Fläche verlaufen. Wenn durch jeden Punkt der Fläche eine Gerade verläuft, spricht man von einer *Regelfläche*: Sie besitzt eine Parametrisierung der Form $X(s,t) = a(s) + tb(s)$. Wir haben bereits solche Flächen kennengelernt, z.B. die *Wendelfläche* $X(s,t) = (te^{is}; s)$ (vgl. (3.31)); dort sind $s = v$ und $t = \sinh u$. Zeigen Sie, dass auch das *einschalige Hyperboloid* $\rho^2 = 1 + z^2$ eine Regelfäche ist: Es ist nicht nur als Drehfläche $(\rho(u)e^{iv}; z(u))$ parametrisierbar, sondern auch in zweifacher Weise als Regelfläche, nämlich durch $X : \mathbb{R}^2 \to \mathbb{E}^3 = \mathbb{C}\times\mathbb{R}$,

$$X(s,t) = (e^{is}; 0) + t(ie^{is}; \pm 1) = ((1+it)e^{is}; \pm t). \tag{5.21}$$

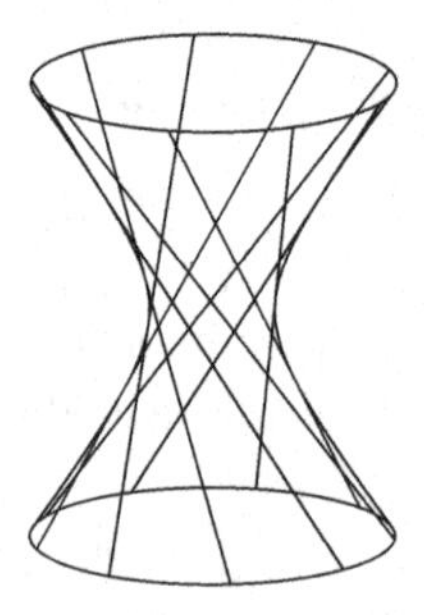

[9] Diese Formel hat eine Verallgemeinerung auf beliebige Riemannsche Metriken g auf Gebieten $U \subset \mathbb{R}^m$. Wesentlich für die Gültigkeit von (5.19) ist, dass die Parameterverschiebung $v \mapsto v + s$ eine *Isometrie* ist; das Vektorfeld X_v ist die Ableitung dieser Schar von Isometrien. Ein Vektorfeld, das durch Ableitung einer Schar von Isometrien einer Riemannschen Metrik g entsteht, nennt man *Killingfeld*, benannt nach Wilhelm Karl Joseph Killing, 1847 (Burbach bei Siegen) – 1923 (Münster).

[10] *Anleitung:* Wir setzen $\alpha(t) = (u(t), v(t))$. Dann ist $c' = u'X_u + v'X_v$. Schließen Sie $|u'| \leq 1$ aus $|c'| = 1$ und $|X_u| \geq 1$. Folgern Sie $u(t) \in [u_o - t, u_o + t]$ und damit $|u(t)| \leq t + b$ für eine Konstante b. Setzen Sie diese Ungleichung in (5.20) ein; beachten Sie dabei $\rho(u)^2 = |u|$. Sie erhalten eine Ungleichung für v', die Sie integrieren können.

6. Die tangentiale Ableitung

6.1 Die Christoffelsymbole

Im letzten Kapitel haben wir die Bedeutung des Tangentialanteils der zweiten Ableitung $(X_{ij})^T$ kennengelernt. Dieser Ausdruck hat ein eigenes Symbol:

$$(X_{ij})^T = (\partial_i X_j)^T =: D_i X_j. \tag{6.1}$$

$D_i X_j$ ist (als Tangentialvektor) eine Linearkombination der X_k; die Koeffizientenfunktionen sind die *Christoffelsymbole* Γ_{ij}^k, vgl. (5.5). Zu ihrer Berechnung (vgl. Abschnitt 3.2) brauchen wir nur die Skalarprodukte von X_{ij} mit $X_1, \ldots, X_m$ zu bestimmen, also die Größen

$$\Gamma_{ijl} := \langle D_i X_j, X_l \rangle = \Gamma_{ij}^k \, g_{kl}. \tag{6.2}$$

Lemma 6.1.1. *Für die Funktionen $\Gamma_{ijl} = \langle X_{ij}, X_l \rangle$ gilt*

$$\Gamma_{ijl} = \frac{1}{2}(\partial_i g_{jl} + \partial_j g_{il} - \partial_l g_{ij}). \tag{6.3}$$

Beweis:

$$\begin{aligned}
\partial_i g_{jl} &= \partial_i \langle X_j, X_l \rangle &&= \langle X_{ji}, X_l \rangle + \langle X_j, X_{li} \rangle, \\
\partial_j g_{il} &= \partial_j \langle X_i, X_l \rangle &&= \langle X_{ij}, X_l \rangle + \langle X_i, X_{lj} \rangle, \\
-\partial_l g_{ij} &= -\partial_l \langle X_i, X_j \rangle &&= -\langle X_{il}, X_j \rangle - \langle X_i, X_{jl} \rangle, \\
\partial_i g_{jl} + \partial_j g_{il} - \partial_l g_{ij} & &&= 2 \langle X_{ij}, X_l \rangle
\end{aligned}$$

□

Satz 6.1.1.

$$\begin{aligned}
D_i X_j &= \Gamma_{ij}^k X_k, \\
\Gamma_{ij}^k = g^{kl} \Gamma_{ijl} &= \frac{1}{2} g^{kl} (\partial_i g_{jl} + \partial_j g_{il} - \partial_l g_{ij}).
\end{aligned} \tag{6.4}$$

Insbesondere gilt für alle i, j, k:

$$\Gamma_{ij}^k = \Gamma_{ji}^k. \tag{6.5}$$

Dieses Ergebnis überrascht: Obwohl der Ausdruck $D_i X_j = (\partial_i X_j)^T$ mit Hilfe der *äußeren* Geometrie, nämlich der Projektion ^{T} auf den Tangentialraum definiert wurde, handelt es sich um eine Größe der *inneren* Geometrie, da die Koeffizienten Γ_{ij}^k nur mit Hilfe der ersten Fundamentalform g und ihrer Ableitungen zu berechnen sind. Das macht die Bedeutung des Ausdrucks $D_i X_j$ aus, den wir als eine neue Art von Ableitung des Vektorfeldes X_j in Richtung der i-ten Koordinate ansehen. Eingeführt wurde er zuerst von *Christoffel* und später von *Ricci* und *Levi-Civita*[1] im Rahmen der Riemannschen Geometrie genauer untersucht (vgl. Kap. 11). Wir nennen ihn *Levi-Civita-Ableitung* von X_j; seine Koeffizienten Γ_{ij}^k heißen *Christoffel-Symbole*.

6.2 Die Levi-Civita-Ableitung

Wir können X_j durch jedes andere *tangentiale Vektorfeld längs* X ersetzen, d.h. durch jede C^∞-Abbildung $V : U \to \mathbb{E}$ mit $V(u) \in T_u$ für alle $u \in U$. Da $T_u = \partial X_u(\mathbb{R}^m)$, gibt es ein eindeutiges $v(u) \in \mathbb{R}^m$ mit $V(u) = \partial X_u \, v(u)$. Wir können so einem tangentialen Vektorfeld V eindeutig ein *Vektorfeld* v auf U, d.h. eine differenzierbaren Abbildung $v : U \to \mathbb{R}^m$ zuordnen. Umgekehrt wird ein Vektorfeld v auf unserem Parameterbereich U mittels ∂X umgeformt zu dem tangentialen Vektorfeld

$$V := v^\wedge := \partial X.v \tag{6.6}$$

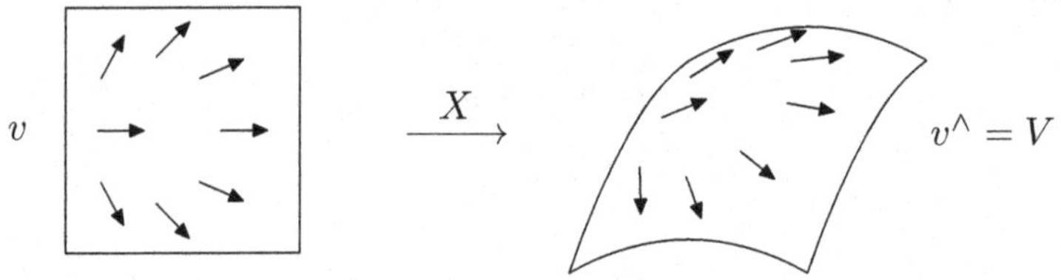

Zum Beispiel entspricht dem konstanten Vektorfeld e_i auf U die i-te partielle Ableitung, $(e_i)^\wedge = \partial X.e_i = X_i$, und für ein beliebiges Vektorfeld $v = v^j e_j$ mit C^∞-Koeffizienten $v^j : U \to \mathbb{R}$ erhalten wir demnach $V = v^\wedge = v^j X_j$. Für die Skalarprodukte tangentialer Vektorfelder $V = v^\wedge$ und $W = w^\wedge$ ergibt sich

$$\langle V, W \rangle = \langle \partial X.v, \partial X.w \rangle = g(v, w). \tag{6.7}$$

Die partielle Ableitung $\partial_i V$ des tangentialen Vektorfeldes V ist zwar immer noch eine Abbildung von U nach $\mathbb{E}$, wird aber im Allgemeinen nicht mehr tangential sein. Deshalb gehen wir zum *Tangentialanteil* von $\partial_i V$ über, der wieder ein tangentiales Vektorfeld ist, die *Levi-Civita-Ableitung* von V:

$$\begin{aligned} D_i V := (\partial_i V)^T &= (\partial_i (v^j X_j))^T = (\partial_i v^j) X_j + v^j D_i X_j \\ &= \left(\partial_i v^k + v^j \Gamma_{ij}^k\right) X_k. \end{aligned} \tag{6.8}$$

[1] Tullio Levi-Civita, 1873 (Padua) – 1941 (Rom)

Da jedem tangentialen Vektorfeld $V = v^j X_j$ eindeutig ein Vektorfeld $v = v^j e_j$ auf U entspricht und umgekehrt, können wir die Levi-Civita-Ableitung D_i auch als Differentialoperator auf den Vektorfeldern auf U auffassen, indem wir definieren:

$$D_i v := \left(\partial_i v^k + v^j \Gamma_{ij}^k\right) e_k = \partial_i v + v^j \Gamma_{ij}^k e_k \,. \tag{6.9}$$

Insbesondere folgt

$$D_i e_j = \Gamma_{ij}^k e_k = D_j e_i, \tag{6.10}$$

denn nach (6.5) oder wegen $X_{ij} = X_{ji}$ ist Γ_{ij}^k symmetrisch in i und j.

Ebenso können wir auch die *Levi-Civita-Richtungsableitung* D_w für ein beliebiges Vektorfeld $w = w^i e_i$ erklären:

$$D_w v = w^i D_i v. \tag{6.11}$$

Was zeichnet diese neue Ableitung D_i vor der gewöhnlichen partiellen Ableitung ∂_i aus? Für D_i spielt die erste Fundamentalform g eine ganz analoge Rolle wie das gewöhnliche Skalarprodukt $\langle\ ,\ \rangle$ für ∂_i. Für zwei Vektorfelder v, w auf U ist nämlich $\langle v, w\rangle$ eine Funktion auf U, die nach der Produktregel differenziert wird:

$$\partial_i \langle v, w\rangle = \langle \partial_i v, w\rangle + \langle v, \partial_i w\rangle. \tag{6.12}$$

Wenn wir aber anstelle des gewöhnlichen Skalarprodukts die erste Fundamentalform benutzen, so müssen wir auch diese differenzieren, weil sie ebenfalls von u abhängt:

$$\partial_i(g(v,w)) = (\partial_i g)(v,w) + g(\partial_i v, w) + g(v, \partial_i w). \tag{6.13}$$

Doch für die Levi-Civita-Ableitung D_i ist das nicht nötig und wir erhalten eine Produktregel analog zu (6.12):

Satz 6.2.1. *Sind v und w Vektorfelder auf U, so ist die Funktion $g(v,w)$: $u \mapsto g_u(v(u), w(u))$ differenzierbar mit den Ableitungen*

$$\partial_i(g(v,w)) = g(D_i v, w) + g(v, D_i w), \tag{6.14}$$

Beweis: Für $V = \partial X.v$ und $W = \partial X.w$ gilt

$$\partial_i \langle V, W\rangle = \langle D_i V, W\rangle + \langle V, D_i W\rangle, \tag{6.15}$$

weil wir auf der rechten Seite in den Skalarprodukten mit den Tangentialvektoren W und V auch nur die Tangentialkomponenten von $\partial_i V$ und $\partial_i W$, eben $D_i V$ und $D_i W$ berücksichtigen müssen. □

Ebenso wie für Vektorfelder ist auch für *Linearformenfelder*, d.h. für C^∞-Funktionen $\lambda : U \to (\mathbb{R}^n)^* = \mathrm{Hom}(\mathbb{R}^n, \mathbb{R})$ (kurz: *Linearformen auf U*) eine *Levi-Civita-Ableitung D_i* definiert: $D_i\lambda$ ist die Linearform auf U mit

$$(D_i\lambda).v := \partial_i(\lambda.v) - \lambda.D_i v \tag{6.16}$$

für jedes Vektorfeld v; dabei bezeichnet $\lambda.v$ die Funktion auf U, deren Wert an einer Stelle u die Anwendung der Linearform λ_u auf den Vektor $v(u)$ ist. Die Definition ist so gemacht, dass für die Anwendung von Linearformen auf Vektorfelder die Produktregel gilt:[2]

$$\partial_i(\lambda.v) = (D_i\lambda).v + \lambda.D_i v. \tag{6.17}$$

Auch mit der *Dualisierung*, d.h. dem Übergang von einem Vektorfeld v zur Linearform v^* durch Einsetzen in die Metrik g, d.h. $v^*.w = g(v,w)$, ist die Ableitung verträglich:

$$(D_i v)^* = D_i(v^*), \tag{6.18}$$

denn nach (6.14) ist für jedes Vektorfeld w

$$\begin{aligned}(D_i v)^*.w &= g(D_i v, w)\\ &= \partial_i(g(v,w)) - g(v, D_i w)\\ &= \partial_i(v^*.w) - v^*.D_i w\\ &= D_i(v^*).w\,.\end{aligned}$$

6.3 Vektorfelder längs Kurven, Parallelität

Oft sind tangentiale Vektorfelder nicht auf ganz X, sondern nur längs einer Kurve $c = X\circ\alpha : [a,b] \to \mathbb{E}$ auf X definiert. Ein *tangentiales Vektorfeld längs* c ist eine differenzierbare Abbildung $V : I \to \mathbb{E}$ mit $V(t) \in T_{\alpha(t)}$ für alle $t \in I$, also $V(t) = \partial X_{\alpha(t)} v(t)$ für eine differenzierbare Abbildung $v : I \to \mathbb{R}^m$; kurz: $V = \partial X.v =: v^\wedge$. Ein Beispiel ist das Tangentenvektorfeld $c' = \partial X.\alpha'$.

Solche Vektorfelder V kann man nach dem Kurvenparameter differenzieren: Für $v = v^i e_i$ ist $V = v^i(X_i\circ\alpha)$ und damit $V' = \big(v^i(X_i\circ\alpha)\big)' = (v^i)'(X_i\circ\alpha) + v^i(X_i\circ\alpha)'$. Mit $\alpha = \alpha^j e_j$ haben wir $(X_i\circ\alpha)' = (\partial X_i)_\alpha.\alpha' = (\partial X_i)_\alpha.(\alpha^j)'e_j = (\alpha^j)'X_{ij}$ und damit längs α

$$V' = (v^i)'\,X_i(\alpha) + v^i\,(\alpha^j)'\,X_{ij}(\alpha). \tag{6.19}$$

Im euklidischen Raum gibt es den Begriff der *Parallelität*: Ein Vektorfeld $V : I \to \mathbb{R}^n$ längs einer Kurve $c : I \to \mathbb{E}$ wird *parallel* genannt, wenn es konstant ist, also $V' = 0$ gilt.

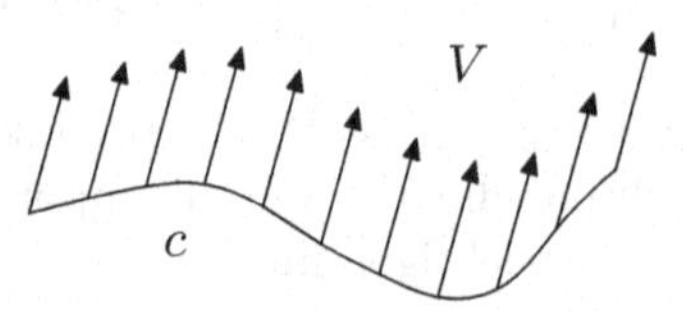

[2] Auf ähnliche Weise kann man auch die Levi-Civita-Ableitung für eine auf U definierte *Bilinearform* a einführen: $(D_i a)(v,w) := \partial_i(a(v,w)) - a(D_i v, w) - a(v, D_i w)$. Mit dieser Bezeichnung für die Bilinearform g wird (6.14) zu $D_i g = 0$.

Ein *tangentiales* Vektorfeld V längs einer Kurve $c = X \circ \alpha$ kann aber in den meisten Fällen gar nicht konstant sein, weil sich die Tangentialräume längs c (oder α) verändern. In der Tat wird die Normalkomponente von V' bereits durch die äußere Geometrie, d.h. die *zweite Fundamentalform* $\mathbf{h}$ von X erzwungen, denn nach (6.19) ist

$$(V')^N = v^i \cdot (\alpha^j)' \cdot \mathbf{h}_{ij} = \mathbf{h}(v, \alpha'). \tag{6.20}$$

Aber wenn schon V' nicht Null werden kann, weil es die äußere Geometrie nicht zulässt, dann kann doch wenigstens die Tangentialkomponente $(V')^T$ verschwinden; wenn das eintritt, wollen wir V *Levi-Civita-parallel* nennen:

$$(V')^T = 0 \tag{6.21}$$

Ähnlich wie in Satz 5.1.2 können wir sehen, dass Levi-Civita-parallele Vektorfelder konstante Länge haben, denn aus (6.21) folgt

$$\langle V, V\rangle' = 2\langle V', V\rangle = 2\langle (V')^T, V\rangle = 0. \tag{6.22}$$

Für $V = c'$ ist (6.21) gerade die Definitionsgleichung der *Geodäten* (5.3). Eine Kurve c auf X ist also eine *Geodäte* genau dann, wenn c' längs c Levi-Civita-parallel ist, entsprechend der Vorstellung, dass die Geodäte „geradeaus" läuft, d.h. der Tangentenvektor längs der Kurve nur parallelverschoben wird.

Mit Hilfe der Christoffelsymbole können wir die Gleichung (6.21) ähnlich wie die Geodätengleichung als Differentialgleichung für v schreiben: Nach (6.19) gilt längs α

$$(V')^T = (v^i)'X_i + (\alpha^j)'v^i(X_{ij})^T = \left((v^k)' + (\Gamma_{ij}^k \circ \alpha)(\alpha^j)'v^i\right) X_k. \tag{6.23}$$

Damit ist (6.21) äquivalent zu

$$(v^k)' + (\Gamma_{ij}^k \circ \alpha)(\alpha^j)'\, v^i = 0, \tag{6.24}$$

oder in Vektorform

$$v' + \hat{\Gamma}_\alpha v = 0, \tag{6.25}$$

wobei $\hat{\Gamma}_\alpha$ die t-abhängige lineare Abbildung $v \mapsto \Gamma_\alpha(\alpha', v)$ (vgl. (5.8)) mit den Matrixkoeffizienten $(\hat{\Gamma}_\alpha)_i^k = (\Gamma_{ij}^k \circ \alpha)(\alpha^j)'$ bezeichnet. Gleichung (6.25) oder (6.24) ist eine *lineare* Differentialgleichung erster Ordnung für v, und damit ist jede Lösung v durch ihren Anfangswert $v(a)$ eindeutig bestimmt und auf dem ganzen Definitionsintervall $[a, b]$ definiert (vgl. Satz B.2.1). Solche Lösungen v nennen wir *Levi-Civita-parallel*, und die Abbildung $\tau_\alpha : v(a) \mapsto v(b)$, die jedem Anfangswert den Endwert der zugehörigen Lösung von (6.25) zuordnet, ist eine invertierbare lineare Abbildung auf $\mathbb{R}^m$, genannt *Levi-Civita-Parallelverschiebung*. Dabei wird das Skalarprodukt $g_{\alpha(a)}$ isometrisch in das Skalarprodukt $g_{\alpha(b)}$ überführt, denn nach (6.22) ist $g_{\alpha(a)}(v(a), v(a)) = g_{\alpha(b)}(v(b), v(b))$.

Allgemein bezeichnen wir für Vektorfelder $V = v^\wedge$ längs $c = X \circ \alpha$ die Ausdrücke

$$DV := (V')^T = (Dv)^\wedge, \quad Dv := v' + \Gamma_\alpha(\alpha', v). \tag{6.26}$$

als *Levi-Civita-Ableitung längs der Kurve c bzw. α*.[3] Die Differentialgleichung (5.8) einer Geodätischen $\alpha : I \to U$ wird damit zu

$$D\alpha' = 0. \tag{6.27}$$

Ist $c = X \circ \alpha$ eine beliebige, nach Bogenlänge parametrisierte Kurve auf X, so ist $(D\alpha')^\wedge = (c'')^T$ der *geodätische Krümmungsvektor* von c auf X.

6.4 Gradient und Hesseform

Das Hauptziel dieses Abschnitts ist eine weitere Kennzeichnung der zweiten Fundamentalform einer Immersion X, nämlich als *Hesseform* von X bezüglich der ersten Fundamentalform g von X. Dazu müssen wir uns zunächst die erste und zweite Ableitung einer beliebigen C^2-Funktion $f : U \to \mathbb{R}$ ansehen.

Die *erste Ableitung* von f ist an jeder Stelle $u \in U$ eine Linearform $\partial f_u \in (\mathbb{R}^m)^* = \mathrm{Hom}(\mathbb{R}^m, \mathbb{R})$. Das bezüglich der Metrik g zu ∂f duale Vektorfeld (vgl. Abschnitt 3.2) wird mit $\nabla^g f$ bezeichnet und *g-Gradient* von f genannt:

$$\partial f = (\nabla^g f)^* = g(\nabla^g f, .); \quad \partial f.v = g(\nabla^g f, v). \tag{6.28}$$

Im Gegensatz zur Ableitung ∂f hängt also der Gradient $\nabla^g f$ von der Metrik g ab. Er hat die gleichen Eigenschaften wie der gewöhnliche Gradient (vgl. [14]), wobei das gewöhnliche Skalarprodukt durch g zu ersetzen ist: Er steht g-senkrecht auf den Niveauhyperflächen $\{f = \mathit{const}\}$ und zeigt in die Richtung des größten Anstieges bezüglich g, also in Richtung des g-Einheitsvektors v_o, für den $\partial f_u.v_o$ maximal ist. Seine Komponenten lassen sich aus (3.14) berechnen:

$$\nabla^g f = f^k e_k, \quad f^k = f_i g^{ik}. \tag{6.29}$$

Die *zweite Ableitung* von f ist an jeder Stelle $u \in U$ eine Bilinearform, die Levi-Civita-Ableitung $D\partial f$ von ∂f (vgl. (6.16)):

$$\begin{aligned} D\partial f(e_i, e_j) :&= (D_i(\partial f)).e_j \\ &= \partial_i(\partial f.e_j) - \partial f.D_i e_j \\ &= f_{ij} - \Gamma_{ij}^k f_k. \end{aligned} \tag{6.30}$$

Da f_{ij} und Γ_{ij}^k symmetrisch in i und j sind, ist dies eine *symmetrische* Bilinearform, genannt *Hesseform*.[4] Lokal gilt auch die Umkehrung: Wenn die Levi-Civita-Ableitung einer Linearform auf U symmetrisch ist, dann ist sie die erste Ableitung einer Funktion:

[3] Eine andere gebräuchliche Bezeichnung für DV ist $DV(t)/dt$.

[4] Die „gewöhnliche“ euklidische Hesseform von f besteht nur aus der Matrix der zweiten Ableitungen, f_{ij}. Dieser Ausdruck transformiert sich aber nicht richtig

Satz 6.4.1. *$U \subset \mathbb{R}^m$ sei einfach zusammenhängend*[5] *(z.B. konvex) und λ eine Linearform auf U. Genau dann gibt es eine C^2-Funktion $f : U \to \mathbb{R}$ mit*

$$\lambda = \partial f\,, \tag{6.31}$$

wenn für alle i, j gilt:

$$(D_i\lambda).e_j = (D_j\lambda).e_i\,. \tag{6.32}$$

Beweis: Nach (6.16) ist

$$(D_i\lambda).e_j = \partial_i(\lambda_j) - \lambda_k \Gamma_{ij}^k, \tag{6.33}$$

mit $\lambda_i := \lambda.e_i$, denn $D_i e_j = \Gamma_{ij}^k e_k$ (vgl. (6.9)). Da Γ_{ij}^k nach (6.5) symmetrisch in i und j ist, gilt (6.32) genau dann, wenn $\partial_i\lambda_j = \partial_j\lambda_i$; dies ist die genaue Bedingung für (6.31) (vgl. Abschnitt A.1 sowie [14]). □

Die Spur der Hesseform von f heißt *Laplace-Beltrami-Operator*[6]

$$\Delta^g f := \mathrm{Spur}_g\, D\partial f = g^{ij}(D\partial f)_{ij} = g^{ij}(f_{ij} - \Gamma_{ij}^k f_k). \tag{6.34}$$

Beispiel: Wir betrachten eine Funktion f, die durch Einschränkung einer auf dem umgebenden Raum $\mathbb{E}$ definierten Funktion $\hat{f}$ entsteht: $f = \hat{f} \circ X$ für $\hat{f} : W \to \mathbb{R}$, wobei W eine offene Umgebung von $X(U)$ in $\mathbb{E}$ ist. Nach der Kettenregel ist

$$\partial f_u\, v_u = \partial \hat{f}_{X(u)}\, V_u, \tag{6.35}$$

für jedes Vektorfeld v auf U und $V = \partial X.v$, und für die Gradienten von f und $\hat{f}$ ergeben sich aus (6.35) und (6.7) die Beziehungen

$$g(\nabla^g f, v) = \langle \nabla \hat{f}, V\rangle, \tag{6.36}$$
$$g(\nabla^g f, v) = \langle \partial X.\nabla^g f, V\rangle. \tag{6.37}$$

Durch Vergleich der rechten Seiten folgt

$$\partial X.\nabla^g f = (\nabla \hat{f})^T. \tag{6.38}$$

Jetzt betrachten wir die zweite Ableitung von f: Aus

unter Parameterwechseln. Das richtige Transformationsverhalten wird erst durch den Zusatzterm $\Gamma_{ij}^k f_k$ erreicht. In den Punkten u, in denen die ersten Ableitungen alle Null sind (den *kritischen Punkten* von f), verschwindet dieser Term; dort ist die euklidische Hesseform also geometrisch invariant.

[5] Eine offene Teilmenge $U \subset \mathbb{R}^m$ heißt *einfach zusammenhängend*, wenn sie zusammenhängend ist und je zwei stetige Wege in U durch eine stetige Deformation mit festgehaltenen Endpunkten ineinander überführt werden können.

[6] Eugenio Beltrami, 1835 (Cremona) – 1900 (Rom).
Eine andere (nicht völlig offensichtliche) Formel für diesen Operator ist $\Delta_g f = \frac{1}{\sqrt{\det g}}\,\partial_i(\sqrt{\det g}\, g^{ij}\partial_j f)$, siehe dazu (A.33).

$$\partial f = (\partial \hat{f} \circ X)\, \partial X = \partial \hat{f}_X\, \partial X \tag{6.39}$$

folgt durch erneute Differentiation nach der Produktregel:

$$\begin{aligned} \partial\partial f &= \partial\partial \hat{f}_X(\partial X, \partial X) + \partial \hat{f}_X\, \partial\partial X, \\ \partial\partial f(v,w) &= \partial\partial \hat{f}_X(V,W) + \partial \hat{f}_X\, \partial_v W \end{aligned} \tag{6.40}$$

mit $V = \partial X.v$ und $W = \partial X.w$. Damit folgt für die Hesseform:

$$\begin{aligned} D\partial f(v,w) &= \partial\partial f(v,w) - \partial f.D_v w \\ &= \partial\partial f(v,w) - \partial \hat{f}_X\, D_v W \\ &\overset{6.40}{=} \partial\partial \hat{f}_X(V,W) + \partial \hat{f}_X\,(\partial_v W - D_v W) \\ &= \partial\partial \hat{f}_X(V,W) + \partial \hat{f}_X\, \mathbf{h}(v,w) \\ &= \partial\partial \hat{f}_X(V,W) + \Big\langle (\nabla \hat{f})_X, \mathbf{h}(v,w) \Big\rangle, \end{aligned}$$

wobei $\mathbf{h}(v,w) = \partial_v W - D_v W = (\partial_v W)^N$ die *zweite Fundamentalform* ist (vgl. (4.3)). Wir sehen hier die zweite Fundamentalform in neuer Funktion: als Differenz der Hesseformen von $\hat{f}$ im umgebenden euklidischen Raum und auf der Immersion:

$$\partial\partial \hat{f}_X(V,W) = D\partial f(v,w) - \Big\langle (\nabla \hat{f})_X, \mathbf{h}(v,w) \Big\rangle \tag{6.41}$$

$$(\Delta \hat{f}) \circ X = \Delta^g f - \langle (\nabla \hat{f})_X, \mathrm{Spur}_g\, \mathbf{h} \rangle + \partial_\nu \partial_\nu \hat{f} \tag{6.42}$$

Die zweite Gleichung (6.42) ergibt sich aus (6.41) durch Spurbildung:

$$\begin{aligned} (\Delta \hat{f}) \circ X &= (\mathrm{Spur}\ \partial\partial \hat{f}) \circ X \\ &= \sum_{i=1}^{m} \partial\partial \hat{f}_X(V_i, V_i) + \partial\partial \hat{f}_X(\nu,\nu) \\ &\overset{6.41}{=} \Delta^g f - \Big\langle (\nabla \hat{f})_X, \mathrm{Spur}_g\, \mathbf{h} \Big\rangle + \partial_\nu \partial_\nu \hat{f}, \end{aligned}$$

wobei ν das Einheitsnormalenfeld von X und $V_1, \dots, V_m$ eine Orthonormalbasis von tangentialen Vektorfeldern $V_i = \partial X.v_i$ längs X ist, d.h. $\langle V_i, V_j \rangle = g(v_i, v_j) = \delta_{ij}$.

Speziell für die *Koordinatenfunktionen* $\hat{f}(x) = x^k$ ($k \in \{1, \dots, n\}$) ist $\nabla \hat{f} = e_k$ und $\partial\partial \hat{f} = 0$, und damit ergibt sich für $f = x^k \circ X = X^k$:

$$D\partial X^k(v,w) = \langle e_k, \mathbf{h}(v,w) \rangle. \tag{6.43}$$

Fasst man alle Komponenten $X^k = \langle e_k, X \rangle$ wieder zusammen, so folgt

Satz 6.4.2. *Für jede Immersion $X : U \to \mathbb{E}$ gilt*

$$D\partial X = \mathbf{h}, \tag{6.44}$$

wobei $\mathbf{h}$ die zweite Fundamentalform von X ist. Insbesondere folgt

$$\Delta^g X = \mathrm{Spur}_g\, \mathbf{h} = m\mathbf{H}, \tag{6.45}$$

wobei $\mathbf{H} = \frac{1}{m}\mathrm{Spur}_g\, \mathbf{h}$ der mittlere Krümmungsvektor ist, vgl. (4.13).

6.5 Übungsaufgaben

1. *Parallelverschiebung längs eines Breitenkreises der Sphäre:*

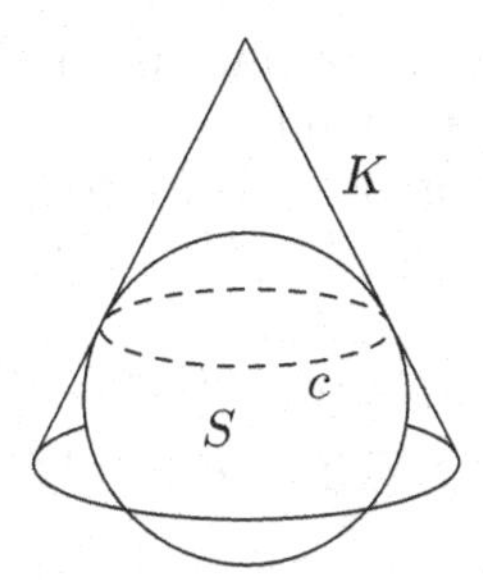

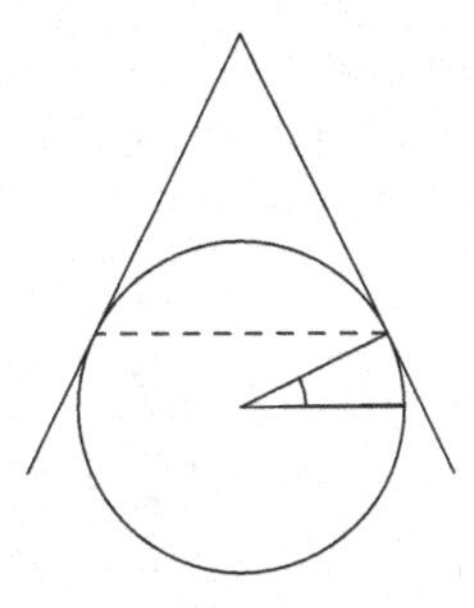

Zu jedem Breitenkreis c der Sphäre $\mathsf{S} \subset \mathbb{E}^3$ gibt es einen Kegel K, den *Tangentenkegel*, der S längs c berührt, d.h. dort dieselben Tangentialebenen hat wie S. Zeigen Sie, dass die Parallelverschiebung längs c auf den Flächen S und K dieselbe ist. Bestimmen Sie daraus in Abhängigkeit von der geographischen Breite (Winkel zum Äquator oder $\pi/2$ – Winkel zur vertikal eingezeichneten Polrichung) den Winkel zwischen einem um den ganzen Breitenkreis c herum parallelverschobenen Vektor und seinem Ausgangsvektor. Man mache sich zunutze, dass der Kegel zu einem Kreissektor der Ebene isometrisch ist (siehe Beobachtung S. 42).[7]

2. *Schmiegtorse:* Es sei $X : U \to \mathbb{E}^3$ eine beliebige Fläche mit Weingartenabbildung L. Zwei Vektoren $a, b \in T_w$ heißen *konjugiert*, wenn $\langle L_u a, b\rangle = 0$. Zeigen Sie zunächst, dass es zu jedem Vektor $a \in T_u$ einen konjugierten Vektor $0 \neq b \in T_u$ gibt. Nun sei $\alpha : I \to U$ eine reguläre Kurve und $c = X \circ \alpha$ die zugehörige Kurve auf X, und es gelte überall $L_\alpha(c', c') \neq 0$, d.h. c' ist nirgends Asymptotenrichtung. Ferner sei $b : I \to \mathbb{R}^3$ ein tangentiales Vektorfeld längs c (also $b(s) \in T_{\alpha(s)}\ \forall_{s\in I}$), das zu c' überall linear unabhängig ist. Zeigen Sie: Die Regelfläche $\tilde{X} : I \times \mathbb{R} \to \mathbb{E}$, $\tilde{X}(s,t) = c(s) + t\, b(s)$, ist eine Torse („*Schmiegtorse*" von X) genau dann, wenn $c'(s)$ und $b(s)$ konjugiert sind für jedes $s \in I$. Sie ist dann in die Ebene abwickelbar (Kapitel 4, Übung 13). Bei der Abwicklung wird c auf eine ebene Kurve $\tilde{c}$ abgebildet, deren Krümmung gleich der geodätischen Krümmung von c ist, wieso?

3. *Christoffel-Symbole einer Drehfläche:* Es sei $c = (\rho, z) : I \to \mathbb{R}^2$ eine nach Bogenlänge parametrisierte Kurve mit $\rho > 0$ und $X(u,v) = (\rho(u)e^{iv}; z(u))$ die zugehörige Drehfläche in $\mathbb{E}^3 = \mathbb{C} \times \mathbb{R}$. Berechnen Sie $D_u X_u$, $D_u X_v$ und $D_v X_v$. Welches sind die Koeffizienten dieser Vektoren in der Basis X_u, X_v (Christoffelsymbole)?

[7] Dies ist der Winkel, den das *Foucaultsche Pendel* an einem Ort der entsprechenden geographischen Breite in 24 Stunden beschreibt (Léon Foucault, 1819–1868 (Paris)). Die Ebene des Foucaultpendels realisiert die Levi-Civita-Parallelverschiebung auf der Sphäre.

4. *Christoffel-Symbole bei konformer Parametrisierung:* Eine Fläche $X : U \to \mathbb{E}^3$ heißt *konform*, wenn $g_{11} = g_{22}$ und $g_{12} = 0$. Bestimmen Sie die Christoffelsymbole Γ_{ij}^k in Abhängigkeit der Funktion $\lambda^2 := g_{11}$.

5. *Gradient und Hesseform:* Gegeben sei eine Immersion $X : U \to \mathbb{E}^n$ mit erster Fundamentalform g und eine C^2-Funktion $f : U \to \mathbb{R}$. Ferner sei $\tilde{f} = \alpha \circ f = \alpha(f)$ für eine C^2-Funktion $\alpha : \mathbb{R} \to \mathbb{R}$. Zeigen Sie:

$$\nabla^g \tilde{f} = \alpha'(f)\,\nabla^g f, \tag{6.46}$$

$$D_i\partial_j \tilde{f} = \alpha''(f)\,\partial_i f\,\partial_j f + \alpha'(f)\,D_i\partial_j f, \tag{6.47}$$

$$\Delta^g \tilde{f} = \alpha''(f)\,g(\nabla^g f, \nabla^g f) + \alpha'(f)\,\Delta f. \tag{6.48}$$

6. *Bedingung zweiter Ordnung für Extrema mit Nebenbedingungen:* Gegeben sei eine Hyperfläche $X : U \to \mathbb{E}^n$ mit Einheitsnormalenvektor ν und zweiter Fundamentalform h und eine C^2-Funktion $\hat{f} : E^n \to \mathbb{R}$. Wir setzen $f = \hat{f} \circ X$.[8] Zeigen Sie: Falls f im Punkt $u_o \in U$ ein Minimum besitzt, dann gibt es an der Stelle $x_o = X(u_o)$ ein $\lambda \in \mathbb{R}$ mit

$$\nabla \hat{f}(x_o) = \lambda\nu, \tag{6.49}$$

$$\partial\partial \hat{f}_{x_o} + \lambda h_{u_o} \geq 0 \tag{6.50}$$

(positiv semidefinit). Umgekehrt besitzt f in u_o wirklich ein lokales Minimum, falls (6.49) gilt und in (6.50) die strikte Ungleichung (positiv definit) steht.

[8] Die Funktion f ist die Einschränkung von $\hat{f}$ auf die „Nebenbedingung" (Hyperfläche) X.

7. Nabelpunkte und konforme Abbildungen

Wir wollen in diesem Kapitel eine Anwendung der Hyperflächentheorie auf ein ganz anderes Gebiet geben: die Theorie der *konformen* Abbildungen. Das sind Diffeomorphismen zwischen offenen Teilmengen von $\mathbb{E} = \mathbb{E}^n$, die zwar nicht Kurvenlängen oder Abstände, wohl aber *Winkel* erhalten. Dabei zeigen sich einschneidende Unterschiede, je nachdem, ob die Dimension 2 ist oder größer: Für $n = 2$ gibt es viele konforme Abbildungen, aber für $n \geq 3$ nur noch wenige (Satz 7.3.1 von *Liouville*). Dieses unterschiedliche Verhalten ist in der Hyperflächentheorie begründet. Zwei ganz unabhängige Konzepte spielen dabei eine Hauptrolle (siehe S. 86f): Nabelpunkthyperflächen und orthogonale Hyperflächensysteme.

7.1 Nabelpunkthyperflächen

Ein Punkt $x = X(u)$ einer Hyperfläche $X : U \to \mathbb{E}^n$ (definiert auf einer offene Teilmenge $U \subset \mathbb{R}^m$ mit $m = n - 1$) heißt *Nabelpunkt*, wenn bei u alle Hauptkrümmungen gleich sind, d.h. wenn die *Weingartenabbildung* L_u ein Vielfaches der Identität ist: $L_u = \lambda \cdot I$ für ein $\lambda \in \mathbb{R}$. Wenn jeder Punkt $X(u)$, $u \in U$ diese Eigenschaft hat, sprechen wir von einer *Nabelpunkthyperfläche.* Im Fall $m = 1$ ist diese Eigenschaft immer erfüllt: Dann ist T_u eindimensional, und jede lineare Abbildung auf T_u ist Vielfaches der Identität. Aber für $m \geq 2$, $n \geq 3$ erhalten wir eine sehr starke Einschränkung:

Satz 7.1.1. *Jede C^3-Nabelpunkthyperfläche $X : U \to \mathbb{E}^n$ mit $n \geq 3$ ist lokale Parametrisierung einer Sphäre oder Hyperebene.*

Beweis: Für alle $u \in U$ ist nach (4.10)

$$\nu_i(u) = -\lambda(u) X_i(u), \tag{7.1}$$

und insbesondere ist $\lambda = -\langle \nu_i, X_i \rangle / \langle X_i, X_i \rangle$ eine C^1-Funktion auf U, denn wenn X von der Klasse C^3 ist, dann ist ν noch C^2 (vgl. (4.4)) und ν_i noch C^1. Wir zeigen zunächst, dass die Funktion $\lambda(u)$ eine Konstante sein muss. Durch Ableiten von (7.1) ergibt sich nämlich

$$\nu_{ij} = -\lambda_j X_i - \lambda X_{ij}. \tag{7.2}$$

Da $\nu_{ij} = \nu_{ji}$ und $X_{ij} = X_{ji}$, folgt bei Vertauschen von i und j

$$\lambda_j X_i = \lambda_i X_j. \tag{7.3}$$

Für $i \neq j$ (hier verwenden wir $m \geq 2$) sind X_i und X_j linear unabhängig, also müssen die Koeffizienten λ_j und λ_i in (7.3) verschwinden, und damit ist λ konstant (wir setzen voraus, dass U zusammenhängend ist). Wir müssen nun unterscheiden, welchen Wert diese Konstante hat:

$\lambda = 0$: Nach (7.1) ist $\nu_i = 0$, also ist ν ein konstanter Vektor und somit liegt $X(U)$ in der Hyperebene $X(u_o) + \nu^\perp$, denn für jedes $u_1 \in U$ und jede Kurve $\alpha : [0,1] \to U$ mit $\alpha(0) = u_o$ und $\alpha(1) = u_1$ ist $(X \circ \alpha)'(t) \in T_{\alpha(t)} = \nu^\perp$ und daher $X(u_1) - X(u_o) = \int_0^1 (X \circ \alpha)'(t)\, dt \in \nu^\perp$.

$\lambda = 1/r > 0$: Dann ist der Punkt $Z(u) = X(u) + r \cdot \nu(u)$ konstant, denn $\partial Z_u = \partial X_u + r \cdot \partial \nu_u = \partial X_u (I - r \cdot L_u) = 0$, da $L_u = (1/r)I$. Somit liegt $X(u) = Z - r \cdot \nu(u)$ für jedes $u \in U$ in der Sphäre um Z mit Radius r.

$\lambda = -1/r < 0$: Dann ist stattdessen $\tilde{Z}(u) = X(u) - r \cdot \nu(u)$ konstant, und $X(u)$ liegt in der Sphäre mit Radius r um $\tilde{Z}$.

□

7.2 Orthogonale Hyperflächensysteme

Ein *orthogonales Hyperflächensystem* ist eine C^2-Abbildung $\Phi : W \to \mathbb{E}$, definiert auf einer offenen Teilmenge $W \subset \mathbb{E} = \mathbb{E}^n$, deren partielle Ableitungen nirgends verschwinden und aufeinander senkrecht stehen: $\langle \Phi_i, \Phi_j \rangle = 0$ für $i \neq j$. Die Einschränkung von Φ auf eine *Koordinatenhyperebene*

$$U^{i,t} = \{w = (w^1, ..., w^n) \in W;\ w^i = t\}, \tag{7.4}$$

für festes $i \in \{1, ..., n\}$ und $t \in \mathbb{R}$ ist eine Hyperfläche $X^{i,t} = \Phi|_{U^{i,t}} : U^{i,t} \to \mathbb{E}$, und die partielle Ableitung $\Phi_i|_{U^{i,t}}$ ist ein Normalenvektorfeld für $X^{i,t}$. Auf diese Weise erhalten wir n Scharen von Hyperflächen, deren Normalenvektoren in allen Schnittpunkten aufeinander senkrecht stehen, was den Namen „orthogonales Hyperflächensystem" erklärt (siehe Figuren S. 83 und S. 95).

Beispiel: Die *Polarkoordinaten* in $\mathbb{E}^n$ werden wie folgt definiert: Man konstruiert induktiv für alle $m \geq 1$ eine lokale Parametrisierung $X_m : U^m \to \mathsf{S}^m \subset \mathbb{R}^{m+1}$ auf einer offenen Menge $U^m \subset \mathbb{R}^m$, deren partielle Ableitungen senkrecht aufeinander stehen; diese Abbildung wird dann radial fortgesetzt. Für $m = 1$ ist $X_1 : I \to \mathsf{S}^1$ die übliche Parametrisierung der Kreislinie, $X_1(\varphi) = (\cos\varphi, \sin\varphi)$. Um von X_{m-1} zu X_m zu gelangen, wählt man $U^m = U^{m-1} \times (0, \pi)$ und $\mathbb{R}^m = \mathbb{R}^{m-1} \times \mathbb{R}$ und setzt

$$X_m = (\mathsf{s}X_{m-1}; \mathsf{c})$$

mit $\mathsf{s}(u) := \sin u_m$ und $\mathsf{c}(u) := \cos u_m$. Für die partiellen Ableitungen gilt

$$\partial_m X_m = (\mathsf{c}X_{m-1}; -\mathsf{s}), \quad \partial_i X_m = (\mathsf{s}\,\partial_i X_{m-1}; 0)$$

für $1 \leq i \leq m-1$. Daher stehen alle partiellen Ableitungen aufeinander senkrecht, denn da $|X_{m-1}| = 1$, ist $X_{m-1} \perp \partial_i X_{m-1}$. Die Polarkoordinaten in $\mathbb{E}^n$ werden nun durch die Abbildung

$$\Phi : (0,\infty) \times U^{n-1} \to \mathbb{E}^n, \quad (r,u) \mapsto rX_{n-1}(u)$$

definiert. Für $n = 3$ beschreibt $\Phi : (0,\infty) \times (-\pi,\pi) \times (0,\pi) \to \mathbb{E}^3$,

$$\Phi(r,\varphi,\theta) = (r\sin\theta\cos\varphi, r\sin\theta\sin\varphi; r\cos\theta), \tag{7.5}$$

die *Kugelkoordinaten*, und die zugehörigen drei Flächenscharen sind die Sphären $\{r = const\}$, die vertikalen Halbebenen $\{\varphi = const\}$ und die Kegel $\{\theta = const\}$

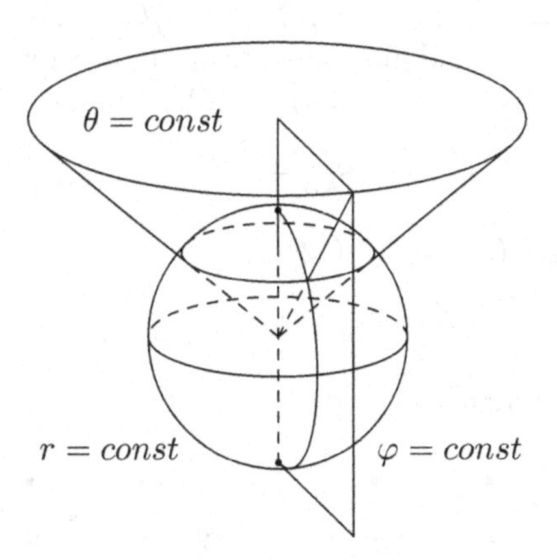

Eine *Krümmungslinie* auf einer Hyperfläche $X : U \to \mathbb{E}$ ist eine Kurve $c = X(u)$ auf X mit der Eigenschaft, dass $c'(t)$ für alle t ein Eigenvektor von $L_{u(t)}$, also eine *Hauptkrümmungsrichtung* ist.

Satz 7.2.1. *Je $n-1$ Hyperflächen eines orthogonalen Hyperflächensystems schneiden sich in Krümmungslinien: Jede Koordinatenlinie*

$$h \mapsto \Phi(t_1, ..., t_{j-1}, t_j + h, t_{j+1}, ..., t_n) \tag{7.6}$$

ist Krümmungslinie auf X^{i,t_i} für alle $i \neq j$ und ihr Tangentenvektor, die partielle Ableitung Φ_j, ist Hauptkrümmungsrichtung der Hyperfläche X^{i,t_i}.

Beweis: Der Einheitsnormalenvektor auf X^{i,t_i} ist $\nu = \lambda\Phi_i$ mit $\lambda = 1/|\Phi_i|$. Der Tangentenvektor der Koordinatenlinie (7.6) ist Φ_j. Wir müssen also zeigen, dass $\nu_j = \partial_j \nu$ ein Vielfaches von Φ_j ist. Da die Φ_i paarweise orthogonal sind, genügt es zu zeigen, dass ν_j senkrecht auf Φ_k steht für alle $k \neq i, j$. Aber $\langle \nu_j, \Phi_k \rangle = \langle (\lambda \Phi_i)_j, \Phi_k \rangle = \lambda \langle \Phi_{ij}, \Phi_k \rangle$, denn der Term $\langle \lambda_j \Phi_i, \Phi_k \rangle$ verschwindet. Zu zeigen ist also, dass die Größe

$$S_{ijk} := \langle \Phi_{ij}, \Phi_k \rangle$$

für je drei verschiedene Indizes i, j, k verschwindet. Das folgt aus dem Verhalten von S_{ijk} bei Permutation der drei Indizes. Da $\Phi_{ij} = \Phi_{ji}$, ist zunächst

$$S_{ijk} = S_{jik}, \tag{7.7}$$

d.h. der Ausdruck ist symmetrisch in den ersten beiden Indizes (unter der Permutation (12)). Andererseits ist er antisymmetrisch im ersten und dritten Index (unter der Permutation (13)),

$$S_{ijk} = -S_{kji}, \tag{7.8}$$

denn da $\Phi_i \perp \Phi_k$, ist $\langle \Phi_{ij}, \Phi_k \rangle + \langle \Phi_i, \Phi_{kj} \rangle = \partial_j \langle \Phi_i, \Phi_k \rangle = 0$. Die beiden Gleichungen (7.7) und (7.8) sind aber unverträglich, denn wir erhalten einerseits (mit der Permutationsbeziehung (23) = (13)(12)(13))

$$S_{ijk} = -S_{kji} = -S_{jki} = S_{ikj} \tag{7.9}$$

und andererseits (mit (23) = (12)(13)(12))

$$S_{ijk} = S_{jik} = -S_{kij} = -S_{ikj}. \tag{7.10}$$

Aus (7.9) und (7.10) folgt $S_{ijk} = 0$. □

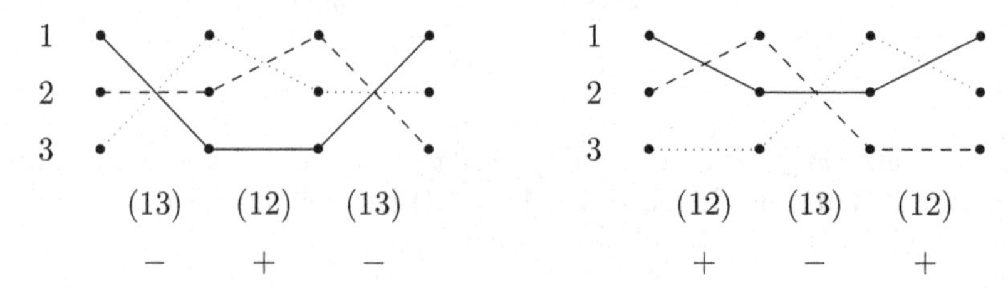

7.3 Konforme Abbildungen

Ein C^1-Diffeomorphismus $F : W \to \tilde{W}$ zwischen offenen Teilmengen $W, \tilde{W} \subset \mathbb{E}^n$ heißt *konform* oder *winkeltreu*, wenn F die Schnittwinkel von Kurven in W erhält: Schneiden sich zwei Kurven c_1, c_2 in einem Punkt $x \in W$ unter einem Winkel α, so schneiden sich die Bildkurven $F \circ c_1$ und $F \circ c_2$ in $F(x)$ unter demselben Winkel. Bezeichnen wir die Tangentenvektoren dieser Kurven im Punkt x mit v_1 und v_2, so haben die Bildkurven im Punkt $F(x)$ die

Tangentenvektoren $\partial F_x v_1$ und $\partial F_x v_2$; diese sollen also denselben Winkel einschließen wie v_1 und v_2. Konformität des Diffeomorphismus F ist demnach äquivalent zur Konformität der linearen Abbildung ∂F_x für alle $x \in W$.

Wie sieht eine konforme lineare Abbildung A auf $\mathbb{E}^n$ aus? Da $e_i \perp e_j$ für $i \neq j$, gilt auch $Ae_i \perp Ae_j$, und aus $e_i - e_j \perp e_i + e_j$ folgt

$$0 = \langle Ae_i - Ae_j, Ae_i + Ae_j \rangle = |Ae_i|^2 - |Ae_j|^2.$$

Also stehen die Ae_i aufeinander senkrecht und haben alle die gleiche Länge $|Ae_i| = \lambda$. Somit ist A/λ eine *orthogonale Matrix.*[1] Die Umkehrung gilt natürlich auch, und daher erhalten wir:

Lemma 7.3.1. *Ein Diffeomorphismus $F : W \to \tilde{W}$ von offenen Teilmengen $W, \tilde{W} \subset \mathbb{E}^n$ ist konform genau dann, wenn ∂F_x an jedem Punkt $x \in W$ Vielfaches einer orthogonalen Matrix ist, d.h. $\partial F_x/\lambda(x) \in O(n)$ für eine Zahl $\lambda(x) > 0$ (genannt konformer Faktor).* □

Wir wollen alle konformen Abbildungen kennenlernen. Zuerst betrachten wir den Fall $n = 2$. Wenn W zusammenhängend ist (was wir immer annehmen wollen), dann hat $\det \partial F_x$ für alle $x \in W$ dasselbe Vorzeichen (Zwischenwertsatz); ist dieses positiv, so heißt der Diffeomorphismus F *orientiert.* Durch Nachschalten einer Spiegelung, z.B. der komplexen Konjugation $(x^1, x^2) \mapsto (x^1, -x^2)$, werden aus nicht orientierten Diffeomorphismen orientierte und umgekehrt; wir brauchen uns daher nur die orientierten anzusehen. In diesem Fall ist $\partial F_x/\lambda$ eine echte Drehung, d.h. vom Typ $\begin{pmatrix} \cos\alpha & -\sin\alpha \\ \sin\alpha & \cos\alpha \end{pmatrix}$ für ein $\alpha \in \mathbb{R}$, und ∂F_x ist die Komposition dieser Drehung mit der zentrischen Streckung λI zu einer *Drehstreckung*

$$\partial F_x = \begin{pmatrix} a & -b \\ b & a \end{pmatrix} \tag{7.11}$$

mit $a = \lambda \cos\alpha$ und $b = \lambda \sin\alpha$. Konforme und orientierte Abbildungen[2] von offenen Mengen des $\mathbb{E}^2$ sind also durch Ableitungen der Form (7.11) gekennzeichnet (wobei die $a, b \in \mathbb{R}$ natürlich von x abhängen dürfen).

Wir wollen zeigen, dass bei der üblichen Identifizierung von $\mathbb{E}^2$ und $\mathbb{C}$ die Gleichung (7.11) genau die *komplexe Differenzierbarkeit* von F ausdrückt. Traditionsgemäß schreiben wir jetzt allerdings z statt x und reservieren die Buchstaben x und y für die Komponenten: $z = x + iy$ mit $x, y \in \mathbb{R}$. Wir nennen die Abbildung $F : W \to \mathbb{C}$ *komplex differenzierbar* in $z \in W$, wenn

[1] Eine Matrix $A \in \mathbb{R}^{n \times n}$ heißt *orthogonal,* wenn die Spalten Ae_i eine Orthonormalbasis bilden, also wenn $\langle Ae_i, Ae_j \rangle = \delta_{ij}$ oder $A^t A = I$ gilt. Die orthogonalen Matrizen bilden (mit der Matrizenmultiplikation) eine Gruppe, die *Orthogonale Gruppe $O(n)$.*

[2] In der Literatur wird das Wort *konform* oft auch im Sinne von *konform und orientiert* gebraucht.

$\lim_{h\to 0} \frac{F(z+h)-F(z)}{h} =: F'(z)$ (die *komplexe Ableitung*) existiert, wobei für h beliebige komplexe Nullfolgen $h_k \to 0$ eingesetzt werden dürfen, oder anders gesagt, wenn für alle $h \in \mathbb{C}$ nahe bei 0 gilt:

$$F(z+h) - F(z) = F'(z)h + o(h). \tag{7.12}$$

(Dabei steht $o(h)$ wie immer für eine Funktion von h, die in einer Umgebung von 0 definiert ist und $\lim_{h\to 0} \frac{o(h)}{|h|} = 0$ erfüllt.) Andererseits ist $F(z)$ reell differenzierbar und damit gilt

$$F(z+h) - F(z) = \partial F(z)h + o(h), \tag{7.13}$$

wobei $\partial F(z)$ die Jacobimatrix im Punkt z bezeichnet.[3] Der Vergleich der beiden Gleichungen ergibt

$$\partial F(z)h = F'(z)h \tag{7.14}$$

für alle $h \in \mathbb{C}$. Die Abbildung F ist also in z genau dann komplex differenzierbar, wenn die Jacobimatrix $\partial F(z)$ die Multiplikation mit der komplexen Zahl $F'(z) =: a + ib$ und daher vom Typ (7.11) ist.[4] Eine in jedem Punkt von W komplex differenzierbare Funktion nennt man *holomorph*. Für $W = B_\epsilon(z_o)$ gibt es sehr viele solche Funktionen, nämlich alle konvergenten Potenzreihen $F(z) = \sum_{k=0}^{\infty} a_k(z - z_o)^k$; diese hängen (bei festem z_o) von unendlich vielen komplexen Parametern $a_0, a_1, a_2, ...$ ab. Es gibt damit also eine Unzahl von konformen Diffeomorphismen in der Dimension $n = 2$.

Im Gegensatz dazu gibt es bei höherer Dimension $n \geq 3$ nur noch wenige solche Abbildungen, denn wie wir zeigen werden, erfüllen diese eine starke zusätzliche Eigenschaft: Kugeltreue. Ein Diffeomorphismus $F : W \to \tilde{W}$ wird *kugeltreu* genannt, wenn alle *Nabelpunkthyperflächen* in W, die nach Satz 7.1.1 ja offene Teilmengen von Sphären („Kugeln") und Hyperebenen („Kugeln mit Radius ∞") sind, durch F wieder auf Nabelpunkthyperflächen abgebildet werden.

Satz 7.3.1. (Liouville)[5] *Konforme C^3-Abbildungen zwischen offenen Teilmengen von $\mathbb{E}^n$ mit $n \geq 3$ sind kugeltreu.*

[3] Bisher haben wir den Fußpunkt immer als Index geschrieben, z.B. ist ∂X_u die Jacobimatrix von X im Punkt u. Aber die Bezeichung ∂F_z wäre leicht mit der *Wirtingerableitung* $F_z = \partial F/\partial z$ zu verwechseln, vgl. (8.32), deshalb schreiben wir lieber $\partial F(z)$.

[4] Die Multiplikation mit $a+ib$ bildet den ersten Basisvektor $e_1 = 1$ auf $a+ib = \binom{a}{b}$ und den zweiten $e_2 = i$ auf $i(a+ib) = ia - b = \binom{-b}{a}$ ab; die zugehörige Matrix ist also $\begin{pmatrix} a & -b \\ b & a \end{pmatrix}$. Zerlegt man F in seine Komponenten, $F = u + iv$, so ist $\partial F(z) = \begin{pmatrix} u_x & u_y \\ v_x & v_y \end{pmatrix} = \begin{pmatrix} a & -b \\ b & a \end{pmatrix}$, und die komplexe Differenzierbarkeit ist damit äquivalent zu den *Cauchy-Riemannschen Differentialgleichungen*

$$u_x = v_y, \quad u_y = -v_x. \tag{7.15}$$

[5] Joseph Liouville, 1809 (Saint-Omer, Frankreich) – 1882 (Paris).

Beweis: Es sei $F : W \to \tilde{W}$ eine konforme Abbildung zwischen offenen Teilmengen $W, \tilde{W} \subset \mathbb{E}^n$ und $X : U \to W$ eine Nabelpunkthyperfläche, nach Satz 7.1.1 also lokale Parametrisierung einer Sphäre oder Hyperebene $S \subset \mathbb{E}$. Wir müssen zeigen, dass $F(X)$ ebenfalls eine Nabelpunkthyperfläche ist, dass also jeder Tangentialvektor $\partial F_{X(u)} \partial X_u v$ Hauptkrümmungsrichtung ist. Wir zeigen das über einen Umweg: Wir wissen nicht, ob F Hauptkrümmungsrichtungen erhält, aber F erhält Tangentenvektoren von Schnittlinien orthogonaler Hyperflächensysteme, und diese sind nach Satz 7.2.1 Hauptkrümmungsrichtungen. Wir können unser kartesisches Koordinatensystem (falls S eine Hyperebene ist) oder Polarkoordinatensystem (falls S eine Sphäre ist) so drehen, dass der Vektor $\partial X_u v$ tangential zu einer Koordinatenlinie ist. Diese Koordinaten bilden somit ein orthogonales Hyperflächensystem Φ mit der Eigenschaft, dass $\partial X_u v$ tangential zu einer Schnittlinie ist. Wegen der Winkeltreue ist auch $F \circ \Phi$ ein orthogonales Hyperflächensystem, und $\partial F_{X(u)} \partial X_u v$ ist tangential zu einer Schnittlinie von $F \circ \Phi$. Nach Satz 7.2.1 ist eine solche Schnittlinie eine Krümmungslinie auf der Koordinatenhyperebene $F(X)$, also ist $\partial F_{X(u)} \partial X_u v$ Hauptkrümmungsrichtung. □

7.4 Möbius-Transformationen

Wie sehen die Diffeomorphismen offener Teilmengen von $\mathbb{E}^n$ aus, die gleichzeitig konform und kugeltreu sind? (In Dimension 2 sollte man sie eher *kreistreu* nennen.) Wir können sofort drei Familien von solchen Abbildungen nennen:

- Isometrien,
- zentrische Streckungen,
- Kugelinversionen.

Isometrien von $\mathbb{E}^n$ sind diejenigen Abbildungen, die nicht nur die Winkel, sondern auch alle Abstände erhalten. Da sie Geraden (als kürzeste Kurven) und Parallelen (äquidistante Geradenpaare) erhalten, sind sie affine Abbildungen (vgl. Kap. 1, Übung 8). Sie setzen sich zusammen aus Translationen und linearen Isometrien (orthogonalen Abbildungen), d.h sie sind von der Form $F(x) = Ax + b$ mit $A \in O(n)$. *Zentrische Streckungen* mit Zentrum 0 sind die Abbildungen der Form $F(x) = rx$ für ein festes $r > 0$; eine solche Abbildung ist keine Isometrie mehr, aber offensichtlich winkel- und kugeltreu. Die *Inversion an der Einheitskugel* schließlich ist die Abbildung

$$F(x) = x/|x|^2, \tag{7.16}$$

die auf $\mathbb{E}^n \setminus \{0\}$ definiert ist.[6] Sie lässt die Einheitssphäre punktweise fest und bildet das Innere der Einheitskugel auf das Äußere ab. Da $|F(x)| = 1/|x|$, ist

[6] Die „Definitionslücke“ der Inversion bei 0 können wir dadurch schließen, dass wir zu $\mathbb{E}^n$ einen neuen Punkt „∞“ hinzunehmen und zum Bild von 0 unter der Inversion erklären. Mit der *Stereographischen Projektion* (siehe Abschnitt 7.5) wird $\mathbb{E}^n \cup \{\infty\}$ zur Sphäre $\mathbb{S}^n$.

$F(F(x)) = F(x) \cdot |x|^2 = x$ und somit $F^{-1} = F$; eine solche Abbildung nennt man *Involution.* Allgemeinere Kugelinversionen erhalten wir durch Komposition von F mit der Abbildung $A(x) = rx + y_o$, die die Einheitskugel auf die Kugel $K_r(y_o) = \{x;\ |x - y_o| \leq r\}$ abbildet, sowie ihrer Umkehrung $A^{-1}(y) = \frac{1}{r}(y - y_o)$. Damit definieren wir die *Inversion an der Kugel* $K_r(y_o)$ als die Abbildung $\tilde{F} = A \circ F \circ A^{-1}$; sie bildet das Innere $B_r(y_o)$ auf das Äußere $\mathbb{E}^n \setminus K_r(y_o)$ ab, lässt die Sphäre $\partial K_r(y_o)$ punktweise fest und ist ebenfalls eine Involution. Für $y_o = 0$ erhalten wir insbesondere

$$\tilde{F}(x) = \frac{r^2}{|x|^2}\, x. \tag{7.17}$$

Satz 7.4.1. *Kugelinversionen sind winkel- und kugeltreu.*

Beweis: Wir brauchen dies nur für die Inversion F an der Einheitssphäre zu zeigen. Sphären und Hyperebenen in $\mathbb{E}^n$ sind die Lösungsmengen von Gleichungen der Form

$$\alpha|x|^2 + 2\langle b, x\rangle + \gamma = 0 \tag{7.18}$$

(„*Kugelgleichung*")[7] mit $\alpha, \gamma \in \mathbb{R}$ und $b \in \mathbb{R}^n$. Substituieren wir in dieser Gleichung $x = F(\tilde{x}) = \tilde{x}/|\tilde{x}|^2$ und multiplizieren mit $|\tilde{x}|^2$, so erhalten wir

$$\alpha + 2\langle b, \tilde{x}\rangle + \gamma|\tilde{x}|^2 = 0. \tag{7.19}$$

Also erfüllt $\tilde{x}$ wieder eine Kugelgleichung, wobei nur α und γ ihre Rollen vertauscht haben, und damit ist F kugeltreu.

Um die Winkeltreue zu sehen, muss man die Ableitung von $F(x) = x/|x|^2$ berechnen. Mit $s(x) := \langle x, x\rangle = |x|^2$ ist $F = I/s$ (mit $I = \text{id}$). Nun ist $\partial(1/s)_x = -\partial s_x/s(x)^2 = -\partial s_x/|x|^4$ und $\partial s_x v = 2\langle x, v\rangle$, und da $\partial(I/s)_x = (\partial I)_x/s(x) + I(x) \cdot \partial(1/s)_x$, erhalten wir

$$\partial F_x v = v/|x|^2 - 2\langle x, v\rangle x/|x|^4 = (1/|x|^2)(v - 2\langle v, x_o\rangle x_o) \tag{7.20}$$

mit $x_o = x/|x|$. Die Abbildung $A(v) = v - 2\langle v, x_o\rangle x_o$ ist orthogonal: Sie ist die Spiegelung an der Hyperebene senkrecht zu x oder x_o (die Komponente von v in Richtung x_o wird zweimal abgezogen), also ist F konform. □

Verkettungen von Isometrien, zentrischen Streckungen und Inversionen nennt man *Möbiustransformationen* oder *Möbiusabbildungen.*[8]

Satz 7.4.2. *In Dimension $n = 2$ sind die orientierungstreuen Möbiustransformationen genau die gebrochen-linearen Funktionen*

[7] Für $\alpha = 0$ ist die Lösungsmenge eine Hyperebene, für $\alpha = 1$ wird (7.18) zu der Gleichung $|x - b|^2 = s$ mit $s = |b|^2 - \gamma^2$; ist $s \geq 0$, so ist die Lösungsmenge die Sphäre mit Mittelpunkt b und Radius $\sqrt{s}$; ist $s < 0$, so ist die Lösungsmenge leer.

[8] August Ferdinand Möbius, 1790 (Schulpforta) – 1868 (Leipzig)

$$F(z) = \frac{az+b}{cz+d}. \tag{7.21}$$

mit $a, b, c, d \in \mathbb{C}$, $ad \neq bc$.

Beweis: Wir betrachten die Funktion $F(z)$ wie in (7.21). Ist $c = 0$, so folgt $d \neq 0$ und $F(z) = \frac{a}{d}z + \frac{b}{d}$ ist Komposition einer Drehstreckung und einer Translation. Ist $c \neq 0$, so setzen wir $w = cz + d = g(z)$ und schreiben $F(z) = a' + b' \cdot \frac{1}{w}$ mit $a' = \frac{a}{c}$ und $b' = b - \frac{ad}{c} \neq 0$ (wegen $ad \neq bc$). Somit ist $F = h \circ j \circ g$ mit $h(z) = a' + b'z$ und $j(z) := \frac{1}{z} = \bar{z}/|z|^2$, und F ist Komposition von Translationen, Drehstreckungen und der „*holomorphen Inversion*" j. Umgekehrt sind Translationen, Drehstreckungen und die holomorphen Inversion gebrochen linear und dasselbe gilt für alle ihre Verkettungen, siehe anschließende Bemerkung. □

Bemerkung: Jeder komplexen 2×2-Matrix $A = \begin{pmatrix} a & b \\ c & d \end{pmatrix}$ kann eine gebrochen-lineare Funktion $F_A(z) = \frac{az+b}{cz+d}$ zugeordnet werden. Wenn $ad = bc$, dann ist $(az+b) \cdot d = (cz+d) \cdot b$, d.h. $F_A(z) = b/d = const.$ Diese Situation schließen wir aus, d.h. wir setzen voraus, dass $\det A = ad - bc \neq 0$. Sind zwei solche Matrizen A, B gegeben, so rechnet man sofort nach, dass $F_A \circ F_B = F_{AB}$ und $F_{A^{-1}} = (F_A)^{-1}$. Der tiefere Grund dieser bemerkenswerten Beziehung ist die Darstellung von $\hat{\mathbb{C}} = \mathbb{C} \cup \{\infty\}$ als *Projektive Gerade*

$$\mathbb{CP}^1 = \{[\begin{smallmatrix} z \\ w \end{smallmatrix}];\ (\begin{smallmatrix} z \\ w \end{smallmatrix}) \in \mathbb{C}^2 \setminus \{0\}\}, \tag{7.22}$$

wobei $[\begin{smallmatrix} z \\ w \end{smallmatrix}]$ den von $(\begin{smallmatrix} z \\ w \end{smallmatrix})$ erzeugten eindimensionalen Untervektorraum von $\mathbb{C}^2$ bezeichnet; die Zuordnung ist

$$\begin{aligned} \hat{\mathbb{C}} &\to \mathbb{CP}^1 \\ z &\mapsto [\begin{smallmatrix} z \\ 1 \end{smallmatrix}] \\ \infty &\mapsto [\begin{smallmatrix} 1 \\ 0 \end{smallmatrix}] \\ z/w &\leftarrow [\begin{smallmatrix} z \\ w \end{smallmatrix}] = [\begin{smallmatrix} z/w \\ 1 \end{smallmatrix}] \end{aligned} \tag{7.23}$$

Für eine Matrix $A = \begin{pmatrix} a & b \\ c & d \end{pmatrix}$ gilt nun $[A(\begin{smallmatrix} z \\ 1 \end{smallmatrix})] = [\begin{smallmatrix} az+b \\ cz+d \end{smallmatrix}] = [\begin{smallmatrix} f_A(z) \\ 1 \end{smallmatrix}]$, also ist die Wirkung der Matrix A auf $\mathbb{CP}^1$ und der gebrochen-linearen Funktion F_A auf $\hat{\mathbb{C}}$ bei obiger Identifizierung (7.23) dieselbe. Anders gesagt, die Gruppe $GL(2, \mathbb{C})$ aller invertierbaren linearen Abbildungen von $\mathbb{C}^2$ *wirkt* auf $\mathbb{S}^2 = \hat{\mathbb{C}} = \mathbb{CP}^1$ durch gebrochen-lineare Transformationen. Dabei kommt es nicht auf skalare Vielfache an; die Wirkungen der Matrizen A und λA für jedes $\lambda \in \mathbb{C}^*$ sind identisch. Effektiv wirkt also die *Projektive Gruppe* $PGL(2, \mathbb{C}) = GL(2, \mathbb{C})/\mathbb{C}^*$.

Satz 7.4.3. *Jede konforme und kugeltreue Abbildung* $F : W \to \tilde{W}$ *von offenen Teilmengen* $W, \tilde{W} \subset \mathbb{E}^n$ *für* $n \geq 2$ *ist Einschränkung einer Möbiustransformation.*

Beweis: Wir werden F durch Komposition mit Möbiustransformationen in eine bekannte Abbildung verwandeln. Wir wählen einen Punkt $x_o \in W$ und sein Bild $\tilde{x}_o = F(x_o) \in \tilde{W}$. Die Abbildung F bildet die Sphären durch x_o (soweit sie in W liegen) auf Sphären durch $\tilde{x}_o$ (soweit sie in $\tilde{W}$ liegen) ab. Durch Inversionen F_o und $\tilde{F}_o$ an Kugeln mit Mittelpunkten x_o und $\tilde{x}_o$ werfen wir x_o und $\tilde{x}_o$ ins Unendliche, und die Sphären durch x_o bzw. $\tilde{x}_o$ werden dabei zu Hyperebenen. Die Abbildung $G = \tilde{F}_o \circ F \circ F_o$ ist immer noch konform und bildet zudem Hyperebenen in Hyperebenen ab. Damit bildet G auch Geraden auf Geraden ab, da diese sich als Schnitt von Hyperebenen gewinnen lassen. Wegen der Winkeltreue werden parallele Geradenpaare wieder auf parallele Geradenpaare abgebildet.

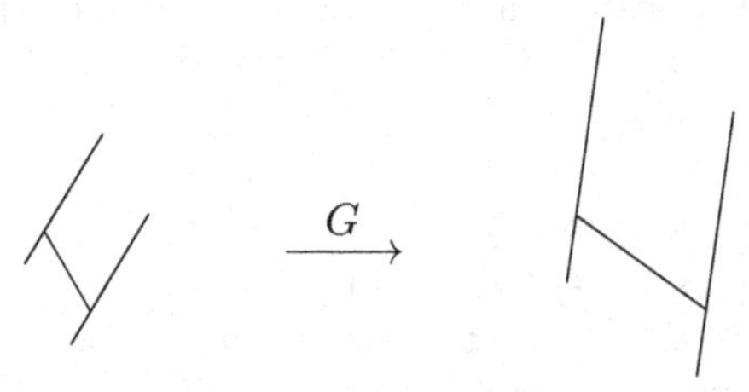

Durch Vor- und Nachschalten einer Translation können wir o.E. annehmen, dass G zusätzlich den Ursprung O auf sich abbildet. Da die Vektorsumme von linear unabhängigen Vektoren $a, b \in \mathbb{R}^n$ durch das Parallelogramm mit den Eckpunkten $0, a, b, a+b$ geometrisch definiert wird und G Parallelogramme auf Parallelogramme abbildet, folgt $G(a+b) = G(a) + G(b)$, und wegen der Stetigkeit muss G eine lineare Abbildung sein.

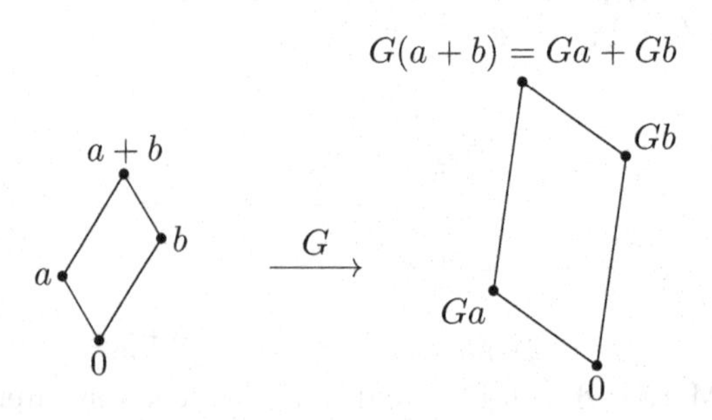

In Abschnitt 7.3 sahen wir, dass eine konforme lineare Abbildung ein Vielfaches einer orthogonalen Abbildung ist, also die Komposition einer Isometrie mit einer zentrischen Streckung. Daher ist $F = F_o \circ G \circ \tilde{F}_o$ Verkettung von Isometrien, zentrischen Streckungen und Inversionen und daher (Einschränkung einer) Möbiustransformation. □

Mit dem Ergebnis des vorigen Abschnittes 7.3 erhalten wir also:

Satz 7.4.4. *Ab Dimension 3 ist jede konforme Abbildung eine Möbiustransformation.* □

7.5 Die Stereographische Projektion

Die meisten Möbiustransformationen können nicht auf dem ganzen $\mathbb{E}^n$ definiert werden; die Inversion F_k an einer Kugel (Sphäre) k ist im Zentrum von k nicht definiert, bzw. dieses Zentrum wird „ins Unendliche" abgebildet. Das Problem verschwindet, wenn wir den $\mathbb{E}^n$ zur n-dimensionale Sphäre S^n erweitern:

$$\mathsf{S}^n = \{(x,t) \in \mathbb{E}^n \times \mathbb{R} = \mathbb{E}^{n+1};\ |x|^2 + t^2 = 1\}, \tag{7.24}$$

Die Einbettung von $\mathbb{E}^n$ nach S^n geschieht durch die *Stereographische Projektion* $\Phi : \mathbb{E}^n \to \mathsf{S}^n$: Jeder Punkt $x \in \mathbb{E}^n$ wird dabei in gerader Linie mit dem höchsten Punkt der Sphäre, dem *Nordpol* $N = e_{n+1} = (0,1)$ verbunden; das Bild $\Phi(x) = (w,t)$ ist der zweite Schnittpunkt der Geraden $\overline{Nx}$ mit der Sphäre S^n.

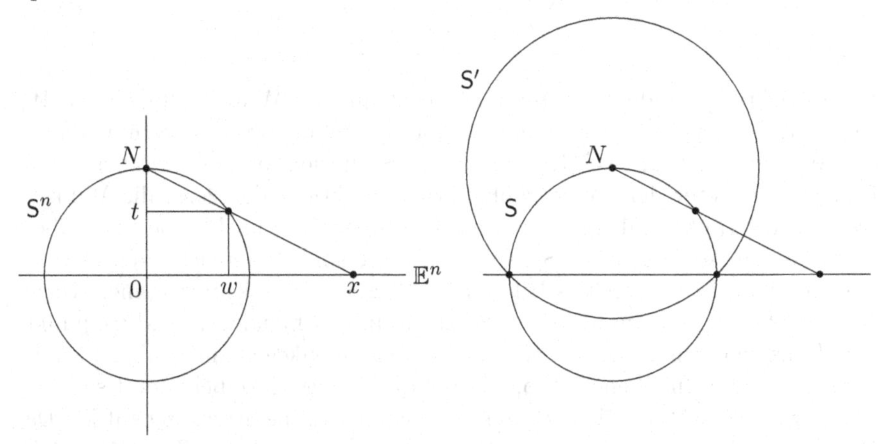

Dabei ist $\Phi(\mathbb{E}^n) = \mathsf{S}^n \setminus \{N\}$. Aus der linken Figur entnimmt man $x = \frac{w}{1-t}$ (Ähnlichkeit der Dreiecke $\Delta(x,0,N)$ und $\Delta((w,t),(0,t),N)$); die Umkehrung erhält man durch Lösen der quadratischen Gleichung für die Schnittpunkte von $\overline{Nx}$ mit S^n. Dann erhalten wir für alle $x \in \mathbb{E}^n$ und $(w,t) \in \mathsf{S}^n$

$$\Phi(x) = \frac{1}{|x|^2+1}(2x, |x|^2 - 1), \quad \Phi^{-1}(w,t) = \frac{w}{1-t}. \tag{7.25}$$

Die rechte Figur zeigt, dass Φ und Φ^{-1} Einschränkungen derselben Möbiustransformation $\hat{F}$ auf $\mathbb{E}^{n+1}$ sind, nämlich der Inversion an der Sphäre S' durch $\mathbb{E}^n \cap \mathsf{S}$ mit Mittelpunkt N:

$$\Phi = \hat{F}|_{\mathbb{E}^n}, \quad \Phi^{-1} = \hat{F}|_{\mathsf{S}}, \tag{7.26}$$

denn $\hat{F}$ bildet S auf $\mathbb{E}^n$ ab (da $\hat{F}(N) = \infty$, ist $\hat{F}(\mathsf{S})$ eine Hyperebene, die $\mathsf{S}' \cap \mathsf{S} = \mathbb{E}^n \cap \mathsf{S}$ enthält, also $\hat{F}(\mathsf{S}) = \mathbb{E}^n$), und die von N ausgehenden radialen Strahlen bleiben erhalten. Insbesondere sind Φ und Φ^{-1} auch winkel- und kugeltreu, was auch aus den folgenden Figuren (vgl. [18]) ersichtlich wird:

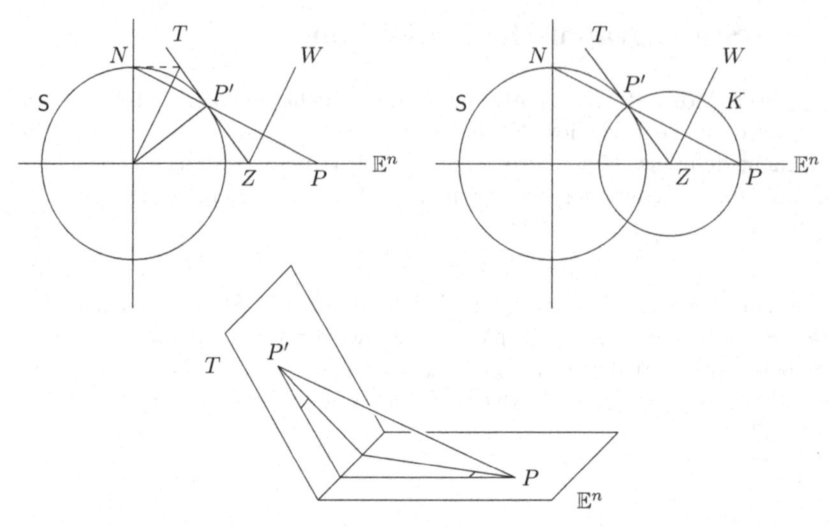

Die Projektionsgerade $P'P$ steht senkrecht auf der Winkelhalbierenden W zwischen den Hyperebenen T und $\mathbb{E}^n$; die Spiegelung an W überführt daher den Winkel zwischen zwei Tangenten von S^n in den Winkel zwischen ihren Bildgeraden unter der stereographischen Projektion, das zeigt die Winkeltreue von Φ (linke und untere Figur). Die Spiegelung an W überführt aber auch die Strecke $\overline{P'Z}$ in die Strecke $\overline{PZ}$; diese sind also gleich lang. Daraus folgt die Kugeltreue (rechtes Bild): Eine Kugel k' in S kann zu einer Kugel $K \subset \mathbb{E}^{n+1}$ erweitert werden, die S senkrecht in k' schneidet. Der Mittelpunkt von K ist der Punkt Z, die Spitze des Tangentenkegels an S über k. Wir verschieben die Bildebene $\mathbb{E}^n$ so, dass sie durch Z geht; dabei ändert sich die stereographische Projektion Φ^{-1} nur um eine zentrische Streckung auf $\mathbb{E}^n$. Da Z auf der Winkelhalbierenden W liegt, ist der Abstand von Z zu P' und P gleich, also liegt P ebenso wie P' auf der Kugel K und $\Phi^{-1}(k') = k := \mathbb{E}^n \cap K$.

Was wird aus der Inversion F_k an einer Kugel $k \subset \mathbb{E}^n$, wenn wir sie mit Hilfe von Φ auf die Sphäre $\mathsf{S} = \mathsf{S}^n$ verpflanzen, also zur Abbildung $\Phi \circ F_k \circ \Phi^{-1}$ übergehen? Die Antwort gibt die nachstehende Figur:

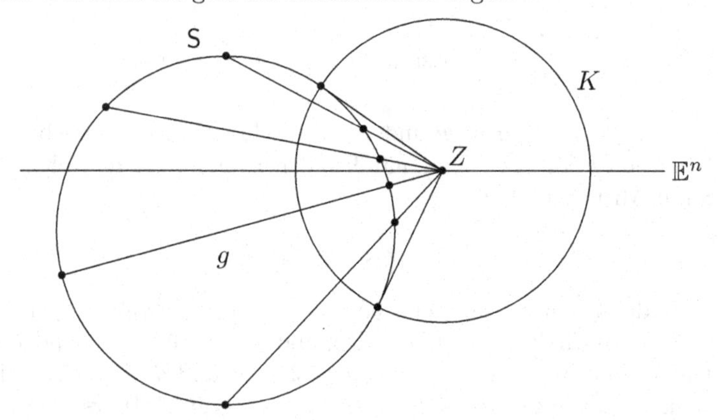

Wir erweitern k wieder zu einer Kugel K in $\mathbb{E}^{n+1}$, die sowohl $\mathbb{E}^n$ als auch S senkrecht schneidet (nach Verschieben der Bildebene $\mathbb{E}^n$). Dann ist $\mathsf{S} \cap K$ die Bildkugel unter $\Phi = \hat{F}|_{\mathbb{E}^n}$ (siehe (7.26)). Die Inversion $\hat{F}$ bildet $\mathbb{E}^n$ nach S und $\mathbb{E}^n \cap K$ nach $\mathsf{S} \cap K$ ab; da die Kugel K auf $\mathbb{E}^n$ und S senkrecht steht, bleibt sie invariant unter $\hat{F}$. Damit gilt

$$\hat{F} \circ F_K \circ \hat{F}^{-1} = F_K, \tag{7.27}$$

denn $\hat{F} \circ F_K \circ \hat{F}^{-1}$ ist die Inversion an der Kugel $K = \hat{F}(K)$ (sie lässt die Sphäre $F(K)$ punktweise fest und bildet ihr Inneres nach außen ab und umgekehrt). Nun lässt F_K aber die zu K orthogonale Sphäre S invariant und ebenso jede Gerade g durch das Zentrum Z von K, also bleibt auch $g \cap \mathsf{S}$ invariant und somit vertauscht F_K die beiden Schnittpunkte von g mit S. Die Abbildung $\Phi \circ F_k \circ \Phi^{-1} = F_K|_{\mathsf{S}}$ bewirkt also genau die Vertauschung dieser beiden Punkte.

Bemerkung: Diese Darstellung der Inversion zeigt den Zusammenhang der Möbiusgruppe auf S^n mit der der *Lorentzgruppe*[9] $O(n+1,1)$, der Invarianzgruppe für das *Minkowski-Skalarprodukt*[10] auf $\mathbb{R}^{n+2}$ das (für $n = 2$) in der Speziellen Relativitätstheorie Einsteins[11] eine Rolle spielt:

$$\langle v, w\rangle_- = v^1w^1 + \ldots + v^{n+1}w^{n+1} - v^{n+2}w^{n+2}. \tag{7.28}$$

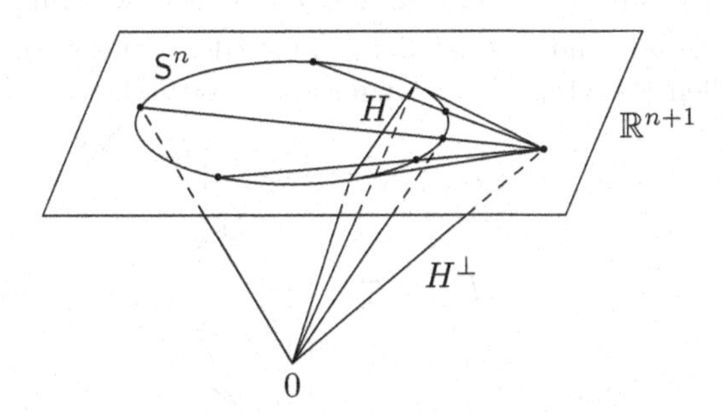

Wie wirkt diese Gruppe auf der Sphäre $\mathsf{S}^n \subset \mathbb{R}^{n+1}$? Dazu betten wir $\mathbb{R}^{n+1}$ ein in den *Projektiven Raum* $\mathbb{RP}^{n+1}$, die Menge der eindimensionalen linearen Unterräume des $\mathbb{R}^{n+2}$ (vgl. [2], [?]),

$$\mathbb{RP}^{n+1} = \{[x];\ 0 \neq x \in \mathbb{R}^{n+2}\} \tag{7.29}$$

(wobei wir mit $[x]$ den von x erzeugten eindimensionalen Unterraum bezeichnen); die Einbettung geschieht durch die Abbildung

---

[9] nach Hendrik Antoon Lorentz, 1853 (Arnheim) – 1928 (Haarlem, Niederlande). Allgemein bezeichnet $O(p,q)$ die Invarianzgruppe des Skalarprodukts $\langle x, y\rangle_q = \sum_{i=1}^p x^iy^i - \sum_{j=p+1}^{p+q} x^jy^j$ auf $\mathbb{R}^{p+q}$.

[10] Hermann Minkowski, 1864 (Alexoten bei Kowno (Russland, heute Litauen)) – 1909 (Göttingen)

[11] Albert Einstein, 1879 (Ulm) – 1955 (Princeton, USA).

$$\mathbb{R}^{n+1} \ni v \mapsto [(v,1)] \in \mathbb{RP}^{n+1} \tag{7.30}$$

(vgl. (7.23)). Ist $v \in \mathsf{S}^n \subset \mathbb{R}^{n+1}$, dann ist $(v,1)$ ein Element des *Lichtkegels*

$$L = \{x \in \mathbb{R}^{n+2};\ \langle x,x\rangle_- = 0\}, \tag{7.31}$$

und somit wird S^n identifiziert mit der Menge der erzeugenden Geraden von L, nämlich $\overline{L} = \{[x];\ 0 \neq x \in L\} \subset \mathbb{RP}^{n+1}$. Die Lorentzgruppe lässt L und damit $\overline{L}$ invariant. Da jede Kugel in $\mathsf{S}^n = \overline{L}$ als Schnitt von $\overline{L}$ mit einer projektiven Hyperebene $\overline{H} = \{[x];\ 0 \neq x \in H\}$ für eine lineare Hyperebene $H \subset \mathbb{R}^{n+2}$ entsteht, ist jedes Element von $O(n+1,1)$ auf S^n kugeltreu und damit eine Möbiustransformation. Insbesondere entspricht die oben beschriebene Inversion an einer Kugel $k = \overline{L} \cap \overline{H}$ der Minkowski-Spiegelung an der linearen Hyperebene H, d.h. der Abbildung $x_H + x_{H^\perp} \mapsto x_H - x_{H^\perp}$, die zu der Minkowski-orthogonalen Zerlegung $\mathbb{R}^{n+2} = H \oplus H^\perp$ gehört (vgl. [?]).

In der voranstehenden Figur ist der Fall $n = 1$ dargestellt. Die beiden an den Lichtkegel L tangentialen Ebenen, die sich in der Geraden $H^\perp$ schneiden, sind Minkowski-senkrecht zu den beiden Erzeugenden von L, in denen sie L berühren (aus demselben Grund, warum die Tangentialebene der Sphäre senkrecht zum Ortsvektor ist: $\langle x,x\rangle_- = const \Rightarrow \langle x',x\rangle_- = 0$ für jede Kurve $x(t)$ in L). Diese zwei Erzeugenden spannen die Ebene H auf; die Schnittgerade der beiden Tangentialebenen ist deshalb gleich $H^\perp$. Bei beliebiger Dimension n besteht $\overline{L} \cap \overline{H}$ nicht mehr nur aus zwei Punkten, sondern einer ganzen Kugel, und $\overline{H}^\perp$ ist der Schnitt der Tangentialhyperebenen von $\mathsf{S}^n = \overline{L}$ in allen Punkten dieser Kugel, siehe nachfolgende Figur für $n = 2$.

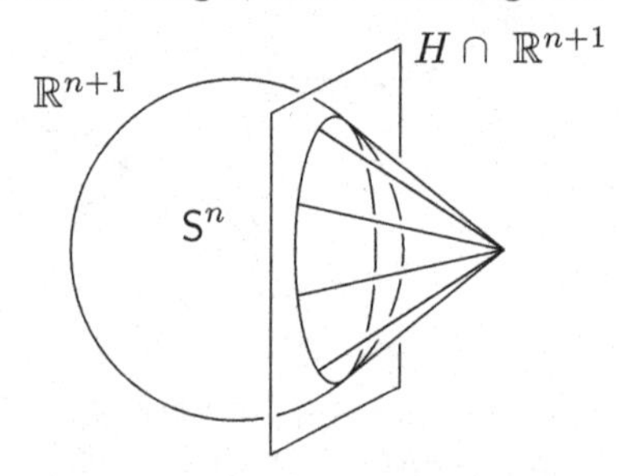

7.6 Übungsaufgaben

1. *Konfokale Quadriken als orthogonales Hyperflächensystem:*
   Es seien reelle Zahlen $a_1 < a_2 < \ldots < a_n$ gegeben. Für jedes $t \neq a_1, \ldots, a_n$ betrachten wir die Quadriken[12] $Q_t = \{x \in \mathbb{R}^n;\ q_t(x) = 1\}$ mit

$$q_t(x) = \sum_{i=1}^{n} \frac{x_i^2}{a_i - t}. \tag{7.32}$$

[12] Eine *Quadrik* ist eine durch eine quadratische Gleichung definierte Hyperfläche.

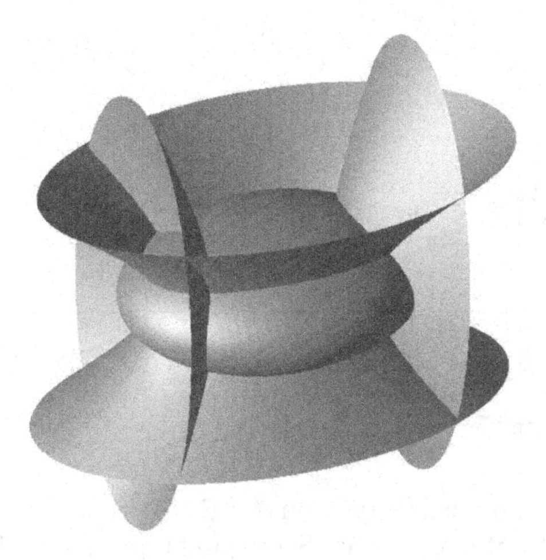

Je nachdem, in welchem der Intervalle $I_j := (a_{j-1}, a_j)$ (mit $a_0 := -\infty$) der Parameter t liegt, hat Q_t einen unterschiedlichen Typ: Für $n = 3$ ist Q_t ein Ellipsoid, falls $t \in I_1$ (d.h. alle $a_i - t > 0$), ein einschaliges Hyperboloid, falls $t \in I_2$ (nur $a_1 - t < 0$) und ein zweischaliges Hyperboloid, falls $t \in I_3$. Wir wollen zeigen, dass diese Hyperflächen in jedem Schnittpunkt aufeinander senkrecht stehen, also ein orthogonales Hyperflächensystem bilden. Es genügt, den Bereich $W = \{x \in \mathbb{R}^n;\ x_i > 0\ \forall_i\}$ zu betrachten. Zeigen Sie dazu:

a) An jeder Stelle x und für beliebige $s, t \in \bigcup_j I_j$ gilt die Beziehung

$$\langle \nabla q_t, \nabla q_s \rangle = 4(q_t - q_s)/(s - t). \tag{7.33}$$

b) Zu jedem Punkt $x \in W$ gibt es für jedes $j \in \{1, \dots, n\}$ genau ein $t_j \in I_j$ mit $x \in H_{t_j}$; die Abbildung $t \mapsto q_t(x)$: $I_j \to \mathbb{R}$ ist bijektiv.

c) In jedem Punkt $x \in Q_{t_j} \cap Q_{t_k}$ mit $j \neq k$ stehen die Gradienten von q_{t_j} und q_{t_k} aufeinander senkrecht.

2. *Inversion:*

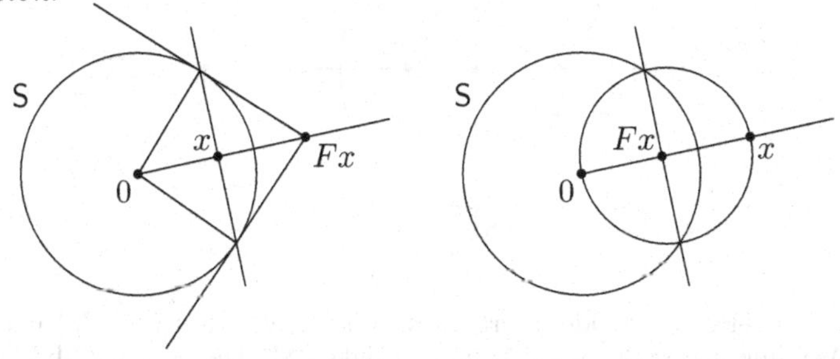

Zeigen Sie, dass die Inversion F an einem Kreis S um 0 so wie in der Zeichnung konstruiert werden kann. Benutzen Sie nur die geometrischen Eigenschaften von F (winkeltreu, kreistreu, S ist fix, $0 \mapsto \infty$).

3. *Stereographische Projektion:*

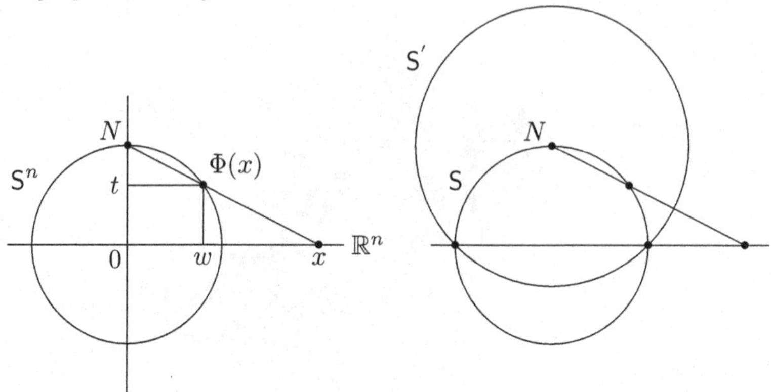

Die Stereographische Projektion $\Phi : \mathbb{R}^n \to \mathsf{S} := \mathsf{S}^n$ (vgl. (7.25)) bildet jedes $x \in \mathbb{R}^n$ auf den zweiten Schittpunkt von S mit der Geraden durch $N = (0;1)$ („Nordpol“ von S) und $(x;0)$ ab, siehe Abschnitt 7.5. Zeigen Sie geometrisch, dass Φ und Φ^{-1} Einschränkungen der Inversion an der Kugel S' um N mit Radius $\sqrt{2}$ sind und berechnen Sie damit erneut die Formeln (7.25)

4. *Parameterwechsel für Stereographische Projektionen:*
Man kann die Stereographische Projektion statt vom „Nordpol“ $N = (0;1) \in \mathsf{S}^n \subset \mathbb{R}^n \times \mathbb{R}$ auch vom „Südpol“ $S = (0,-1)$ aus definieren; man erhält dann zwei Abbildungen $\Phi_\pm : \mathbb{R}^n \to \mathsf{S}^n$,

$$\Phi_\pm(x) = \frac{1}{|x|^2+1}(2x, \pm(|x|^2-1)), \qquad \Phi_\pm^{-1}(w,t) = \frac{w}{1 \pm t}. \tag{7.34}$$

Zeigen Sie geometrisch (siehe Figur) und/oder analytisch, dass der Parameterwechsel $\Phi_-^{-1} \circ \Phi_+$ die Inversion an der Einheitskugel in $\mathbb{E}^n$ ist.[13]

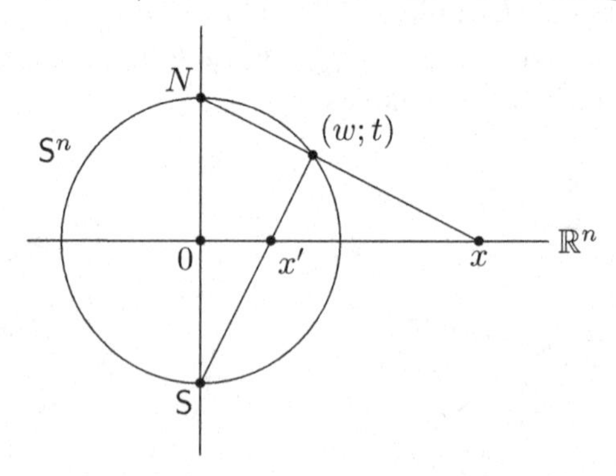

[13] Die Bildbereiche der beiden Parametrisierungen $\Phi_\pm$ sind $\mathsf{S}^n \setminus \{N\}$ und $\mathsf{S}^n \setminus \{S\}$; ihre Vereinigung ist die ganze Mannigfaltigkeit S^n. Die beiden Abbildungen oder besser ihre Umkehrungen (die Umkehrung einer Parametrisierung wird *Karte* genannt) bilden einen *Atlas* von S^n; besser wäre das Wort „Weltatlas“, denn jeder Punkt der Mannigfaltigkeit S^n ist auf einer der Karten verzeichnet.

5. *Konformer Faktor der Stereographischen Projektion:*

   Es sei $\Phi : \mathbb{R}^n \to \mathbb{S}^n \subset \mathbb{R}^n \times \mathbb{R}$ die Stereographische Projektion mit $\Phi(x) = \frac{1}{|x|^2+1}(2x, |x|^2 - 1)$ (vgl. (7.25)). Berechnen Sie die Ableitung $\partial\Phi_x a$ für jedes $a \in \mathbb{R}^m$ und zeigen Sie

$$|\partial\Phi_x a| = \frac{2}{|x|^2+1}|a|. \tag{7.35}$$

   Hinweis: Für $s = |x|^2$ ist $\partial s_x a = 2\langle a, x\rangle$.

6. *Konformer Faktor der Inversion:*

   Die Inversion an der Kugel mit Radius R um 0 ist die Abbildung $F : \mathbb{R}^n \setminus \{0\} \to \mathbb{R}^n \setminus \{0\}$ mit $F(x) = \frac{R^2}{|x|^2}x$ oder $F = \frac{R^2}{s}\,\mathrm{id}$ mit $s(x) = \langle x, x\rangle$, vgl. (7.17).

   a) Zeigen Sie

$$\partial F_x = \frac{R^2}{|x|^2}\sigma_x a \tag{7.36}$$

   wobei $\sigma_x a = a - 2\langle a, e_x\rangle e_x$ mit $e_x = x/|x|$ die Spiegelung an der Hyperebene $x^\perp$ bezeichnet. Folgern Sie

$$|\partial F_x a| = \frac{R^2}{|x|^2}|a|. \tag{7.37}$$

   b) Wie ändert sich die Formel, wenn F stattdessen die Inversion an der Kugel mit Radius R um einen Punkt x_o ist?

   c) Benutzen Sie Aufgabenteil b) und Aufgabe 3, um (7.35) in Aufgabe 5 auf andere (einfachere?) Weise zu zeigen.

7. *Abstände bei Inversion:*

   Es sei F die Inversion an der Kugel $\mathbb{S}_R = \{x \in \mathbb{E}^n;\ |x| = R\}$ wie in der vorigen Aufgabe und $y \in \mathbb{E}^n \setminus \mathbb{S}_R$. Zeigen Sie: Für alle Punkte $x \in \mathbb{S}_R$ ist das Verhältnis der Abstände von x zu y und Fy konstant, genauer

$$\frac{|x - Fy|}{|x - y|} = \frac{R}{|y|}. \tag{7.38}$$

   Können Sie daraus auch (7.37) ableiten?

8. *Mercatorprojektion:*

   Die Mercatorprojektion[14] ist die konforme Karte der Erde (Kugel), bei der Längen- und Breitenkreise auf die Koordinatenlinien eines kartesischen Koordinatensystems der Ebene abgebildet werden, wobei der

[14] Gerhard Mercator, Mathematiker und Kartograph, 1512 (Rupelmonde bei Antwerpen) – 1594 (Duisburg)

Äquator proportional zur Bogenlänge auf die x-Achse abgebildet wird.[15] Zeigen Sie, dass die Umkehrung der Mercatorprojektion durch die Abbildung $\mu : \mathbb{R}^2 = \mathbb{C} \to \mathsf{S}^2$, $\mu(z) = \Phi(\exp(-iz))$ gegeben ist, wobei $\exp : \mathbb{C} \to \mathbb{C}^*$ die komplexe Exponentialfunktion ist: $\exp(x + iy) = e^{x+iy} = e^x e^{iy}$.

9. *Isometrien der Sphäre:*

   Zeigen Sie, dass jede Isometrie der Sphäre $\mathsf{S}^m \subset \mathbb{E}^{m+1}$ Einschränkung einer orthogonalen linearen Abbildung ist. *Anleitung:* Jede Isometrie $f : \mathsf{S}^m \to \mathsf{S}^m$ erhält die Geodäten der Sphäre, also die Großkreise, die Schnitte mit Ebenen durch 0 (vgl. Übung 3 in Kap. 5). Wenn wir f außerhalb von S^m radial fortsetzen, $\hat{f}(rx) := rf(x)$, $x \in \mathsf{S}^m$, dann überführt $\hat{f}$ jede Ebene durch 0 isometrisch in eine andere Ebene durch 0.

10. *Quaternional-differenzierbare Funktionen?*

    Der Körper $\mathbb{C}$ der komplexen Zahlen kann als die Menge der reellen 2×2-Matrizen der Form $\begin{pmatrix} a & -b \\ b & a \end{pmatrix}$ (mit der üblichen Addition und Multiplikation von Matrizen) verstanden werden. Ganz entsprechend bilden die komplexen 2×2-Matrizen der Form $\begin{pmatrix} a & -\bar{b} \\ b & \bar{a} \end{pmatrix}$ den Schiefkörper $\mathbb{H}$ der *Quaternionen*, der 1843 von W.R. Hamilton[16] gefunden wurde. Der zugrunde liegende reelle Vektorraum ist bei den komplexen Zahlen $\mathbb{R}^2$, bei den Quaternionen $\mathbb{C}^2 = \mathbb{R}^4$. Ebenso wie den Begriff *komplex differenzierbar* könnte man auch „*quaternional differenzierbar*" definieren: Eine Funkion $f : \mathbb{H}_o \to \mathbb{H}$, definiert auf einer offenen Teilmenge $\mathbb{H}_o \subset \mathbb{H}$, soll *quaternional differenzierbar* heißen, wenn für alle $x \in \mathbb{H}_o$ der Grenzwert $a = \lim_{h \to 0} (f(x + h) - f(x))\, h^{-1} \in \mathbb{H}$ existiert, mit anderen Worten, $f(x + h) = f(x) + ah + o(h)$ mit $o(h)/|h| \to 0$. Die quaternionale Differenzierbarkeit ist also äquivalent zur reellen Differenzierbarkeit mit der speziellen Jacobimatrix $\partial f_x\, h = ah$ für ein $a \in \mathbb{H}$.
    Aufgabe: Zeigen Sie, dass die quaternional differenzierbaren Funktionen f leider nur die inhomogen-linearen sind: $f(x) = ax + b$.
    Hinweise: Zeigen Sie zunächst, dass die Abbildung $x \mapsto ax$ auf $\mathbb{H} = \mathbb{R}^4$ eine orientierte konforme $\mathbb{R}$-lineare Abbildung, d.h. ein Vielfaches einer speziellen ($\det > 0$) orthogonalen Abbildung ist. Mit dem Satz von Liouville 7.3.1 zeige man, dass f eine orientierte Möbiusabbildung ist. Nach Satz 7.4.3 lässt sich diese realisieren[17] als Verkettung von Abbildungen der Typen $f(x) = ax$, $g(x) = xb$, $h(x) = x + c$ und $j(x) = x^{-1}$, aber g und j sind nicht quaternional differenzierbar im obigen Sinn.[18]

[15] vgl. http://de.wikipedia.org/wiki/Mercator-Projektion

[16] Sir William Rowan Hamilton, 1805–1865 (Dublin)

[17] Dazu muss man wissen, dass jede spezielle ($\det > 0$) orthogonale Abbildung von $\mathbb{H} = \mathbb{R}^4$ in der Form $x \mapsto axb$ mit $|a| = |b| = 1$ geschrieben werden kann.

[18] Beachten Sie $(x+h)^{-1} - x^{-1} = (x+h)^{-1}\,(x - (x+h))\,x^{-1} = -(x+h)^{-1}hx^{-1}$.

8. Minimalflächen

8.1 Variation des Flächeninhalts

Wir betrachten zunächst wieder eine beliebige C^2-Immersion $X : U \to \mathbb{E}$, wobei U wie immer eine offene Teilmenge von $\mathbb{R}^m$ und $\mathbb{E} = \mathbb{E}^n$ ist. Die erste Fundamentalform von X sei g. Wir wollen zeigen, wie sich der *Flächeninhalt* von $X|_C$

$$\mathcal{A} = \int_C \sqrt{\det g_u}\, du \tag{8.1}$$

verändert, wenn wir X auf einer kompakten Teilmenge $C \subset U$ deformieren (dabei soll C nichtleeres Inneres haben, und der Rand ∂C soll eine Nullmenge sein). Eine solche Deformation werden wir *kompakte Variation von X* nennen, genauer eine *Variation von X auf C*. Sie wird durch eine C^2-Abbildung $(-\epsilon, \epsilon) \times U \to \mathbb{E}$, $(s, u) \mapsto X^s(u)$ beschrieben, wobei alle $X^s : U \to \mathbb{E}$ Immersionen sind mit

$$X^0 = X, \quad X^s|_{U \setminus C} = X|_{U \setminus C} \tag{8.2}$$

für alle $s \in (-\epsilon, \epsilon)$. Wir wollen $\delta\mathcal{A}(s)$ bestimmen, wobei $\mathcal{A}(s)$ der Flächeninhalt von $X^s|_C$ ist und δ stets für $\frac{d}{ds}\big|_{s=0}$ oder $\frac{\partial}{\partial s}\big|_{s=0}$ steht (vgl. 2.16).

Lemma 8.1.1. *Wir können X^s stets so umparametrisieren, dass $\xi = \delta X^s$ ein Normalenvektorfeld längs X ist, d.h. $\xi(u) \in N_u = T_u^\perp$ für alle $u \in U$.*

Beweis: Wir zerlegen ξ zunächst in seine Tangential- und Normalkomponenten: $\xi = \xi^T + \xi^N$. Dann ist ξ^T ein *tangentiales Vektorfeld* längs X, also $\xi^T = \partial X.v$ für ein Vektorfeld $v : U \to \mathbb{R}^m$. Für genügend kleine $|s|$ ist die Abbildung $\phi^s = \mathrm{id} - sv : U \to \mathbb{R}^m$, $\phi^s(u) = u - sv(u)$ ein Diffeomorphismus.[1]

[1] $\phi^s = \mathrm{id} - sv$ ist eine Variation von id auf der kompakten Teilmenge $C \subset U$. Deshalb ist $\|\partial v\|$ beschränkt auf U, sagen wir $|\partial v_u w| \le L|w|$ für alle $u \in U$ und $w \in \mathbb{R}^m$ (man beachte $v = 0$ auf $U \setminus C$). Somit ist $\partial\phi_u^s = I - s\,\partial v_u$ invertierbar für $|s| \le 1/L$. Folglich ist ϕ^s lokaler Diffeomorphismus. Außerdem ist ϕ^s auch global injektiv: Wenn U z.B. konvex ist und $u_1, u_2 \in U$ verschieden sind, dann ist $|v(u_1) - v(u_2)| \le L|u_1 - u_2|$ und für $|s| < 1/L$ ist $|\phi^s(u_1) - \phi^s(u_2)| > 0$.

Setzen wir $\tilde{X}^s = X^s \circ \phi^s$, so folgt:[2]

$$\delta\tilde{X}^s = \delta X^s + \partial X.\delta\phi^s = \delta X^s - \partial X.v = \xi - \xi^T = \xi^N \in N_u. \qquad \square$$

Wir werden eine kompakte C^2-Variation X^s von X *normal* nennen, wenn (8.2) gilt und $\xi = \delta X^s$ ein Normalenfeld ist. Für solche Variationen wollen wir die Änderung des *Flächeninhalts*

$$\mathcal{A}(s) = \int_C \sqrt{\det g_u^s}\, du \tag{8.3}$$

berechnen, wobei g^s die erste Fundamentalform von X^s ist, also $g_{ij}^s = \langle X_i^s, X_j^s\rangle$. Dazu müssen wir $\delta\sqrt{\det g^s} = \frac{1}{2}(\delta \det g^s)/\sqrt{\det g^s}$ bestimmen. Wir überlegen uns zunächst, wie man eine Determinante differenziert:

Lemma 8.1.2. *Es sei $s \mapsto A(s)$ eine differenzierbare Schar invertierbarer reeller $m \times m$-Matrizen mit Ableitung $A'(s)$. Dann gilt*

$$(\det A)' = \operatorname{Spur}(A^{-1}A') \det A. \tag{8.4}$$

Beweis:

$$\begin{aligned}(\det A)' &= \det(Ae_1, ..., Ae_m)' \\ &= \sum_i \det(Ae_1, ..., A'e_i, ..., Ae_m) \\ &= \sum_i \det(Ae_1, ..., AA^{-1}A'e_i, ..., Ae_m) \\ &= \det(A) \sum_i \det(e_1, ..., A^{-1}A'e_i, ..., e_n) \\ &= \det(A) \operatorname{Spur}(A^{-1}A'),\end{aligned}$$

denn für $B = A^{-1}A'$ und $Be_i = \sum_j b_{ji}e_j$ ist $\det(e_1, \dots, Be_i, \dots, e_n) = b_{ii} \det(e_1, \dots, e_i, \dots, e_n) = b_{ii}$. $\square$

Satz 8.1.1. *(Erste Variation des Flächeninhalts) Es sei $X : U \to \mathbb{E}$ eine Immersion mit erster Fundamentalform g und zweiter Fundamentalform $\mathbf{h}$, und $X^s : U \to \mathbb{E}$ sei eine normale Variation von X auf einer kompakten Teilmenge $C \subset U$. Dann gilt*

$$\delta\mathcal{A} = -\int_C \operatorname{Spur}(g^{-1}h^\xi)\, d\mathcal{A}. \tag{8.5}$$

mit $h^\xi = \langle \mathbf{h}, \xi\rangle$ für $\xi = \delta X^s$ sowie $\partial\mathcal{A} = \sqrt{\det g}\, du$.

[2] Die doppelte Abhängigkeit von $\tilde{X}^s = X^s \circ \phi^s$ von der Variablen s kann als Verkettung der Funktionen $s \mapsto (s,s)$ und $(s,t) \mapsto X^s \circ \phi^t$ gedeutet werden. Die Ableitung der inneren Funktion $s \mapsto (s,s)$ ist $(1,1)$ oder (als Vektor geschrieben) $\binom{1}{1}$; damit ist
$\frac{\partial \tilde{X}^s}{\partial s} = \left(\frac{\partial}{\partial s}(X^s \circ \phi^t)_{t=s}, \frac{\partial}{\partial t}(X^s \circ \phi^t)_{t=s}\right)\binom{1}{1} = \frac{\partial}{\partial s}(X^s \circ \phi^t)|_{t=s} + \frac{\partial}{\partial t}(X^s \circ \phi^t)|_{t=s}$.

Beweis: Nach Lemma 8.1.2 ist

$$\delta\sqrt{\det g^s} = \frac{1}{2}\delta(\det g^s)/\sqrt{\det g} = \frac{1}{2}\operatorname{Spur}(g^{-1}\delta g^s)\sqrt{\det g}.$$

Weiterhin ist

$$\delta g^s_{ij} = \delta\langle X^s_i, X^s_j\rangle = \langle \delta X^s_i, X_j\rangle + \langle X_i, \delta X^s_j\rangle,$$

und aus $\delta X^s = \xi$ folgt $\delta X^s_i = \xi_i$. Da $\langle \xi, X_i\rangle = \langle \xi, X_j\rangle = 0$, erhalten wir

$$\delta g^s_{ij} = \langle \xi_i, X_j\rangle + \langle \xi_j, X_i\rangle = -2\langle \xi, X_{ij}\rangle = -2h^\xi_{ij}. \tag{8.6}$$

Somit ist $\delta\sqrt{\det g^s} = -\operatorname{Spur}(g^{-1}h^\xi)\sqrt{\det g}$, und aus $\delta\mathcal{A}(s) = \int_C \delta\sqrt{\det g^s}du$ folgt die Behauptung. □

Eine Immersion $X : U \to \mathbb{E}$ heißt *minimal*, wenn ihr Flächeninhalt in erster Ordnung durch beliebige (normale) kompakte Variationen von X nicht verändert werden kann, d.h. wenn für jede kompakte Teilmenge $C \subset U$ und jede Variation X^s von X auf C gilt:

$$\delta\mathcal{A}(X^s|_C) = 0. \tag{8.7}$$

Satz 8.1.2. *Eine Immersion $X : U \to \mathbb{E}$ ist minimal $\iff$*

$$\operatorname{Spur} g^{-1}h^\nu = 0 \tag{8.8}$$

für jedes Normalfeld ν längs X (mit $h^\nu = \langle \mathbf{h}, \nu\rangle$).

Beweis: "$\Leftarrow$" folgt unmittelbar aus Satz 8.1.1.
"$\Rightarrow$" durch Kontraposition: Für ein Normalenfeld ν sei Spur $g^{-1}h^\nu$ an einer Stelle $u_o \in U$ ungleich Null, sagen wir > 0 (sonst ersetzen wir ν durch $-\nu$). Dann ist Spur $g^{-1}h^\nu > 0$ auf einer offenen Kugel $B = B_\epsilon(u_o)$, deren Abschluss $\bar{B}$ ganz in U liegt. Wir betrachten die normale Variation $X^s = X + sf\nu$ für eine C^∞-Funktion $f : U \to \mathbb{R}$ mit $f > 0$ auf B und $f = 0$ auf $U \setminus B$. [3] Für diese Variation auf $C := \bar{B}$ gilt $\delta X^s = \xi = f\nu$ und nach (8.5) ist

$$-\delta\mathcal{A}(s) = \int_{\bar{B}} f \operatorname{Spur}(g^{-1}h^\nu)\sqrt{\det g}\,du \ > \ 0, \tag{8.9}$$

denn der Integrand ist positiv auf B. □

Diese Eigenschaft Spur $g^{-1}h^\nu = 0$ werden wir von jetzt an als definierende Eigenschaft von minimalen Immersionen ansehen und eine Immersion *minimal* nennen, wenn Spur $g^{-1}h^\nu = 0$ für jedes Normalenvektorfeld ν.

[3] Eine solche Funktion konstruiert man z.B. mit Hilfe der C^∞-Funktion $\mu : \mathbb{R} \to \mathbb{R}$ mit $\mu(t) = 0$ für $t \le 0$ und $\mu(t) = e^{-1/t}$ für $t > 0$: Man setzt einfach $f(u) = \mu(\epsilon^2 - |u - u_o|^2)$.

Bemerkung: Eine Gleichung der Form (8.7), die die Bedingung erster Ordnung für ein Extremum eines Funktionals (hier: des Flächeninhalts $\mathcal{A}$) ausdrückt, heißt *Variationsgleichung*, siehe auch Übung 2 in diesem Kapitel. Ein anderes Beispiel (die Variation der Bogenlänge von Kurven) haben wir bereits in den Abschnitten 2.2 und 5.1 kennengelernt. Eine Variationsgleichung ist immer zu einer Differentialgleichung äquivalent, der *Euler-Lagrange-Gleichung* des Variationsproblems.[4] Für die Variation der Bogenlänge war das die Differentialgleichung der Geodäten, $(c'')^T = 0$. Im Fall des Flächeninhaltes ist es die Gleichung (8.8). Ein Vergleich der beiden Herleitungen zeigt das gemeinsame Schema.

Wir wollen uns nun besonders den Fall der *Hyperflächen* ($m = n - 1$) ansehen. In diesem Fall ist jedes Normalenfeld ξ ein Vielfaches der Gaußschen Einheitsnormale ν. Wir können daher $\xi = \delta X = f\nu$ für eine Funktion $f : U \to \mathbb{R}$ setzen und erhalten $g^{-1}h^{\xi} = fg^{-1}h$. Die Matrix $g_u^{-1}h_u$ ist aber die Matrix der *Weingartenabbildung* L_u bezüglich der Basis $(X_1(u), ..., X_{n-1}(u))$ von T_u (vgl. Satz 4.3.3), also ist Spur $g_u^{-1}h_u =$ Spur $L_u = (n-1)H(u)$, wobei H die *mittlere Krümmung* von X ist. Deshalb erhalten wir:

Satz 8.1.3. *Es sei $X : U \to \mathbb{E}$ eine Hyperfläche und $X^s : U \to \mathbb{E}$ eine Variation von X auf einer kompakten Teilmenge $C \subset U$ mit der Eigenschaft, dass $\xi = \delta X^s$ ein Normalenvektorfeld ist, also $\xi = f\nu$ für eine Funktion f auf U. Dann gilt*

$$\delta\mathcal{A}(s) = -\int_C f \cdot mH\, d\mathcal{A}. \tag{8.10}$$

Insbesondere ist X genau dann minimal, wenn $H = 0$. □

Erste Beispiele für $m = 2$ (*Minimalflächen*) haben wir schon gesehen: *Katenoid* und *Wendelfläche* (Kap. 4, Übung 5) und natürlich die Ebene.

8.2 Minimaler Flächeninhalt

Das Wort „minimale Immersion" suggeriert, dass der Flächeninhalt unter allen kompakten Variationen tatsächlich minimal ist. In der Definition wird jedoch nur gefordert, dass er *stationär* ist, nämlich $\delta\mathcal{A}(s) = 0$. Erstaunlicherweise gilt aber tatsächlich die strenge Minimalität, wenn wir nur den Definitionsbereich U genügend einschränken. Wir wollen dies für den Fall der *Minimalflächen* ($m = 2$, $n = 3$) zeigen.

Satz 8.2.1. *Es sei U eine offene Teilmenge von $\mathbb{R}^2$ und $X : U \to \mathbb{E}^3$ eine Minimalfläche (d.h. $H = 0$). Dann gibt es um jede Stelle $u_o \in U$ eine*

[4] Leonhard Euler, 1707 (Basel) – 1783 (St. Petersburg)
Joseph-Louis Lagrange, 1736 (Turin) – 1813 (Paris)

kompakte Umgebung $C \subset U$ mit der Eigenschaft, dass für jede nicht zu X geometrisch äquivalente Fläche $\tilde{X} : U \to \mathbb{E}^3$ mit $\tilde{X} = X$ auf $U \setminus C$ gilt:

$$\mathcal{A}(X|_C) < \mathcal{A}(\tilde{X}|_C) \tag{8.11}$$

Beweis: Wir dürfen ohne Einschränkung der Allgemeinheit annehmen, dass X ein Graph ist, also $X(u) = (u; f(u))$ für eine Funktion $f : U \to \mathbb{R}$ (vgl. Lemma 4.5.1). Nun können wir den ganzen Bereich $U \times \mathbb{R} \subset \mathbb{R}^3$ überdecken, indem wir X in e_3-Richtung verschieben zu $X^t = X + te_3$, $t \in \mathbb{R}$. Damit definieren wir einen Diffeomorphismus Φ von $W := U \times \mathbb{R}$ auf sich, nämlich $\Phi(u,t) = X^t(u) = (u; f(u) + t)$. Das Einheitsnormalenfeld ν von X wird zu einem Vektorfeld $\mathsf{n} : W \to \mathbb{R}^3$ fortgesetzt, das auf allen X^t senkrecht steht: Wir setzen $\mathsf{n}(X^t(u)) := \nu(u)$ für alle $(u;t) \in W$.

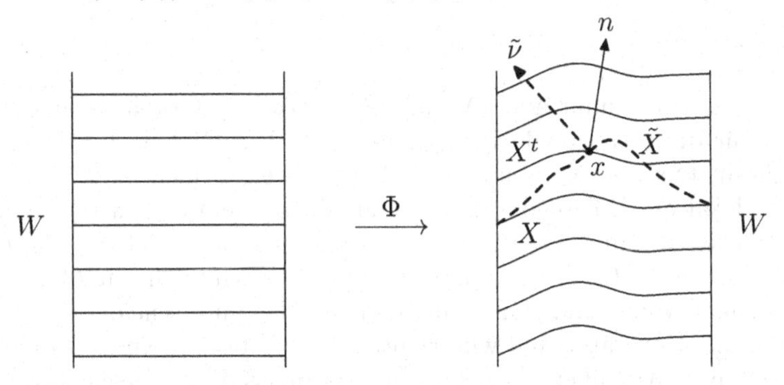

Durch Differentiation (man beachte $\partial X^t = \partial X$) folgt $\partial \mathsf{n}_x \partial X_u = \partial \nu_u$ mit $x := X^t(u)$ und damit $-\partial \mathsf{n}_x|_{T_u} = L_u$, vgl. (4.11). Nun berechnen wir die Spur von $\partial \mathsf{n}_x$ mit Hilfe einer Orthonormalbasis von T_u, ergänzt um den Normalenvektor $\mathsf{n}(x)$, und erhalten

$$\text{Spur } \partial \mathsf{n}_x = -\text{ Spur } L_u + \langle \partial \mathsf{n}_x.\mathsf{n}(x), \mathsf{n}(x)\rangle = 0, \tag{8.12}$$

denn Spur $L = H = 0$ und $\partial \mathsf{n}.w \perp n$ für alle $w \in \mathbb{R}^3$ wegen $\langle \mathsf{n}, \mathsf{n}\rangle = 1$. Damit ist n *divergenzfrei*, $\operatorname{div} \mathsf{n} = 0$.[5] Wir können U und damit auch W als *konvex* oder auch nur *sternförmig*[6] annehmen (allgemeiner: einfach zusammenhängend); dann ist jedes divergenzfreie Vektorfeld auf W eine *Rotation*: $\mathsf{n} = \operatorname{rot} w$ für ein anderes Vektorfeld $w : W \to \mathbb{R}^3$ (vgl. [14])

Wir wählen nun C als abgeschlossene Kreisscheibe $K_\epsilon(u_o) \subset U$. Ohne Einschränkung sei $U = B_{\epsilon'}(u_o)$ für ein $\epsilon' > \epsilon$. Für die konkurrierende Fläche $\tilde{X}$ nehmen wir zunächst $\tilde{X}(C) \subset W = U \times \mathbb{R}$ an. Es sei $c : [0, 2\pi] \to U$

[5] Für ein C^1-Vektorfeld $v : W \to \mathbb{R}^n$ auf einer offenen Teilmenge $W \subset \mathbb{R}^n$ ist die *Divergenz* die Spur der Ableitung: $\operatorname{div} v = \text{Spur } \partial v$.

[6] Eine Teilmenge $U \subset \mathbb{R}^n$ heißt *sternförmig*, bezüglich $u_o \in U$, wenn für jedes $x \in U$ die Strecke $[u, u_o] = \{tx + (1-t)x_o;\ 0 \le t \le 1\}$ ganz in U liegt. U ist *konvex*, wenn U sternförmig für *jedes* $u_o \in U$ ist.

die Parametrisierung der Kreislinie ∂C. Wenden wir zweimal den klassischen Satz von *Stokes* an (Satz A.1.2), so ergibt sich:

$$\begin{aligned}\mathcal{A}(X|_C) &= \int_C d\mathcal{A} = \int_C \langle \mathsf{n}, \mathsf{n}\rangle_X \, d\mathcal{A} = \int_C \langle (\operatorname{rot} w)_X, \nu\rangle \, d\mathcal{A} \\ &= \int_0^{2\pi} \langle w_{c(t)}, c'(t)\rangle \, dt \\ &= \int_C \langle (\operatorname{rot} w)_{\tilde{X}}, \tilde{\nu}\rangle \, d\mathcal{A} = \int_C \langle \mathsf{n}_X, \tilde{\nu}\rangle \, d\tilde{\mathcal{A}} \leq \mathcal{A}(\tilde{X}|_C),\end{aligned} \tag{8.13}$$

da $\tilde{\nu}, \mathsf{n}$ als Einheitsvektorfelder $\langle \tilde{\nu}, \mathsf{n}\rangle \leq 1$ erfüllen.

Gleichheit gilt in (8.13) genau dann, wenn längs $\tilde{X}$ überall $\langle \tilde{\nu}, \mathsf{n}\rangle = 1$ ist. Da $\tilde{\nu}$ und n beide Einheitsvektoren sind, müssen sie dann übereinstimmen:

$$\tilde{\nu}(u) = \mathsf{n}(\tilde{X}(u)). \tag{8.14}$$

Insbesondere kann damit auch $\tilde{X}$ zumindest lokal als Graph parametrisiert werden: Für die orthogonale Projektion $\pi : \mathbb{R}^3 \to \mathbb{R}^2$ hat $\phi = \pi \circ \tilde{X}$ die Ableitungsmatrix $\pi \cdot \partial X_u$, die invertierbar ist, weil e_3 nicht in T_u liegt. Damit ist ϕ lokal ein Diffeomorphismus und $\tilde{X} \circ \phi^{-1}$ ein Graph (vgl. Lemma 4.5.1). Denken wir uns $\tilde{X}$ also als Graph parametrisiert, $\tilde{X}(u) = (u, \tilde{f}(u))$. Ebenso ist $X(u) = (u, f(u))$. Dann zeigt (8.14) zusammen mit (4.28), dass die Gradienten von f und $\tilde{f}$ übereinstimmen. Also unterscheiden sich $\tilde{f}$ und f nur um eine Konstante und wir erhalten $\tilde{X} = X$ bis auf eine Verschiebung in e_3-Richtung. Weil aber $\tilde{X} = X$ auf $U \setminus C$, muss diese Verschiebung Null sein und es folgt $\tilde{X} = X$ auf ganz U.

Es bleibt der Fall zu behandeln, wo $\tilde{X}(C) \not\subset W$. Dann deformieren wir $\tilde{X}(C)$ in den Zylinder $W = U \times R$ mit $U = B_{\epsilon'}(u_o)$ hinein, wobei der Rand $\tilde{X}(\partial C)$ fest bleibt und der Flächeninhalt nicht größer werden darf. Das machen wir mit Hilfe eines kontrahierenden Diffeomorphismus $\tilde{\Phi}$, der den ganzen Raum $\mathbb{R}^3$ auf diesen Zylinder abbildet. Wir nehmen dazu o.E. $u_o = 0$ an und setzen $\tilde{\Phi}(u; z) = (\phi(u); z)$ für eine Abbildung $\phi : \mathbb{R}^2 \to \mathbb{R}^2$ von der Form $\phi(u) = f(|u|)\frac{u}{|u|}$; dabei ist $f : [0, \infty) \to \mathbb{R}$ eine C^∞-Funktion mit folgenden Eigenschaften:[7]

1. $f(r) = r$ für alle $r \in [0, \epsilon]$,
2. $f((\epsilon, \infty)) = (\epsilon, \epsilon')$ für ein $\epsilon' > \epsilon$,
3. $0 < f' \leq 1$.

[7] Man setze z.B. $f(r) = \int_0^r (1 - \mu(k(t - \epsilon)))^2 \, dt$ für eine genügend große Konstante k, wobei $\mu : \mathbb{R} \to \mathbb{R}$ die in Fußnote 3 auf S. 101 definierte Funktion mit $\mu(t) = 0$ für $t \leq 0$ und $\mu(t) = e^{-1/t}$ für $t > 0$ ist. Für $s \to \infty$ verhält sich $(1 - \mu(s))^2 = (1/s + O(1/s^2))^2$ wie $1/s^2$ und ist damit integrierbar.

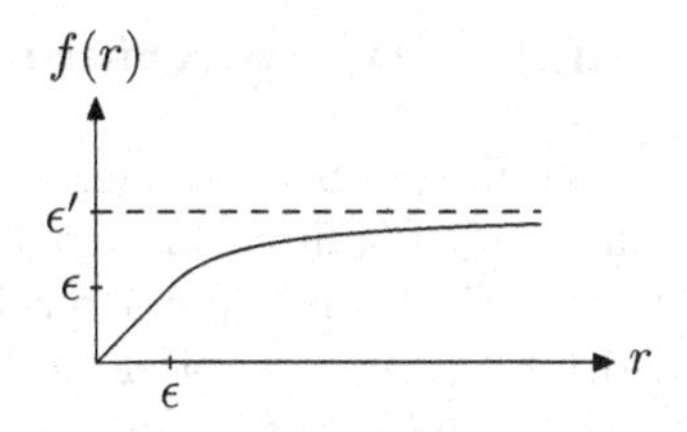

Die Abbildung ϕ ist die Identität auf $C = K_\epsilon(0)$ und bildet ganz $\mathbb{R}^2$ diffeomorph auf $U = B_{\epsilon'}(0)$ ab. Da $\phi(u) = \frac{f(r)}{r}u$ für $r := |u|$, ist $\nabla\frac{f(r)}{r} = (\frac{f(r)}{r})' \cdot \nabla r = (\frac{f'(r)}{r} - \frac{f(r)}{r^2}) \cdot \frac{u}{r}$ und damit

$$\partial\phi_u v = \left(\frac{f'(r)}{r} - \frac{f(r)}{r^2}\right)\left\langle\frac{u}{r}, v\right\rangle u + \frac{f(r)}{r}v = f'(r)\, v_\| + \frac{f(r)}{r}v_\perp \tag{8.15}$$

wobei $v = v_\| + v_\perp$ die Zerlegung in die zu u parallele Komponente $v_\| = \langle v, \frac{u}{|u|}\rangle \frac{u}{|u|}$ und die senkrechte Komponente $v_\perp \perp u$ ist. Da die Zahlen $f'(r)$ und $\frac{f(r)}{r}$ beide zwischen 0 und 1 liegen, gilt $|\partial\phi_u v| \leq |v|$ für alle v, und damit kann auch die Abbildung $\tilde{\Phi}(u; z) = (\phi(u); z)$, die $\mathbb{R}^3$ in W hineindeformiert, Längen und Flächeninhalte nicht vergrößern. Folglich ist der Flächeninhalt von $\Phi \circ \tilde{X}|_C$ nicht größer als der von $\tilde{X}|_C$, und die beiden Immersionen stimmen auf dem Rand ∂C (mit allen Ableitungen) überein. $\square$

Bemerkung: Der Beweis lässt sich auf minimale Hyperflächen in $\mathbb{E}^n$ übertragen, wenn wir *Differentialformen* benutzen (siehe Abschnitt A.1). Wir erhalten das divergenzfreie Vektorfeld n auf $W = U \times \mathbb{R}$ wie bisher und machen daraus eine $(n-1)$-Form α auf W, indem wir setzen: $\alpha_x(v_1, ..., v_{n-1}) = \det(v_1, ..., v_{n-1}, \mathsf{n}(x))$. Nun ist $d\alpha$ eine n-Form und damit ein Vielfaches der Determinante det, und dieses Vielfache ist die Divergenz: $d\alpha = (\operatorname{div} \mathsf{n}) \det = 0$ (vgl. (A.28)). Da W konvex angenommen werden kann, ist $d\alpha = 0$ äquivalent zu $\alpha = d\beta$ für eine $(n-2)$-Form β. Entscheidend ist die *Kalibrierungseigenschaft* von α für X: Man sagt, eine m-Form ω auf einer offenen konvexen Teilmenge $W \subset \mathbb{E}^n$ mit $d\omega = 0$ *kalibriert* eine m-dimensionale Immersion $X : U \to \mathbb{E}^n$ (wobei U eine offene Teilmenge von $\mathbb{R}^m$ ist), wenn für je m orthonormale Vektoren $v_1, ..., v_m \in \mathbb{E}^n$ und für jedes $x \in W$ gilt: $\omega_x(v_1, ..., v_m) \leq 1$ mit Gleichheit genau dann, wenn $(v_1, ..., v_m)$ eine orientierte Orthonormalbasis von T_u für ein $u \in U$ ist. In diesem Fall minimiert X den Flächeninhalt: Mit dem allgemeinen Satz von *Stokes* (Satz A.1.1) folgt nämlich:

$$\begin{aligned}\mathcal{A}(X|_C) &= \int_C X^*\alpha = \int_C d(X^*\beta) = \int_{\partial C} X^*\beta \\ &= \int_{\partial C} \tilde{X}^*\beta = \int_C \tilde{X}^*\alpha \leq \mathcal{A}(\tilde{X}|_C).\end{aligned} \tag{8.16}$$

8.3 Seifenhäute und mittlere Krümmung

Taucht man eine Drahtschlinge in Seifenlauge, so berandet die Schlinge beim Herausziehen eine dünne Seifenhaut kleinstmöglicher Oberfläche, also nach Satz 8.1.3 und 8.2.1 eine Fläche mit mittlerer Krümmung $H = 0$ (Minimalfläche); davon wird im nächsten Kapitel die Rede sein. Seifenhäute sind elastisch und haben (wie viele Grenzflächen)[8] das Bestreben, sich möglichst klein zusammenzuziehen.[9] Etwas anders ist die Situation bei *Seifenblasen*, die sich wegen des Luftdrucks in ihrem Inneren nicht beliebig stark zusammenziehen können. Das mathematische Modell hierfür ist eine Fläche, die ein Raumgebiet mit gegebenem Volumen (das Volumen der Luft in der Seifenblase) berandet und unter dieser Nebenbedingung kleinstmögliche Oberfläche besitzt.

Diese Eigenschaft lässt sich auch lokal formulieren. Gegeben sei eine Hyperfläche in $\mathbb{E}^n$, d.h. eine Immersion $X : U \to \mathbb{E}^n$, wobei U eine offene Teilmenge von $\mathbb{R}^m$ mit $m = n - 1$ ist. Lokal können wir X als „Deckel einer Dose" D darstellen: d.h. jede Stelle $u \in U$ besitzt eine kleine kompakte Umgebung $C \subset U$ mit der Eigenschaft, dass $X(C)$ Teil des Randes eines kompakten Raumgebiets D ist; wir werden D als *Dose* und $X(C)$ als *Deckel* von D bezeichnen; den übrigen Rand $\partial D \setminus X(C)$ nennen wir den *Boden* der Dose D. Zum Vergleich ziehen wir eine Variation $X^s : U \to \mathbb{E}^n$ von X heran, $-\epsilon < s < \epsilon$, mit $X^0 = X$ und $X^s = X$ auf $U \setminus C$. Dann ist $X^s(C)$ der Deckel einer anderen Dose D_s mit dem gleichen Boden wie D, $\partial D_s \setminus X^s(C) = \partial D \setminus X(C)$, und wir wählen die Variation X^s in der Weise, dass D_s dasselbe Volumen hat wie D. Solche Variationen von X wollen wir *Variationen mit konstantem Volumen* nennen.

Wenn bei allen Variationen X^s mit konstantem Volumen der Flächeninhalt von X stationär ist, $\delta\mathcal{A}(X^s|_C) = 0$, dann wollen wir X *minimal bei konstantem Volumen* nennen.

Nach möglicher Umparametrisierung von X^s dürfen wir (ähnlich wie in Lemma 8.1.1) annehmen, dass eine normale Variation der folgenden Form vorliegt:

$$X^s(u) = X(u) + \tau_s(u)\nu(u) \tag{8.17}$$

für eine Funktion $\tau : (-\epsilon, \epsilon) \times U \to \mathbb{R}$, $\tau(s, u) = \tau_s(u)$ mit $\tau_0 = 0$ und $\tau_s = 0$ auf $U \setminus C$. Hierbei ist ν das Einheitsnormalenfeld auf X. Das Variationsvektorfeld ist dann

---

[8] http://iva.uni-ulm.de/PHYSIK/VORLESUNG/fluidemedien/node42.html

[9] Besser als Seife sind Stoffe, die aushärten, z.B. Tauchlack; die damit erzeugten Minimalflächen können dauerhaft gemacht werden. Eine von J. Neukirch und E.-M. Strobel geschaffene Sammlung von Minimalflächen befindet sich am Mathematischen Institut der Universität Regensburg

$$\delta X^s = f \cdot \nu, \quad f = \langle \delta X^s, \nu \rangle = \delta \tau. \tag{8.18}$$

Außerdem können wir D so wählen, dass der gemeinsame Boden von D und D_s glatt ist und die Normalen von X transversal schneidet, also

$$D_s = \{X(u) + t\nu(u);\ u \in C,\ b(u) \le t \le \tau_s(u)\} \tag{8.19}$$

für eine stetige Funktion $b : C \to \mathbb{R}_-$ mit $b = 0$ auf ∂C.

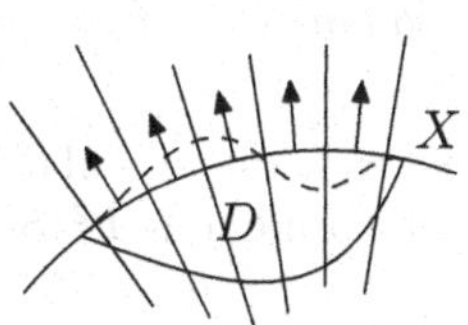

Lemma 8.3.1. *Für jede normale Variation* (8.17) *von* X *ist die Variation des Volumens* $\mathcal{V}(s) = Vol(D_s)$ *gegeben durch*

$$\delta \mathcal{V} = \int f \, d\mathcal{A} \tag{8.20}$$

mit $f = \langle \delta X, \nu \rangle = \delta \tau$ *und* $d\mathcal{A} = \sqrt{\det g(u)}\, du$*; dabei ist* $g = (g_{ij}) = (\langle \partial_i X, \partial_j X \rangle)$ *die erste Fundamentalform von* X.

Beweis: Die Abbildung $\hat{X} : U \times \mathbb{R} \to \mathbb{E}^n$,

$$\hat{X}(u,t) = X(u) + t\nu(u), \tag{8.21}$$

ist in einer Umgebung von $U \times \{0\} \subset U \times \mathbb{R}$ ein Diffeomorphismus, und

$$D_s = \{\hat{X}(u,t);\ u \in C,\ t \in [b(u), \tau_s(u)]\}.$$

Mit dem Transformationssatz folgt daher

$$\mathcal{V}(s) = \mathrm{Vol}(D_s) = \int_C \int_{b(u)}^{\tau_s(u)} |\det \partial \hat{X}_{(u,t)}| \, dt \, du. \tag{8.22}$$

Die Differentiation nach s vertauscht mit dem äußeren Integral. Die Variation des inneren Integrals ist im Wesentlichen (bis auf die innere Ableitung $\frac{\partial \tau}{\partial s}$) die Ableitung nach der oberen Grenze, also der Integrand:

$$\frac{d}{ds} \int_{b(u)}^{\tau_s(u)} |\det \partial \hat{X}_{(u,t)}| \, dt = \frac{\partial \tau_s(u)}{\partial s} |\det \partial \hat{X}_{(u,\tau_s(u))}|. \tag{8.23}$$

Bei $s = 0$ ist $\tau_s = 0$ und aus (8.21) ergibt sich $\partial \hat{X}_{(.,0)} = (\partial_1 X, \dots, \partial_m X, \nu)$. Da $\nu \perp \partial_j X$, folgt mit den Determinantenformeln (3.18) und (3.19):

$$|\det \partial \hat{X}_{(.,0)}| = |\det \partial X| = \sqrt{\det g}.$$

Mit $f = \delta \tau$ erhalten wir also aus (8.22) und (8.23):

$$\delta \mathcal{V} = \int_C f(u) \cdot \sqrt{\det g(u)} \, du = \int_C f \, d\mathcal{A}. \qquad \square$$

Lemma 8.3.2. *Folgende Aussagen sind äquivalent:*

(a) $\delta\mathcal{A} = 0$ *für alle normalen Variationen* X^s *mit* $\mathcal{V}(X^s) = const$,
(b) *es gibt eine Konstante* $\lambda \in \mathbb{R}$ *mit*

$$\delta\left(\mathcal{A}(X^s) + \lambda\mathcal{V}(X^s)\right) = 0 \tag{8.24}$$

für alle normalen Variationen X^s *von* X *(ohne Volumenbedingung).*[10]

Beweis: Für das Argument ist es bequem, auf dem Raum $C^\infty(C)$ der beliebig oft differenzierbaren Funktionen auf C das L^2*-Skalarprodukt* $\langle\ |\ \rangle$ einzuführen:

$$\langle f|h\rangle := \int_C f(u)h(u)\sqrt{\det g(u)}\,du = \int_C f h\,d\mathcal{A} \tag{8.25}$$

für $f, h \in C^\infty(C)$. Mit dieser Bezeichung gilt nach (8.10) und (8.20)

$$\delta\mathcal{A} = -\langle f|mH\rangle, \quad \delta\mathcal{V} = \langle f|1\rangle \tag{8.26}$$

wobei $1 \in C^\infty(C)$ die Konstante Eins bezeichnet.

Wenn (b) vorausgesetzt ist und X^s eine normale Variation mit $\mathcal{V}(X) = const$ ist, dann folgt $\delta\mathcal{V}(X) = 0$ und damit $\delta\mathcal{A}(X) = 0$ aus (8.24).

Wenn (a) vorausgesetzt ist und X^s eine beliebige normale Variation von X ist, setzen wir $f = \langle\delta X, \nu\rangle$ und $\tilde{f} := f - \mu$ mit $\mu = \langle f|1\rangle h = \delta\mathcal{V}(X)h$ für eine beliebige Funktion h auf U mit Träger in C (d.h. $h = 0$ auf $U \setminus C$) und mit $\langle h|1\rangle = 1$. Dann erhalten wir $\langle\tilde{f}|1\rangle = 0$ und mit (8.26)

$$-\delta\mathcal{A}(X) = \langle f|mH\rangle = \langle\tilde{f} + \mu|mH\rangle = -\delta\mathcal{A}(X) + \delta\mathcal{V}(X)/\langle h|mH\rangle. \tag{8.27}$$

Das nachfolgende Lemma 8.3.3 zeigt, dass es zu $\tilde{f}$ eine normale Variation $\tilde{X}^s$ von X mit konstantem Volumen gibt mit $\tilde{f} = \langle\delta\tilde{X}^s, \nu\rangle$. Mit (a) folgt dann $\langle\tilde{f}|mH\rangle = -\delta\mathcal{A}(\tilde{X}^s) = 0$, und aus (8.27) ergibt sich (8.24) mit $\lambda = -1/\langle h|mH\rangle$. □

Lemma 8.3.3. *Ist* $f : U \to \mathbb{R}$ *eine* C^2*-Funktion mit* $f = 0$ *auf* $U \setminus C$ *und* $\int_C f\,d\mathcal{A} = 0$, *dann gibt es eine normale Variation* X^s *der Form* (8.17) *mit* $f = \langle\delta X, \nu\rangle = \delta\tau$ *und* $\mathcal{V}(s) = const$.

Beweis: Wir haben bereits gesehen:

$$\mathcal{V}(s) = \mathrm{Vol}(D_s) = \int_C \int_{b(u)}^{\tau_s(u)} |\det\partial\hat{X}_{(u,t)}|\,dt\,du \tag{8.22}$$

[10] Die Konstante λ heißt *Lagrange-Multiplikator*. Die Aussage entspricht der Kennzeichnung von Extrema mit Nebenbedingung, allerdings ist hier der Raum der Funktionen, auf dem ein Extremum gesucht wird, unendlich dimensional.

mit $\hat{X}(u,t) = X(u) + t\nu(u)$. Wir wollen τ so konstruieren, dass $\mathcal{V}(s)$ konstant wird. Die Ableitung $\frac{d\mathcal{V}(s)}{ds} = 0$ haben wir bereits in (8.23) berechnet:

$$\frac{d}{ds}\int_{b(u)}^{\tau_s(u)} |\det \partial\hat{X}_{(u,t)}|\, dt = \frac{\partial\tau_s(u)}{\partial s}\, |\det \partial\hat{X}_{(u,\tau_s(u))}|.$$

Wir setzen $k(u,t) := |\det \partial\hat{X}_{(u,t)}|/\sqrt{\det g(u)}$, dann wird die vorige Gleichung zu

$$\frac{d}{ds}\int_{b(u)}^{\tau_s(u)} |\det \partial\hat{X}_{(u,t)}|\, dt = \frac{\partial\tau(s,u)}{\partial s}\, k(u,\tau(s,u))\sqrt{\det g(u)}. \tag{8.28}$$

Für jedes feste $u \in U$ sei $\tau(s,u)$ die Lösung der Differentialgleichung

$$\frac{\partial}{\partial s}\tau(s,u) = \frac{f(u)}{k(u,\tau(s,u))} \tag{8.29}$$

mit der Anfangsbedingung $\tau(0,u) = 0$, vgl. Satz B.1.1. Mit (8.22) und (8.28) folgt

$$\frac{d\mathcal{V}(s)}{ds} = \int_C f\, d\mathcal{A} = 0,$$

□

und $\delta\tau(u) \overset{8.29}{=} \frac{\partial}{\partial s}\tau(s,u)\big|_{s=0} = f(u)$, da $k(u,\tau(0,u))) = k(u,0) = 1$.

Satz 8.3.1. *Die Hyperfläche $X : U \to \mathbb{E}$ ist minimal bei konstantem Volumen genau dann, wenn die mittlere Krümmung H von X konstant ist.*

Beweis: Nach Lemma 8.3.2 ist X minimal bei konstantem Volumen genau dann, wenn für alle normalen Variationen X^s von X gilt:

$$\delta(\mathcal{A}(X^s) + \lambda\, \mathcal{V}(X^s)) = 0. \tag{8.30}$$

Für die weitgehend beliebige Funkton $f = \langle \delta X^s, \nu\rangle$ gilt also $\langle f \,|\, mH - \lambda\rangle = 0$ und damit $mH - \lambda = 0$, also $H = \lambda/m = const$. Umgekehrt, wenn $H = const$, dann ist $\delta\mathcal{A} + mH\,\delta\mathcal{V} = 0$ nach (8.26) und damit ist X minimal mit konstanten Volumen nach Lemma 8.3.2. □

Die einfachsten Flächen mit konstanter mittlerer Krümmung sind Kugelflächen. In der Tat haben Seifenblasen stets Kugelgestalt; wir werden im Satz 10.2.3 sehen, woran das liegt (Satz von Alexandrov). Man stelle sich aber zwei aneinandergrenzende Kammern K_1 und K_2 vor mit einem Durchlass, dessen Rand nicht eben ist. Spannt man nun in den Durchlass eine Seifenhaut S ein und erhöht den Druck in einer der Kammern, etwa in K_1, dann erhält man (je nach Wahl des Randes) ein beliebiges Flächenstück mit konstanter mittlerer Krümmung.

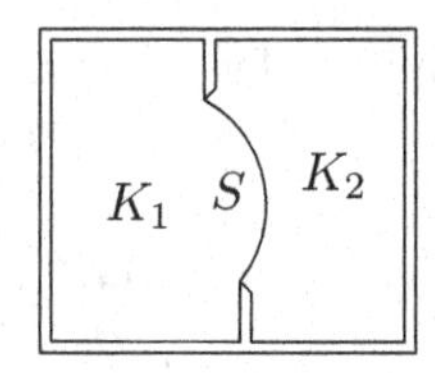

Geschlossene Flächen mit konstanter mittlerer Krümmung, die keine Kugelflächen sind, kennt man erst seit den 1980'er Jahren; nach dem schon erwähnten Satz von Alexandrov müssen sie notwendig Selbstschnitte haben. Die ersten solchen Flächen wurden von H. Wente konstruiert, und U. Abresch fand dann eine explizitere geometrische Beschreibung, die auch eine graphische Darstellung ermöglichte.[11]

8.4 Konforme Parameter und komplexe Zahlen

Wir wollen uns in diesem Kapitel von jetzt an auf den Fall $m = 2$, also auf *Flächen* einschränken. Gegeben sei also eine Immersion $X : U \to \mathbb{E}$, wobei U eine offene Teilmenge von $\mathbb{R}^2 = \mathbb{C}$ ist. Wir erinnern uns, dass die Wahl der Parametrisierung keine geometrische Bedeutung hat und jederzeit durch einen *Parameterwechsel* abgeändert werden kann. Bereits bei Kurven ($m = 1$) hatten wir aber eine Familie von Parametrisierungen gefunden, die die Geometrie besonders klar und einfach wiederspiegeln, nämlich die *Bogenlängen-Parameter.* Ähnliches gilt auch für Flächen ($m = 2$). Allerdings können wir bei Flächen im Allgemeinen keine Parametrisierung erwarten, die *isometrisch* ist, also die Bogenlängen aller Kurven in U erhält.[12] Was wir dagegen immer finden, sind *konforme* oder *winkeltreue* Parametrisierungen; sie werden aus historischen Gründen auch *isotherme Parametrisierungen*[13] genannt: Eine Fläche $X : U \to \mathbb{E}$ heißt *konform* oder *isotherm* parametrisiert, wenn (g_{ij}) überall ein Vielfaches der Einheitsmatrix ist, d.h.

---

[11] H. Wente, Counterexample to a conjecture of H. Hopf, Pacific J. Math. 121(1986), 193–243,
U. Abresch: Constant mean curvature tori in terms of elliptic functions, J. Reine Angew. Math. 374(1987), 169–192

[12] Ein krummes Flächenstück, z.B. ein Stück Eierschale, lässt sich im Allgemeinen nicht „plätten“, d.h. zu einem ebenen Flächenstück verbiegen; das verhindert die Kümmung (vgl. Kapitel 11, besonders Abschnitt 11.4)

[13] Der Name „*isotherm*“ stammt vermutlich von dem Mathematiker und Physiker Gabriel Lamé (1795 Tours – 1870 Paris), der um 1832 Niveauflächen von harmonischen Funktionen auf $\mathbb{E}^3$ studierte; da die Wärmeverteilung in einem räumlichen Gebiet im thermischen Gleichgewicht durch eine solche Funktion beschrieben wird, sind deren Niveauflächen die Orte gleicher Temperatur (Isothermen). In einem Spezialfall dieser Situation bilden die *Krümmungslinien* der Niveauflächen ein konformes Parameterliniennetz; Flächen mit dieser speziellen Eigenschaft nennt man bis heute *isotherme Flächen.* Davon abgeleitet wurden konforme Parametrisierungen auf beliebigen Flächen isotherm genannt.

$$g_{12} = 0, \quad g_{11} = g_{22} = \lambda^2, \tag{8.31}$$

wobei $\lambda : U \to (0, \infty)$ eine C^1-Funktion ist, die wir den *konformen Faktor* nennen.

Der Begriff lässt sich natürlich auf Immersionen beliebiger Dimension m übertragen ($g_{ij} = 0$ für $i \neq j$ und $g_{ii} = \lambda^2$ für $i = 1, ..., m$), aber nur für $m = 2$ lässt sich jede Immersion durch Parameterwechsel konform machen: *Jede Fläche besitzt lokal eine konforme Parametrisierung*, siehe z.B. [25]. In Abschnitt 8.6 werden wir diesen Satz für Mimimalflächen beweisen.

Die Formulierung der Flächentheorie bei konformer Parametrisierung wird besonders einfach, wenn wir die *komplexe* Schreibweise benutzen. Die Parameter in $U \subset \mathbb{C}$ nennen wir dann nicht mehr $u = (u^1, u^2)$, sondern $z = (u, v) = u + iv$. Für eine C^1-Funktion F auf U führen wir die folgenden komplexen Linearkombinationen der partiellen Ableitungen F_u und F_v ein, die auch als *Wirtingerableitungen*[14] bezeichnet werden:

$$F_z = \partial_z F = \frac{1}{2}(F_u - iF_v), \quad F_{\bar{z}} = \partial_{\bar{z}} F = \frac{1}{2}(F_u + iF_v). \tag{8.32}$$

Die folgenden beiden Hilfssätze zeigen ihren Gebrauch:

Lemma 8.4.1. *$F : U \to \mathbb{C}$ ist holomorph genau dann, wenn $F_{\bar{z}} = 0$. In diesem Fall ist $F_z = F'$ die komplexe Ableitung.*

Beweis: Wie wir wissen, ist $F = G + iH$ genau dann holomorph, wenn die Cauchy-Riemannschen Differentialgleichungen erfüllt sind (vgl. (7.15)): $G_u = H_v$, $G_v = -H_u$. Diese kann man zu der komplexen Gleichung

$$(G + iH)_u = -i(G + iH)_v \tag{8.33}$$

zusammenfassen, d.h. zu der Gleichung $F_u = -iF_v$ oder $F_{\bar{z}} = \frac{1}{2}(F_u + iF_v) = 0$. In (7.14) sahen wir bereits die Beziehung zwischen der Jacobimatrix ∂F und der komplexen Ableitung F': Wenn $\partial F = \begin{pmatrix} G_u & G_v \\ H_u & H_v \end{pmatrix} = \begin{pmatrix} a & -b \\ b & a \end{pmatrix}$ mit $a = G_u = H_v$ und $b = H_u = -G_v$, dann ist $F' = a + ib = G_u + iH_u = F_u$ und andererseits $F' = a + ib = H_v - iG_v = -iF_v$, daher gilt auch $F' = \frac{1}{2}(F_u - iF_v) = F_z$. □

Lemma 8.4.2. *Für jede C^2-Funktion F auf U ist*

$$F_{z\bar{z}} = F_{\bar{z}z} = \frac{1}{4}\Delta F, \tag{8.34}$$

wobei $\Delta F := F_{uu} + F_{vv}$ (Laplace-Operator).

---

[14] Wilhelm Wirtinger, 1865–1945 (Ybbs, Niederösterreich)

Beweis: $F_{z\bar{z}} = \partial_{\bar{z}}\partial_z F = \frac{1}{4}(\partial_u + i\partial_v)(\partial_u - i\partial_v)F = \frac{1}{4}(\partial_u\partial_u + \partial_v\partial_v)F = \frac{1}{4}\Delta F$. □

Wenn F nach $\mathbb{R}^n$ oder $\mathbb{C}^n$ statt nach $\mathbb{R}$ oder $\mathbb{C}$ abbildet, so lassen sich die beiden voranstehenden Aussagen auf die Komponenten von F anwenden und daher auf F übertragen; in diesem Fall haben F_z und $F_{\bar{z}}$ Werte in $\mathbb{C}^n$. Wir erweitern das Skalarprodukt, das den kartesischen Raum $\mathbb{R}^n$ zum euklidischen Raum $\mathbb{E}$ macht, komplex bilinear auf $\mathbb{C}^n$ und setzen

$$\langle a, b \rangle = \sum_i a_i b_i \tag{8.35}$$

für alle $a = (a_1, ..., a_n)$ und $b = (b_1, ..., b_n)$ in $\mathbb{C}^n$. [15] Anders als im reellen Fall gibt es Vektoren $w \in \mathbb{C}^n \setminus \{0\}$ mit

$$\langle w, w \rangle = 0; \tag{8.36}$$

solche Vektoren heißen *isotrop.* Zerlegt man w wieder in Real- und Imaginärteil, also $w = x+iy$ mit $x, y \in \mathbb{R}^n$, so ist $\langle w, w \rangle = \langle x, x \rangle - \langle y, y \rangle + 2i\langle x, y \rangle$, und (8.36) ist daher äquivalent zu

$$|x| = |y|, \quad x \perp y. \tag{8.37}$$

Lemma 8.4.3. *Eine Fläche* $X : U \to \mathbb{E}$ *ist genau dann konform parametrisiert, wenn* X_z *isotrop ist, also* $\langle X_z, X_z \rangle = 0$. *Der konforme Faktor ist dabei*

$$\lambda^2 = 2\langle X_z, \overline{X_z} \rangle. \tag{8.38}$$

Beweis: Die Fläche X ist genau dann konform parametrisiert, wenn $\langle X_u, X_v \rangle = 0$ und $\langle X_u, X_u \rangle = \langle X_v, X_v \rangle$, d.h. wenn $2X_z = X_u - iX_v$ ein isotroper Vektor ist (vgl. (8.31), (8.37) und (8.36)). Gleichung (8.38) folgt mit

$$4\langle X_z, \overline{X_z} \rangle = \langle X_u - iX_v, X_u + iX_v \rangle = |X_u|^2 + |X_v|^2 = 2\lambda^2.$$ □

Satz 8.4.1. *Für eine konform parametrisierte Fläche* $X : U \to \mathbb{E}^3$ *gilt*

$$\Delta X = 2\lambda^2 H \nu, \tag{8.39}$$

wobei λ *der konforme Faktor,* H *die mittlere Krümmung und* ν *die Gaußsche Einheitsnormale ist.* [16]

[15] Dieses bilineare Skalarprodukt darf man nicht mit dem häufiger benutzten sesquilinearen und positiv definiten *Hermiteschen* Skalarprodukt $(a, b) = a^* b = \sum_i \overline{a_i} b_i = \langle \bar{a}, b \rangle$ verwechseln, benannt nach Charles Hermite, 1822 (Dieuze, Frankreich) – 1901 (Paris).

[16] Im Unterschied zu Satz 6.4.2 wird hier der gewöhnliche Laplaceoperator auf $\mathbb{R}^2 = \mathbb{C}$ verwandt; die Aussage gilt nur für konforme Parametrisierungen, während Satz 6.4.2 von der Wahl der Parametrisierung unabhängig ist.

Beweis: Wir zeigen zunächst, dass $\Delta X(z)$ senkrecht auf dem Tangentialraum T_z steht. Durch Ableiten von $\langle X_z, X_z\rangle = 0$ folgt $0 = \langle X_z, X_z\rangle_{\bar z} = 2\langle X_{z\bar z}, X_z\rangle = 2\langle \frac{1}{4}\Delta X, \frac{1}{2}(X_u - iX_v)\rangle = \frac{1}{4}(\langle \Delta X, X_u\rangle - i\langle \Delta X, X_v\rangle)$. Diese Gleichung können wir in Real- und Imaginärteil zerlegen. Da ΔX ein reeller Vektor ist, folgt $\langle \Delta X, X_u\rangle = 0$ und $\langle \Delta X, X_v\rangle = 0$, und somit ist ΔX ein Normalenvektor, d.h. ein Vielfaches von ν. Dieses Vielfache berechnen wir aus dem Skalarprodukt mit ν:

$$\langle \Delta X, \nu\rangle = \langle X_{uu} + X_{vv}, \nu\rangle = \langle X_u, LX_u\rangle + \langle X_v, LX_v\rangle,$$

wobei $L_z : T_z \to T_z$ die *Weingartenabbildung* von X im Punkt z ist. Wegen der Konformität (vgl. (8.31)) bilden $b_1 = X_u/\lambda$ und $b_2 = X_v/\lambda$ an jeder Stelle $z \in U$ eine Orthonormalbasis von T_z und wir erhalten

$$\frac{1}{\lambda^2}\langle \Delta X, \nu\rangle = \langle b_1, Lb_1\rangle + \langle b_2, Lb_2\rangle = \text{Spur } L = 2H. \qquad \square$$

Bemerkung: Dieser Beweis verwendet nichts von Kapitel 6. Die Aussage würde natürlich auch aus Satz 6.4.2 folgen, ist aber viel einfacher zu beweisen als dieser; allerdings brauchen wir die Existenz konformer Parameter.

Satz 8.4.2. *Eine Fläche $X : U \to \mathbb{E}^3$ ist eine konform parametrisierte Minimalfläche genau dann, wenn $X_z : U \to \mathbb{C}^3 \setminus \{0\}$ holomorph und isotrop ist, d.h.*

$$X_{z\bar z} = 0, \quad \langle X_z, X_z\rangle = 0. \tag{8.40}$$

Beweis: $X_z = \frac{1}{2}(X_u - iX_v) \neq 0$, da $X_u, X_v \neq 0$. Nach den vorangegangenen Hilfssätzen 8.4.3, 8.4.1, 8.4.2, 8.4.1 ist X_z *isotrop* (d.h. $\langle X_z, X_z\rangle = 0$) genau dann, wenn X konform ist, und X_z ist *holomorph* (d.h. $X_{z\bar z} = 0$) genau dann, wenn $H = 0$ gilt, d.h. X minimal ist. □

Wir haben damit eine genaue Kennzeichnung von X_z für eine konform parametrierte Minimalfläche X. Wir wollen jetzt zeigen, dass wir X recht einfach aus X_z zurückgewinnen können. Dazu benötigen wir nur den Begriff der *Stammfunktion* einer komplex differenzierbaren Funktion, der wie im Reellen definiert ist: Eine *Stammfunktion* einer holomorphen Funktion $f : U \to \mathbb{C}$ ist eine holomorphe Funktion $F : U \to \mathbb{C}$ mit

$$F' = f. \tag{8.41}$$

Die Funktion F wird häufig auch mit $\int f$ bezeichnet. Sie ist bis auf eine additive Konstante eindeutig bestimmt: Sind F und $\tilde F$ zwei Stammfunktionen von f, so ist $(F - \tilde F)_z = (F - \tilde F)' = f - f = 0$ und $(F - \tilde F)_{\bar z} = 0$ wegen der Holomorphie; damit verschwinden alle partiellen Ableitungen von $F - \tilde F$ und somit ist $F - \tilde F = const.$ Da die komplexen Ableitungen von Polynomen und Potenzreihen wie die reellen gebildet werden (die Ableitung von z^k ist kz^{k-1}), gilt dasselbe auch für die Stammfunktionen: Sie lassen sich weitgehend wie im Reellen berechnen.[17] Das bleibt auch für $\mathbb{C}^n$-wertige Funktionen f richtig; deren Stammfunktionen werden einfach komponentenweise berechnet.

Lemma 8.4.4. *Es sei X eine konform parametrisierte Minimalfläche, $Y = 2X_z$ und $\int Y$ eine Stammfunktion der holomorphen Funktion Y. Dann ist X bis auf eine Translation der Realteil von $\int Y$, d.h. $X - \mathrm{Re}(\int Y)$ ist ein konstanter Vektor.*

Beweis: Da $\int Y$ holomorph ist, gilt $(\int Y)_z = (\int Y)' = Y$ und $(\int Y)_{\bar z} = 0$, und damit auch $(\overline{\int Y})_z = 0$, denn $\overline{(\int Y)}_z$ ist das komplex Konjugierte zu $(\int Y)_{\bar z}$. Daher ist

$$\left(X - \mathrm{Re}(\textstyle\int Y)\right)_z = X_z - \tfrac{1}{2}(\textstyle\int Y + \overline{\int Y})_z = X_z - \tfrac{1}{2}Y = X_z - X_z = 0.$$

Da $X - \mathrm{Re}(\int Y)$ reell ist, folgt aus $(X - \mathrm{Re}(\int Y))_z = 0$ durch komplexe Konjugation auch $(X - \mathrm{Re}(\int Y))_{\bar z} = 0$. Damit verschwinden beide partiellen Ableitungen von $X - \mathrm{Re}(\int Y)$, also ist diese Abbildung konstant. □

Wir können das Ergebnis dieses Abschnittes in dem folgenden Satz zusammenfassen:

Satz 8.4.3. *Die konformen Minimalflächen $X : U \to \mathbb{E}^3$ stehen (bis auf eine Translation) in umkehrbar eindeutiger Beziehung zu den holomorphen isotropen Abbildungen $Y : U \to \mathbb{C}^3 \setminus \{0\}$; dabei gilt*

$$Y = 2X_z, \quad X = \mathrm{Re}\left(\int Y\right). \tag{8.42}$$

Ist $Y : U \to \mathbb{C}^3$ holomorph und isotrop, so gilt dasselbe für das konstante Vielfache[18] $Y_\theta = e^{i\theta}Y$ mit $\theta \in [0, 2\pi]$. Aus einer Minimalfläche X erhalten wir daher eine ganze Schar von Minimalflächen X_θ, nämlich

$$X_\theta = \mathrm{Re}\left(\int Y_\theta\right) = \mathrm{Re}\left(e^{i\theta}\int Y\right). \tag{8.43}$$

Sie wird die zu X *assoziierte Familie* genannt. Alle diese Flächen X_θ haben nach Lemma 8.4.3 denselben konformen Faktor und sind daher zueinander isometrisch, denn $\langle (X_\theta)_z, \overline{(X_\theta)_z}\rangle = \langle e^{i\theta}Y, \overline{e^{i\theta}Y}\rangle = \langle Y, \overline{Y}\rangle$. Wegen $e^{i\pi} = -1$

[17] Nur bei der Funktion $f(z) = 1/z$ muss man aufpassen: Die Stammfunktion ist wie im Reellen der Logarithmus, aber für $z = r \cdot e^{i\phi}$ ist $\log z = \log r + i\phi$ und leider ist der Winkel ϕ nur bis auf ein Vielfaches von 2π bestimmt. Man hilft sich durch Einschränkung des Winkelbereiches (z.B. $\phi \in (-\pi, \pi)$), was oft eine Verkleinerung des Definitionsbereichs U nötig macht. Diese Schwierigkeiten entfallen, wenn U einfach zusammenhängend (z.B. konvex) ist.

[18] Natürlich dürfen wir Y mit einer beliebigen Konstanten $c = re^{i\theta} \in \mathbb{C}^*$ multiplizieren, aber der reelle Faktor r bewirkt nur eine zentrische Streckung der Fläche X.

ist $X_\pi = -X$ und allgemeiner $X_{\theta+\pi} = -X_\theta$. Der Fall $\theta = \pi/2$ ist besonders ausgezeichnet, da $e^{i\pi/2} = i$; man nennt

$$X^* = X_{\pi/2} = -\operatorname{Im}(\int Y) \tag{8.44}$$

auch die zu X *konjugierte Minimalfläche.* Alle X_θ lassen sich aus X und X^* zusammensetzen:

$$X_\theta = \operatorname{Re}\left((\cos\theta + i\sin\theta)\int Y\right) = (\cos\theta)X + (\sin\theta)X^*. \tag{8.45}$$

8.5 Die Weierstraß-Darstellung

Wie wir im vorigen Abschnitt gesehen haben, werden Minimalflächen in $\mathbb{E}^3$ durch holomorphe isotrope Abbildungen $Y = (Y^1, Y^2, Y^3) : U \to \mathbb{C}^3 \setminus \{0\}$ gegeben. Diese Abbildungen lassen sich explizit angeben: Zwischen den drei Komponentenfunktionen besteht ja die Gleichung

$$0 = \langle Y, Y\rangle = (Y^1)^2 + (Y^2)^2 + (Y^3)^2 = Y^+Y^- + (Y^3)^2 \tag{8.46}$$

mit

$$Y^\pm = Y^1 \pm iY^2. \tag{8.47}$$

Mit (8.46) können wir also eine der drei Variablen, z.B. Y^+, durch die beiden anderen ausdrücken: $Y^+ = -(Y^3)^2/Y^-$. Setzen wir

$$h = Y^3, \quad g = Y^3/Y^-, \tag{8.48}$$

so erhalten wir

$$Y^+ = -hg, \quad Y^- = h/g, \quad Y^3 = h \tag{8.49}$$

und wegen $Y^+ + Y^- = 2Y^1$ und $Y^+ - Y^- = 2iY^2$ ergibt sich

$$Y^1 = h\cdot\frac{1}{2}(-g + \frac{1}{g}), \quad Y^2 = -h\cdot\frac{1}{2i}(g + \frac{1}{g}), \quad Y^3 = h. \tag{8.50}$$

Dies ist die *Weierstraß-Darstellung*[19] einer Minimalfläche. Dabei ist h holomorph, und g ist Quotient zweier holomorpher Funktionen, d.h. eine *meromorphe Funktion.*[20] Geben wir umgekehrt eine holomorphe Funktion h und eine meromorphe Funktion g auf U beliebig vor, so erhalten wir mit (8.50) und Satz 8.4.3 eine konform parametrisierte Minimalfläche. Wir müssen bei der Wahl von g und h nur darauf achten, dass die Komponenten von Y keine Polstellen und keine gemeinsamen Nullstellen besitzen. Wir haben damit gezeigt:

[19] Karl Theodor Wilhelm Weierstraß, 1815 (Ostenfelde) – 1897 (Berlin).

[20] Quotienten holomorpher Funktionen heißen *meromorph.* Nullstellen des Nenners meromorpher Funktionen nennt man *Polstellen* und ordnet ihnen den Funktionswert ∞ zu, wenn nicht auch der Zähler an dieser Stelle eine Nullstelle derselben oder höherer Ordnung besitzt und die Polstelle damit aufhebt.

Satz 8.5.1. *Jede konform parametrisierte Minimalfläche $X : U \to \mathbb{R}^3$ ist von der Gestalt $X = \mathrm{Re} \int Y$ mit*

$$Y = h \cdot \left(\frac{1}{2}(\frac{1}{g} - g), -\frac{1}{2i}(\frac{1}{g} + g), 1 \right). \tag{8.51}$$

wobei $h : U \to \mathbb{C}$ holomorph und $g : U \to \mathbb{C} \cup \{\infty\}$ meromorph ist; dabei sind g und h so zu wählen, dass die Komponenten von Y gemäß (8.50) *keine Polstellen und keine gemeinsamen Nullstellen besitzen. Von dieser Einschränkung abgesehen sind g und h beliebig. Für die assoziierten Minimalflächen $X_\theta = \mathrm{Re}\, e^{i\theta} \int Y$ ist $g_\theta = g$ und $h_\theta = e^{i\theta} h$.*[21] □

Die holomorphe Funktion $h = Y^3$ in der Weierstraß-Darstellung hat eine offensichtliche geometrische Bedeutung: Re $\int h$ ist die x^3-Kompontente (*Höhe*) des Punktes $X(z)$. Eine geometrische Bedeutung hat aber auch die meromorphe Funktion g; sie hängt eng mit der *Gaußabbildung* ν von X zusammen. Die Verbindung wird durch die *stereographische Projektion* $\Phi : \mathbb{C} \to \mathbb{S}^2 \subset \mathbb{C} \times \mathbb{R}$ hergestellt (vgl. Abschnitt 7.5):

$$\Phi(z) = \frac{1}{|z|^2 + 1}(2z;\, |z|^2 - 1). \tag{8.52}$$

Satz 8.5.2. *Für die Gaußabbildung ν einer Minimalfläche X gilt:*

$$\nu = \Phi \circ g. \tag{8.53}$$

Insbesondere ist die Gaußabbildung aller assoziierten Flächen X_θ dieselbe, d.h. unter der Deformation X_θ bleibt jede Tangentialebene T_u ungeändert.

Beweis: Wir müssen zeigen, dass $\Phi(g(z))$ ein Normalenvektor ist, also auf den Tangentenvektoren $X_u(z)$ und $X_v(z)$ senkrecht steht. Da $2X_z = X_u - iX_v$, müssen wir dazu nur beweisen, dass das Skalarprodukt von $2X_z = Y$ mit $\Phi(g)$ verschwindet. Wir dürfen dabei skalare Faktoren weglassen und Y und $\Phi(g)$ ersetzen durch

$$\tilde{Y} = \left(\frac{1}{g} - g,\, i(\frac{1}{g} + g),\, 2 \right).$$

$$\tilde{\Phi} = \left(2\,\mathrm{Re}\, g,\, 2\,\mathrm{Im}\, g,\, |g|^2 - 1\right) = \left(g + \bar{g},\, \frac{1}{i}(g - \bar{g}),\, g\bar{g} - 1 \right).$$

Dann ist

$$\langle \tilde{Y}, \tilde{\Phi} \rangle = \left((\frac{1}{g} - g)(g + \bar{g}) + (\frac{1}{g} + g)(g - \bar{g}) + 2(g\bar{g} - 1) \right) = 0.$$

[21] Für eine Beschreibung der Weierstraß-Darstellung vom Standpunkt der *globalen* Flächentheorie siehe [28].

Damit ist $\nu = \pm\Phi \circ g$; es bleibt noch das Vorzeichen zu klären. Dazu sieht man sich die Orientierungen an: g ist als holomorphe Funktion orientierungstreu, während ν und Φ beide die Orientierung umdrehen, wobei die Sphäre durch die *äußere* Normale x orientiert wird.[22] Für ν gilt dies wegen $\det L < 0$, für Φ sieht man es aus der nachfolgenden Figur. Also ist $\Phi^{-1} \circ \nu$ orientierungstreu, ebenso wie g, während $\Phi^{-1} \circ (-\nu)$ die Orientierung umdreht. □

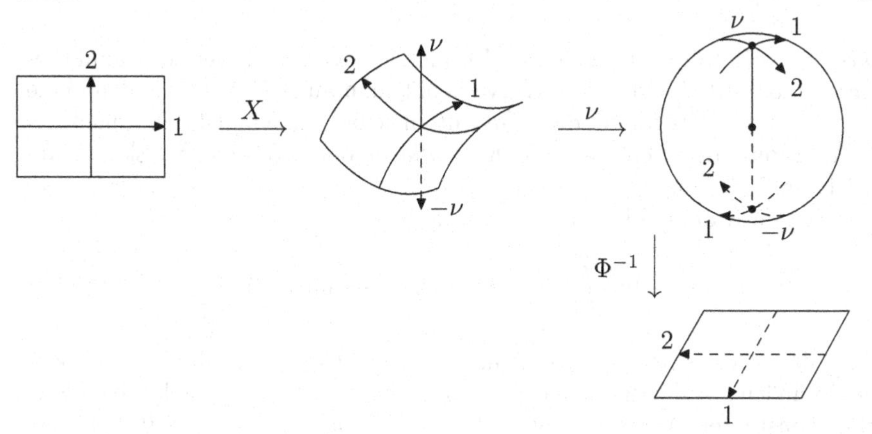

Beispiel 1 (*Katenoid* und *Wendelfläche*): $g = e^z$, $h = 1$, $U = \mathbb{C}$. Dann ist $X = \text{Re} \int Y$ mit

$$\begin{aligned} Y(z) &= \left(\frac{1}{2}(e^{-z} - e^z), -\frac{1}{2i}(e^{-z} + e^z), 1\right) \\ \int Y(z) &= \left(-\frac{1}{2}(e^{-z} + e^z), -\frac{1}{2i}(-e^{-z} + e^z), z\right) \\ &= \left(-\cos\frac{z}{i}, -\sin\frac{z}{i}, z\right) \end{aligned} \tag{8.54}$$

denn wie im Reellen gilt $\cos z = \frac{1}{2}(e^{iz} + e^{-iz})$ und $\sin z = \frac{1}{2i}(e^{iz} - e^{-iz})$ (es handelt sich ja um Identitäten zwischen Potenzreihen, und $\cos z$, $\sin z$ und e^z sind im Komplexen durch die gleichen Potenzreihen wie im Reellen definiert). Aus demselben Grund gelten auch die Additionstheoreme für sin und cos im Komplexen wie im Reellen und wir erhalten:[23]

$$\begin{aligned} \cos\frac{z}{i} = \cos\left(\frac{u}{i} + v\right) &= \cos\frac{u}{i}\cos v - \sin\frac{u}{i}\sin v \\ &= \cosh u \cos v - \frac{1}{i}\sinh u \sin v, \end{aligned}$$

[22] D.h. linear unabhängig Vektoren $a, b \in T_x\mathsf{S}$ bilden eine orientierte Basis genau dann, wenn $\det(a, b, x) > 0$.

[23] Man beachte $\cos\frac{u}{i} = \sum_k (-1)^k \frac{1}{(2k)!}(-i)^{2k} u^{2k} = \sum_k \frac{1}{(2k)!} u^{2k} = \cosh u$, ebenso $\sin\frac{u}{i} = \sum_k (-1)^k \frac{1}{(2k+1)!}(-i)^{2k+1} u^{2k+1} = (-i)\sinh u$.

$$\sin\frac{z}{i} = \sin(\frac{u}{i} + v) = \cos\frac{u}{i}\sin v + \sin\frac{u}{i}\cos v$$
$$= \cosh u \sin v + \frac{1}{i}\sinh u \cos v.$$

Also folgt

$$X = \operatorname{Re}\int Y = (-\cosh u \cos v,\ -\cosh u \sin v,\ u). \tag{8.55}$$

Das ist die Rotationsfläche, deren Profilkurve der Graph der cosh-Funktion $c(u) = (\cosh u, 0, u)$ ist. Diese Kurve nennt man auch *Kettenlinie*, denn eine frei hängende Kette nimmt diese Gestalt an (Übungen 3 und 4). Die zugehörige Rotationsfläche heißt deshalb *Kettenfläche* oder *Katenoid*[24] (siehe Kap. 4, Übung 5, S. 58).

Die zum Katenoid konjugierte Fläche ist

$$X^* = -\operatorname{Im}\int Y = (\sinh u \sin v, -\sinh u \cos v, -v) \tag{8.56}$$

Trotz der scheinbaren formalen Ähnlichkeit mit (8.55) wird durch (8.56) keine Drehfläche, sondern ein ganz anderer Typ von Fläche beschrieben: Für jeden konstanten Wert von v ist $X^*(u,v) = t\cdot(\sin v, -\cos v, 0) + (0,0,v)$ mit $t = \sinh u$ eine parametrisierte Gerade. Eine solche Fläche, die durch eine Schar von Geraden („*Regelgeraden*") überdeckt wird, nennt man *Regelfläche.* Bei unserer Fläche X^* sind diese Geraden parallel zur x^1x^2-Ebene; die Regelgerade zum Parameter $v = 0$ ist die x^2-Achse, und bei wachsendem v wird diese Gerade durch die Translation mit dem Vektor $(0,0,-v)$ nach unten geschoben und gleichzeitig um den Winkel v gedreht. Genau dieses Verhalten kennt man von den Stufen einer Wendeltreppe; die Fläche X^* kann somit als „Wendeltreppe mit beliebig kleinen Stufen" angesehen werden und heißt daher *Wendelfläche* oder *Helikoid*[25] (siehe Kap. 4, Übung 5, S. 58). Bei der Deformation X_θ gehen die Meridiane von X in die Regelgeraden von X^* über und der Äquator von X in die Achse von X^*.[26]

Beispiel 2 (*Enneper-Fläche*): $g(z) = z$, $h(z) = 2z$, $U = \mathbb{C}$. Dann ist $X = \operatorname{Re}\int Y$ mit

$$Y(z) = (1 - z^2,\ i(1 + z^2),\ 2z),$$
$$\int Y(z) = \left(z - z^3/3,\ i(z + z^3/3),\ z^2\right). \tag{8.57}$$

Wir machen uns ein Bild von dieser Minimalfläche, indem wir X zunächst auf die reelle und imaginäre Achse sowie die Diagonalen im Parameterbereich $U = \mathbb{C}$ einschränken: Für $u, v, t \in \mathbb{R}$ erhalten wir

[24] von lat. *catena* = Kette

[25] Eine „Helix" ist eine Schrauben- oder Schneckenlinie.

[26] http://www.cogsci.indiana.edu/farg/harry/mat/helicoid.htm

$$X(u) = \big(u - u^3/3, 0, u^2\big)$$
$$X(iv) = \big(0, -v + v^3/3, -v^2\big)$$
$$X(t(1 \pm i)) = (t - 2t^3/3) \cdot (1, \mp 1, 0).$$

Die Diagonalen werden also auf die Diagonalen in der x^1x^2-Ebene abgebildet, und die beiden Koordinatenachsen auf kongruente Kurven in den Halbebenen $x^2 = 0,\ x^3 \geq 0$ und $x^1 = 0,\ x^3 \leq 0$.

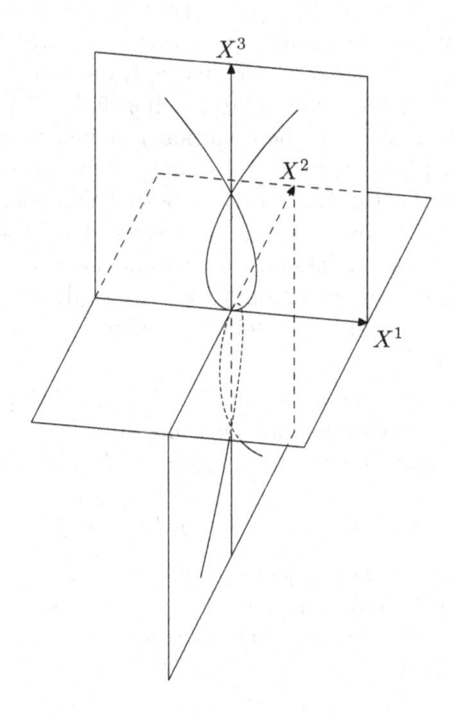

Für $|z| \to \infty$ ist $X(z) \approx (\frac{1}{3}\,\mathrm{Re}\ z^3, -\frac{1}{3}\,\mathrm{Im}\ z^3, \mathrm{Re}\ z^2)$; insbesondere wird die x_1x_2-Ebene von der Enneperfläche dreimal überdeckt.

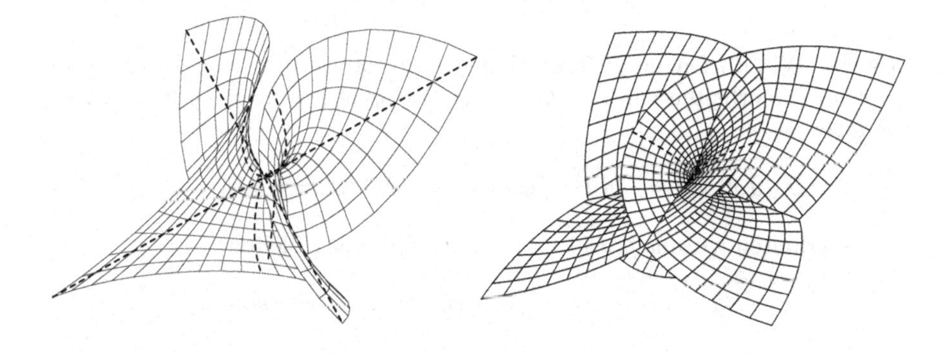

Weitere Beispiele werden wir im Abschnitt 9.6 diskutieren.

8.6 Konstruktion konformer Parameter

Wir wollen in diesem Abschnitt den Beweis nachtragen, dass jede Minimalfläche lokal wirklich eine *konforme* Parametrisierung besitzt, d.h. eine Parametrisierung $X : U \to \mathbb{E}$ mit $g_{ij}(u) = \lambda(u)^2 \cdot \delta_{ij}$. Das gilt sogar für jede beliebige Fläche, was aber viel schwerer zu zeigen ist ([25], S. 162).

Wir benutzen dazu Satz 6.4.2, der uns sagt, dass die Komponenten X^i unserer Minimalfläche X harmonisch bezüglich g sind: $\Delta^g X^i = 0$. Wir wollen nun zeigen, dass jede g-harmonische Funktion f zu einer konformen Parametrisierung führt. Dazu benötigen wir eine zweite Funktion f^* mit der Eigenschaft, dass die g-Gradienten von f und f^* bezüglich g zueinander senkrecht und gleich lang sind (s. Lemma 8.6.3). Die Idee ist, den Gradienten von f um 90° zu drehen und zu hoffen, dass das so entstandene Vektorfeld lokal wieder Gradient von einer anderen Funktion f^* ist. Dies gilt genau dann, wenn f harmonisch ist bezüglich g, und f^* heißt in diesem Fall die zu f *harmonisch konjugierte* Funktion.

Zu jedem $u \in U$ bezeichne $J_u \in \text{End}(\mathbb{R}^2)$ die 90°-Linksdrehung bezüglich des Skalarprodukts g_u (die der 90°-Drehung im Tangentialraum T_u entspricht). Für jedes Vektorfeld v auf U ist also Jv ein anderes Vektorfeld, für das gilt:

$$g(Jv, Jv) = g(v, v), \quad g(Jv, v) = 0. \tag{8.58}$$

Ferner bildet das Paar (v, Jv) an jeder Stelle $u \in U$ mit $v(u) \neq 0$ eine positiv orientierte Basis von $\mathbb{R}^2$, also $\det(v, Jv) > 0$ (das unterscheidet die Drehung um 90° von der um -90°). Da $J^2 = J \cdot J$ die 180°-Drehung ist, also $J^2 = -I$, folgt ferner für je zwei Vektorfelder v, w auf U:

$$g(Jv, w) = g(JJv, Jw) = -g(v, Jw). \tag{8.59}$$

Satz 8.6.1. *Die Levi-Civita-Ableitung vertauscht mit J, d.h. für je zwei Vektorfelder v, w auf U gilt:*

$$D_v(Jw) = JD_v w. \tag{8.60}$$

Beweis: Wir dürfen $w \neq 0$ annehmen, also ist (w, Jw) eine Basis. Aus $g(Jw, w) = 0$ erhalten wir $0 = \partial_v(g(Jw, w)) = g(D_v(Jw), w) + g(Jw, D_v w)$, also folgt

$$g(D_v(Jw), w) = -g(Jw, D_v w) = g(w, JD_v w) = g(JD_v w, w).$$

Ebenso erhalten wir aus $g(Jw, Jw) = g(w, w)$ durch Ableiten

$$g(D_v(Jw), Jw) = g(D_v w, w) = g(JD_v w, Jw).$$

Daher haben $D_v(Jw)$ und $JD_v w$ die gleichen Skalarprodukte sowohl mit w als auch mit Jw und es folgt die Gleichheit dieser Vektorfelder. □

Wir fragen nun: Wenn v ein Gradientenfeld ist, also $v = \nabla^g f$ für eine Funktion f auf U, ist dann auch das um 90° gedrehte Vektorfeld $w = Jv$ (wenigstens lokal) ein Gradientenfeld, also $w = \nabla^g f^*$ für eine andere Funktion f^*?

Satz 8.6.2. *Es sei $v = \nabla^g f \neq 0$ ein Gradientenfeld auf U. Das um 90° gedrehte Vektorfeld $w = Jv$ ist ein lokales Gradientenfeld genau dann, wenn f harmonisch ist bezüglich g, d.h. wenn $\Delta^g f = 0$ gilt.*

Beweis: Wie wir in Satz 6.4.1 sahen, ist w ein lokales Gradientenfeld genau dann, wenn Dw bezüglich g selbstadjungiert ist, wenn also $g(D_a w, b) = g(D_b w, a)$ für zwei Vektorfelder a, b, die an jeder Stelle ein Basis bilden. Wir dürfen $g(a, a) = 1$ und $b = Ja$ annehmen; dann ist (a, b) sogar eine Orthonormalbasis bezüglich g. Also ist $w = Jv$ ein lokales Gradientenfeld genau dann, wenn

$$g(D_a(Jv), Ja) = g(D_{Ja}(Jv), a). \tag{8.61}$$

Andererseits können wir auch $\Delta^g f = \text{Spur } Dv$ mit Hilfe der Orthonormalbasis (a, Ja) berechnen und erhalten

$$\Delta^g f = g(D_a v, a) + g(D_{Ja} v, Ja). \tag{8.62}$$

Mit den Rechenregeln für J werden die Ausdrücke auf der rechten Seite von (8.62) umgeformt zu

$$\begin{aligned} g(D_a v, a) &= g(JD_a v, Ja) = g(D_a(Jv), Ja), \\ g(D_{Ja} v, Ja) &= -g(JD_{Ja} v, a) = -g(D_{Ja}(Jv), a). \end{aligned}$$

Damit erhalten wir

$$\Delta^g f = \text{div}_g\, v = g(D_a(Jv), Ja) - g(D_{Ja}(Jv), a). \tag{8.63}$$

Der Vergleich mit (8.61) zeigt die Behauptung. □

Bemerkung: Ist f harmonisch, so heißt die Funktion f^* mit

$$\nabla^g f^* = J\nabla^g f \tag{8.64}$$

die zu f *harmonisch konjugierte Funktion*. Wenn man diesen Prozess zweimal durchführt, wird der Gradient um 180° gedreht, also mit -1 multipliziert, und deshalb gilt bis auf Wahl einer Konstanten

$$(f^*)^* = -f. \tag{8.65}$$

Da $g(\nabla^g f^*, a) = \partial f^*.a$ und $g(J\nabla^g f, a) = -g(\nabla^g f, Ja) = -\partial f.Ja$ ist (8.64) äquivalent zu

$$\partial f^* = -\partial f \circ J. \tag{8.66}$$

Satz 8.6.3. *Sind $f, f^* : U \to \mathbb{R}$ zwei Funktionen mit $\nabla^g f^* = J\nabla^g f \neq 0$, so ist $\phi = (f, f^*) : U \to \mathbb{R}^2$ lokal ein Parameterwechsel und $\tilde{X} = X \circ \phi^{-1}$ ist eine konforme Parametrisierung.*

Beweis: Wir zeigen dies gleich für beliebige Dimension m. Dazu sei $U \subset \mathbb{R}^m$ eine offene Teilmenge, $X : U \to \mathbb{E}$ eine Immersion und $F = (f^1, ..., f^m) : U \to \mathbb{R}^m$ eine differenzierbare Abbildung mit $g(\nabla^g f^i, \nabla^g f^j) = \mu^2 \cdot \delta_{ij}$ für eine positive Funktion μ auf U; mit anderen Worten, die Vektorfelder $b_i = \frac{1}{\mu}\nabla^g f^i$ mit $i = 1, ..., m$ bilden an jeder Stelle u eine Orthonormalbasis für das Skalarprodukt g_u. (Im vorliegenden Fall ist $m = 2$ und $(f^1, f^2) = (f, f^*)$.) Da die Gradienten der Komponenten von F linear unabhängig sind, hat ∂F_u den Rang m und ist also invertierbar für jedes u; daher ist F lokal umkehrbar. Um einzusehen, dass $\tilde{X} = X \circ F^{-1}$ konform ist, müssen wir nur zeigen, dass $|\partial F.v|^2 = \mu^2 |\partial X.v|^2 = \mu^2 g(v, v)$ für jedes Vektorfeld v auf U. Dies folgt so:

$$|\partial F.v|^2 = \sum_i (\partial f^i.v)^2 = \sum_i g(\nabla^g f^i, v)^2 = \mu^2 \sum_i g(b_i, v)^2 = \mu^2 g(v, v).$$

Dabei haben wir zum Schluss die Entwicklung nach der Orthonormalbasis $(b_1, ..., b_m)$ für das Skalarprodukt g benutzt: $\sum_i g(b_i, v)^2 = g(v, v)$. □

Satz 8.6.4. *Ist $X = (X^1, ..., X^n) : U \to \mathbb{E}^n$ eine Fläche ($U \subset \mathbb{R}^2$), so liefert jede Funktion $f : U \to \mathbb{R}$ mit $\nabla^g f \neq 0$ und $\Delta^g f = 0$ eine konforme Parametrisierung. Ist X insbesondere eine Minimalfläche, d.h. $\mathbf{H} = \frac{1}{2}\mathrm{Spur}_g \mathbf{h} = 0$, so ist $f = X^j$ für wenigstens ein $j \in \{1, ..., n\}$ eine solche Funktion.*

Beweis: Wenn f harmonisch ist bezüglich g, so ist nach Satz 8.6.2 das Vektorfeld $J\nabla^g f$ Gradientenfeld einer Funktion f^*, und nach Satz 8.6.3 liefert das Paar (f, f^*) eine konforme Parametrisierung. Im Fall einer *Minimalfläche* bekommen wir nach (6.45) harmonische Funktionen „gratis": die Komponenten X^j der Immersion X. Da ∂X_u stets Rang 2 hat, sind mindestens zwei der Gradienten $\nabla^g X^j$ ungleich Null in u. Also erhalten wir mit Hilfe von $\phi = \big(X^j, (X^j)^*\big)$ eine konforme Parametrisierung. □

8.7 Minimale Graphen und Satz von Bernstein

Eine Fläche in $\mathbb{E}^3$ bezeichnen wir als *Graph über der offenen Menge* $\tilde{U} \subset \mathbb{R}^2$, wenn sie eine Parametrisierung der Form

$$\tilde{X}(\tilde{u}) = (\tilde{u}; f(\tilde{u})) = (\tilde{u}^1, \tilde{u}^2, f(\tilde{u})) \tag{8.67}$$

für eine C^2-Funktion $f : \tilde{U} \to \mathbb{R}$ besitzt (kurz: $\tilde{X} = \text{Graph } f$). Lokal ist diese Eigenschaft für *jede* Fläche erfüllt; vgl. Lemma 4.5.1. Wenn ein Graph außerdem noch eine Minimalfläche ist, so bezeichnen wir ihn als *minimalen Graphen*. Das Ziel dieses Abschnittes ist der Beweis des folgenden Satzes von *Bernstein:*[27]

Satz 8.7.1. *Die einzigen über ganz* $\mathbb{R}^2$ *definierten minimalen Graphen im* $\mathbb{E}^3$ *sind die Ebenen.*

Wir werden diesen Satz auf ein bekanntes Resultat von Liouville über holomorphe Funktionen zurückführen (Beweis siehe Satz 9.8.4):

Satz 8.7.2. *Jede ganze, d.h. auf ganz* $\mathbb{C}$ *definierte holomorphe Funktion ist konstant, wenn sie beschränkt ist.*

Um Satz 8.7.2 anwenden zu können, müssen wir zu unserem minimalen Graphen geeignete ganze Funktionen konstruieren. Wie in den vorangehenden Abschnitten dargelegt, benötigen wir hierzu eine auf ganz $\mathbb{C}$ definierte *konforme* Parametrisierung unseres minimalen Graphen; der Nachweis der Existenz einer solchen Parametrisierung ist die Hauptarbeit:

Lemma 8.7.1. *Es gibt einen Parameterwechsel (Diffeomorphismus)* ϕ : $\mathbb{C} \to \mathbb{C} = \mathbb{R}^2$ *mit der Eigenschaft, dass* $X = \tilde{X} \circ \phi^{-1}$ *konform parametrisiert ist.*

Beweis von Satz 8.7.1:
Da $\tilde{X}$ ein Graph ist, können wir annehmen, dass der Normalenvektor überall nach unten zeigt, d.h. negative x^3-Komponente hat; deshalb liegen die Werte von ν in der unteren Halbsphäre $\mathsf{S}_- = \{x \in \mathsf{S};\ x^3 < 0\}$, und nach (8.53) hat die auf ganz $\mathbb{C}$ definierte holomorphe Funktion g in der Weierstraßdarstellung von X alle Werte innerhalb der Einheitskreisscheibe, $|g(z)| < 1$ für alle $z \in \mathbb{C}$. Damit ist g beschränkt und nach dem eben zitierten Satz von Liouville 8.7.2 konstant. Also ist auch $\nu = \Phi \circ g$ konstant und damit liegen die Werte von X in der Ebene $X(0) + \nu^\perp$. □

Beweis von Lemma 8.7.1:
Wir betrachten einen minimalen Graphen $\tilde{X} : \tilde{U} \to \mathbb{E}^3$ über einer konvexen offenen Menge $\tilde{U} \subset \mathbb{R}^2$ mit erster Fundamentalform $\tilde{g}$. Nach den Sätzen 6.4.2 oder 8.6.4 sind die Komponentenfunktionen $\tilde{X}^1$ und $\tilde{X}^2$ $\tilde{g}$-harmonisch und ebenso ihre konjugierten Funktionen $(\tilde{X}^1)^*, (\tilde{X}^2)^*$ und somit auch die Linearkombination $f = \tilde{X}^1 - (\tilde{X}^2)^*$. Nach Satz 8.6.3 definiert f daher eine konforme Parametrisierung $X = \tilde{X} \circ \phi^{-1}$ mit

$$\phi = (f, f^*) = (\tilde{X}^1 - (\tilde{X}^2)^*,\ (\tilde{X}^1)^* + \tilde{X}^2); \tag{8.68}$$

[27] Sergej Natanowitsch Bernstein, 1880 (Odessa) – 1968 (Moskau)
S. Bernstein, Sur un theoreme de geometrie et ses applications aux equations aux derivees partielles du type elliptique, Comm. Soc. Math. Kharkov, 15 (1915–1917), 38–45.

man beachte (8.65). Wir zeigen nun, dass ϕ auf ganz $\tilde{U}$ *expandierend* ist; für $\tilde{U} = \mathbb{C}$ muss ϕ dann ein Diffeomorphismus sein (Lemma 8.7.4). Für die Expansionseigenschaft benötigen wir zunächst eine Überlegung aus der Linearen Algebra:

Lemma 8.7.2. *Es seien S und T zweidimensionale lineare Unterräume des dreidimensionalen euklidischen Raums $\mathbb{E} = \mathbb{E}^3$, die orthogonale Projektion $\pi : \mathbb{E} \to S$ sei injektiv auf T, und es sei $P = \pi|_T$. Die 90°-Drehungen in diesen Ebenen seien mit J_S und J_T bezeichnet, wobei der Drehsinn, also die Orientierung von S und T jeweils so gewählt sei, dass P orientierungstreu ist. Dann gilt für alle $a \in S \setminus \{0\}$:*

$$\langle J_S P\, J_T P^{-1} a, a \rangle < 0. \tag{8.69}$$

Beweis: Der Schnitt $S \cap T$ ist ein mindestens eindimensionaler Unterraum. Wir wählen einen Einheitsvektor $b_1 \in S \cap T$ und ergänzen ihn zu einer orientierten Orthonormalbasis (b_1, b_2) von S und (b_1, b_2') von T. Dann ist $P(b_1) = b_1$ und $P(b_2') = \lambda b_2$ mit $0 < \lambda \leq 1$. Da $J_S(b_1) = b_2$ und $J_T(b_1) = b_2'$, gilt

$$\begin{aligned} b_1 &\overset{P^{-1}}{\longmapsto} b_1 \overset{J_T}{\longmapsto} b_2' \overset{P}{\longmapsto} \lambda b_2 \overset{J_S}{\longmapsto} -\lambda b_1, \\ \lambda b_2 &\overset{P^{-1}}{\longmapsto} b_2' \overset{J_T}{\longmapsto} -b_1 \overset{P}{\longmapsto} -b_1 \overset{J_S}{\longmapsto} -b_2. \end{aligned}$$

Also ist $J_S P J_T P^{-1} : S \to S$ bezüglich der Orthonormalbasis b_1, b_2 eine Diagonalmatrix mit negativen Einträgen, woraus die Behauptung folgt. □

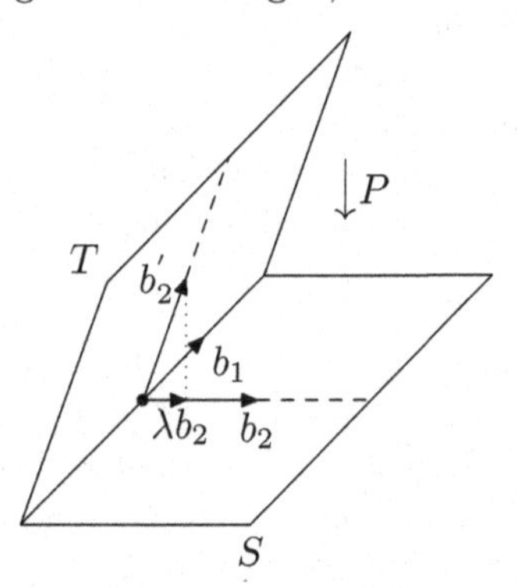

Lemma 8.7.3. *Für die Abbildung ϕ von (8.68) gilt für alle $u_0, u_1 \in \tilde{U}$:*

$$|\phi(u_1) - \phi(u_0)| \geq |u_1 - u_0|. \tag{8.70}$$

Beweis: Da $f = \tilde{X}^1 - (\tilde{X}^2)^*$, gilt mit (8.66) für alle $a \in \mathbb{R}^2$ (wobei obere Indizes hier nicht Potenzen, sondern Komponenten bezeichnen und die Abhängigkeit vom Parameter $u \in \tilde{U}$ in der Bezeichnung unterdrückt wird):

$$\partial f.a = \partial\tilde{X}^1.a + \partial\tilde{X}^2.Ja = a^1 + (Ja)^2,$$

denn da $\tilde{X}$ ein Graph über $\tilde{U}$ ist, gilt $\tilde{X}^1(u) = u^1$ und $\tilde{X}^2(u) = u^2$ für alle $u \in \tilde{U}$. Ebenso erhalten wir für $f^* = \tilde{X}^2 + (\tilde{X}^1)^*$:

$$\partial f^*.a = \partial\tilde{X}^2.a - \partial\tilde{X}^1.Ja = a^2 - (Ja)^1.$$

Also ist

$$\partial\phi.a = (a^1, a^2) + ((Ja)^2, -(Ja)^1) = a - J_S(Ja) \tag{8.71}$$

wobei $J_S = \left(\begin{smallmatrix} 0 & -1 \\ 1 & 0 \end{smallmatrix}\right)$ die übliche 90°-Drehung in $S = \mathbb{R}^2$ bezeichnet. Die 90°-Drehung $J = J_u$ bezüglich g_u auf $\mathbb{R}^2$ entspricht der 90°-Drehung J_T auf dem Tangentialraum $T = T_u$, d.h. mit $a^\wedge := \partial\tilde{X}_u a$ gilt

$$\partial\tilde{X}_u Ja = J_T \partial\tilde{X}_u a = J_T a^\wedge\,.$$

Wenden wir auf diese Gleichung die kanonische Projektion $\pi : \mathbb{R}^3 \to \mathbb{R}^2$, $\pi(x) = (x^1, x^2)$ an und setzen $P = \pi|_T$, so folgt

$$Ja = P\partial\tilde{X}_u Ja = PJ_T a^\wedge. \tag{8.72}$$

Mit (8.71), (8.72) und dem voranstehenden Lemma 8.7.2 folgt

$$\langle\partial\phi.a, a\rangle = |a|^2 - \langle J_S P J_T a^\wedge, a\rangle = |a|^2 - \langle J_S P J_T P^{-1} a, a\rangle \geq |a|^2,$$

also

$$\langle\partial\phi_u a, a\rangle \geq |a|^2 \tag{8.73}$$

für alle $u \in U$ und $a \in \mathbb{R}^2$. Insbesondere ist $\partial\phi$ an jeder Stelle invertierbar, ϕ ist also ein lokaler Diffeomorphismus. Aus (8.73) folgt aber auch die Expansionseigenschaft: Sind $u_0, u_1 \in U$ gegeben und $a := u_1 - u_0$, so liegt auch die Strecke $\{u_t = u_0 + ta;\ t \in [0,1]\}$ ganz in der konvexen Menge U und es gilt:

$$\begin{aligned} |\phi(u_1) - \phi(u_0)| \cdot |a| &\geq \langle\phi(u_1) - \phi(u_0), a\rangle \\ &= \int_0^1 \frac{d}{dt}\langle\phi(u_t), a\rangle\, dt \\ &= \int_0^1 \langle\partial\phi_{u_t} a, a\rangle\, dt \\ &\geq |a|^2, \end{aligned}$$

wobei die letzte Zeile aus (8.73) folgt. Da $|a| = |u_1 - u_0|$, ist die Behauptung bewiesen. □

Lemma 8.7.4. *Eine auf ganz $\mathbb{R}^2$ definierte expandierende Abbildung $\phi : \mathbb{R}^2 \to \mathbb{R}^2$ ist ein Diffeomorphismus, insbesondere surjektiv.*

Beweis: Die Injektivität folgt direkt aus der Expansionseigenschaft. Das Bild $\phi(\mathbb{R}^2)$ ist offen, da ϕ ein lokaler Diffeomorphismus ist. Für die Surjektivität müssen wir noch zeigen, dass $\phi(\mathbb{R}^2)$ auch abgeschlossen ist, d.h. der Limes jeder konvergenten Folge in $\phi(\mathbb{R}^2)$ muss ebenfalls in $\phi(\mathbb{R}^2)$ liegen. Gegeben sei also eine Folge (u_k) in $\mathbb{R}^2$, für die die Bildfolge $(\phi(u_k))$ konvergiert, etwa $\phi(u_k) \to p$. Insbesondere ist $(\phi(u_k))$ eine Cauchyfolge, $|\phi(u_k) - \phi(u_l)| \to 0$ für $k, l \to \infty$. Aber wegen der Expansionseigenschaft (8.70) ist $|u_k - u_l| \leq |\phi(u_k) - \phi(u_l)|$, und somit ist auch (u_k) eine Cauchyfolge in $\mathbb{R}^2$, also konvergent, $u_k \to u$, und $\phi(u_k) \to \phi(u) \in \phi(\mathbb{R}^2)$. □

Wir haben also gezeigt, dass die in (8.68) definierte konforme Parametrisierung ϕ expandiert und daher nach dem letzten Lemma ein Diffeomorphismus ist. Damit ist auch Lemma 8.7.1 vollständig bewiesen. □

Bemerkung: Die Idee des hier gegebenen Beweises stammt von J. Nitsche (cf. [38]). Der Satz von Bernstein ist vor allem durch seine höher-dimensionale Verallgemeinerung berühmt geworden, die eine große Überraschung mit sich brachte. Man kann dieselbe Frage nämlich auch für Hyperflächen im $\mathbb{R}^n$ stellen: Gibt es nicht-affine Funktionen $f : \mathbb{R}^{n-1} \to \mathbb{R}$ mit der Eigenschaft, dass $X = \mathit{Graph}\ f$ eine minimale Hyperfläche ist? J. Simons[28] konnte diese Frage für alle Dimensionen $n \leq 7$ mit Nein beantworten. Natürlich steht für $n-1 > 2$ die komplexe Analysis nicht mehr zur Verfügung; der Beweis benutzt stattdessen die Tatsache, dass ein *minimaler Graph* X unter allen kompakten Variationen streng minimalen Flächeninhalt hat (vgl. Satz 8.2.1 und die Bemerkung am Ende von Abschnitt 8.2). Diese Eigenschaft bleibt erhalten, wenn wir X, als Teilmenge von $\mathbb{R}^n$ aufgefasst, einer zentrischen Streckung mit einem Faktor $\lambda > 0$ unterwerfen, also zu $X_\lambda = \lambda X = \{\lambda x;\ x \in X\} \subset \mathbb{R}^n$ übergehen. Lassen wir $\lambda \to 0$ gehen, so erhalten wir im Grenzwert einen *Kegel*, d.h. eine Menge $X_\infty \subset \mathbb{R}^n$ mit $\lambda X_\infty = X_\infty$ für alle $\lambda > 0$, und die Minimalität des Flächeninhaltes gilt auch noch für X_∞. Durch Berechnung der zweiten Ableitung (der *zweiten Variation*) des Flächeninhaltes zeigte Simons, dass solche minimalen Kegel im $\mathbb{R}^n$ für $n \leq 7$ nur Hyperebenen sein können, und es folgt, dass dann auch X eine Hyperebene sein muss. Das erste mögliche Gegenbeispiel ist der Kegel $\{(x; y) \in \mathbb{R}^4 \times \mathbb{R}^4;\ |x| = |y|\} \subset \mathbb{R}^8$. Bombieri, de Giorgi und Giusti[29] konnten dann zeigen, dass dieser Kegel wirklich streng minimal ist, und sie haben im $\mathbb{R}^8$ tatsächlich nichttriviale minimale Graphen, also *Gegenbeispiele* zur höherdimensionalen Version des Bernsteinsatzes konstruiert; diese sind ebenso wie der Kegel invariant unter der Gruppe $SO(4) \times SO(4)$. Heute kennt man viele solche Beispiele.[30]

[28] J. Simons: Minimal varieties in Riemannian manifolds, Ann. of Math. 88 (1968), 62–105;

[29] E. Bombieri, E. de Giorgi, E. Giusti: Minimal cones and the Bernstein problem, Inv. Math. 7, 1969, 243–268.

[30] D. Ferus, H. Karcher: Non-rotational minimal spheres and minimizing cones, Comm. Math. Helv. 60 (1985), 247–269.

8.8 Übungsaufgaben

1. *Minimale Graphen:* Gegeben sei eine offene Menge $U \subset \mathbb{R}^m$ und eine kompakte Teilmenge $C \subset U$ mit zusammenhängendem glatten Rand ∂C. Zu jeder C^1-Funktion $f : U \to \mathbb{R}$ sei $X_f : U \to \mathbb{R}^{m+1} = \mathbb{R}^m \times \mathbb{R}$,

$$X_f(u) = (u; f(u)),$$

die zugehörige Graphen-Hyperfläche.

a) Zeigen Sie

$$\mathcal{A}(X_f|_C) = \int_C \sqrt{1 + |\partial f_u|^2}\, du \tag{8.74}$$

b) Nun sei eine C^1-Funktion $f : U \to \mathbb{R}$ mit der Eigenschaft gegeben, dass X_f über C den kleinsten Flächeninhalt $\mathcal{A}(X_f|_C)$ besitzt unter allen Flächen mit demselben Rand $\Gamma = \{(u; f(u));\ u \in \partial C\}$. Zeigen Sie, dass $f|_C$ eindeutig bestimmt ist: Ist $g : U \to \mathbb{R}$ eine C^1-Funktion mit $g = f$ auf ∂C und $\mathcal{A}(X_g|_C) = \mathcal{A}(X_f|_C)$, so gilt $f = g$ auf C. *Hinweis:* Zeigen Sie, dass andernfalls X_h mit $h = \frac{1}{2}(f+g)$ strikt kleineren Flächeninhalt hätte. Benutzen Sie Cauchy-Schwarz sowie die strenge Konvexität (Beweis?) der Funktion $\lambda : \mathbb{R} \to \mathbb{R}$, $\lambda(t) = \sqrt{1+t^2}$.

2. *Variationsgleichung in einer Variablen:* Gegeben sei eine C^1-Funktion $f : \mathbb{R}^2 \to \mathbb{R}$. Wir betrachten das Funktional $F(y) = \int_a^b f(y(t), y'(t))\, dt$ für beliebige C^2-Funktionen $y : [a,b] \to \mathbb{R}$ mit vorgegebenen Randwerten $y(a) = y_a$, $y(b) = y_b$. Zeigen Sie für beliebige Variationen y_s mit $y_0 = y$ (mit konstanten Randwerten y_a und y_b)

$$\delta F(y) = \int_a^b (f_1 - (f_2)')\delta y\, dt. \tag{8.75}$$

Dabei ist $' = \frac{d}{dt}$ und f_1, f_2 bezeichnen die partiellen Ableitungen von f längs y, d.h. $f_1 = \frac{\partial f(u,v)}{\partial u}$ und $f_2 = \frac{\partial f(u,v)}{\partial v}$, beides ausgewertet an der Stelle $(u,v) = (y(t), y'(t))$. Außerdem ist wie immer $\delta y(t) = \frac{\partial y_s(t)}{\partial s}|_{s=0}$. (*Hinweis*: Partielle Integration: $f_2\, \delta y' = (f_2 \delta y)' - f_2' \delta y$.) Folgern Sie daraus: Das Funktional F ist *stationär* bei der Funktion y (d.h. $\delta F(y_s) = 0$ für jede zulässige Variation y_s von y) genau dann, wenn

$$f_1(y, y') - f_2(y, y')' = 0. \tag{8.76}$$

(*Euler-Lagrange-Gleichung* des Variationsprinzips $\delta F = 0$).

3. *Erhaltungsgesetz für Variationsprinzip:* Zeigen Sie:

$$e(y, y') := f(y, y') - y' f_2(y, y') = k = const \tag{8.77}$$

längs jeder Lösung y von Gleichung (8.76).

4. *Kettenlinie:*

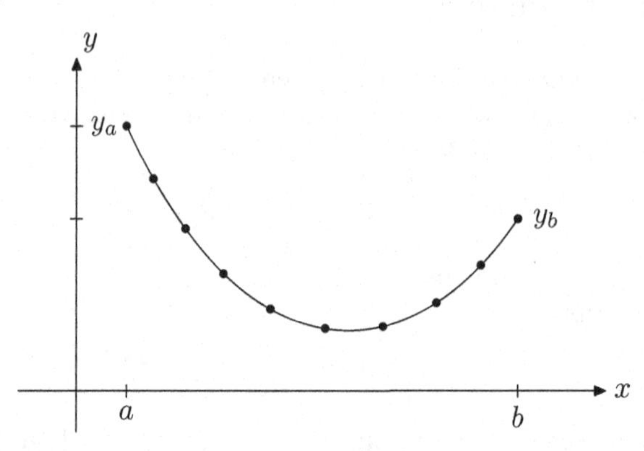

Es bezeichne $c(x) = (x, y(x))$, $x \in [a, b]$, die Gestalt einer Kette, die an beiden Enden a und b auf der Höhe y_a und y_b fixiert ist. Mit $\tilde{c}(s) = (\tilde{x}(s), \tilde{y}(s))$ bezeichnen wir dieselbe Kurve, aber nach Bogenlänge parametrisiert. Die Kette soll in jedem Teilabschnitt gleicher Länge gleich schwer sein. Die gesuchte Gestalt ist das Minimum der potentiellen Energie[31]

$$V = \int_{s_a}^{s_b} \tilde{y}(s) ds = \int_a^b y(x)\sqrt{1 + y'(x)^2}\, dx \tag{8.78}$$

(vgl. Kap. 2, Übung 6) unter der Nebenbedingung, dass die Länge

$$L = \int_a^b \sqrt{1 + y'(x)^2}\, dx \tag{8.79}$$

konstant gehalten wird. Die gesuchte Kurve ist wie in Lemma 8.3.2 stationär für das kombinierte Variationsprinzip

$$\delta(V(y, y') + \lambda L(y, y)) = 0 \tag{8.80}$$

für eine Konstante $\lambda \in \mathbb{R}$. Schließen Sie mit Hilfe der vorigen beiden Aufgaben: Für jede Lösung y von (8.80) gibt es eine Konstante $k \in \mathbb{R}$ mit

$$y' = \sqrt{\frac{(y + \lambda)^2}{k^2} - 1}. \tag{8.81}$$

Dabei kann die Konstante λ durch eine Normierung der Höhe y auf Null gesetzt werden. Schließen Sie daraus[32]

[31] Das Schwerepotential eines Massenpunktes der Masse m ist bekanntlich $V = mgy$, wobei g die Gravitationskonstante und y die Höhe des Massenpunktes bezeichnet. Die Kette kann man sich aus einer großen Anzahl N von kleinen beweglichen starren Stangen zusammengesetzt denken; die i-te Stange befindet sich auf der Höhe y_i, ihre Länge ist $s = L/N$ und ihre Masse μs. Das Potential ist damit $V = \mu g \sum_i y_i s$, und im Limes $N \to \infty$ ergibt sich (8.78) (mit $\mu g = 1$).

[32] Beachten Sie $\cosh^2 - \sinh^2 = 1$ und den Eindeutigkeitssatz B.1.1 für Differentialgleichungen

$$y(x) = k \cosh \frac{x - x_o}{k}. \tag{8.82}$$

wobei die Konstanten x_o und k aus x_a und x_b zu errechnen sind. *Die Kettenlinie ist also der Graph der Cosinus-Hyperbolicus-Funktion.*

5. *Minimale Drehflächen:* Gegeben sei die Drehfläche $X(u, v) = (\rho(u)e^{iv}; u)$ (die Profilkurve $(\rho(u), u)$ ist also als Graph parametrisiert). Zeigen Sie für die beiden Hauptkrümmungen (vgl. (4.16) und (2.46)):

$$\kappa_1 = \frac{-\rho''}{(1 + \rho'^2)^{3/2}}, \quad \kappa_2 = \frac{1}{\rho(1 + \rho'^2)^{1/2}}. \tag{8.83}$$

Folgern Sie: X ist Minimalfläche genau dann, wenn

$$\rho''\rho - \rho'^2 = 1 \tag{8.84}$$

gilt. Zeigen Sie, dass $\rho(u) = k \cosh \frac{x - x_o}{k}$ eine Lösung dieser Gleichung ist, für beliebige reelle Konstanten x_o und $k > 0$, und dass die zugehörige Fläche X bis auf zentrische Streckung mit dem Faktor k das Katenoid ist (vgl. Kap. 3, Übung 7, S. 44, und Kap. 4, Übung 5, S. 58). Kann (8.84) noch weitere Lösungen $\rho(u) > 0$ haben?

6. *Minimale Drehflächen als Variationsprinzip:* Wir benennen die ebenen Koordinaten (z, ρ) wieder in (x, y) um und betrachten eine Kurve $c(x) = (x, y(x))$ für eine C^2-Funktion $y : [a, b] \to (0, \infty)$ und die nach Bogenlänge umparametrisierte Kurve $\tilde{c}(s) = (\tilde{x}(s), \tilde{y}(s))$ mit $\tilde{y}(s) = y(\tilde{x}(s))$ und $s(a) = 0$, $s(b) = L$. Der Flächeninhalt der Rotationsfläche von c bei Drehung um die x-Achse (früher: z-Achse) ist [33]

$$\mathcal{A}(y) = 2\pi \int_0^L \tilde{y}\, ds = 2\pi \int_a^b y\sqrt{1 + (y')^2}\, dx \tag{8.85}$$

Um y mit $\delta\mathcal{A}(y) = 0$ zu finden, benutze man (8.77) für $f(y, y') = y\sqrt{1 + (y')^2}$ und zeige

$$\frac{y}{\sqrt{1 + (y')^2}} = k = const. \tag{8.86}$$

Folgern Sie für die nicht-konstanten Lösungen dieser Gleichung

$$y(x) = k \cosh \frac{x - x_o}{k}. \tag{8.87}$$

Um den Zusammenhang mit der vorigen Aufgabe 8.5 herzustellen, zeigen Sie, dass die Ableitung der Gleichung (8.86) nach x äquivalent ist zu $\kappa_1 + \kappa_2 = 0$, vgl. (8.83).[34]

---

[33] Man zerlege die Fläche in schmale Kreisringe mit Radius $\tilde{y}(s)$, Breite ds und Flächeninhalt $2\pi\tilde{y}\, ds$ und summiere auf, oder man benutze (8.1).

[34] Es ist nicht ganz selbstverständlich, dass die Aufgaben 8.5 und 8.6 zum selben Ergebnis führen. Die Gleichung $H = 0$ ist äquivalent zum Verschwinden von

7. *Drehflächen mit $H = const$:* Zur Herleitung der Gleichung der Profilkurve $c(x) = (x, y(x))$, $x \in [a, b]$ einer Drehfläche konstanter mittlerer Krümmung (Drehung um die x-Achse) müssen wir die Oberfläche (8.85) unter der Nebenbedingung konstanten Volumens $\mathcal{V}$ minimieren:[35]

$$\mathcal{V}(y) = \pi \int_a^b y(x)^2 dx \tag{8.88}$$

Mit Lemma 8.3.2 haben wir also das Funktional

$$F(y) = \int_a^b f(y(x), y'(x)) dx,$$
$$f(y, y') = y^2 + 2\lambda y \sqrt{1 + (y')^2} \tag{8.89}$$

für ein $\lambda \in \mathbb{R}$ zu minimieren. Zeigen Sie nun mit Aufgabe 8.3: $\delta F(y) = 0 \iff$

$$y^2 + \frac{2\lambda y}{\sqrt{1 + (y')^2}} = k = const. \tag{8.90}$$

Dies ist die Gleichung der Rollkurve eines Kegelschnitt-Brennpunkts; in Kap. 2, Übung 14 haben wir diese Gleichung für die Ellipse mit Hauptachsen a und b gesehen, wobei $\lambda = -a$ und $k = -b^2$ zu setzen ist. Die zugehörige Drehfläche heißt *Undoloid.*[36]

8. *Asymptotenrichtungen und Minimalflächen:* Eine *Asymptotenrichtung* einer Fläche $X : U \to \mathbb{E}^3$ in einem Punkt $u \in U$ ist ein Vektor $a \in T_u$ mit $\langle L_u(a), a \rangle = 0$ oder äquivalent $a = \partial X_u v$ mit $h_u(v, v) = 0$. Zeigen Sie: Eine Immersion $X : U \to \mathbb{E}^3$ ist minimal genau dann, wenn es in jedem Punkt zwei zueinander senkrechte Asymptotenrichtungen gibt.

   Hinweis: $L = L_u$ hat in der Eigenbasis die Matrix $\begin{pmatrix} \kappa_1 & \\ & \kappa_2 \end{pmatrix}$. Beschreiben Sie die Vektoren a mit $\langle La, a \rangle = 0$ in dieser Darstellung!

$\delta\mathcal{A}$ für *jede* Variation der Fläche, hier dagegen lassen wir nur Variationen durch andere Drehflächen zu. Dies ist ein allgemeines Prinzip, genannt *Palais-Prinzip* (nach Richard Palais, geb. 1931): Wenn ein Variationsprinzip $\delta \int f(X, \partial X) = 0$ in der Form $\langle H_X | \delta X \rangle = 0$ geschrieben werden kann und mit X auch H_X unter einer Transformationsgruppe G invariant ist, dann genügt es, G-invariante Variationen von X zu betrachten: Weil nur das Skalarprodukt mit der G-invarianten Funktion H_X eine Rolle spielt, kann man δX durch seine orthogonale Projektion auf den Raum der G-invarianten Variationsvektorfelder ersetzen.

[35] Das umgrenzte Raumgebiet setzt sich aus kreisförmigen Scheiben mit Radius y, Dicke dx und Volumen $\pi y^2 dx$ zusammen; diese Volumina sind aufzusummieren.

[36] http://vmm.math.uci.edu/3D-XplorMath/Surface/unduloid/unduloid.html Der Satz geht zurück auf eine Arbeit von Charles Eugene Delaunay 1816 (Lusigny-sur-Barse) – 1872 (nahe Cherbourg): *Sur la surface de révolution dont la courbure moyenne est constante*, J. Math. pures et appl. (1)6 (1841), 309–320. Eine moderne Darstellung findet sich bei J. Eells: *The surfaces of Delaunay*, Math. Intelligencer 9 (1987), 53–57. Dort findet man auch den Beweis, dass die Rollkurve des Parabelbrennpunkts die Gleichung der Kettenlinie (8.86) erfüllt. Für $\lambda, k > 0$ erhält man die Rollkurve des Hyperbelbrennpunkts.

9. *Minimale Regelflächen:* Gegeben sei eine Regelfläche $X(u,v) = c(u) + v\,b(u)$ für eine nach Bogenlänge parametrisierte Kurve $c : I \to \mathbb{E}^3$ und ein Vektorfeld $b(u)$ längs c mit $|b(u)| = 1$ und $b(u) \perp c'(u)$ für alle $u \in I$.[37] Zeigen Sie: Ist X eine Minimalfläche, dann ist X eine Ebene oder eine Wendelfläche (vgl. Üb. 7, S. 44, Üb. 5, S. 58). Genauer: Es gibt ein konstantes v_o mit der Eigenschaft, dass $\tilde{c} : u \mapsto X(u, v_o)$ eine Gerade ist und $\tilde{X}(u,v) = \tilde{c}(u) + v\,b(u)$ eine Wendelfläche ist. Zeigen Sie dazu:

   a) X minimal $\iff$ X_u ist Asymptotenrichtung.
   b) X_u ist Asymptotenrichtung an jeder Stelle (u,v) $\iff$
      (1) $\langle c'', c' \times b \rangle = 0$,
      (2) $\langle b'', c' \times b \rangle + \langle c'', b' \times b \rangle = 0$,
      (3) $\langle b'', b' \times b \rangle = 0$.
      (Verwenden Sie dazu den unnormierten Normalenvektor $n = X_u \times X_v$.)
   c) (3) bedeutet, dass die Vektoren b, b', b'' an jeder Stelle u linear abhängig sind. Zeigen Sie: Wenn $b' \neq 0$, ist $(b \times b')'$ ist ein Vielfaches von $b \times b'$, und damit ist die von b, b' aufgespannte Ebene konstant. Wir dürfen annehmen, dass es die Ebene $\mathbb{C} \subset \mathbb{C} \times \mathbb{R} = \mathbb{R}^3$ ist.
   d) (1) bedeutet, dass die Vektoren c'', c', b linear abhängig sind, also in einer Ebene liegen, und da $c'' \perp c' \perp b$, muss gelten:
      (4) $c'' = \gamma b$.
   e) (2) bedeutet jetzt, dass b'', c', b linear abhängig sind. Dann sind entweder b, b'' linear abhängig, also (Fall A)
      (5) $b'' = \beta b$
      oder b, b'' spannen dieselbe Ebene wie b, b' auf, nämlich $\mathbb{C}$, und daher gilt $c' \in \mathbb{C}$ (Fall B).
   f) Fall A bedeutet
      (6) $b(u) = e^{i\lambda u}$, $\lambda = const$:
      Da nämlich $b' \perp b \in \mathbb{C}$, ist $b' = \delta i b$; die Ableitung dieser Gleichung vergleiche man mit (5) zum Nachweis von $\delta = const$, $\beta = const$.
   g) Mit (4) folgt $c'' \in \mathbb{C}$, also $\langle c'(u), e_3 \rangle = \tau u$ für ein konstantes τ. Da $c' \perp b = e^{i\lambda u}$, folgt $c'(u) = \sigma i e^{i\lambda u} + \tau u e_3$ mit $\sigma^2 + \tau^2 = 1$, also $\sigma = const$. Nun finde man v_o mit der Eigenschaft, dass $\tilde{c} = c + v_o b$ eine Gerade ist.
   h) Fall B bedeutet Bild $X \subset \mathbb{C}$, also parametrisiert X ein Stück Ebene.

10. *Kalibrierende Formen:* Auf $\mathbb{R}^{2n} = \mathbb{C}^n$ betrachten wir die lineare Abbildung J, die die Multiplikation mit dem Skalar $i = \sqrt{-1}$ bezeichnet: $Jx = ix$, und dazu die (konstante) 2-Form ω mit $\omega(x,y) = \langle Jx, y \rangle$, genannt *Kählerform.*[38]

   a) Zeigen Sie, dass ω schiefsymmetrisch ist: $\omega(x,y) = -\omega(y,x)$. Beachten Sie $\langle x,y \rangle = \mathrm{Re}\,(x,y)$ für alle $x, y \in \mathbb{C}^n$, wobei $(x,y) = \sum_i \overline{x^i} y^i = x^* y$ das Hermitesche Skalarprodukt ist (mit $x^* = \overline{x}^t$).

[37] Nach Übung 3 in Kapitel 3 sind dies keine Einschränkungen an die Regelfläche.
[38] Erich Kähler, 1906 (Leipzig) – 2000 (Wedel bei Hamburg).

b) Sind x, y orthonormal, also $x \perp y$ und $|x| = |y| = 1$, so ist $\omega(x, y) \leq 1$, und Gleichheit gilt genau dann, wenn $y = Jx$.

c) Nun sei $U \subset \mathbb{R}^2 = \mathbb{C}$ offen. Zeigen Sie, dass die Kählerform ω eine isotherme orientierte Immersion $X : U \to \mathbb{C}^n$ genau dann kalibriert (d.h. $\omega(X_u/\lambda, X_v/\lambda) = 1$), wenn X holomorph ist, d.h. $\partial X_{(u,v)}$ ist $\mathbb{C}$-linear an jeder Stelle $(u, v) = u + iv \in U$.

d) Folgern Sie, dass jede holomorphe Immersion $X : U \to \mathbb{C}^n$ eine Minimalfläche ist, die den Flächeninhalt streng minimiert.

11. *Assoziierte Minimalflächen:* Zeigen Sie, dass die Gaußabbildung bei der assoziierten Familie X_θ gemäß (8.43) einer Minimalfläche X unabhängig von θ ist. Können Sie dies in dem Film[39] über die Deformation des Katenoiden in die Wendelfläche beobachten?

12. *Erste und zweite Fundamentalform von Minimalflächen:* Berechnen Sie die erste und zweite Fundamentalform I und II einer Minimalfläche $X = \text{Re} \int Y : U \to \mathbb{R}^3$ in der Weierstraß-Darstellung (8.51): $I(v, v) = \lambda^2 |v|^2$ mit $\lambda = |h|(1 + |g|^2)$ und $II(v, v) = -2\,\text{Re}\,(fg'v^2)$. Folgern Sie, dass die assoziierte Familie aus isometrischen Minimalflächen X^θ mit gleichen Hauptkrümmungen besteht.

13. *Hopf-Differential:* Gegeben sei eine konform parametrisierte Minimalfläche $X : U \to \mathbb{E}^3$. Wir betrachen die $\mathbb{C}$-wertige Funktion[40]

$$\hat{h} := 4\langle X_{zz}, \nu \rangle = h_{uu} - h_{vv} - 2ih_{uv} = 2(h_{uu} - ih_{uv}). \tag{8.91}$$

Zeigen Sie, dass $\hat{h}$ holomorph ist, $\hat{h}_{\bar{z}} = 0$.[41]
Nun sei $K_\rho = \{z \in \mathbb{C};\ |z| \leq \rho\} \subset U$, Wir parametrisieren den Kreis ∂K_ρ durch $\alpha(t) = \rho e^{it}$. Zeigen Sie: Wenn die Normalkrümmung von $c = X \circ \alpha$ verschwindet, $\langle c'', \nu \rangle = 0$, dann die Fläche X eben ($h = 0$).[42]

---

[39] http://www.cogsci.indiana.edu/farg/harry/mat/helicoid.htm

[40] Der Ausdruck $\Phi = \hat{h}\, dz^2 = \langle X_{zz}, \nu \rangle\, dz^2$ ist invariant unter holomorphen Parameterwechseln $w = w(z)$, denn $dw = w'(z)dz$ und $\partial_w = \partial_z / w'(z)$ (Kettenregel), daher ist $X_{ww} dw^2 = X_{zz} dz^2$. Dieser Ausdruck Φ wird *Hopf-Differential* genannt, nach Heinz Hopf, 1894 (Gräbschen bei Breslau) – 1971 (Zollikon, Schweiz). Vgl. auch (9.27) für eine analoge Bildung mit der ersten Fundamentalform.

[41] *Hinweise:* Benutzen Sie (1) $X_{z\bar{z}} = 0$ und (2) $\langle X_z, X_z \rangle = 0$. Aus (1) folgt $\langle \nu_{\bar{z}}, X_z \rangle = -\langle X_{z\bar{z}}, \nu \rangle = 0$. Folgern Sie daraus mit (2), dass $\nu_{\bar{z}}$ ein Vielfaches von X_z ist (beachten Sie $\langle X_{\bar{z}}, X_z \rangle \neq 0$) und schließen Sie mit (2), dass $\langle X_{zz}, \nu_{\bar{z}} \rangle = 0$. Aus (1) folgt zudem $X_{zz\bar{z}} = 0$.

[42] Das Hopf-Differential $\hat{h} dz^2$ mit $4\hat{h} = h_{uu} - h_{vv} - 2ih_{uv}$ ist auch noch für konform parametrisierte Flächen X mit konstanter mittlerer Krümmung holomorph. Daraus konnte Hopf einen ganz anderen „Seifenblasensatz“ zeigen als Alexandrov (vgl Satz 10.2.3): Auf der Sphäre $\mathsf{S}^2 = \hat{\mathbb{C}}$ muss nämlich jedes holomorphe Differential $f(z)dz^2 = \tilde{f}(w)dw^2$ für beliebige Potenzreihen $f, \tilde{f}$ und $w = 1/z$ identisch verschwinden, wie ein Vergleich von $f(z)dz^2$ (keine negativen z-Potenzen) mit $\tilde{f}(w)dw^2 = \tilde{f}(z^{-1})z^{-4}dz^2$ (negative z-Potenzen) zeigt. Somit ist $\hat{h} = 0$, also $h_{uu} = h_{vv}$ und $h_{uv} = 0$. Eine Immersion $X : \hat{C} \to \mathbb{E}^3$ mit $H = const$ ist daher eine Nabelpunktfläche und damit nach Satz 7.1.1 eine runde Sphäre, vgl. [21].

9. Das Plateau-Problem

9.1 Einführung

Minimalflächen lassen sich z.B. durch Seifenhäute realisieren, denn diese haben die physikalische Eigenschaft, sich möglichst klein zusammenzuziehen. Taucht man daher eine Drahtschlinge in Seifenlauge, so hat der sich ausbildende Seifenfilm minimalen Flächeninhalt in folgendem Sinne: Bei allen kleinen Deformationen, die von derselben Drahtschlinge berandet werden, wird der Flächeninhalt größer. Man kann also durch Seifenfilme experimentell Minimalflächen herstellen. Ist insbesondere die berandende Drahtschlinge eine nicht-ebene Kurve, so bildet der Seifenfilm eine nicht-ebene Minimalfläche aus. Diese Beobachtung wurde um 1849 durch die Seifenhaut-Experimente des belgischen Physikers *Plateau*[1] verbreitet.

Die Mathematiker waren erst sehr viel später in der Lage, die Existenz einer Minimalfläche mit beliebig vorgegebener geschlossener Randkurve theoretisch zu begründen, nämlich um 1930 durch die Arbeiten von *Douglas*[2] und *Radó*.[3]

Wir wollen in diesem Kapitel die folgende Version beweisen, wobei wir mit

$$D = \{z = (u, v) \in \mathbb{R}^2 = \mathbb{C};\ |z| < 1\} \tag{9.1}$$

die offene Einheitskreisscheibe und mit $\bar{D}$ ihren Abschluss bezeichnen:

Satz 9.1.1. *Es sei $\Gamma \subset \mathbb{R}^n$ (mit $n \geq 2$) eine einfach geschlossene Kurve der Klasse C^1. Dann gibt es eine stetige Abbildung $X : \bar{D} \to \mathbb{E}^n$, die auf D unendlich oft differenzierbar ist, mit folgenden Eigenschaften:*

1. *$X|_D$ ist schwach konform, d.h. $|X_u| = |X_v|$ und $X_u \perp X_v$ („schwach" bedeutet, dass auch Nullstellen von X_u erlaubt sind),*
2. *$X|_D$ ist harmonisch, d.h. $\Delta X = 0$,*
3. *X bildet ∂D homöomorph auf Γ ab.*

[1] Joseph Antoine Ferdinand Plateau, 1801 (Brüssel) – 1883 (Gent).
[2] Jesse Douglas, 1897–1965 (New York),
Solution of the problem of Plateau, Trans. AMS. 33 (1931), 263–321
[3] Tibor Radó, 1895 (Budapest) – 1965 (New Smyrna Beach, Florida, USA),
On Plateau's problem, Ann. of Math. 32 (1930), 457-469

Die Menge der inneren Verzweigungspunkte $V = \{z \in D;\ \partial X_z = 0\}$ *liegt isoliert in* D, *und* $X|_{D\setminus V}$ *ist eine konform parametrisierte Minimalfläche.* X *minimiert den Flächeninhalt unter allen stetigen Abbildungen* $\tilde{X} : \bar{D} \to \mathbb{R}^n$, *die auf* D *stetig differenzierbar sind und* ∂D *homöomorph auf* Γ *abbilden.*

Die *Verzweigungspunkte* sind ab Dimension $n \geq 4$ unvermeidbar (vgl. Abschnitt 9.6), aber für $n = 3$ (und nach dem sehr viel älteren *Riemannschen Abbildungssatz* auch für $n = 2$) hat die im Satz konstruierte Lösung X, die den Flächeninhalt minimiert, keine Verzweigungspunkte, was erst nach 1970 durch *Osserman*, *Gulliver* und *Alt* bewiesen wurde (vgl. Fußnote 27 auf S. 153).

Unser Beweis geht auf *R. Courant*[4] [6] zurück. Statt des Flächeninhaltes

$$\mathcal{A}(X) = \int_D \sqrt{\det g} = \int_D \sqrt{g_{uu}g_{vv} - g_{uv}^2} \tag{9.2}$$

werden wir das *Dirichletintegral*, auch *Energie* genannt,

$$\mathcal{D}(X) = \frac{1}{2}\int_D |\partial X|^2 = \frac{1}{2}\int_D (g_{uu} + g_{vv}) \tag{9.3}$$

minimieren, was sich im Wesentlichen als äquivalent herausstellt. Dabei setzen wir wie früher

$$g_{ij} = \langle X_i, X_j \rangle, \tag{9.4}$$

wobei die Matrix $g = (g_{ij})$ jetzt allerdings nur noch positiv *semi*-definit ist, denn X ist nicht mehr notwendig eine Immersion. Zunächst werden wir eine Parametrisierung $\gamma : \partial D \to \Gamma$ vorgeben und $\mathcal{E}(X)$ für solche X minimieren, für die $X|_{\partial D} = \gamma$ gilt. Das *Dirichletsche Prinzip* sagt uns dann, dass die Lösung X dieses Teilproblems eindeutig bestimmt und auf D harmonisch ist. In einem zweiten Schritt werden wir uns von der vorgegebenen Parametrisierung befreien und die Energie über alle möglichen Parametrisierungen von Γ minimieren. Aus allgemeinen Sätzen über harmonische Funktionen wird sich ergeben, dass dieses Minimum existiert und wieder eine harmonische Abbildung X der Einheitskreisscheibe D in den euklidischen Raum ist. Weiterhin bildet dieses X den Rand ∂D stetig und monoton auf Γ ab, leider nicht notwendig differenzierbar, was den Beweisaufwand erheblich vergrößert. Die so gewonnene minimale Lösung wird von selbst schwach konform sein; dieser Nachweis (in Abschnitt 9.5) ist überraschenderweise der schwierigsten Teil des ganzen Beweises, weshalb wir am Anfang von Abschnitt 9.5 noch einmal eine heutistische Vorüberlegung dazu anstellen, die die Schwierigkeiten mit den nur stetigen Randdaten zunächst vernachlässigt.

[4] Richard Courant, 1888 (Lublinitz, Oberschlesien) – 1972 (New Rochelle, N.Y., USA).

9.2 Flächeninhalt und Energie

Lemma 9.2.1. *Für jedes* $X \in C^1(D, \mathbb{R}^n)$ *gilt*

$$\mathcal{D}(X) \geq \mathcal{A}(X), \tag{9.5}$$

und Gleichheit gilt genau dann, wenn X *schwach konform ist.*

Beweis: Die Ungleichung folgt aus der Abschätzung zwischen arithmetischem und geometrischem Mittel: $\frac{1}{2}(g_{uu} + g_{vv}) \geq \sqrt{g_{uu}g_{vv}} \geq \sqrt{g_{uu}g_{vv} - g_{uv}^2}$. Gleichheit gilt genau dann, wenn $g_{uu} = g_{vv}$ und $g_{uv} = 0$, also wenn X schwach konform ist. □

Unsere Strategie zur Lösung des Plateauproblems wird nun, der ursprünglichen Idee von Douglas folgend, darin bestehen, dass wir statt des Flächeninhaltes $\mathcal{A}(X)$ das Dirichletintegral, die Energie $\mathcal{D}(X)$ minimieren. Wenn wir dann zeigen, dass ein solches Minimum von $\mathcal{D}(X)$ schon konform parametrisiert sein muss, so haben wir nach dem Lemma damit auch gleichzeitig $\mathcal{A}(X)$ minimiert, jedenfalls unter allen $X \in C^1(D, \mathbb{R}^n)$, die sich schwach konform parametrisieren lassen. Allerdings schließt dieses Argument noch nicht aus, dass das Infimum des Flächeninhaltes kleiner als dasjenige des Dirichletintegrals sein könnte, dass wir daher das wirkliche Minimum von $\mathcal{A}$ gar nicht erreichen, weil es sich vielleicht nicht konform parametrisieren lässt. Wir werden auf diesen Punkt in einer Bemerkung am Ende von Abschnitt 9.5 eingehen. Wir sahen in Abschnitt 3.3, dass $\mathcal{A}(X)$ invariant gegenüber Parameterwechseln ist; es gilt also $\mathcal{A}(X \circ \phi) = \mathcal{A}(X)$ für jeden Diffeomorphismus ϕ von $\bar{D}$. Bei $\mathcal{D}(X)$ ist das nicht so, aber $\mathcal{D}(X)$ ist immerhin noch gegenüber *konformen* Parameterwechseln invariant, wie das folgende Lemma zeigt;[5] die Abhängigkeit von nicht konformen Parameterwechseln werden wir in Lemma 9.5.1 studieren.

Lemma 9.2.2. *Ist* $\phi : \bar{D} \to \bar{D}$ *konform, so gilt*

$$\mathcal{D}(X \circ \phi) = \mathcal{D}(X). \tag{9.6}$$

Beweis: Da eine vorgeschaltete Spiegelung von D die Energie von X nicht verändert, können wir uns auf orientierungstreue Parameterwechsel beschränken. Konformität von ϕ bedeutet $\partial\phi = \left(\begin{smallmatrix} a & -b \\ b & a \end{smallmatrix}\right)$ und insbesondere $\det \partial\phi = (a^2 + b^2)$. Daraus erhalten wir

$$|\partial(X \circ \phi)|^2 = |\det \partial\phi| \cdot |\partial X_\phi|^2, \tag{9.7}$$

denn

[5] Wenn X selbst schwach konform ist, folgt dies bereits aus dem vorstehenden Lemma 9.2.1)

$$\begin{aligned}\partial(X \circ \phi) &= \partial X_\phi \cdot \partial\phi = (X_u, X_v)\begin{pmatrix} a & -b \\ b & a \end{pmatrix} \\ &= (aX_u + bX_v, -bX_u + aX_v),\end{aligned}$$

$$\begin{aligned}|\partial(X \circ \phi)|^2 &= |aX_u + bX_v|^2 + |aX_v - bX_u|^2 \\ &= (a^2 + b^2)\left(|X_u|^2 + |X_v|^2\right) \\ &= |\det \partial\phi| \cdot |\partial X_\phi|^2.\end{aligned}$$

Mit der Substitutionsregel $\int_D (f \circ \phi \cdot |\det \partial\phi|) = \int_D f$ für $f = |\partial X|^2$ folgt:

$$\mathcal{D}(X \circ \phi) = \int_D |\partial(X \circ \phi)|^2 = \int_D \left(|\partial X_\phi|^2 \cdot |\det \partial\phi|\right) = \int_D |\partial X|^2 = \mathcal{D}(X).$$

□

9.3 Das Dirichletsche Prinzip

Wir wollen in diesem Abschnitt unter bestimmten Randbedingungen für (hinreichend reguläre) Abbildungen $X : \bar{D} \to \mathbb{R}^n$ das Energieintegral (Dirichlet-Integral)

$$\mathcal{D}(X) = \frac{1}{2}\int_D |\partial X|^2 \tag{9.8}$$

minimieren. Eigentlich sollten wir dazu wie bei anderen Variationsproblemen (z.B. in Kapitel 8) zunächst die Ableitung dieses Ausdrucks für eine differenzierbare Schar X^s mit $X^0 = X$ mit $\xi = \delta X = \frac{\partial}{\partial s}|_{s=0} X^s$ bestimmen:[6]

$$\delta\mathcal{D}(X) = \int_D \langle \partial X, \partial\xi\rangle = -\int_D \langle \Delta X, \xi\rangle + \int_{\partial D} \langle \partial_\nu X, \xi\rangle, \tag{9.9}$$

wobei ν die äußere Einheitsnormale auf ∂D bezeichnet, $\nu(x) = x$. Die Aufgabe ist ja zunächst, eine Abbildung $X : \bar{D} \to \mathbb{R}^n$ mit minimaler Energie bei vorgeschriebenen Randwerten $X|_{\partial D} = \gamma$ zu finden. (Später, in Abschnitt 9.4, werden wir auch die Abbildung γ variieren und nur noch ihren Wertebereich Γ vorschreiben.) Damit verschwindet $\xi = \delta X$ auf dem Rand ∂D; auf der rechten Seite von (9.9) bleibt also nur der erste Term stehen, und weil ξ weitgehend beliebig ist, muss $\Delta X = 0$ gelten. In dieser Form wurde diese Gleichung auch zunächst von Dirichlet[7] und Riemann[8] verwendet: Die Abbildungen mit stationärem Dirichlet-Integral sind genau die harmonischen.[9]

---

[6] Für die Komponentenfunktionen $f = X^i$ und $g = \delta X^i = \xi^i$ gilt $\mathcal{D}(f) = \frac{1}{2}\int_D |\nabla f|^2$ und $\delta\mathcal{D}(f) = \int_D \langle \nabla f, \nabla g > \overset{9.49}{=} -\int_D (\Delta f)g + \int_{\partial D}(\partial_\nu f)g$. Daraus folgt (9.9, weil $\mathcal{D}(X) = \sum_i \mathcal{D}(X^i)$.

[7] Johann Peter Gustav Lejeune Dirichlet, 1805 (Düren) – 1859 (Göttingen).

[8] Georg Friedrich Bernhard Riemann, 1826 (Breselenz) – 1866 (Selasca, Italien).

[9] Allerdings konnte auf diese Weise nicht die Existenz der gesuchten harmonischen Abbildungen bewiesen werden, worauf Weierstraß 1870 hinwies.

Wegen der einfachen Gestalt des Dirichlet-Integrals werden wir aber die Variationsformel (9.9) gar nicht benötigen; wir werden direkt zeigen, dass die harmonischen Abbildungen bei gegebenen Randwerten die kleinste Energie haben, also die strikten Minima sind. Dabei ist die Dimension 2 nicht von Belang; wir können annehmen, dass D die offene Einheitskugel in $\mathbb{R}^m$ für beliebiges m bezeichnet; wir könnten D sogar durch ein beliebiges offenes Gebiet im $\mathbb{R}^m$ ersetzen, dessen Abschluss kompakt mit glattem Rand ist.

Satz 9.3.1. Dirichletsches Prinzip für glatte Randwerte: *Ist $\gamma : \partial D \to \mathbb{R}^n$ eine C^1-Abbildung, $\gamma \in C^1(\partial D, \mathbb{R}^n)$, und ist $h \in C^1(\bar{D}, \mathbb{R}^n) \cap C^2(D, \mathbb{R}^n)$ harmonisch auf D mit Randwerten γ, also $\Delta h|_D = 0$ und $h|_{\partial D} = \gamma$, so ist*

$$\mathcal{D}(h) \leq \mathcal{D}(f) \tag{9.10}$$

für alle $f \in C^1(\bar{D}, \mathbb{R}^n)$ mit $f|_{\partial D} = \gamma$.

Beweis: Wir dürfen $n = 1$ annehmen, denn die Energie von $h = (h^1, ..., h^n)$ ist minimal, wenn die Energie aller Komponenten h^j minimiert wird:

$$\mathcal{D}(h) = \frac{1}{2}\int_D |\partial h|^2 = \sum_j \frac{1}{2}\int_D |\partial h^j|^2 = \sum_j \mathcal{D}(h^j). \tag{9.11}$$

Setzen wir $k = f - h$, so ist

$$|\partial f|^2 = |\nabla f|^2 = |\nabla h|^2 + |\nabla k|^2 + 2\langle \nabla h, \nabla k\rangle$$

und daher

$$\mathcal{D}(f) = \mathcal{D}(h) + \mathcal{D}(k) + \int_D \langle \nabla h, \nabla k\rangle. \tag{9.12}$$

Da h harmonisch ist ($\operatorname{div} \nabla h = \Delta h = 0$), gilt[10]

$$\operatorname{div}(k \cdot \nabla h) = \langle \nabla k, \nabla h\rangle + k \cdot \operatorname{div} \nabla h = \langle \nabla k, \nabla h\rangle,$$

und nach dem Divergenzsatz folgt

$$\int_D \langle \nabla h, \nabla k\rangle = \int_D \operatorname{div}(k \cdot \nabla h) = \int_{\partial D} \langle k \cdot \nabla h, \nu\rangle = 0,$$

da $k = 0$ auf ∂D (hierbei bezeichnet ν den äußeren Normalenvektor von ∂D). Also ist $\mathcal{D}(f) = \mathcal{D}(h) + \mathcal{D}(k) \geq \mathcal{D}(h)$. □

Um diesen Satz anwenden zu können, müssen wir natürlich wissen, dass eine harmonische Funktion h zu vorgegebenen Randwerten γ auch wirklich

[10] Für jede Funktion k und jedes Vektorfeld $v = (v^1, \dots, v^m)$ auf $\mathbb{R}^m$ (oder einer offenen Teilmenge davon) ist $\partial_j(fv^j) = (\partial_j f)v^j + f\partial_j v^j$ und damit $\operatorname{div}(fv) = \sum_j \partial_j(fv^j) = \langle \nabla f, v\rangle + f \operatorname{div} v$.

immer existiert.[11] Wir werden im Abschnitt 9.7 sehen, dass es genau eine solche Funktion gibt, nämlich

$$h(u) = \frac{1-|u|^2}{m\omega_m} \int_{t\in\partial D} \frac{\gamma(t)}{|t-u|^m}\, d^{m-1}t \tag{9.13}$$

für alle $u \in D$. Dabei bezeichnet ω_m das Volumen (für $m = 2$ den Flächeninhalt) von $D \subset \mathbb{R}^m$; für $m = 2$ ist also $m\omega_m = 2\pi$.

Leider ist das Dirichletsche Prinzip in der vorliegenden Form für unsere Zwecke noch nicht ausreichend, denn wir können nicht voraussetzen, dass γ eine C^1-Abbildung ist. Wir wollen nämlich später nicht die Randparametrisierung γ vorschreiben, sondern nur ihre Bildmenge $\Gamma = \gamma(\partial D)$, und mit einer Folge von Parametrisierungen $\gamma_k : \partial D \to \Gamma$ die Energie der zugehörigen harmonischen Abbildung h_k mit $h_k|_{\partial D} = \gamma_k$ minimieren; der Limes $\gamma = \lim_{k\to\infty} \gamma_k$ ist aber möglicherweise nur noch stetig. Wir müssen deshalb das Dirichletsche Prinzip unter der schwächeren Voraussetzung *stetiger* Randdaten zeigen:

Satz 9.3.2. Dirichletsches Prinzip für stetige Randwerte: *Ist $\gamma \in C^0(\partial D)$ und $h \in C^0(\bar{D}) \cap C^2(D)$ harmonisch auf D mit Randwerten γ, also $\Delta h = 0$ auf D und $h|_{\partial D} = \gamma$, so ist*

$$\mathcal{D}(h) \leq \mathcal{D}(f)$$

für alle $f \in C^0(\bar{D}) \cap C^1(D)$ mit $f|_{\partial D} = \gamma$.

Zum Beweis benötigen wir zwei Eigenschaften harmonischer Funktionen, die wir im Abschnitt 9.7 bereitstellen werden:

Satz 9.3.3. Maximumprinzip: *Eine nichtkonstante harmonische Funktion h auf D besitzt kein Maximum oder Minimum.*

---

[11] Ein naheliegender Beweisansatz für das 2-dimensionale Dirichletprinzip *mit* Existenz des Minimierers wird durch die Fourierentwicklung der Randkurve γ gegeben: $\gamma(z) = \mathrm{Re} \sum_{k\geq 0} c_k z^k$ für alle $z \in \partial D \subset \mathbb{C}$. Wenn die Potenzreihe $p(z) = \sum_{k\geq 0} c_k z^k$ für $|z| = 1$ konvergiert, gilt dasselbe auch für $|z| < 1$, also definiert $p(z)$ eine holomorphe Funktion auf D und $h = \mathrm{Re}\, p$ ist eine harmonische Funktion (Real- und Imaginärteil holomorpher Funktionen sind harmonisch, denn aus $f_{\bar{z}} = 0$ folgt $\Delta f = 4 f_{\bar{z}z} = 0$) mit den gewünschten Eigenschaften (abelscher Konvergenzsatz für die Stetigkeit am Rand). Auf eine ähnliche Weise argumentiert Lawson [34], S.64f. Für differenzierbare (H^1-) Randbedingungen ist das in Ordnung, aber wir brauchen den Satz auch für stetige Randbedingungen (s.u.), und die Fourierreihen stetiger Funktionen müssen nicht einmal punktweise konvergieren! Allerdings sind die Randbedingungen viel besser als stetig, nämlich monoton mit Werten in einer eindimensionalen Untermannigfaltigkeit $\Gamma \subset \mathbb{E}^n$; man müsste also die punktweise Konvergenz der Fourierreihe für solche Randbedingungen zeigen. Wir gehen einen anderen Weg (der auch für alle anderen Dimensionen m gangbar ist) und weisen die Existenz separat nach, s. Satz 9.7.3.

Satz 9.3.4. Harnacksches Prinzip:[12] *Wenn eine Folge* $(h_k)_{k\in\mathbb{N}}$ *von auf* $\bar{D}$ *stetigen und auf* D *harmonischen Funktionen gleichmäßig auf* ∂D *konvergiert, so konvergiert* (h_k) *mitsamt allen partiellen Ableitungen beliebiger Ordnung lokal gleichmäßig auf* D *gegen eine harmonische Funktion* h_∞ *mit*

$$\mathcal{D}(h_\infty) \leq \liminf_{k\to\infty} \mathcal{D}(h_k). \tag{9.14}$$

Beweis von Satz 9.3.2: Angenommen, es gibt ein $f \in C^0(\bar{D}) \cap C^1(D)$ mit $f|_{\partial D} = \gamma$ und

$$\mathcal{D}(f) < \mathcal{D}(h).$$

Wir wollen zeigen, dass wir dann auch eine Funktion $\tilde{f}$ mit denselben Eigenschaften finden können, die zusätzlich harmonisch auf D ist. Dann wäre auch die Differenz $\tilde{f} - h$ harmonisch auf D mit $(\tilde{f} - h)|_{\partial D} = 0$, und da $\tilde{f} \neq h$, müsste $\tilde{f} - h$ auf D ein Maximum oder Minimum annehmen, was nach dem Maximumprinzip unmöglich ist.

In der Tat können wir laut Dirichletschem Prinzip für *glatte* Randwerte (Satz 9.3.1) die Energie von f verkleinern, indem wir f auf dem Teilgebiet $D_k = \{u \in \mathbb{R}^m;\ |u| < 1 - \frac{1}{k}\} \subset D$ durch die harmonische Funktion h_k mit Randwerten $h_k|_{\partial D_k} = f|_{\partial D_k}$ ersetzen (natürlich gilt Satz 9.3.1 ebenso für D_k wie für D). Für die zusammengesetzte Funktion

$$f_k = \begin{cases} f & \text{auf } \bar{D} \setminus D_k \\ h_k & \text{auf } \quad D_k \end{cases}$$

erhalten wir [13]

$$\begin{aligned} \mathcal{D}(f_k) &= \mathcal{D}(f_k|_{D\setminus D_k}) + \mathcal{D}(f_k|_{D_k}) \\ &= \mathcal{D}(f|_{D\setminus D_k}) + \mathcal{D}(h_k) \\ &\leq \mathcal{D}(f|_{D\setminus D_k}) + \mathcal{D}(f|_{D_k}) \\ &= \mathcal{D}(f). \end{aligned}$$

Allerdings ist keine der Funktionen f_k auf ganz D harmonisch. Deshalb müssen wir zum Limes für $k \to \infty$ übergehen. Durch zentrische Streckung können wir alle h_k wieder auf $\bar{D}$ definieren, indem wir zu der (auf D harmonischen) Funktion

$$\tilde{h}_k(u) = h_k(\tfrac{k-1}{k}\, u)$$

für $u \in \bar{D}$ übergehen. Da die Randwerte $\tilde{h}_k(t) = f(\frac{k-1}{k} t)$ für $t \in \partial D$ wegen der Stetigkeit von f gleichmäßig konvergieren, folgt nach dem Harnack-Prinzip auf D die lokal gleichmäßige Konvergenz (mit allen Ableitungen) von

[12] Carl Gustav Axel Harnack, 1851 (Dorpat, heute Tartu, Estland) – 1888 (Dresden)

[13] Die Funktion f_k ist zwar nur noch stückweise C^1, aber das ist harmlos: Das Energie-Integral ist immer noch definiert und kann leicht durch die Energie von approximierenden C^1-Funktionen angenähert werden (vgl. z.B. [26], Lemma 20.14).

$\tilde{h}_k$ und damit auch von h_k und f_k gegen eine auf D harmonische Funktion $\tilde{f}$ mit Randwerten $\tilde{f}|_{\partial D} = \gamma$ und Energie $\mathcal{D}(\tilde{f}) \leq \mathcal{D}(f) < \mathcal{D}(h)$. Wir haben bereits gesehen, dass dies im Widerspruch zum Maximumprinzip steht. □

9.4 Bestimmung der Randparameter

Ab jetzt schränken wir uns auf den Fall der Flächen ($m = 2$) ein, ∂D ist also die Einheitskreislinie $\mathbb{S}^1$. Im vorigen Abschnitt haben wir für feste Randwerte $\gamma : \partial D \to \mathbb{R}^n$ die Abbildung h auf D mit $h|_{\partial D} = \gamma$ und minimaler Energie gefunden. Jetzt wollen wir nicht mehr die Randparametrisierung γ, sondern nur noch deren Bild $\Gamma = \gamma(\partial D)$ vorschreiben; dies soll eine einfach geschlossene C^1-Kurve in $\mathbb{R}^n$ sein. Die Abbildung $\gamma : \partial D \to \Gamma$ werden wir erst konstruieren, und zwar so, dass für die zugehörige auf D harmonische Abbildung $h = h_\gamma$ mit Randwerten $h|_{\partial D} = \gamma$ die Energie $\mathcal{D}(h)$ minimal wird, d.h. $\mathcal{D}(h_\gamma) \leq \mathcal{D}(h_{\tilde{\gamma}})$ für jede andere Parametrisierung $\tilde{\gamma} : \partial D \to \Gamma$. Wir definieren dazu die Funktionenmenge

$$F_\Gamma = \{f \in C^1(D) \cap C^0(\bar{D});\ f(\partial D) = \Gamma,\ f|_{\partial D} : \partial D \nearrow \Gamma\}; \tag{9.15}$$

dabei bezeichnet $\partial D \nearrow \Gamma$ eine *monotone* Abbildung, d.h. eine Abbildung, die bezüglich beliebiger lokaler C^1-Karten der 1-dimensionalen Mannigfaltigkeiten ∂D und Γ monoton, d.h. gleichmäßiger Limes von Homömorphismen ist. Dann setzen wir

$$d(\Gamma) := \inf\{\mathcal{D}(f);\ f \in F_\Gamma\}$$

und wählen eine Folge (f_k) in F_Γ mit $\mathcal{D}(f_k) \to d(\Gamma)$. Nach dem Dirichletschen Prinzip Satz 9.3.2 können wir f_k durch auf D harmonische Funktionen h_k mit denselben Randwerten $f_k|_{\partial D} = h_k|_{\partial D}$ ersetzen, denn

$$d(\Gamma) \leq \mathcal{D}(h_k) \leq \mathcal{D}(f_k) \overset{k\to\infty}{\longrightarrow} d(\Gamma).$$

Wenn wir nun zeigen können, dass die Randwerte $\gamma_k = f_k|_{\partial D}$ (nach Übergang zu einer Teilfolge) gleichmäßig konvergieren, dann erhalten wir mit dem Harnackschen Prinzip (Satz 9.3.4) eine auf D harmonische Funktion $h = \lim h_k$ mit $\mathcal{D}(h) = d(\Gamma)$. Wir müssen dabei nur solche Funktionen f betrachten, deren Energie unterhalb einer festen Schranke $E > d(\Gamma)$ liegt; das wird uns die erforderliche Abschätzung geben.

Ein Problem ist dabei allerdings die Invarianz von $\mathcal{D}$ unter konformen Parameterwechseln $\phi : D \to D$ (Lemma 9.2.2). Selbst wenn nämlich bereits eine Folge $f_k : D \to \mathbb{E}$ mit $f_k(\partial D) = \Gamma$ gegeben ist, die energieminimierend ist ($\mathcal{D}(f_k) \to d(\Gamma)$) und auf ∂D gleichmäßig konvergiert, können wir jedes f_k durch einen konformen Parameterwechsel ϕ_k so abändern, dass die neue Funktionenfolge $\tilde{f}_k = f_k \circ \phi_k$ keine konvergente Teilfolge mehr hat (z.B. kann

ϕ_k gegen einen konstanten Punkt auf dem Rand ∂D konvergieren, vgl. Kap. 12, Übung 5d), obwohl sie immer noch energieminimierend ist. Wir können von energieminimierenden Folgen also nur dann Konvergenz erhoffen, wenn wir solche Parameterwechsel ausschließen, indem wir bestimmte Werte vorschreiben. Im Fall von Flächen $m = 2$ (nur diesen Fall können wir behandeln) dürfen wir drei (verschiedene) Werte $p_1, p_2, p_3 \in \Gamma$ zu drei festen Punkten $z_1, z_2, z_3 \in \partial D$ willkürlich vorschreiben und

$$f(z_i) = p_i, \; i = 1, 2, 3 \tag{9.16}$$

voraussetzen, denn zu jedem $f \in F_\Gamma$ finden wir einen konformen Parameterwechsel $\phi : D \to D$ mit $\phi(z_i) = f^{-1}(p_i)$ für $i = 1, 2, 3$ (Kap. 12, Übung 5b). Daher betrachten wir von jetzt an die eingeschränkte Funktionenmenge

$$F_\Gamma^* = \{f \in F_\Gamma; \; f(z_i) = p_i, \; i = 1, 2, 3; \; \mathcal{D}(f) \leq E\}.$$

Wir wollen zeigen, dass die Funktionen in F_Γ^* auf ∂D *gleichgradig stetig* sind und daher (nach dem Satz von *Arzelà-Ascoli*, vgl. [26]) jede Folge in F_Γ^* eine gleichmäßig konvergente Teilfolge besitzt. Die Hauptidee dazu ist, dass $|\partial f|^2$ im Mittel durch die Energie $\mathcal{D}(f) \leq E$ beschränkt ist. Damit können wir insbesondere die Länge der f-Bilder bestimmter Kreisbögen k_r zwischen Randpunkten von D abschätzen, wobei

$$k_r = \partial B_r(z_o) \cap \bar{D} \tag{9.17}$$

zu einem beliebigen fest gewählten Randpunkt $z_o \in \partial D$ und $r > 0$. Die genaue Ausssage findet sich in dem sog. Courant-Lebesgue-Lemma, welchem wir uns nun zuwenden.

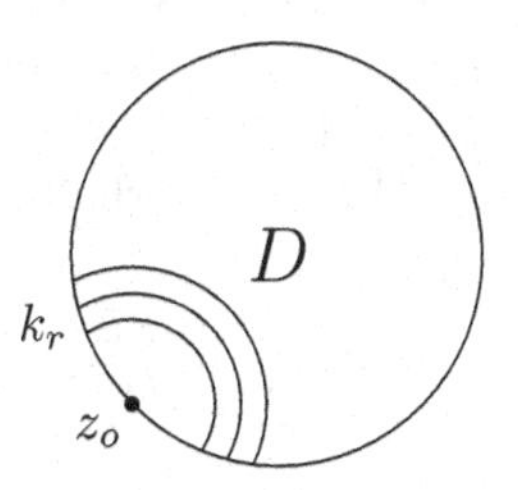

Lemma 9.4.1. *Zu jedem* $\epsilon > 0$ *gibt es* $\delta \in (0, 1)$ *mit folgender Eigenschaft: Zu jeder Funktion* $f \in F_\Gamma^*$ *existiert* $\bar{r} \in (\delta, \sqrt{\delta})$ *mit* $\mathcal{L}(f \circ k_{\bar{r}}) < \epsilon$.

Beweis: Für beliebiges $f \in F_\Gamma^*$ (das wir uns durch 0 auf den Rest von $\mathbb{R}^2$ fortgesetzt denken) berechnen wir die Energie $\mathcal{D}(f)$ in Polarkoordinaten mit Zentrum z_o, also mit Hilfe der Abbildung $\phi : (0, \infty) \times [0, 2\pi) \to \mathbb{R}^2$,

$$\phi(r, \theta) = (r \cos\theta, r \sin\theta) + z_o.$$

Die euklidische Norm $|\partial f|$ kann mit Hilfe jeder Orthonormalbasis ausgerechnet werden, z.B. mit (e_r, e_θ), wobei $e_r = \phi_r$ und $e_\theta = \frac{1}{r}\phi_\theta$. Also ist

$$\begin{aligned} |\partial f|^2 &= |\partial f.e_r|^2 + |\partial f.e_\theta|^2 \\ &= |\partial_r f|^2 + \frac{1}{r^2}|\partial_\theta \tilde{f}|^2 \\ &\geq \frac{1}{r^2}|\partial_\theta \tilde{f}|^2 \\ &= \frac{1}{r^2}(f \circ k_r)' \end{aligned} \tag{9.18}$$

mit $\tilde{f} := f \circ \phi$ und $k_r(\theta) = \phi(r, \theta)$. Dabei ist der Kreisbogen k_r gemäß (9.17) durch den Winkel θ auf einem Intervall mit Länge $< \pi$ parametrisiert. Mit der Substitution $z = (u, v) = \phi(r, \theta)$ (und folglich $du\, dv = r\, dr\, d\theta$) erhalten wir

$$2E \geq 2\mathcal{D}(f) = \iint |\partial f|^2 du\, dv \overset{9.18}{\geq} \int_r \int_\theta |(f \circ k_r)'(\theta)|^2 d\theta \, \frac{dr}{r}.$$

Wenn wir uns auf einen r-Bereich $r_0 < r < r_1$ einschränken und auf das Integral über r den Mittelwertsatz der Integralrechnung mit der Gewichtsfunktion $\frac{1}{r}$ anwenden [13], erhalten wir: Es gibt ein $\bar{r} \in (r_0, r_1)$ mit der Eigenschaft, dass

$$2E \geq \int_\theta |(f \circ k_{\bar{r}})'(\theta)|^2 d\theta \int_{r_0}^{r_1} \frac{dr}{r} = \int_\theta |(f \circ k_{\bar{r}})'(\theta)|^2 d\theta \cdot \log \frac{r_1}{r_0}.$$

Speziell wählen wir $r_0 = \delta \in (0, 1)$ und $r_1 = \sqrt{\delta}$, dann ist $r_1/r_0 = 1/\sqrt{\delta}$ und somit

$$\int |(f \circ k_{\bar{r}})'|^2 \leq \frac{4E}{\log(1/\delta)}, \tag{9.19}$$

und die rechte Seite strebt für $\delta \to 0$ gegen 0. Damit sind wir aber noch nicht ganz am Ziel, denn wir wollten $\mathcal{L}(f \circ k_{\bar{r}}) = \int |(f \circ k_{\bar{r}})'|$ abschätzen. Das geschieht mit der *Cauchy-Schwarz-Ungleichung* für das L^2-Skalarprodukt: Für die Kurve $c = f \circ k_{\bar{r}}$ ist $(\int_\theta (|c'| \cdot 1))^2 \leq \int_\theta |c'|^2 \cdot \int_\theta 1^2 \leq \int_\theta |c'|^2 \cdot \pi$ und daher $\mathcal{L}(c)^2 = (\int |c'|)^2 \leq \int |c'|^2 \cdot \pi$. Mit (9.19) erhalten wir also

$$\mathcal{L}(f \circ k_{\bar{r}}) \leq \sqrt{\frac{4\pi E}{\log(1/\delta)}} \overset{\delta \to 0}{\longrightarrow} 0. \tag{9.20}$$

Zu jedem vorgegeben $\epsilon > 0$ finden wir demnach ein $\delta > 0$ mit $\sqrt{\frac{4\pi E}{\log(1/\delta)}} < \epsilon$ und daher $\mathcal{L}(f \circ k_{\bar{r}}) < \epsilon$, was zu zeigen war. □

Lemma 9.4.2. *Die Funktionenmenge* $F_\Gamma^*|_{\partial D} := \{f|_{\partial D};\ f \in F_\Gamma^*\}$ *ist gleichgradig stetig.*

Beweis: Wir wollen die gleichgradige Stetigkeit bei $z_o \in \partial D$ zeigen. Für ein genügend kleines $\epsilon > 0$ ist $\Gamma \cap B_\epsilon(p)$ zusammenhängend für alle $p \in \Gamma$, denn die C^1-Untermannigfaltigkeit $\Gamma \subset \mathbb{R}^n$ kann nahe p durch ihre Tangente approximiert werden. Zu diesem ϵ wählen wir $\delta \in (0, 1)$ und zu einem beliebig vorgegebenen $f \in F_\Gamma^*$ ein $\bar{r} \in (\delta, \sqrt{\delta})$ wie im obigen Lemma 9.4.1. Dann besteht $\partial D \cap k_{\bar{r}} = \partial D \cap \partial B_{\bar{r}}(z_o)$ aus den zwei Endpunkten z_+ und z_- von $k_{\bar{r}}$, die die Kreislinie ∂D in zwei Abschnitte unterteilen, $\partial_o D = \partial D \cap \bar{B}_{\bar{r}}(z_o)$ und das Komplement $\partial_1 D = \partial D \setminus \partial_o D$. Nach dem voranstehenden Lemma 9.4.1 hat die Kurve $f \circ k_{\bar{r}}$ Länge $< \epsilon$, und für deren Endpunkte $p_\pm = f(z_\pm)$ gilt damit $|p_+ - p_-| < \epsilon$. Die Punkte p_+ und p_- unterteilen Γ in zwei Abschnitte, und weil $\Gamma \cap B_\epsilon(p_+)$ zusammenhängend ist, liegt einer der beiden Abschnitte, nennen wir ihn Γ_o, ganz in $B_\epsilon(p_+)$.

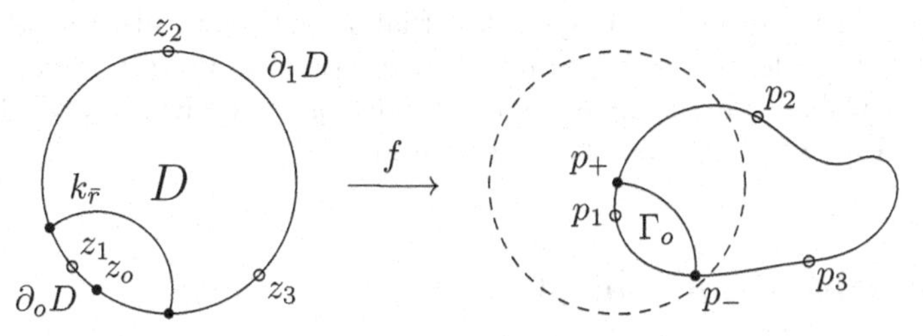

Wir wollen zeigen, dass

$$\Gamma_o = f(\partial_o D) \subset B_\epsilon(p_+)\,; \tag{9.21}$$

dann folgt $|f(z) - f(z_o)| < 2\epsilon$ für alle $z \in \partial D$ mit $|z - z_0| < \delta < \bar{r}$ und die gleichgradige Stetigkeit der Funktionenmenge $F_\Gamma^*|_{\partial D}$ ist bewiesen.

Um (9.21) zu zeigen, brauchen wir die 3-Punkte-Normierungsbedingung in (9.16). Wenn $\sqrt{\delta}$ genügend klein ist, dann enthält $\partial_o D = \partial D \cap \bar{B}_{\bar{r}}(z_o)$ höchstens einen der drei Punkte z_1, z_2, z_3. Weiterhin sei 2ϵ kleiner als jeder der drei Abstände zwischen den Werten $p_1, p_2, p_3 \in \Gamma$, so dass der kurze Abschnitt $\Gamma_o \subset B_\epsilon(p_+)$ ebenfalls höchstens einen der Werte p_1, p_2, p_3 enthalten kann. Damit ist (9.21) bewiesen, denn der andere Abschnitt $\Gamma \setminus \Gamma_o$ enthält mindestens zwei der drei Werte $p_i = f(z_i)$ und kann deshalb (wegen der Monotonie von $f|_{\partial D}$) nicht das Bild von $\partial_o D$ sein. □

Satz 9.4.1. *Es gibt eine Funktion $h \in F_\Gamma^*$ mit $\Delta h|_D = 0$ und $\mathcal{D}(h) = d(\Gamma)$.*

Beweis: Es sei (f_k) eine Folge in F_Γ^* mit $\mathcal{D}(f_k) \to d(\Gamma)$. Wir können die Funktionen f_k durch h_k mit $\Delta h_k|_D = 0$ und $h_k|_{\partial D} = f_k|_{\partial D}$ ersetzen; dann ist auch $h_k \in F_\Gamma^*$. Nach dem vorstehenden Lemma 9.4.2 ist die Folge (h_k) auf ∂D gleichgradig stetig und beschränkt, also folgt die gleichmäßige Konvergenz einer wiederum (h_k) genannten Teilfolge auf ∂D. Nach dem Harnackschen Prinzip (Satz 9.3.4) konvergiert dann (h_k) gleichmäßig auf $\bar{D}$ gegen eine auf D harmonische Funktion h mit

$$\mathcal{D}(h) \leq \lim \mathcal{D}(h_k) = d(\Gamma). \tag{9.22}$$

Die Normierungsbedingung $h(z_i) = p_i$ folgt unmittelbar aus der entsprechenden Bedingung für die h_k. Als gleichmäßiger Limes monotoner surjektiver

Funktionen ist $h|_{\partial D} : \partial D \to \Gamma$ selbst monoton und auch surjektiv, denn für jeden Punkt $p \in \Gamma$ gibt es eine Folge (z_k) in ∂D mit $h_k(z_k) = p$, und da aus Kompaktheitsgründen eine Teilfolge von (z_k) konvergiert, $z_{k_j} \to z_\infty$, folgt $h(z_\infty) = p$. Damit ist $h \in F^*_\Gamma$ und somit

$$\mathcal{D}(h) \geq d(\Gamma). \tag{9.23}$$

Zusammen mit (9.22) folgt $\mathcal{D}(h) = d(\Gamma)$. □

Die so konstruierten Lösungen des Plateauproblems als Limes einer energieminimierenden Folge harmonischer Funktionen, die ∂D monoton auf Γ abbilden, wollen wir als *Douglas-Radó-Lösungen* bezeichnen; wir haben allerdings die Konformität noch nachzuweisen.

9.5 Schwache Konformität

Wir haben gesehen, dass eine harmonische Abbildung $X \in F_\Gamma$ mit minimaler Energie $\mathcal{D}(X) = d(\Gamma)$ existiert. Wir möchten nun zeigen, dass X schwach konform ist. Diesen Nachweis könnten wir uns sparen, wenn wir benutzen wollten, dass X anderenfalls durch eine Parametertransformation $\phi : D \to D$ zu einer schwach konformen Abbildung $\tilde{X} = X \circ \phi$ umgewandelt werden kann (vgl. [34]): Wäre X nicht selbst bereits schwach konform, so folgte mit Lemma 9.2.1 und der Invarianz des Flächeninhalts unter Parametertransformationen:

$$\mathcal{D}(X) > \mathcal{A}(X) = \mathcal{A}(\tilde{X}) = \mathcal{D}(\tilde{X}),$$

was im Widerspruch zur Minimalität von $\mathcal{D}(X)$ stünde. Der Beweis der Existenz konformer Parameter ist aber schwieriger als der direkte Nachweis der schwachen Konformität von X, den wir jetzt führen wollen. Wir wollen die Konformität sogar unter der schwächeren Annahme beweisen, dass X nur unter Parameterwechseln die Energie $\mathcal{D}$ minimiert. Allerdings müssen wir mehr Regularität für X in D voraussetzen, die für absolute Minima von $\mathcal{D}$ von selbst erfüllt ist, da diese harmonische Abbildungen und damit sogar analytisch sind.

Satz 9.5.1. *Ist $X \in F_\Gamma \cap C^3(D)$ energieminimierend für alle Parameterwechsel, $\mathcal{D}(X) \leq \mathcal{D}(X \circ \phi)$ für alle zulässigen Parameterwechsel*[14] *ϕ, so ist X schwach konform, d.h.*

$$\hat{g} := 4\langle X_z, X_z \rangle = g_{uu} - g_{vv} - 2i g_{uv} = 0 \tag{9.24}$$

wobei wie früher $g_{uu} = \langle X_u, X_u \rangle$, $g_{vv} = \langle X_v, X_v \rangle$ und $g_{uv} = \langle X_u, X_v \rangle$.

[14] $\phi : D \to D$ ist C^1-Diffeomorphismus, stetig und monoton nach ∂D fortsetzbar.

Lemma 9.5.1. *Es sei $\phi_s : \bar{D} \to \bar{D}$ eine C^1-Schar von Parameterwechseln mit $\phi_0 = \mathrm{id}$, und es sei $\psi = \delta\phi_s$ mit $\delta := \frac{\partial}{\partial s}\big|_{s=0}$. Dann gilt*

$$\delta\mathcal{D}(X \circ \phi_s) = \int_D \mathrm{Re}\,(\psi_{\bar{z}} \cdot \hat{g}) \tag{9.25}$$

mit $\psi_{\bar{z}} = \frac{\partial\psi}{\partial\bar{z}} = \frac{1}{2}(\psi_u + i\psi_v)$ wie bisher.

Beweis: Mit der Substitution $z = \phi_s(w)$ bzw. $w = (\phi_s)^{-1}(z)$ gilt:[15]

$$2\mathcal{D}(X \circ \phi_s) = \int_D |\partial X_{\phi_s(w)} \cdot \partial(\phi_s)_w|^2\, d^2w = \int_D \tau(z)\, d^2z \tag{9.26}$$

mit

$$\tau(z) := |\partial X_z \cdot \partial(\phi_s)_w|^2 \cdot |\det \partial(\phi_s)_w|^{-1}, \quad w = (\phi_s)^{-1}(z).$$

Setzen wir $\partial(\phi_s)_w = \begin{pmatrix} a & c \\ b & d \end{pmatrix}$, so ist

$$\partial X_z \cdot \partial(\phi_s)_w = (X_u, X_v) \begin{pmatrix} a & c \\ b & d \end{pmatrix} = (aX_u + bX_v,\, cX_u + dX_v).$$

Da $\phi_0 = \mathrm{id}$, ist $\det \partial(\phi_0)_w = 0$ und folglich $\det \partial(\phi_s)_w > 0$ für alle s, da der Wert 0 für kein s angenommen werden darf. Wir dürfen also die Betragsstriche bei der Determinante weglassen und erhalten

$$\tau = \frac{1}{ad - bc}\left((a^2 + c^2)g_{uu} + (b^2 + d^2)g_{vv} + 2(ab + cd)g_{uv}\right).$$

Mit $a_0 = d_0 = 1$ und $b_0 = c_0 = 0$ folgt $\delta(ad - bc) = \delta a + \delta d$ und $\delta(\frac{1}{ad-bc}) = -(\delta a + \delta d)$, also

$$\begin{aligned}
\delta\tau &= -(\delta a + \delta d)(g_{uu} + g_{vv}) + 2\delta a\, g_{uu} + 2\delta d\, g_{vv} + 2(\delta b + \delta c)g_{uv} \\
&= (\delta a - \delta d)(g_{uu} - g_{vv}) + 2(\delta b + \delta c)g_{uv} \\
&\overset{*}{=} 2\,\mathrm{Re}\,(\psi_{\bar{z}} \cdot \hat{g})
\end{aligned}$$

Da $2\delta\mathcal{D} = \int_D \delta\tau$ nach (9.26), ist damit das Lemma bewiesen. Allerdings ist noch die letzte Gleichheit $\overset{*}{=}$ zu zeigen. Für festes z hängt $w = (\phi_s)^{-1}(z) =: w_s$ von s ab. Die matrixwertige Funktion $\partial(\phi_s)_{w_s}$ hängt also doppelt von s ab, über ϕ_s und w_s, deshalb ist

$$\delta\left((\partial\phi_s)_{w_s}\right) = \delta\left((\partial\phi_s)_{w_0}\right) + \delta((\partial\phi_0)_{w_s}).$$

Wegen $\phi_0 = \mathrm{id}$ (also $w_0 = z$) ist aber $(\partial\phi_0)_{w_s} = I$ für alle s. Deshalb verschwindet der zweite Term, und für den ersten gilt $\delta\partial\phi = \partial\delta\phi = \partial\psi$. Somit ist

[15] Wir bezeichnen hier das 2-dimensionale reelle Integral mit $\int_D f(w)\, d^2w$ oder $\int_D f(z)\, d^2z$, um Verwechslungen mit der komplexen Stammfunktion (8.41) zu vermeiden.

$$\partial\psi = \begin{pmatrix} \delta a & \delta c \\ \delta b & \delta d \end{pmatrix}, \quad \partial_u\psi = \begin{pmatrix} \delta a \\ \delta b \end{pmatrix}, \quad \partial_v\psi = \begin{pmatrix} \delta c \\ \delta d \end{pmatrix}.$$

In komplexer Schreibweise $\partial_u\psi = \delta a + i\,\delta b$, $\partial_v\psi = \delta c + i\,\delta d$ folgt:

$$\partial_{\bar z}\psi = \tfrac{1}{2}(\partial_u\psi + i\partial_v\psi) = \tfrac{1}{2}(\delta a - \delta d + i(\delta b + \delta c)).$$

Da $\hat g = g_{uu} - g_{vv} - 2ig_{uv}$, haben wir die Gleichung $\overset{*}{=}$ bewiesen. □

Lemma 9.5.2. *Ist $\delta\mathcal{D}(X) = 0$ für alle Parameterwechsel von X, dann ist $\hat g$ holomorph,*[16]

$$\hat g_{\bar z} = 0. \tag{9.27}$$

Beweis: Da $\mathcal{D}(X)$ minimal unter allen Parameterwechseln ist, gilt nach dem eben bewiesenen Lemma 9.5.1

$$\int_D \mathrm{Re}\,(\psi_{\bar z}\hat g) = 0 \tag{9.28}$$

für das Variationsvektorfeld $\psi = \delta\phi_s$ einer beliebigen C^1-Familie von Parametertransformationen $\phi_s : \bar D \to \bar D$; dabei ist wieder $\psi_{\bar z} = \frac{1}{2}(\psi_u + i\psi_v)$.

Mit Hilfe des Divergenzsatzes können wir in (9.28) die Ableitung $(\,)_{\bar z}$ auf den anderen Faktor wälzen: Es gilt

$$(\psi\hat g)_{\bar z} = \psi_{\bar z}\hat g + \psi\hat g_{\bar z}, \tag{9.29}$$

und der Realteil der linken Seite, $\mathrm{Re}\,(\psi\hat g)_{\bar z}$, ist eine Divergenz: Zerlegen wir die Funktion $f = \psi\hat g : D \to \mathbb{C}$ in Real- und Imaginärteil, $f = a + ib$, dann ist

$$2\,\mathrm{Re}\,f_{\bar z} = \mathrm{Re}\,(f_u + if_v) = a_u - b_v = \mathrm{div}\,\bar f,$$

wobei wir $\bar f = a - ib = (a, -b)$ als Vektorfeld auf D auffassen. Wir können also den Divergenzsatz auf dieses Vektorfeld anwenden, zwar nicht auf dem Gebiet D, weil $f = \psi\hat g$ auf ∂D nicht notwendig regulär ist, aber auf jeder kleineren Kreisscheibe

$$D_\rho = \{z \in \mathbb{C};\ |z| < \rho\}$$

mit Radius $\rho < 1$. Wir erhalten damit:[17]

$$2\int_D \mathrm{Re}\,(\psi\hat g)_{\bar z} = \int_{D_\rho} \mathrm{div}\,\bar f = \int_{\partial D_\rho} \langle \bar f, \nu\rangle \tag{9.30}$$

wobei ν der äußere Normalenvektor von ∂D_ρ ist.

[16] Wenn X harmonisch ist, folgt diese Gleichung (9.27) aus der Definition $X_{z\bar z} = 0$, denn $\hat g_{\bar z} = \langle X_z, X_z\rangle_{\bar z} = 2\langle X_{z\bar z}, X_z\rangle = 0$.

[17] Für eine stetige Funktion $k : D \to \mathbb{C}$ und eine beliebige Parametrisierung $\alpha : [a,b] \to \partial D_\rho$ definieren wir $\int_{\partial D_\rho} k := \int_{\partial D_\rho} k\,|dz| = \int_a^b k(\alpha(t))|\alpha'(t)|dt$.

Wählen wir die Diffeomorphismenschar ϕ_s in der Weise, dass $\phi_s = \text{id}$ außerhalb einer kompakten Teilmenge von D_ρ, dann verschwinden $\psi = \delta\phi_s$ und $f = \psi\hat{g}$ auf dem Rand ∂D_ρ, und mit (9.29) wird (9.28) zu

$$\int_D \text{Re}\,(\psi\hat{g}_{\bar{z}}) = 0$$

für alle ψ mit kompaktem Träger in D, woraus sofort die Behauptung $\hat{g}_{\bar{z}} = 0$ folgt (vgl. Beweis von Satz 8.1.2). □

Beweis zu Satz 9.5.1: Wir wenden noch einmal den Divergenzsatz an, benutzen diesmal aber Variationen $\psi = \delta\phi_s$, die auf ∂D_ρ nicht mehr notwendig verschwinden. Dann bleiben Randterme übrig:

$$\int_{D_\rho} \text{div}\,\bar{f} = \int_{\partial D_\rho} \langle \bar{f}, \nu\rangle = \int_{\partial D_\rho} \left\langle \overline{f(z)}, \frac{z}{\rho}\right\rangle |dz| = \int_{\partial D_\rho} \text{Re}\,\left(f(z)\frac{z}{\rho}\right) |dz|,$$

denn der äußere Normalenvektor von ∂D_ρ im Punkt $z \in \partial D_\rho$ ist $\nu = \frac{z}{\rho}$, und für alle $w, z \in \mathbb{C}$ ist $\langle w, z\rangle = \text{Re}\,(\bar{w}z)$ das euklidische Skalarprodukt in $\mathbb{R}^2 = \mathbb{C}$. Für $f = \psi\hat{g}$ ist $\text{div}\,\bar{f} = \text{Re}\,(\psi\hat{g})_{\bar{z}} = \text{Re}\,(\psi_{\bar{z}}\hat{g} + \psi\hat{g}_{\bar{z}})$. Damit folgt:

$$\int_{D_\rho} \text{Re}\,(\psi_{\bar{z}}\hat{g}) = -\,\text{Re}\int_{D_\rho} (\psi\hat{g}_{\bar{z}}) + \frac{1}{\rho}\,\text{Re}\int_{\partial D_\rho} \psi(z)\hat{g}(z)z\,|dz|. \tag{9.31}$$

Wegen der Holomorphie von $\hat{g}$ gemäß (9.27) verschwindet der erste Term auf der rechten Seite und nach (9.28) strebt die linke Seite gegen Null für $\rho \to 1$. Damit erhalten wir

$$\text{Re}\int_{\partial D_\rho} \psi(z)\hat{g}(z)z\,|dz| \overset{\rho\nearrow 1}{\longrightarrow} 0. \tag{9.32}$$

Wir wollen nun zeigen, dass eine auf D holomorphe Funktion $\hat{g}$ mit der Eigenschaft (9.32) überall gleich Null sein muss. Dazu müssen wir in (9.32) eine geeignete Schar von Parameterwechseln ϕ_s mit zugehöriger Variation $\psi = \delta\phi_s$ einsetzen. Wäre X auch am Rand ∂D regulär (wenigsten C^3), dann wäre $\text{Re}\int_{\partial D} \psi(z)\hat{g}(z)z\,|dz| = 0$, und durch geeignete Wahl von $\psi(z) = \lambda(z)iz$ für $z \in \partial D$ (Verschiebung des Parameters längs des Randes) könnten wir $\text{Im}\,z^2\hat{g}(z) = 0$ für alle $z \in \partial D$ zeigen. Die holomorphe Funktion $z^2\hat{g}(z)$ hätte also Imaginärteil Null auf ∂D; ihr Imaginärteil und damit die volle Funktion $f(z) = z^2\hat{g}(z)$ müssten deshalb nach dem Maximumprinzip (vgl. Satz 9.7.2)[18] auf ganz D verschwinden, also wäre auch $\hat{g} = 0$.

In unserer Situation aber hat X nur stetige Randwerte und wir haben nur (9.32) zur Verfügung, doch damit können wir immer noch zeigen, dass $\text{Im}\,\left(z^2\hat{g}(z)\right)$ auf ganz D verschwindet; wir müssen uns nur etwas mehr anstrengen, die Parametervariation ψ geeignet zu wählen. Wir benutzen dafür

[18] Real- und Imaginärteil holomorpher Funktionen f sind harmonisch, denn aus $f_{\bar{z}} = 0$ folgt $f_{\bar{z}z} = 0$.

den *Integralkern* für die Integraldarstellung harmonischer Funktionen (vgl. Abschitt 9.7): Jede harmonische Funktion h auf D schreibt sich nämlich in der Form

$$h(w) = \int_{z \in \partial D_\rho} k_w(z) h(z) |dz|, \tag{9.33}$$

für jedes $w \in D$ und jedes $\rho > \rho_o = |w|$, wobei

$$k_w(z) := \frac{|z|^2 - |w|^2}{2\pi |z|\,|z-w|^2}$$

für alle $z \neq w, 0$. Diese von h unabhängige Funktion k_w heißt der *Integralkern* der Integraldarstellung (9.33). Sie ist auf $\mathbb{C} \setminus \{w\}$ definiert. Wir erweitern k_w zu einer auf ganz $\mathbb{C}$ definierten Funktion

$$\tilde{k}_w := \chi \cdot k_w,$$

wobei χ eine Funktion auf $\mathbb{R}^n$ ist, die nahe ∂D, etwa für $|z| \geq 1-\epsilon$, gleich Eins ist und auf dem kleineren Kreis D_{ρ_o} identisch verschwindet.[19] Nun setzen wir

$$\phi_s(z) = e^{-is\tilde{k}_w(z)} \cdot z \tag{9.34}$$

und definieren damit eine Schar von Parametertransformationen auf $\bar{D}$ mit dem Variationsvektorfeld

$$\psi(z) = \delta\phi_s(z) = -i\tilde{k}_w(z) z. \tag{9.35}$$

Setzen wir dieses ψ in (9.32) ein für Radien $\rho > 1 - \epsilon$ (in dem Bereich gilt $\tilde{k}_w = k_w$), so erhalten wir

$$\operatorname{Im} \int_{\partial D_\rho} k_w(z) \hat{g}(z) z^2 |dz| \overset{\rho \nearrow 1}{\longrightarrow} 0 \tag{9.36}$$

Die holomorphe Funktion

$$f(z) := \hat{g}(z) z^2 \tag{9.37}$$

hat harmonischen Real- und Imaginärteil (denn aus $f_{\bar{z}} = 0$ folgt $f_{\bar{z}z} = 0$). Die linke Seite von (9.36) ist der Imaginärteil der Integraldarstellung (9.33) von $f(w)$, und somit ergibt (9.36):

$$\operatorname{Im} f(w) = 0 \tag{9.38}$$

---

[19] Man setzt $\chi(x) = \tilde{\chi}(|x|)$ mit $\tilde{\chi}(r) = \int_0^r \phi(t)\,dt$, wobei $\phi \geq 0$ eine Funktion auf $\mathbb{R}$ ist, die außerhalb des Intevalls $(a, b) = (\rho_o, 1-\epsilon)$ verschwindet, im Inneren irgendwo positiv ist, mit $\int_a^b \phi = 1$. Man nutzt dazu wieder die C^∞-Funktion μ mit $\mu(s) = e^{-1/s}$ für $s \geq 0$ und $\mu(s) = 0$ für $s \leq 0$, vgl. Fußnote 3 in Kapitel 8, S. 101. Man setzt $\phi = \phi_o / \int_a^b \phi_o$ mit $\phi_o(t) = \mu\delta^2 - \mu(t-c)^2$, wobei $c = (a+b)/2$ und $\delta \leq (b-a)/2$.

für beliebige $w \in D$. Die Funktion f ist also reell und gleichzeitig holomorph, also konstant (denn aus $f = \bar{f}$ und $f_{\bar{z}} = 0$ folgt auch $f_z = \overline{f_{\bar{z}}} = 0$ und damit $\partial f = 0$). Da $f(z) = \hat{g}(z)z^2$ bei $z = 0$ verschwindet, hat diese Konstante den Wert Null und somit ist $\hat{g} = 0$, was zu zeigen war. □

Satz 9.5.2. *Eine nicht konstante schwach konforme harmonische Abbildung $X : U \to \mathbb{R}^n$ auf einem offenen Gebiet $U \subset \mathbb{C}$ ist eine konforme minimale Immersion außerhalb einer diskreten Teilmenge von U.*

Beweis: Wegen der schwachen Konformität ist X genau dort eine Immersion, wo $X_z \neq 0$. Da X harmonisch ist, $X_{z\bar{z}} = 0$, ist X_z holomorph und hat deshalb isolierte Nullstellen: Jede holomorphe Funktion f auf U lässt sich ja um jeden Punkt $z_o \in U$ als Potenzreihe (Taylorreihe) $f(z) = \sum_{k \geq 0} a_k(z - z_o)^k$ schreiben (vgl. Satz 9.8.3 in Abschnitt 9.8), und wenn z_o eine Nullstelle der Ordnung m ist, dann ist $f(z) = (z - z_o)^m h(z)$ mit $h(z) = \sum_{k \geq 0} a_{k+m}(z - z_o)^k$ und $h(z_o) = a_m \neq 0$. Dann besitzt h nahe z_o keine Nullstelle, und daher hat auch f nahe z_o keine weitere Nullstelle mehr. □

Satz 9.5.3. *Jede Douglas-Radó-Lösung X bildet die Kreislinie ∂D homöomorph auf Γ ab.*

Beweis: Zu zeigen ist nur noch die Injektivität von $X|_{\partial D}$. Es ist bequemer, die Kreisscheibe D durch die *obere Halbebene* $\mathbb{C}_+ = \{z \in \mathbb{C};\ \text{Im}\ z > 0\}$ zu ersetzen; das geschieht mit Hilfe der konformen Transformation $\phi(z) = \frac{z-i}{z+i}$, die uns im Abschnitt 12.3 noch einmal begegnen wird.[20] In der Tat ist $\phi(\mathbb{C}_+) = D$, denn $\phi(z) \in D \iff |z-i|^2 < |z+i|^2 \iff 0 < |z+i|^2 - |z-i|^2 = (z+i)(\bar{z}-i) - (z-i)(\bar{z}+i) = -2zi + 2i\bar{z} = 4\,\text{Im}\ z \iff z \in \mathbb{C}_+$. Statt X betrachten wir daher $\tilde{X} = X \circ \phi : \mathbb{C}_+ \to \mathbb{R}^n$; diese Abbildung ist immer noch schwach konform und harmonisch (vgl. Lemma 9.2.2) und bildet die reelle Gerade $\mathbb{R} = \partial\mathbb{C}_+$ monoton auf Γ ab.

Nehmen wir also an, dass $X|_{\partial D}$ und somit auch $\tilde{X}|_{\mathbb{R}}$ nicht injektiv sind, d.h. $\tilde{X}(a) = \tilde{X}(b)$ für gewisse $a < b \in \mathbb{R}$. Wegen der Monotonie ist dann $\tilde{X}|_{[a,b]} = x_o = const$. Durch eine Verschiebung und zentrische Streckung des Parameters sowie eine Translation im Bildraum können wir $[a, b] = [-1, 1]$ und $x_o = 0$ annehmen, d.h.

$$\tilde{X}|_{[-1,1]} = 0. \tag{9.39}$$

Wir werden sehen, dass eine solche Abbildung konstant gleich Null sein muss. Dazu definieren wir die stetige, auf D harmonische Abbildung $Y : \bar{D} \to \mathbb{R}^n$ mit den Randwerten

$$Y(z) = \begin{cases} \tilde{X}(z), & z \in \partial D,\ \text{Im}\ z \geq 0 \\ -\tilde{X}(\bar{z}), & z \in \partial D,\ \text{Im}\ z \leq 0 \end{cases}$$

[20] Vgl. (12.11), wo allerdings $-\phi$ statt ϕ betrachtet wird.

Diese Randwerte sind wohldefiniert auf $\partial D \cap \mathbb{R} = \{\pm 1\}$ und damit stetig auf ganz ∂D, weil $\tilde{X}(\pm 1) = 0$ nach (9.39). Dann gilt[21]

$$Y(z) = -Y(\bar{z}) \tag{9.40}$$

zunächst nach Definition für alle $z \in \partial D$, doch diese Symmetrie überträgt sich auf alle $z \in \bar{D}$. Definieren wir nämlich $\tilde{Y} : \bar{D} \to \mathbb{R}^n$ durch $\tilde{Y}(z) = -Y(\bar{z})$, so ist $\tilde{Y}$ auf D harmonisch und hat die gleichen Randwerte wie Y; wegen der Eindeutigkeit der Lösung des Dirichletproblems (*Maximumprinzip*, vgl. Satz 9.7.3) ist somit $\tilde{Y} = Y$ und (9.40) gilt für alle $z \in \bar{D}$. Für $z \in \bar{D} \cap \mathbb{R} = [-1, 1]$ folgt insbesondere

$$Y|_{[-1,1]} = 0. \tag{9.41}$$

Damit haben die harmonischen Funktionen Y und $\tilde{X}$ auf dem Halbkreis $\bar{D}_+ = \{z \in \bar{D};\ \text{Im } z \geq 0\}$ die gleichen Randwerte und stimmten daher (wieder nach dem Maximumprinzip) auf $\bar{D}_+$ überein. Somit ist Y auch schwach konform, denn $\tilde{X}$ ist schwach konform und die holomorphe Funktion $\hat{g} = 4\langle Y_z, Y_z \rangle$ (vgl. (9.27)) verschwindet daher auf $\bar{D}_+$ und damit überall (die Nullstellen einer nicht identisch verschwindenden holomorphen Funktion wären isoliert, vgl. den Beweis von Satz 9.5.2). Aus (9.41) folgt aber das Verschwinden der ersten partiellen Ableitung $Y_u = 0$ auf $(-1, 1)$, und wegen der schwachen Konformität (insbesondere $|Y_u| = |Y_v|$) ergibt sich $\partial Y = 0$ auf $(-1, 1)$. Nach Satz 9.5.2 folgt $Y \equiv 0$, denn andernfalls könnte $\partial Y = 0$ nur auf einer diskreten Teilmenge gelten, nicht auf dem ganzen Intervall $(-1, 1)$.

Damit folgt auch $\tilde{X}|_{\bar{D}_+} = Y|_{\bar{D}_+} = 0$ und also $\tilde{X} \equiv 0$, denn die holomorphe Funktion $\tilde{X}_z$ verschwindet auf der nicht-diskreten Menge D_+ und ist somit überall gleich Null und damit $\tilde{X} = const = 0$. Dasselbe gilt dann auch für die ursprüngliche Abbildung $X : \bar{D} \to \mathbb{R}^n$. Aber diese kann nicht Null sein, da sie ∂D surjektiv auf Γ abbildet, Widerspruch! Die Annahme, $X|_{\partial D}$ sei nicht injektiv, war also falsch. □

Bemerkungen: 1. Wir haben nun Satz 9.1.1 vollständig bewiesen. Die Voraussetzung an die Randkurve Γ kann dabei noch abgeschwächt werden: Es genügt, dass Γ stetig und *rektifizierbar* ist, also endliche Bogenlänge besitzt; eine geeignete Parametrisierung γ ist dann fast überall differenzierbar und $|\gamma'|$ ist integrierbar.

2. Auch der Fall $n = 2$ ist interessant. In diesem Fall ist X holomorph (da schwach konform) und bildet D auf das Gebiet G ab, das von der einfach geschlossenen ebenen Kurve Γ berandet wird. Da ∂D bijektiv auf Γ abgebildet wird und die Anzahl der Urbilder der holomorphen Funktion X außerhalb der (diskreten) Nullstellenmenge der Ableitung konstant ist, muss X überall injektiv und damit ein holomorpher Diffeomorphismus sein; insbesondere

[21] Das folgende Argument ist bekannt als *Schwarzsches Spiegelungsprinzip*, vgl. [12], benannt nach H.A. Schwarz, der auch wichtige Beiträge zur Theorie der Minimalflächen geleistet hat, vgl. [5], [28].

hat die Ableitung keine Nullstellen. Das ist ein Spezialfall des Riemannschen Abbildungssatzes, der gegenüber der allgemeineren Version (vgl. [12], [22]) den Vorteil hat, auch über das Verhalten am Rand ∂D Auskunft zu geben.

3. Ist die vorgegebene Randkurve Γ differenzierbar, genauer eine 1-dimensionale differenzierbare Untermannigfaltigkeit, so ist auch X am Rand differenzierbar, was von S. Hildebrandt bewiesen wurde.[22] – Während wir im nächsten Abschnitt erläutern werden, dass die Douglas-Radó-Lösung keine inneren Verzweigungspunkte besitzt und damit nicht nur im analytischen, sondern auch im geometrischen Sinne regulär ist, ist derzeit noch ungeklärt, ob auch am Rand keine Verzweigungspunkte auftreten können, d.h. ob $X|_{\partial D}$ überall Ableitung $\neq 0$ besitzt.[23]

4. Die Lösung des Plateauproblems ist im Algemeinen nicht eindeutig (vgl. [34], S. 86 ff). Eindeutigkeit gilt, wenn die vorgegebene Randkurve ein Graph über einer konvexen Kurve in der Ebene ist[24] oder wenn ihre Totalkrümmung $\leq 4\pi$ ist,[25] was insbesondere bedeutet, dass die Kurve nicht verknotet ist, vgl. Bemerkung 2 in Abschnitt 2.5.

5. Wir kehren nun noch zu der schon in Abschnitt 9.2 aufgeworfenen Frage zurück, ob das Infimum des Flächeninhaltes tatsächlich mit demjenigen des Dirichletintegrals übereinstimmt. Diese Frage konnte von S. Hildebrandt und H. von der Mosel[26] positiv beantwortet werden, und wir wollen deren Argument hier vorstellen. Allerdings werden für die vollständige Durchführung stärkere analytische Hilfsmittel benötigt, als wir sie hier entwickeln können; für diese Hilfsmittel müssen wir auf die entsprechende Literatur verweisen.

Wir erinnern an die in Abschnitt 9.4 eingeführte Funktionsklasse F_Γ von stetigen, im Inneren differenzierbaren Abbildungen der abgeschlossenen Kreisscheibe $\bar{D}$, die den Rand ∂D monoton auf die vorgegebene Jordankurve Γ abbilden. Wir müssen hier mit einer etwas allgemeineren Funktionenklasse arbeiten, nämlich mit Abbildungen aus dem Sobolevraum $H^{1,2}(D, \mathbb{R}^3)$, der aus den L^2-Abbildungen mit endlichem Dirichletintegral besteht; für die präzise Definition können wir beispielsweise auf [26] verweisen. Wir setzen also

---

22 S. Hildebrandt: Boundary behavior of minimal surfaces, Arch. Rat. Mech. Anal.35 (1969), 47–82; genauer besagen der Hildebrandtsche Satz und seine Verallgemeinerungen, dass, wenn Γ von einer Hölderschen Differenzierbarkeitsklasse $C^{k,\alpha}$ für $k \in \mathbb{N}, 0 < \alpha < 1$ ist, die Lösung X ebenfalls von dieser Klasse ist (vgl. [24], S. 72, Thm. 2.6.1, und [6], S.102, Thm.1).

23 Für eine neuere Arbeit zu diesem Problem verweisen wir auf Wienholtz, D: A method to exclude branch points of minimal surfaces. Calc. Var. 7 (1998), 219247

24 T. Radó: Some remarks on the problem of Plateau, Proc. Natl. Acad. Sci. USA 16 (1930), 242 - 248

25 J. Nitsche: A new uniqueness theorem for minimal surfaces, Arch. Rat. Mech. Anal. 52 (1973), 319–329,
X. Li-Jost: Uniqueness of minimal surfaces in Euclidean and hyperbolic 3-space, Math. Z. 217 (1994), 275–285.

26 S. Hildebrandt, H. v.d.Mosel: On two-dimensional geometric variational problems, Calc. Var. 9 (1999), 249 -267

$$C_\Gamma = \{X \in H^{1,2}(D,\mathbb{R}^3) \cap C(\bar{D});\ X|_{\partial D} : \partial D \nearrow_s \Gamma\}; \tag{9.42}$$

dabei bedeutet $\nearrow_s$ "schwach monoton"; schwach monotone Abbildungen sind gleichmäßige Limites monotoner Abbildungen. Wir definieren nun

$$a(\Gamma) = \inf\{\mathcal{A}(X); X \in C_\Gamma\}, \quad d(\Gamma) = \inf\{\mathcal{D}(X); X \in C_\Gamma\} \tag{9.43}$$

und wollen

$$a(\Gamma) = d(\Gamma) \tag{9.44}$$

zeigen. Würden wir einfach das Flächenfunktional $\mathcal{A}$ minimieren, wüssten wir noch immer nicht, ob wir die Lösung X mit $\mathcal{A}(X) = a(\Gamma)$ schwach konform parametrisieren könnten; es könnte also immer noch $a(\Gamma) < d(\Gamma)$ gelten. Stattdessen minimieren Hildebrandt und v.d. Mosel Funktionale, die Mischungen von $\mathcal{A}$ und $\mathcal{D}$ sind, nämlich für $0 < \varepsilon < 1$

$$\mathcal{A}^\varepsilon = (1-\varepsilon)\mathcal{A} + \varepsilon\mathcal{D} \tag{9.45}$$

Wenn X^ε dieses Funktional $\mathcal{A}^\varepsilon$ in C_Γ minimiert, dann gilt auch $\mathcal{A}^\varepsilon(X^\varepsilon) \leq \mathcal{A}^\varepsilon(X^\varepsilon \circ \phi)$ für alle zulässigen Parameterwechsel $\phi : D \to D$, und da $\mathcal{A}$ invariant unter Parameterwechseln ist, minimiert X^ε damit auch das Funktional $\mathcal{D}$ unter Parameterwechseln. Nach Satz 9.5.1 (unser Beweis erfordert allerdings stärkere Regularität) muss X^ε daher schwach konform sein, also gilt

$$\mathcal{A}^\varepsilon(X^\varepsilon) = \mathcal{A}(X^\varepsilon) = \mathcal{D}(X^\varepsilon) \tag{9.46}$$

nach Lemma 9.2.1, dessen Beweis auch in dem Sobolevraum $H^{1,2}$ gültig bleibt. Wenn $X^1 \in C_\Gamma$ nun ein Minimierer von $\mathcal{D}$ ist, dann folgt mit Lemma 9.2.1:

$$d(\Gamma) \leq \mathcal{D}(X^\epsilon) = \mathcal{A}^\epsilon(X^\epsilon) \leq \mathcal{A}^\epsilon(X^1) \leq \mathcal{D}(X^1) = d(\Gamma) \tag{9.47}$$

Also gilt überall Gleichheit in (9.47); insbesondere ist $A^\varepsilon(X^\varepsilon) = d(\Gamma)$ für alle ε. Somit folgt $\mathcal{A}^\varepsilon(X^\varepsilon) \leq \mathcal{A}^\varepsilon(X) \overset{\varepsilon\to 0}{\longrightarrow} \mathcal{A}(X)$ für jedes $X \in C_\Gamma$ und damit $\mathcal{A}^\varepsilon(X^\varepsilon) \leq \mathcal{A}(X)$, also

$$d(\Gamma) = \mathcal{A}^\varepsilon(X^\varepsilon) \leq \inf_X \mathcal{A}(X) = a(\Gamma) \leq d(\Gamma). \tag{9.48}$$

Wieder gilt überall Gleichheit und insbesondere folgt $a(\Gamma) = d(\Gamma)$.

Wir benötigen natürlich die Tatsache, dass $\mathcal{A}^\varepsilon$ sein Infimum in C_Γ annimmt. Hierzu müssen wir zusätzlich zu den in diesem Kapitel entwickelten Argumenten noch ein allgemeines Resultat der Variationsrechnung heranziehen.[27]

[27] E. Acerbi, N. Fusco, Semicontinuity problems in the calculus of variations, Archive Rat. Mech. Anal. 86, 125–145 (1984)

9.6 Ausschluss von Verzweigungspunkten

Die Nullstellen der Ableitung einer schwach konformen harmonischen Abbildung X heißen *Verzweigungspunkte.* Für Dimensionen $n \geq 4$ können Lösungen des Plateau-Problems durchaus Verzweigungspunkte besitzen; z.B. ist die holomorphe Abbildung $X : \bar{D} \to \mathbb{R}^4 = \mathbb{C}^2$, $X(z) = (z^2, z^3)$, die komplexe Version der *Neileschen Parabel* eine solche Lösung mit minimalem Flächeninhalt und mit einem Verzweigungspunkt bei $z = 0$.[28] Aber im Fall $n = 3$ haben minimale Lösungen des Plateauproblems keine Verzweigungspunkte, wie R. Ossermann gezeigt hat.[29] Der Grund hierfür ist, dass von den Verzweigungspunkten einer Fläche in $\mathbb{R}^3$ immer Selbstschnittlinien ausgehen. Löst man diese auf, indem man die von der Selbstschnittlinie ausgehenden vier Blätter anders miteinander verbindet, so kann man den Flächeninhalt verkleinern.

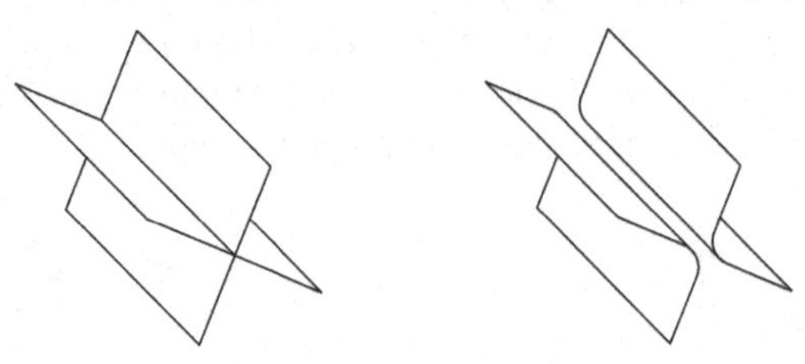

Wir wollen uns das am einfachsten Beispiel verdeutlichen (vgl. Lawson [34]). Wir betrachten dazu die Fläche $X = (X^1, X^2, X^3) : \mathbb{C} \to \mathbb{R}^3$ mit den Weierstraß-Daten $g(z) = z$ und $h(z) = z^2$ (vgl. (8.50)) und erhalten (bis auf eine zentrische Streckung):

$$X(z) = \left(\mathrm{Re}\,(z^2 - \frac{1}{2}z^4), \, -\mathrm{Im}\,(z^2 + \frac{1}{2}z^4), \, \frac{4}{3}\,\mathrm{Re}\, z^3\right).$$

[28] Diese Lösung hat tatsächlich kleinsten Flächeninhalt bei gegebenem Rand $\Gamma = X(\partial D)$, denn die auf $\mathbb{C}^2$ definierte 2-Form $\omega(x, y) = \mathrm{Im}\, \bar{x}^t y$ (die *Kählerform*) *kalibriert* alle *holomorphen* X, d.h. diejenigen Flächen, deren Tangentialebenen komplexe Untervektorräume von $\mathbb{C}^2$ sind. In der Tat sehen wir $|\omega(x, y)| \leq 1$ für solche $x, y \in \mathbb{C}^2 = \mathbb{R}^4$, die bezüglich des reellen Skalarprodukts $\langle x, y\rangle_{\mathbb{R}} = \mathrm{Re}\, \bar{x}^t y$ *orthonormal* sind, und $\omega(x, y) = \langle x, iy\rangle_{\mathbb{R}}$ nimmt den Maximalwert 1 an genau dann, wenn $y = ix$, vgl. Übung 10 in Kapitel 8 sowie S. 105.

[29] R. Osserman: A proof of the regularity everywhere of the classical solution to Plateau's problem, Ann.Math.(2) 91 (1970), 550–569. – Genauer betrachten wir hier nur die sog. *eigentlichen* Verzweigungspunkte. Es könnte nämlich auch noch *uneigentliche* Verzweigungspunkte geben, bei denen nur die Parametrisierung verzweigt ist, also lokal mehrere Blätter übereinanderliegen, anstatt sich in der Nähe des Verzweigungspunktes transversal zu schneiden. Überraschenderweise sind derartige uneigentliche Verzweigungspunkte erheblich schwieriger auszuschließen als eigentliche, und für die hierzu erforderlichen Monodromieargumente müssen wir auf die Originalarbeiten von R.Gulliver: Regularity of minimizing surfaces of prescribed mean curvature, Ann. Math. 97 (1973), 275–305, und H.-W. Alt: Verzweigungspunkte von H-Flächen, I, Math. Z. 127 (1972), 333–362, II, Math. Ann. 201 (1973), 33–55, verweisen.

Diese Minimalfläche schneidet die x^1x^2-Ebene da, wo Re $z^3 = 0$ ist; dies passiert genau an den Punkten $z = re^{i\alpha}$ mit $3\alpha = \frac{\pi}{2} - k\pi$, $k \in \mathbb{Z}$, also $\alpha = \alpha_k = (1-2k)\frac{\pi}{6}$. Fassen wir die beiden ersten Komponenten von X zu einer komplexen Größe $X^+ = X^1 + iX^2$ zusammen, so erhalten wir

$$X^+(z) = \bar{z}^2 - \frac{1}{2}z^4 = r^2e^{-2i\alpha_k} + \frac{1}{2}r^4e^{i(4\alpha_k+\pi)} = (r^2 + \frac{1}{2}r^4)e^{i\beta_k}$$

mit $\beta_k = 2\alpha_k = (2k-1)\frac{\pi}{3}$, denn $e^{i(4\alpha_k+\pi)} = e^{i\beta_k}$, weil $(4\alpha_k+\pi)-\beta_k = (6-6k)\frac{\pi}{3} = (1-k)\cdot 2\pi$. Der Schnitt der Fläche mit der x^1x^2-Ebene besteht also aus drei Strahlen, die vom Ursprung unter den drei Winkeln $\beta_0 = \beta_3 = -\frac{\pi}{3}$, $\beta_1 = \beta_4 = \frac{\pi}{3}$ und $\beta_2 = \beta_5 = \pi$ ausgehen, und im Ursprung liegt deshalb ein Verzweigungspunkt. Durchläuft $z = re^{i\alpha}$ den Kreis $|z| = r$, so wechselt X^3 sechsmal das Vorzeichen, nämlich genau bei den Winkeln $\alpha = \alpha_k$. Jeder der drei Strahlen $\mathbb{R}_+ \cdot e^{i\beta_k}$ in der x^1x^2-Ebene kommt zweimal als Wert von X vor, und jedesmal wechselt dort X^3 das Vorzeichen in unterschiedlicher Richtung, also sind diese Strahlen Selbstschnittlinien.

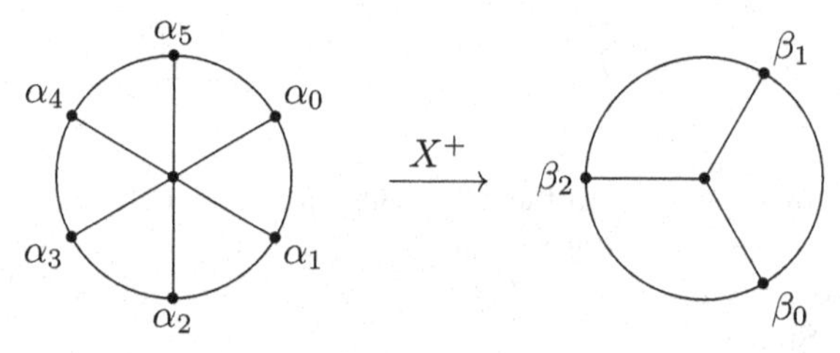

Wir wollen nun zeigen, dass der Flächeninhalt von X bei gegebener Randkurve noch verkleinert werden kann.[30] Dazu betrachten wir einen Diffeomorphismus $\phi : \bar{D} \setminus A \to \bar{D} \setminus B$, wobei $B \subset D$ das auf der imaginären Achse liegende Intervall $B = \{it;\ -\epsilon \le t \le \epsilon\}$ und $A = [-\epsilon, \epsilon] \subset D$ das entsprechende Intervall auf der reellen Achse ist. Dabei soll der rechtsseitige und der linksseitige Limes $\phi(s\pm) = \lim_{t\searrow 0}\phi(s \pm it)$ für alle $s \in (-\epsilon, \epsilon)$ existieren und $\phi(s\pm) = \phi(-s\pm) = \pm is$ erfüllen. Anschaulich gesprochen schlitzt man D in A auf, vergrößert diesen horizontalen Schlitz zu einer Raute und klebt dann den linken Rand der Raute mit dem rechten zusammen:

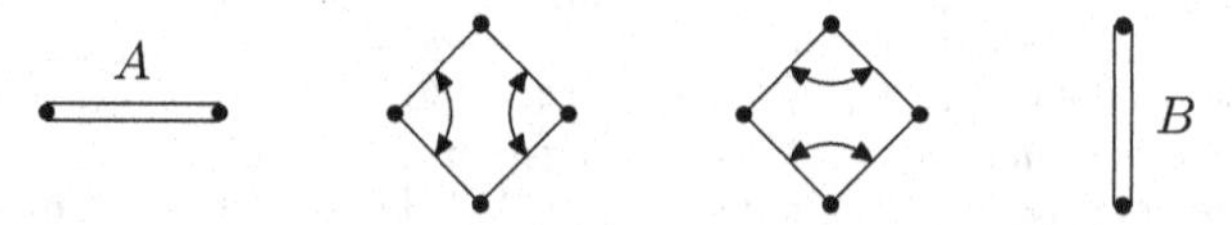

Da $X(it) = X(-it)$, ist $\tilde{X} = X \circ \phi$ auf ganz $\bar{D}$ stetig fortsetzbar. Das Bild von X und $\tilde{X}$ ist dasselbe, aber die Zusammenhangsverhältnisse haben sich auf dem Strahl $X(i\mathbb{R}) = \{(x_1, 0, 0);\ x_1 < 0\}$ nahe dem Ursprung verändert:

[30] Als Randkurve dürfen wir nicht einfach $X|_{\partial D}$ wählen, weil diese Kurve ebenfalls Selbstschnitte hat, die wir aber leicht beseitigen können, indem wir ∂D durch eine an den Stellen $\alpha_0, \alpha_2, \alpha_4$ leicht ins Innere von D deformierte Kurve ersetzen.

Statt dass sich zwei Blätter kreuzen, stoßen zwei Dächer am gemeinsamen Dachfirst zusammen.

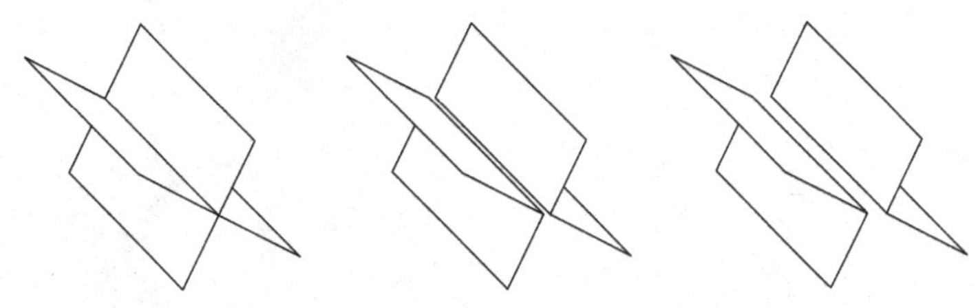

Der Flächeninhalt ist bis jetzt noch derselbe geblieben, aber nun können wir ihn verkleinern, indem wir die Dächer voneinander trennen und flacher machen. Der Flächeninhalt von X kann also nicht minimal gewesen sein, und die Ursache dafür war der Verzweigungspunkt in 0.

Das vorstehende Beispiel verdeutlicht die wesentliche geometrische Idee zum Ausschluss von Verzweigungspunkten bei Minima des Plateauproblems. Man könnte nun vielleicht glauben, dass man auf diese Weise noch mehr zeigen kann, nämlich dass die von uns gefundenen Minima des Plateauproblems überhaupt keine Selbstschnittlinien aufweisen können und eingebettet sind. So einfach ist die Lage aber leider nicht: Wir könnten z.B. als Randkurve für das Plateauproblem eine verknotete Kurve wählen. Dass eine geschlossene Jordankurve[31] im dreidimensionalen Raum *verknotet* ist, ist gerade dadurch definiert, dass sie kein eingebettetes Bild der Kreisscheibe beranden kann, also insbesondere auch keine eingebettete Minimalfläche, die Bild der Kreisscheibe ist. Die Lösung des Plateauproblems für eine solche Kurve ist also nicht injektiv und besitzt daher Selbstschnitte oder Verzweigungspunkte, die ja auch zu Selbstschnitten führen, wie wir gesehen haben. Was passiert, wenn wir diese nach obigem Muster aufzulösen versuchen? Um dies zu verstehen betrachten wir noch einmal eine einfache Modellsituation, die wieder bereits die wesentliche geometrische Situation erfasst. Wir nehmen einfach eine Minimalflächenkonfiguration, die lokal aus zwei sich schneidenden Ebenen besteht – wir erinnern uns natürlich daran, dass Ebenen stets minimal sind – und schneiden aus jeder der beiden Ebenen jeweils eine kleine Kreisscheibe heraus, mit gleichem Mittelpunkt und gleichem Durchmesser auf der Schnittgeraden der beiden Ebenen, und entfernen sie. Der gemeinsame Durchmesser zerschneidet dann jede der beiden Scheiben in zwei Hälften.

[31] Eine *Jordankurve* $\Gamma \subset \mathbb{R}^n$ ist das Bild der Kreislinie S^1 oder des Intervalls $[0,1]$ unter einer injektiven stetigen Abbildung $\gamma : \mathsf{S}^1 \to \Gamma$.

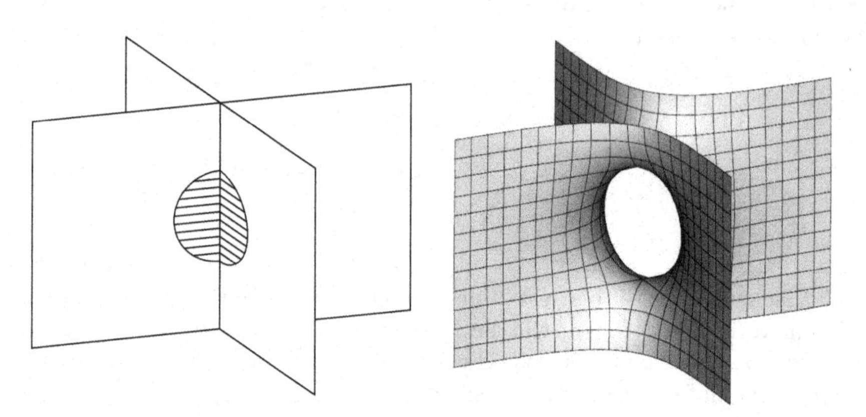

Genauso wie vorher können wir jetzt diese Hälften auf zwei mögliche Arten neu zusammenfügen; in beiden Fällen erhalten wir zwei in der Mitte geknickte Kreisscheiben, die an der ursprünglichen Schnittgeraden zusammenstoßen. Wenn wir sie voneinander trennen und die Knickwinkel flacher machen, verkleinern wir wiederum den Flächeninhalt. Wenn wir dies entlang der Schnittlinie abwechselnd auf die eine und die andere Art machen, entsteht eine bekannte Minimalfläche, der Scherksche Löcherturm;[32] ein Abschnitt davon ist in der vorstehenden Figur rechts zu sehen.[33]

Allerdings haben wir nun den topologischen Typ der Fläche verändert; wir haben nämlich die beiden sich schneidenden Kreisscheiben miteinander zu einer einzigen Fläche verbunden. Es stellt sich heraus, dass sich eine solche Fläche nicht mehr als stetiges Bild der Kreisscheibe darstellen lässt, sondern dass man nun zur Realisierung kompliziertere Parametergebiete benötigt. Das Prinzip ist also, dass sich Selbstdurchschneidungen mit Verringerung des Flächeninhaltes auflösen lassen, sofern man einen komplizierteren topologischen Typ der Fläche in Kauf nimmt. Tatsächlich haben R. Hardt und L. Simon bewiesen,[34] dass jede Kurve wie in Satz 9.1.1 stets eine eingebettete Minimalfläche berandet. Der Beweis beruht allerdings auf einem ganz anderen Zugang, nämlich demjenigen der Geometrischen Maßtheorie, die Flächen nicht als durch Referenzgebiete wie beispielsweise die Einheitskreisscheibe parametrisierte Bilder ansieht, sondern direkt als Untermengen des umgebenden Raumes, über die Differentialformen integriert werden können. Dies können wir hier leider nicht weiterverfolgen, verweisen aber auf die schöne Einführung von F. Morgan [35].

Wir bemerken noch, dass sich auch unabhängig von der Frage nach der An- oder Abwesenheit von Selbstschnitten untersuchen lässt, ob eine gegebe-

[32] Heinrich Ferdinand Scherk, 1798 (Posen/Poznan) – 1885 (Bremen).

[33] Diese Figur verdanken wir Hermann Karcher, siehe auch http://vmm.math.uci.edu/3D-XplorMath/Surface/saddle_tower/saddle_tower.html

[34] R. Hardt und L. Simon: Boundary regularity and embedded solutions for the oriented Plateau problem, Ann. Math. 110 (1979), 439–486.

ne Randkurve Γ nicht nur Minimalflächen, die sich als Bild der Kreisscheibe parametrisieren lassen, sondern zusätzlich auch solche von komplizierterem topologischen Typ beranden kann. In manchen Fällen geht das offensichtlich nicht: Eine in einer Ebene liegende Randkurve kann nur das von ihr berandete Gebiet in dieser Ebene als Minimalfläche aufspannen, wie man direkt aus dem Maximumprinzip im nächsten Kapitel folgert (vgl. die Bemerkung nach Satz 10.2.1). Für kompliziertere, beispielsweise verknotete Raumkurven ist es aber geometrisch plausibel, dass man durch eine kompliziertere topologische Gestalt einen kleineren Flächeninhalt als durch das Bild einer Kreisscheibe erreichen kann. Auch das einfache Beispiel von zwei genügend nahe beieinander in parallelen Ebenen liegenden Kreislinien zeigt, dass man durch ein zylindrisches Gebiet (vom topologischen Typ des Kreisringes), das die beiden Kreislinien als Randkurven hat, einen kleineren Flächeninhalt erreichen kann, als wenn man in jede der Kreislinien einfach eine Kreisscheibe einspannt. Dieses Beispiel werden wir im Abschnitt 10.2 genauer analysieren. – Mit der allgemeinen Frage nach Minimalflächen höheren topologischen Typs bei gegebener Berandung, dem sog. Douglasproblem, haben sich bereits J. Douglas und R. Courant in den 30er Jahren ausführlich auseinandergesetzt.[35]

9.7 Harmonische Funktionen

In diesem Abschnitt wollen wir die Beweise für die benötigten Hilfsmittel aus der Theorie der harmonischen Funktionen ($\Delta f = 0$) nachtragen. Solche Funktionen besitzen eine Darstellung als Integral oder gewichtetes Mittel, die *Poissondarstellung* (9.66); alle Eigenschaften lassen sich darauf zurückführen. (Für die Dimension 2 geben wir im nächsten Abschnitt 9.8 noch einen einfacheren Zugang.)

Wir beginnen sehr allgemein und betrachten ein offenes beschränktes Gebiet $\Omega \subset \mathbb{R}^n$, dessen Rand $\partial\Omega$ eine C^1-Hyperfläche ist. Die nach außen weisende Einheitsnormale auf $\partial\Omega$ bezeichnen wir mit ν. Für jedes C^1-Vektorfeld

[35] Es ergaben sich alllerdings technische Schwierigkeiten beim Verständnis des Überganges zwischen verschiedenen topologischen Typen, also bei der Formalisierung der Konvergenz einer Familie von Flächen gegen eine von einem anderen topologischen Typ. Als ein einfaches Beispiel greifen wir noch einmal auf die Situation des minimalen Kreisringes in Abschnitt 10.2 voraus. Wenn nämlich die beiden parallelen Kreislinien dort genügend nahe beieinander liegen, beranden sie eine Minimalfläche vom Typ des Kreisringes, und zwar ein Katenoid. Wenn man sie dagegen weiter voneinander entfernt, ist das irgendwann nicht mehr möglich (siehe Abschnitt 10.2), und es bleiben nur die beiden Kreisscheiben als minimale Konfiguration übrig. Eine endgültige Lösung des Douglasproblems wurde erzielt in J. Jost: Conformal mappings and the Plateau-Douglas problem in Riemannian manifolds, J. reine angew. Math. 359 (1985), 37–54.

$v : \bar{\Omega} \to \mathbb{R}^n$ gilt dann der *Divergenzsatz*[36]

$$\int_\Omega \operatorname{div} v = \int_{\partial\Omega} \langle v, \nu \rangle.$$

Wenden wir diesen an auf $v = f \nabla g$ für zwei C^2-Funktionen $f, g : \bar{\Omega} \to \mathbb{R}$, so ist $\operatorname{div}(f \nabla g) = \langle \nabla f, \nabla g \rangle + f \cdot \Delta g$ (mit $\Delta g = \operatorname{div} \nabla g$) und wir erhalten die *erste Greensche Formel*

$$\int_\Omega f \Delta g + \int_\Omega \langle \nabla f, \nabla g \rangle = \int_{\partial\Omega} f g_\nu, \tag{9.49}$$

wobei wir mit

$$g_\nu = \frac{\partial g}{\partial \nu} = \langle \nabla g, \nu \rangle$$

die Ableitung von g in Richtung der Normale ν bezeichnen. Vertauschen wir die Rollen von f und g und bilden die Differenz, so ergibt sich die *zweite Greensche Formel*

$$\int_\Omega (f \Delta g - g \Delta f) = \int_{\partial\Omega} (f g_\nu - g f_\nu). \tag{9.50}$$

Wenn f und g harmonisch sind, ist die linke Seite von (9.50) gleich Null.

Wir werden die Formel zur Darstellung einer beliebigen harmonischen Funktion f benutzen, wobei g die sog. *Fundamentallösung* der Laplace-Gleichung $\Delta g = 0$ ist. Um diese einzuführen betrachten wir *radiale* Funktionen $g = \sigma(r)$, wobei

$$r(x) := |x|.$$

Mit $\nabla r = \frac{x}{r}$ und

$$\Delta r = \operatorname{div}(\frac{1}{r} x) = \langle \nabla \frac{1}{r}, x \rangle + \frac{1}{r} \operatorname{div} x = -\frac{1}{r^2} \langle \frac{x}{r}, x \rangle + \frac{n}{r} = \frac{n-1}{r}$$

erhalten wir $\nabla g = \sigma'(r) \nabla r = \frac{\sigma'(r)}{r} x$ sowie

$$\Delta g = \operatorname{div}(\sigma'(r) \nabla r) = \sigma''(r) |\nabla r|^2 + \sigma'(r) \Delta r = \gamma''(r) + \gamma'(r) \frac{n-1}{r}.$$

Die radiale Funktion $g = \sigma(r)$ ist also *harmonisch* genau dann, wenn

$$\sigma'' + \frac{n-1}{r} \sigma' = 0. \tag{9.51}$$

Für $\sigma \neq 0$ ist diese Gleichung äquivalent zu $(\ln \sigma')' = \frac{\sigma''}{\sigma'} = -\frac{n-1}{r}$ und damit zu $\ln(\sigma') = -(n-1) \ln r + a$ für eine Konstante $a \in \mathbb{R}$. Exponenzieren ergibt

[36] Für eine Funktion $f : \partial\Omega \to \mathbb{R}$ definieren wir (lokal) das Integral $\int_{\partial\Omega} f := \int_U f(X(u)) \sqrt{\det g_u}\, du$ für eine Parametrisierung $X : U \to \partial\Omega$ und $g = (g_{ij})$ mit $g_{ij} = \langle X_i, X_j \rangle$, vgl. Satz A.2.1.

$\sigma' = \frac{b}{r^{n-1}}$ mit $b = e^a$ und damit $\sigma = \frac{-b}{(n-2)r^{n-2}}$ für $n \geq 3$ und $\sigma = b \cdot \ln r$ für $n = 2$. Wir werden die Konstante $1/b$ als die Oberfläche der Einheitssphäre ∂D (mit $D = \{x;\ |x| < 1\}$) wählen, also $1/b = \alpha_n$ mit

$$\begin{aligned} \alpha_n &= \mathcal{A}(\partial D) = n \cdot \omega_n\,, \\ \omega_n &= \mathcal{V}(D). \end{aligned} \tag{9.52}$$

Wir setzen daher

$$\sigma'(r) = \frac{1}{\alpha_n}\frac{1}{r^{n-1}}, \quad \sigma(r) = \begin{cases} \frac{-1}{(n-2)\alpha_n} \cdot \frac{1}{r^{n-2}} & \text{für } n \geq 3, \\ \frac{1}{2\pi} \cdot \ln r & \text{für } n = 2, \end{cases} \tag{9.53}$$

und definieren als *Fundamentallösung der Laplace-Gleichung* die Funktionenschar g_y, $y \in \mathbb{R}^n$,

$$g_y = \sigma(r_y), \quad r_y(x) := |x - y|. \tag{9.54}$$

Nun betrachten wir das Gebiet $D_\rho = B_\rho(0) = \{x;\ |x| < \rho\}$ für beliebiges $\rho > 0$ und wählen $y \in D_\rho$. Wir wenden (9.50) an auf das Gebiet $\Omega = D_\rho \setminus B_\epsilon(y)$ und auf Funktionen $g = g_y$ und $f \in C^2(\bar{D}_\rho)$ mit $\Delta f = 0$ auf Ω. Die linke Seite von (9.50) ist Null, und der Rand von Ω hat zwei Zusammenhangskomponenten, ∂D_ρ und $\partial B_\epsilon(y)$, wobei die Einheitsnormale ν des Randes von Ω gesehen nach außen weist und somit längs $\partial B_\epsilon(y)$ auf den Mittelpunkt y gerichtet ist. Daher erhalten wir (mit $g_{y,\nu} := \frac{\partial g_y}{\partial \nu}$):

$$\begin{aligned} \int_{\partial D_\rho} (f g_{y,\nu} - g_y f_\nu) &= -\int_{\partial B_\epsilon(y)} (f g_{y,\nu} - g_y f_\nu) \\ &= \sigma'(\epsilon) \int_{\partial B_\epsilon(y)} f \; + \; \sigma(\epsilon) \int_{\partial B_\epsilon(y)} f_\nu, \end{aligned} \tag{9.55}$$

denn auf $\partial B_\epsilon(y)$ ist $r_y = \epsilon$ und daher $g_y = \sigma(\epsilon)$ und $g_{y,\nu} = -\sigma'(\epsilon)$, weil $\nabla g_y = \sigma'(r_y)\nabla r_y = -\sigma'(r_y)\nu$, also $g_{y,\nu} = \langle \nabla g_y, \nu \rangle = -\sigma'(r_y)$. Für $\epsilon \to 0$ gilt

$$\frac{1}{\epsilon^{n-1}} \int_{\partial B_\epsilon(y)} f \;\to\; \alpha_n\, f(y)\,,$$

und da $\sigma'(\epsilon) = \frac{1}{\alpha_n}\frac{1}{\epsilon^{n-1}}$ und $\sigma(\epsilon)\epsilon^{n-1} \to 0$, geht der erste Term rechts in (9.55) gegen $f(y)$ und der zweite gegen 0. Da die linke Seite von ϵ unabhängig ist, erhalten wir die *Greensche Darstellungsformel*[37]

$$f(y) = \int_{\partial D_\rho} (f \cdot g_{y,\nu} - g_y \cdot f_\nu). \tag{9.56}$$

Dies ist noch nicht die gesuchte Integralformel für $f(y)$, denn es wird nicht nur über f, sondern auch über die Ableitung f_ν integriert. Dies lässt

[37] George Green, 1793–1841 (Sneinton, Nottingham, England).

sich beheben, wenn wir g_y durch eine andere Funktion G_y ersetzen, die ganz ähnliche Eigenschaften hat, aber zusätzlich $G_y|_{\partial D_\rho} = 0$ erfüllt. Dann folgt

$$f(y) = \int_{\partial D_\rho} (f \cdot G_{y,\nu}) \ . \tag{9.57}$$

Eine solche Funktion G_y heißt *Greensche Funktion* von D_ρ. Dazu definieren wir

$$G_y = g_y - h_y, \tag{9.58}$$

wobei h_y eine auf ganz $\bar{D}_\rho$ harmonische, stetig vom Parameter y abhängige Funktion mit $g_y|_{\partial D_\rho} = h_y|_{\partial D_\rho}$ ist. Um sie zu konstruieren, benutzen wir die *Inversion* an der Kugel oder dem Kreis ∂D_ρ (vgl. (7.17)),

$$Fy = \lambda^2 y =: \tilde{y}, \quad \lambda := \lambda_y := \rho/|y|, \tag{9.59}$$

die $\bar{D}_\rho \setminus \{0\}$ auf $\mathbb{R}^n \setminus D_\rho$ abbildet und ∂D_ρ fix lässt. Die Abstände beliebiger Randpunkte $x \in \partial D_\rho$ zu einem fest gewählten Punkt $y \in D$ und seinem Inversionsbild $Fy = \lambda^2 y \in \mathbb{R}^n \setminus D_\rho$ stehen im festen Verhältnis λ (vgl (7.38), denn mit $|x| = \rho = \lambda|y|$ ergibt sich

$$\begin{aligned} |x - Fy|^2 &= \rho^2 + \lambda^4|y|^2 - 2\lambda^2\langle x, y\rangle \\ &= \lambda^2|y|^2 + \lambda^2\rho^2 - 2\lambda^2\langle x, y\rangle \\ &= \lambda^2\,|x - y|^2. \end{aligned} \tag{9.60}$$

Für $\tilde{y} = Fy$ gilt also $r_{\tilde{y}} = \lambda_y r_y$ auf ∂D_ρ. Setzen wir daher für $y \neq 0$:

$$h_y = \sigma(r_{\tilde{y}}/\lambda_y), \tag{9.61}$$

dann ist h_y harmonisch auf $\bar{D}_\rho$ (mit $\sigma(r)$ ist auch $\sigma(r/\lambda)$ eine Lösung der radialen Laplacegleichung (9.51)), und es gilt $h_y = g_y$ auf ∂D_ρ.[38] Die Funktion

$$G_y = g_y - h_y = \sigma(r_y) - \sigma(r_{\tilde{y}}/\lambda_y) \tag{9.62}$$

hat also die gewünschten Eigenschaften. Wir erhalten daher die Darstellung (9.57), in der wir noch $G_{y,\nu} = \langle \nabla G_y, \frac{x}{\rho}\rangle$ auf ∂D_ρ berechnen müssen. Wir haben

$$G_y = \sigma(r_y) - \sigma(s_y) \tag{9.63}$$

mit

$$s_y(x) := r_{\tilde{y}}(x)/\lambda = \left|\frac{x}{\lambda} - \lambda y\right| = \left(\frac{|x|^2|y|^2}{\rho^2} + \rho^2 - 2\langle x, y\rangle\right)^{1/2},$$

was übrigens auch die Symmetrie

[38] Für $y \to 0$ geht $G_y \to \sigma(r) - \sigma(\rho)$, da
$r_{\tilde{y}}(x)/\lambda_y = \frac{|y|}{\rho} \cdot \left|x - \frac{\rho^2}{|y|^2}y\right| = \left|\frac{|y|}{\rho}x - \frac{\rho}{|y|}y\right| \overset{y\to 0}{\longrightarrow} \rho.$

$$G_y(x) = G_x(y) \tag{9.64}$$

für alle $x, y \in \bar{D}_\rho$ mit $x \neq y$ zeigt. Auf ∂D_ρ ist $s_y = r_y$ und daher

$$\nabla G_y|_{\partial D_\rho} = \sigma'(r_y)(\nabla r_y - \nabla s_y).$$

Da mit (9.59)

$$\begin{aligned}
\nabla r_y &= \frac{x-y}{r_y} = \frac{x}{r_y} - \frac{y}{r_y}, \\
\nabla s_y &= \frac{x-\tilde{y}}{\lambda r_{\tilde{y}}} = \frac{x-\tilde{y}}{\lambda^2 s_y} = \frac{x}{\lambda^2 s_y} - \frac{y}{s_y},
\end{aligned}$$

ergibt sich auf ∂D_ρ (wo ja $r_y = s_y$ gilt):

$$\nabla G_y|_{\partial D_\rho} = \sigma'(r_y)\left(\frac{x}{r_y} - \frac{x}{\lambda^2 r_y}\right) = \frac{1}{\alpha_n r_y^n}\left(1 - \frac{1}{\lambda^2}\right) x.$$

Mit $1 - \frac{1}{\lambda^2} = \frac{\rho^2 - |y|^2}{\rho^2}$ und $G_{y,\nu} = \frac{1}{\rho}\langle \nabla G_y, x\rangle$ und $\langle x, x\rangle = \rho^2$ folgt:

$$G_{y,\nu}|_{\partial D_\rho} = \frac{\rho^2 - |y|^2}{\alpha_n \rho} \cdot \frac{1}{r_y^n}. \tag{9.65}$$

Einsetzen in (9.57) ergibt die *Poissonsche Darstellungsformel*:[39]

Satz 9.7.1. *Es sei $f : D_R \to \mathbb{R}$ harmonisch ($\Delta f = 0$) und $\rho < R$. Dann gilt für jedes $y \in D_\rho$:*

$$f(y) = \int_{\partial D_\rho} (f \cdot G_{y,\nu}) = \frac{\rho^2 - |y|^2}{\alpha_n \rho} \int_{x \in \partial D_\rho} \frac{f(x)}{|x-y|^n}\, dx\,. \tag{9.66}$$

Speziell für $y = 0$ folgt die Mittelwertformel[40]

$$f(0) = \frac{1}{\alpha_n \rho^{n-1}} \int_{\partial D_\rho} f. \tag{9.67}$$

Durch Integration über ρ von 0 bis $r < R$ folgt $\int_{D_r} f = \int_{\rho=0}^r (\int_{\partial D_\rho} f) d\rho = f(0)\alpha_n \int_0^r \rho^{n-1} d\rho = f(0)\alpha_n n r^n = f(0)\mathcal{V}(D_r)$ (vgl. Übung 1 in Anhang 1), also

$$f(0) = \frac{1}{\mathcal{V}(D_r)} \int_{D_r} f\,. \tag{9.68}$$

□

[39] Siméon Denis Poisson, 1781 (Pithiviers, Frankreich) – 1840 (Sceaux bei Paris)

[40] Entsprechende Formeln gelten auch für *beliebige* y; man muss nur f durch $f - y$ ersetzen.

Für die Dimension 2 ist der Beweis einfacher, vgl. Satz 9.8.5. Eine unmittelbare Konsequenz dieses Satzes ist das *Maximumprinzip* für harmonische Funktionen auf einem beliebigen Gebiet $\Omega \subset \mathbb{R}^n$:

Satz 9.7.2. *Eine nichtkonstante harmonische Funktion $h : \Omega \to \mathbb{R}$ besitzt kein Maximum oder Minimum.*

Beweis: Die harmonische Funktion h besitze in $x_o \in \Omega$ ein Maximum. Anstelle von h betrachten wir zunächst die ebenfalls harmonische Funktion $f(x) = h(x - x_o) - h(x_o)$, die im Ursprung ihren Maximalwert 0 annimmt, und schränken diese ein auf D_r für genügend kleines $r > 0$. Dann ist $0 = f(0) \geq f(x)$ für alle $x \in D_r$, und die Mittelwertformel (9.68) zeigt jetzt, dass überall Gleichheit herrschen muss: Wäre nämlich $f \leq 0$ auf D_r und $f < 0$ in einem Punkt und damit auf einer offenen Teilmenge von D_r, dann wäre $\int_{D_r} f$ und damit die rechte Seite von (9.68) negativ im Widerspruch zu $f(0) = 0$. Also ist $f = 0$ in einer offenen Umgebung von 0 und damit $h = h(x_o)$ in einer offenen Umgebung von x_o. Somit ist die Menge der Maximalstellen $\{x \in \Omega;\ h(x) = h(x_o)\}$ offen. Da sie in Ω auch relativ abgeschlossen und Ω zusammenhängend ist, muss h konstant gleich $h(x_o)$ sein. Dasselbe Argument trifft auch für ein Minimum zu, indem wir h durch $-h$ ersetzen. □

Die rechte Seite der Poissonformel (9.66) ist auch dann noch sinnvoll, wenn $\gamma := f|_{\partial D_\rho}$ nur *stetig* ist, und sie definiert in diesem Fall die Lösung des *Dirichletproblems* auf $\bar{D}_\rho$ mit Randwerten γ:

Satz 9.7.3. *Jede stetige Funktion $\gamma \in C^0(\partial D_\rho)$ besitzt genau eine stetige harmonische Fortsetzung $f \in C^0(\bar{D}_\rho) \cap C^2(D_\rho)$; d.h $f = \gamma$ auf ∂D_ρ und $\Delta f = 0$ auf D_ρ, und zwar gilt für alle $y \in D_\rho$:*

$$f(y) = \int_{\partial D_\rho} \gamma G_{y,\nu} = \frac{\rho^2 - |y|^2}{\alpha_n \rho} \int_{x \in \partial D_\rho} \frac{\gamma(x)}{|x - y|^n}\, dx \tag{9.69}$$

Beweis: Die Eindeutigkeit folgt aus dem Maximumsprinzip: Sind $f, \tilde{f} \in C^0(\bar{D}_\rho) \cap C^2(D_\rho)$ mit $f = \tilde{f}$ auf ∂D_ρ, so ist $f - \tilde{f}$ auf $\bar{D}_\rho$ stetig und auf D_ρ harmonisch mit Randwerten $f - \tilde{f} = 0$ auf ∂D_ρ. Da $\bar{D}_\rho$ kompakt ist, besitzt $f - \tilde{f}$ dort ein Maximum und ein Minimum. Wenn mindestens einer dieser Werte, sagen wir, das Maximum, auf D_ρ angenommen wird, so ist $f - \tilde{f}$ nach dem Maximumprinzip (Satz 9.7.2) konstant, wegen der Randwerte also gleich Null. Wenn aber beide Extremwerte auf dem Rand angenommen werden, so sind sie beide gleich Null und damit gilt ebenfalls $f - \tilde{f} = 0$ auf $\bar{D}_\rho$. Somit ist $f = \tilde{f}$ und damit eindeutig.

Die rechte Seite von (9.69) definiert eine auf D_ρ harmonische Funktion, denn $G_y(x) = G_x(y)$ (vgl (9.64)) ist auch in der Variablen $y \in D_\rho$ harmonisch und damit ist $y \mapsto G_{y,\nu}(x)$ harmonisch auf D_ρ für jedes feste $x \in \partial D_\rho$. Zu zeigen bleibt, dass diese Funktion durch γ *stetig* auf $\bar{D}_\rho$ fortgesetzt wird. Wir setzen also $f|_{\partial D_\rho} = \gamma$ und wollen die Stetigkeit der so fortgesetzten Funktion in einem beliebigen Punkt $y_o \in \partial D_\rho$ nachweisen. Für jedes $y \in D_\rho$ gilt

$$f(y) = \int_{x \in \partial D_\rho} f(x) \cdot G_{y,\nu}(x)\, dx\,,$$

und den Randwert $f(y_o) = \gamma(y_o)$ können wir formal ganz ähnlich schreiben:

$$f(y_o) = \int_{x \in \partial D_\rho} f(y_o) \cdot G_{y,\nu}(x)\, dx\,,$$

denn aus der Poissonformel (9.66) für $f \equiv 1$ ergibt sich

$$\int_{\partial D_\rho} G_{y,\nu} = 1\,. \tag{9.70}$$

Da $G_{y,\nu} > 0$ nach (9.65), erhalten wir für die Differenz die Abschätzung

$$|f(y) - f(y_o)| \leq \int_{x \in \partial D_\rho} |f(x) - f(y_o)| \cdot G_{y,\nu}(x)\, dx. \tag{9.71}$$

Nun sei $|y - y_o| < \delta$ für genügend kleines $\delta > 0$. Wir spalten das Integral über ∂D_ρ auf in die Integrale über zwei Teilbereiche: den nahe bei y_o liegenden Teil $\partial_o D_\rho = \partial D_\rho \cap B_{2\delta}(y_o)$ und sein Komplement $\partial_1 D_\rho = \partial D_\rho \setminus \partial_o D_\rho$. Da $\gamma = f|_{\partial D_\rho}$ stetig ist, ist $|f(x) - f(y_o)| < \epsilon$ falls $|x - y_o| < 2\delta$ und mit (9.70) folgt

$$\int_{x \in \partial_o D_\rho} |f(x) - f(y_o)|\; G_{y,\nu}(x)\, dx < \epsilon \int_{\partial D_\rho} G_{y,\nu} = \epsilon. \tag{9.72}$$

Im Komplementbereich $\partial_1 D_\rho$ ist $|x - y_o| \geq 2\delta$, und weil y nahe bei y_o liegt, nämlich $|y - y_o| < \delta$, folgt auch $|x - y| > \delta$. Nach (9.65) gilt also für $x \in \partial_1 D_\rho$:

$$0 \leq G_{y,\nu}(x) \leq \frac{|y_o|^2 - |y|^2}{\alpha_n \rho} \cdot \frac{1}{\delta^n}. \tag{9.73}$$

Wenn wir nun y noch näher an y_o heranrücken lassen, nämlich so, dass

$$|y_o - y| \leq \delta^{n+1}/(2\rho),$$

dann ist laut Dreiecksungleichung

$$|y_o|^2 - |y|^2 = (|y_o| - |y|) \cdot (|y_o| + |y|) \leq |y_o - y| \cdot 2\rho \leq \delta^{n+1}$$

und mit (9.73) folgt

$$G_{y,\nu}(x) \leq \frac{\delta}{\alpha_n \rho}\,.$$

Da $|f(x) - f(y_o)|$ beschränkt ist, sagen wir $|f(x) - f(y_o)| \leq M$ für alle $x \in \partial D_\rho$, können wir δ so klein wählen, dass

$$\int_{x\in\partial_1 D_\rho} |f(x) - f(y_o)|\, G_{y,\nu}(x)\, dx \le M \frac{\delta}{\alpha_n \rho} \alpha_n \rho^{n-1} < \epsilon. \tag{9.74}$$

Aus (9.71) folgt mit (9.72) und (9.74) dass $|f(y) - f(y_o)| < 2\epsilon$ falls $|y - y_o| < \delta^{n+1}/(2\rho)$, also haben wir die Stetigkeit von f bei y_o bewiesen. □

Satz 9.7.4. Harnacksches Prinzip: *Wenn eine Folge $(f_k)_{k\in\mathbb{N}}$ von auf $\bar{D}_\rho$ stetigen und auf D_ρ harmonischen Funktionen gleichmäßig auf ∂D_ρ konvergiert, so konvergiert (f_k) auch gleichmäßig auf $\bar{D}_\rho$, sogar mit allen Ableitungen, und die Limes-Funktion f ist wieder auf D_ρ harmonisch mit Energie*

$$\mathcal{D}(f) \le \liminf_{k\to\infty} \mathcal{D}(f_k). \tag{9.75}$$

Beweis: Nach Voraussetzung konvergiert die Funktionenfolge $\gamma_k := f_k|_{\partial D_\rho}$ gleichmäßig gegen eine stetige Funktion γ auf ∂D_ρ. Nach dem vorigen Satz (vgl. (9.69)) ist

$$f_k(y) = \int_{\partial D_\rho} (\gamma_k G_{y,\nu}), \tag{9.76}$$

und wir setzen

$$f(y) = \int_{\partial D_\rho} (\gamma G_{y,\nu}) \tag{9.77}$$

für alle $y \in D_\rho$; damit ist f die harmonische Fortsetzung von γ. Für genügend große k ist $\sup|\gamma_k - \gamma| < \epsilon$ und daher

$$|f_k(y) - f(y)| \le \int_{\partial D_\rho} (|\gamma_k - \gamma| \cdot G_{y,\nu}) \le \epsilon$$

da $\int_{\partial D_\rho} G_{y,\nu} = 1$ (vgl. (9.70)), also gilt $f_k \to f$ gleichmäßig auf ganz $\bar{D}_\rho$. Durch Differenzieren der Integralformeln (9.76) und (9.77) nach der Variablen y folgt die gleichmäßige Konvergenz von ∇f_k gegen ∇f (und entsprechend die aller höheren Ableitungen) auf $\bar{D}_\sigma$ für alle $\sigma < \rho$. Daraus ergibt sich die Energieabschätzung:

$$2\mathcal{D}(f_k) = \int_{D_\rho} |\nabla f_k|^2 \ge \int_{D_\sigma} |\nabla f_k|^2 \overset{k\to\infty}{\longrightarrow} \int_{D_\sigma} |\nabla f|^2 \overset{\sigma\nearrow\rho}{\longrightarrow} 2\mathcal{D}(f)$$

womit die Behauptung gezeigt ist. □

9.8 Holomorphe Funktionen

Eine C^2-Funktion $f : U \to \mathbb{C}$ auf einem offenen Gebiet $U \subset \mathbb{R}^2 = \mathbb{C}$ heißt *holomorph*, wenn

$$f_{\bar{z}} = 0, \tag{9.78}$$

wobei $z = (u, v) = u + iv$ die Variable in U bezeichnet und

$$f_{\bar{z}} := \frac{1}{2}(f_u + if_v), \quad f_z := \frac{1}{2}(f_u - if_v) \tag{9.79}$$

(mit $f_u = \frac{\partial f}{\partial u}$ und $f_v = \frac{\partial f}{\partial v}$) die *Wirtinger-Ableitungen* bezeichnen. Gleichung (9.78) stimmt mit der auf S. 86 gegebenen Definition der Holomorphie überein, denn Real- und Imaginärteil von (9.78) sind genau die Cauchy-Riemannschen Differentialgleichungen (7.15), nur in anderer Notation: Die Gleichung $f_{\bar{z}} = 0$ oder $f_u + if_v = 0$ oder $\mathrm{Re}\, f_u + i\,\mathrm{Im}\, f_u + i\,\mathrm{Re}\, f_v - \mathrm{Im}\, f_v = 0$ sagt ja dasselbe wie

$$\mathrm{Re}\, f_u = \mathrm{Im}\, f_v, \quad \mathrm{Im}\, f_u = -\,\mathrm{Re}\, f_v. \tag{9.80}$$

Für die *komplexe Ableitung* $f'(z) = \lim_{h\to 0} \frac{f(z+h)-f(z)}{h}$ gilt $\partial f.h = f' \cdot h$ nach (7.14); mit $h = 1$ und $h = i$ erhalten wir daraus $f_u = f'$ und $f_v = if'$, also

$$f_z = \frac{1}{2}(f_u - if_v) = f'. \tag{9.81}$$

Holomorphe Funktionen sind harmonisch, denn aus $f_{\bar{z}} = 0$ folgt $\Delta f = 4f_{\bar{z}z} = 0$. Umgekehrt ist in der Dimension 2 jede harmonische Funktion $f : U \to \mathbb{R}$ lokal der Realteil einer holomorphen Funktion (vgl. Lemma 8.4.4): Da $f_{z\bar{z}} = 0$, ist f_z holomorph und besitzt daher lokal eine Stammfunktion g (siehe Satz 9.8.3 weiter unten), d.h. g ist holomorph mit $g_z = g' = f_z$. Dann gilt $(\mathrm{Re}\,(2g))_z = (g + \bar{g})_z = g_z = f_z$, denn $\bar{g}_z = \overline{g_{\bar{z}}} = 0$, und daher ist $(\mathrm{Re}\,(2g) - f)_z = 0$. Da $\mathrm{Re}\,(2g) - f$ reell ist, folgt auch $(\mathrm{Re}\,(2g) - f)_{\bar{z}} = 0$. Daher ist $\mathrm{Re}\,(2g) - f = const$ und wir können g so wählen, dass $f = \mathrm{Re}\,(2g)$. Die Differentialgleichung 2. Ordnung $\Delta f = 0$ lässt sich also auf eine Gleichung 1. Ordnung, $f_{\bar{z}} = 0$ zurückführen. Dieser besondere Umstand macht die Behandlung der Dimension 2 einfacher als den allgemeinen Fall, vor allem, wenn wir Differentialformen verwenden. Deshalb werden wir in diesem Abschnitt einen unabhängigen Zugang zu den holomorphen Funktionen und damit zu den harmonischen Funktionen in 2 Dimensionen entwickeln.

Ist $f : U \to \mathbb{C}$ holomorph, so ist die (komplexwertige) 1-Form $\alpha = f(z)dz$ auf U *geschlossen* (vgl. Abschnitt A.1), denn aus $f_{\bar{z}} = 0$ folgt (vgl. (A.10))

$$d\alpha = df\, dz = (f_z dz + f_{\bar{z}} d\bar{z})dz = f_z\, dz\, dz = 0.$$

Daraus ergibt sich der *Cauchysche Integralsatz:*

Satz 9.8.1. *Ist $f : U \to \mathbb{C}$ holomorph und $\Omega \subset U$ offen mit kompaktem Abschluss $\bar{\Omega} \subset U$ und glattem Rand $\partial\Omega$, dann gilt*

$$\int_{\partial\Omega} f(z)dz = 0. \tag{9.82}$$

Beweis: Für $\alpha = f(z)dz$ ist $d\alpha = 0$ und daher gilt nach Stokes (Satz A.1.1):

$$\int_{\partial\Omega} f(z)dz = \int_{\partial\Omega} \alpha = \int_{\Omega} d\alpha = 0. \qquad \square$$

Eine Konsequenz daraus ist die *Cauchysche Integralformel*:

Satz 9.8.2. *Mit den obigen Voraussetzungen gilt für jedes $z \in \Omega$:*

$$f(z) = \frac{1}{2\pi i} \int_{\partial\Omega} \frac{f(w)}{w - z}\, dw. \tag{9.83}$$

Beweis: Wir wenden den Cauchyschen Integralsatz 9.8.1 an auf die Funktion

$$w \mapsto g(w) := \frac{f(w) - f(z)}{w - z}$$

auf $\Omega_\epsilon := \Omega \setminus \bar{B}_\epsilon(z)$ und erhalten

$$0 = \int_{\partial\Omega_\epsilon} g(w)dw = \int_{\partial\Omega} g(w)dw - \int_{\partial B_\epsilon(z)} g(w)dw.$$

Da $g(w) \stackrel{w \to z}{\longrightarrow} f'(z)$, geht das zweite Integral für $\epsilon \to 0$ gegen Null, denn die Länge der Kreislinie $\partial B_\epsilon(z)$ geht gegen 0 und der Integrand bleibt beschränkt. Also folgt $\int_{\partial\Omega} g(w)dw = 0$ und damit

$$f(z) \int_{\partial\Omega} \frac{dw}{w - z} = \int_{\partial\Omega} \frac{f(w)}{w - z}\, dw. \tag{9.84}$$

Es bleibt noch das Integral auf der linken Seite zu berechnen. Dazu wenden wir den Cauchyschen Integralsatz 9.8.1 auf die auf $\mathbb{C} \setminus \{z\}$ holomorphe Funktion $w \mapsto \frac{1}{w-z}$ an und erhalten $\int_{\partial\Omega_\epsilon} \frac{dw}{w-z} = 0$ und daher

$$\int_{\partial\Omega} \frac{dw}{w - z} = \int_{\partial B_\epsilon(z)} \frac{dw}{w - z}.$$

Das letztere Integral können wir berechnen, indem wir für $w \in \partial B_\epsilon(z)$ die Parametrisierung $w(t) = z + \epsilon\, e^{it}$ mit $t \in [0, 2\pi]$ einsetzen. Dann ist $dw = w'(t)dt = i\epsilon\, e^{it}dt$ und $w - z = \epsilon\, e^{it}$ und damit

$$\int_{\partial B_\epsilon(z)} \frac{dw}{w - z} = \int_0^{2\pi} \frac{i\epsilon\, e^{it}}{\epsilon\, e^{it}}\, dt = 2\pi i.$$

Damit folgt die Behauptung aus (9.84). $\square$

Satz 9.8.3. *Jede holomorphe Funktion $f : U \to \mathbb{C}$ lässt sich lokal als konvergente Potenzreihe schreiben: Für jedes $z_o \in U$ gibt es $\rho > 0$ und eine Folge (a_k) in $\mathbb{C}$ mit*

$$f(z) = \sum_{k=0}^{\infty} a_k (z - z_o)^k \tag{9.85}$$

für alle $z \in B_\rho(z_o)$. Insbesondere besitzt f in $B_\rho(z_o)$ eine Stammfunktion, nämlich

$$F(z) = \sum_{k=0}^{\infty} \frac{a_k}{k+1} (z - z_o)^{k+1}. \tag{9.86}$$

Beweis: Durch Ersetzen von $z - z_o$ durch die Variable z können wir $z_o = 0$ annehmen; das vereinfacht die Bezeichnungen. Wir wenden die Cauchysche Integralformel (9.83) auf $\Omega = B_\rho(0) = D_\rho$ an, wobei $\rho > 0$ so gewählt ist, dass $\bar{D}_\rho \subset U$. Dabei können wir $\frac{1}{w-z}$ für $|z| < |w| = \rho$ als Geometrische Reihe darstellen:

$$\frac{1}{w-z} = \frac{1}{w} \cdot \frac{1}{1 - \frac{z}{w}} = \frac{1}{w} \cdot \sum_{k=0}^{\infty} \frac{z^k}{w^k} = \sum_{k=0}^{\infty} \frac{1}{w^{k+1}} \cdot z^k.$$

Somit gilt für jedes $z \in D_\rho$

$$f(z) = \frac{1}{2\pi i} \int_{\partial D_\rho} \frac{f(w)}{w - z} \, dw = \sum_{k=0}^{\infty} a_k z^k$$

mit

$$a_k = \frac{1}{2\pi i} \int_{\partial D_\rho} \frac{f(w)}{w^{k+1}} \, dw. \tag{9.87}$$

Die Gleichung (9.86) folgt durch gliedweises Differenzieren der angegebenen Potenzreihe $F(z)$, die den gleichen Konvergenzradius hat wie $f(z)$. □

Aus der expliziten Form der Koeffizienten a_k in (9.87) gewinnen wir den *Satz von Liouville*:

Satz 9.8.4. (Liouville) *Eine auf ganz $\mathbb{C}$ holomorphe Funktion ist konstant, wenn sie beschränkt ist, oder auch schon dann, wenn nur ihr Real- oder Imaginärteil nach einer Seite beschränkt sind.*

Beweis: Es sei $f : \mathbb{C} \to \mathbb{C}$ holomorph mit $|f| \leq M$. Dann ist $f(z) = \sum_{k=0}^{\infty} a_k z^k$ für alle $z \in \mathbb{C}$, wobei a_k die Gleichung (9.87) für alle $\rho > 0$ erfüllt. Daraus gewinnen wir die Abschätzung

$$|a_k| \leq \frac{1}{2\pi} \cdot 2\pi\rho \cdot \frac{M}{\rho^{k+1}} = \frac{M}{\rho^k}. \tag{9.88}$$

Für $k \geq 1$ geht die rechte Seite gegen 0 für $\rho \to \infty$, also folgt $|a_k| = 0$ für alle $k \geq 1$ und daher ist $f = a_0 = const.$

Ist $g : \mathbb{C} \to \mathbb{C}$ mit $\operatorname{Re} g \leq C$, dann ist $f = e^g$ beschränkt, denn $|f| = e^{\operatorname{Re}(g)} \leq e^C$, also ist f und damit g konstant. Die anderen Fälle, $\operatorname{Re}(g) \geq C$, $\pm \operatorname{Im}(g) \leq C$, folgen analog. □

Aus der Cauchy'schen Integralformel (9.83) erhalten wir auf andere Weise als in Abschnitt 9.7 die *Poissonsche Darstellungsformel* (9.66) für $n = 2$ (vgl. [12]):

Satz 9.8.5. *Es sei $f : U \to \mathbb{R}$ harmonisch ($\Delta f = 0$) und $D_\rho \subset U \subset \mathbb{C}$. Dann gilt für jedes $z \in D_\rho$:*[41]

$$f(z) = \frac{\rho^2 - |z|^2}{2\pi\rho} \int_{w \in \partial D_\rho} \frac{f(w)}{|w - z|^2} |dw|. \tag{9.89}$$

Beweis: Da eine harmonische Funktion Realteil einer holomorphen Funktion ist, können wir gleich annehmen, dass f komplexwertig und holomorph ist. Wir werden nun die Cauchy'sche Integralformel (9.83) auf $\Omega = D_\rho$ anwenden und dabei die Parametrisierung $w(t) = \rho\, e^{it}$ von ∂D_ρ einsetzen. Dann ist $w' = iw$ und $dw = iw\, dt$ und damit $|dw| = |w| dt$. Für eine holomorphe Funktion g ergibt sich also mit der Cauchyformel (9.83):

$$g(z) = \frac{1}{2\pi} \int_0^{2\pi} \frac{g(w(t)) \cdot w(t)}{w(t) - z} dt = \frac{\rho^2}{2\pi} \int_{w \in \partial D_\rho} \frac{g(w)}{\rho^2 - z\bar{w}} |dw|/\rho, \tag{9.90}$$

denn

$$\frac{w}{w - z} = \frac{w\bar{w}}{w\bar{w} - z\bar{w}} = \frac{\rho^2}{\rho^2 - z\bar{w}}.$$

Wir wenden dies an auf die spezielle Funktion

$$w \mapsto g(w) = \frac{f(w)}{\rho^2 - \bar{z}w} \tag{9.91}$$

und erhalten einerseits aus (9.90) und (9.91):

$$g(z) = \frac{\rho^2}{2\pi} \int_{w \in \partial D_\rho} \frac{f(w)}{|\rho^2 - z\bar{w}|^2} |dw|/\rho$$

und andererseits direkt aus (9.91):

$$g(z) = \frac{f(z)}{\rho^2 - |z|^2}.$$

Gleichsetzen der rechten Seiten ergibt (9.89), denn wegen $\rho^2 = w\bar{w}$ ist

$$\frac{\rho^2}{|\rho^2 - z\bar{w}|^2} = \frac{\rho^2}{|(w - z)\bar{w}|^2} = \frac{1}{|w - z|^2}.$$

□

[41] Wir setzen $|dw| := |w'(t)| dt$ für eine Parametrisierung $w(t)$ von ∂D_ρ.

9.9 Übungsaufgaben

1. *Randkurve Γ nicht mehr glatt:*

   Wir sagen, dass die Folge $(\Gamma_k)_{k\in\mathbb{N}}$ von geschlossenen Jordankurven im $\mathbb{R}^n$ im Fréchetschen Sinne[42] gegen die Jordankurve Γ konvergiert, wenn es Homöomorphismen $h_k : \partial D \to \Gamma_k$ gibt, die gleichmäßig gegen einen Homöomorphismus $h : \partial D \to \Gamma$ konvergieren. Wir nehmen dies nun an. Außerdem seien C^1-Diffeomorphismen $\gamma_k : \partial D \to \Gamma_k$ und Abbildungen $X_k \in C^0(\bar{D}, \mathbb{R}^n) \cap C^1(D, \mathbb{R}^n)$ mit $X_k|_{\partial D} = \gamma_k$ gegeben, die

   $$\mathcal{D}(X_k) \leq E \tag{9.92}$$

   mit einer von k unabhängigen Konstante E erfüllen. Es gebe zudem 3 verschiedene Punkte $z_1, z_2, z_3 \in \partial D$, für welche die Bildpunkte $\gamma_k(z_i)$ gegen 3 verschiedene Punkte $p_i \in \Gamma$ konvergieren $(i = 1, 2, 3)$. Zeigen Sie: Dann sind die Abbildungen γ_k gleichgradig stetig. Falls die Abbildungen X_k zusätzlich harmonisch sind, so können wir eine Teilfolge von ihnen finden, die gegen eine auf $\bar{D}$ stetige und in D harmonische Abbildung $X : \bar{D} \to \mathbb{R}^n$ mit $X|_{\partial D} = \gamma$ konvergiert.

2. *Halbfreie Randwerte:*

   a) Es sei $S \subset \mathbb{R}^n$ eine kompakte Menge, Γ eine Jordankurve mit Endpunkten p_1, p_2 in S, aber ansonsten disjunkt zu S. Es seien

   $$C_+ := \{(u,v) \in \mathbb{R}^2;\ u^2 + v^2 = 1,\ v \geq 0\},$$
   $$C_- := \{(u,v) \in \mathbb{R}^2 :\ u^2 + v^2 = 1,\ v \leq 0\},$$

   also $C_+ \cup C_- = \partial D$, $C_+ \cap C_- = \{(\pm 1, 0)\}$. Wir betrachten alle Abbildungen $X \in C^0(\bar{D}) \cap C^1(D)$, die C_+ monoton auf Γ und C_- stetig nach S abbilden, und wir nehmen an, dass es zumindest eine derartige Abbildung mit endlichem Dirichletintegral $\mathcal{D}(X)$ gibt. Man zeige, dass sich das Dirichletintegral in der Klasse dieser Abbildungen minimieren lässt und dass das Minimum wiederum harmonisch in D ist. (Man stellt hierbei wieder eine 3-Punkte-Bedingung, z.B. $X(1,0) = p_1, X(-1,0) = p_2, X(0,1) = p_3$, wobei p_3 ein beliebiger, von den Endpunkten p_1, p_2 verschiedener Punkt auf Γ ist.)
   Bemerkung: Es handelt sich hierbei um ein sog. halbfreies Randwertproblem. Die Menge S wird hier und im Folgenden als freier Rand bezeichnet, weil sich die Fläche $X(D)$ hier ihren Rand suchen kann.

   b) Es sei nun S eine glatte Hyperfläche im $\mathbb{E}^n$. Wenn das obige Minimum von der Klasse $C^1(\bar{D})$ ist, welche Randbedingung muss es dann auf C_- erfüllen?

[42] Maurice René Fréchet, 1878 (Maligny, Bourgogne) – 1973 (Paris).

c) Allgemeiner sei S eine glatte Untermannigfaltigkeit beliebiger Kodimension im $\mathbb{E}^n$. Überlegen Sie sich wieder die Randbedingung für ein minimierendes X. Diskutieren Sie den Fall, wo S eindimensional, also eine Kurve ist, und vergleichen Sie das Ergebnis mit unserer Plateauschen Randbedingung.

d) Versuchen Sie, unter geeigneten (möglichst schwachen) Regularitätsbedingungen an S die Konformität eines Minimums X zu zeigen.[43]

3. *Freie Randbedingungen:*

   Versuchen Sie, Bedingungen an die Untermannigfaltigkeit $S \subset \mathbb{E}^n$ der vorigen Aufgabe zu finden, die sicherstellen, dass es eine (nichttriviale, d.h. nicht zu einem Punkt zusammenschrumpfende) Minimalfläche $X : \bar{D} \to \mathbb{R}^n$ mit $X(\partial D) \subset S$ gibt, die dort die in 2c) hergeleitete Randbedingung erfüllt.

4. *Monotone Konvergenz harmonischer Funktionen:*

   Es sei $(h_k)_{k \in \mathbb{N}}$ eine monoton wachsende Folge harmonischer Funktionen auf einem Gebiet $\Omega \subset \mathbb{R}^m$. Es gebe ein $u_o \in \Omega$, für das die Folge $(h_k(u_o))$ beschränkt ist. Zeigen Sie: Dann konvergiert die Folge (h_k) gegen eine harmonische Funktion h, und die Konvergenz ist gleichmäßig auf jeder kompakten Teilmenge $C \subset \Omega$.

5. *Liouville für harmonische Funktionen:*

   a) Zeigen Sie den Satz von Liouville für beliebige Dimensionen: Eine beschränkte harmonische Funktion $f : \mathbb{R}^m \to \mathbb{R}$ ist konstant.

   b) Es sei $f : \mathbb{R}^m \to \mathbb{R}$ harmonisch mit $|f(x)| \leq C\rho^k$ falls $|x| \leq \rho$ für genügend große ρ, wobei C eine (von x und ρ unabhängige) Konstante und $k \in \mathbb{N}$ ist. Zeigen Sie, dass f ein Polynom ist. *Hinweis*: Finden Sie durch p-faches (partielles) Ableiten der Poissonformel (9.66) eine Abschätzung für $|\partial^p f_y|$ für $|y| < \rho$, dann lassen Sie $\rho \to \infty$ gehen.

[43] Zu dieser Aufgabe im Besonderen und zum Plateauschen Problem im Allgemeinen vgl. man Kap.1 in [6].

10. Minimalflächen und Maximumprinzip

10.1 Das Maximumprinzip für minimale Hyperflächen

Das *Maximumprinzip* von *E. Hopf*[1] sagt, dass eine Funktion $f : U \to \mathbb{R}$ mit $\Delta f \geq 0$ kein lokales Maximum haben kann, es sei denn, sie ist konstant. Dem Beweis zugrunde liegt der Gedanke, dass an einer Maximalstelle x die Hesseform $\partial\partial f_x$ negativ semidefinit ist, denn die Werte von f nehmen von x aus nach allen Richtungen ab oder jedenfalls nicht zu. Insbesondere muss $\Delta f(x) = \text{Spur}\ \partial\partial f_x \leq 0$ gelten. Das ist noch kein Widerspruch zur Voraussetzung $\Delta f \geq 0$. Aber wenn f nahe x nicht konstant ist, können wir eine Hilfsfunktion h mit $\Delta h > 0$ konstruieren (siehe (10.11) am Ende dieses Abschnittes) mit der Eigenschaft, dass $f_\epsilon := f + \epsilon h$ immer noch nahe bei x ein Maximum annimmt, obwohl jetzt $\Delta f_\epsilon > 0$; das ist ein Widerspruch. Das Argument bleibt gültig, wenn Δ durch Δ^g für die erste Fundamentalform g einer Immersion X (oder allgemeiner für eine Riemannsche Metrik g) ersetzt wird (vgl. (6.34)), da auch die g-Hesseform im Maximum negativ semidefinit ist; das wurde zuerst von *Calabi*[2] benutzt. Natürlich lassen sich alle Ungleichungen umdrehen und „Maximum“ durch „Minimum“ ersetzen. Wir wollen dieses Prinzip im folgenden Satz auf die Abstandsfunktion zwischen zwei Minimalhyperflächen anwenden, müssen dazu aber das Argument etwas verfeinern.[3]

Satz 10.1.1. *Wenn sich zwei minimale Hyperflächen einseitig berühren, so ist die Menge der Berührpunkte in beiden Hyperflächen offen; die beiden Hyperflächen können sich nicht wieder trennen.*

Korollar 10.1.1. *Ist zusätzlich die eine der beiden Hyperflächen abgeschlossen, so ist die andere in ihr enthalten. Sind beide abgeschlossen, so sind sie gleich (bis auf Parametrisierung).*

---

[1] Eberhard Frederich Ferdinand Hopf, 1902 (Salzburg) – 1983 (Bloomington, USA) E. Hopf: Elementare Bemerkungen über die Lösungen partieller Differentialgleichungen zweiter Ordnung vom elliptischen Typ, Sitzungsber. Preuss. Akad. der Wiss. 19 (1927) 147 - 152; für eine Lehrbuchdarstellung s. [26], Kap.24.

[2] E. Calabi: An extension of E. Hopf's maximum principle with an application to Riemannian geometry, Duke Math. J. 25 (1957), 45–56

[3] J.-H. Eschenburg: *Maximum principle for hypersurfaces*, manuscripta math. 64 (1989), 55–75

Beweis des Korollars: Sind $X : U \to \mathbb{E}$ und $\tilde{X} : \tilde{U} \to \mathbb{E}$ die beiden Hyperflächen und ist $\tilde{H} := \operatorname{Bild} \tilde{X} \subset \mathbb{E}$ abgeschlossen, so ist die Menge $X^{-1}(\tilde{H}) \subset U$ relativ abgeschlossen, nach dem vorstehenden Satz 10.1.1 aber auch offen. Also ist $X^{-1}(\tilde{H}) = U$ und somit $X(U) \subset \tilde{H}$. □

Beweis des Satzes: Die beiden minimalen Hyperflächen seien $X : U \to \mathbb{E}$ und $\tilde{X} : \tilde{U} \to \mathbb{E}$, und sie mögen sich im Punkt $x_o = X(u_o) = \tilde{X}(\tilde{u}_o)$ berühren. In einer Umgebung W von x_o in $\mathbb{E}^n$ betrachten wir die *Abstandsfunktion* $\hat{\rho}$ von $\tilde{X}$, vgl. Abschnitt 4.4.

Lemma 10.1.1. *Ist X eine Minimalhyperfläche, so ist $\Delta\hat{\rho} \leq 0$ auf der Menge $\{\hat{\rho} \geq 0\} = \{x \in W;\ \hat{\rho}(x) \geq 0\}$.*

Beweis: Nach (4.24) ist $\Delta\hat{\rho} \circ X^r = -\operatorname{Spur}_{g^r} h^r = -\operatorname{Spur} L^r$. Bezeichnen wir die Eigenwerte von L mit κ_i, so sind wegen (4.25) die Eigenwerte von $L^r = L(I - rL)^{-1}$ gleich $\frac{\kappa_i}{1-r\kappa_i}$. Die Funktion $mH(r) = \Delta\hat{\rho}(X^r) = -\sum_i \frac{\kappa_i}{1-r\kappa_i}$ hat Ableitung $mH'(r) = -\sum_i \frac{\kappa_i^2}{(1-r\kappa_i)^2} \leq 0$. Da X minimal ist, ist $mH(0) = 0$, also ist $mH(r) \leq 0$ für $r \geq 0$ und die Behauptung folgt. □

Das Maximumprinzip wird angewandt auf die Einschränkung von $\hat{\rho}$ auf die andere Hyperfläche X, d.h. auf die Funktion

$$\rho := \hat{\rho} \circ X : U \to \mathbb{R}. \tag{10.1}$$

Dabei dürfen wir annehmen, dass X ganz in W liegt, $X(U) \subset W$. Wir benötigen nun den Zusammenhang zwischen $\Delta^g \rho$ und $\Delta\hat{\rho}$. Dieser ergibt sich aus der Gleichung (6.42) für $\hat{f} = \hat{\rho}$:

$$(\Delta\hat{\rho}) \circ X = \Delta^g \rho - \langle \nabla\hat{\rho}, \operatorname{Spur}_g \mathbf{h} \rangle + \partial_\nu \partial_\nu \hat{\rho}. \tag{10.2}$$

Da X minimal ist, also $\operatorname{Spur}_g \mathbf{h} = mH\nu = 0$ gilt, ist (10.2) dasselbe wie

$$\Delta^g \rho = (\Delta\hat{\rho}) \circ X - \partial_\nu \partial_\nu \hat{\rho}. \tag{10.3}$$

Aus Lemma 10.1.1 wissen wir, dass $\Delta\hat{\rho} \leq 0$ überall dort gilt, wo $\hat{\rho} \geq 0$, also insbesondere längs X, denn die Voraussetzung „einseitiges Berühren“ sagt

$$\rho(u_o) = \hat{\rho}(X(u_o)) = 0, \quad \rho = \hat{\rho} \circ X \geq 0.$$

Der erste Term auf der rechten Seite von (10.3) hat also bereits das richtige Vorzeichen. Der zweite Term ist klein (siehe (10.9) weiter unten), weil ν ungefähr in Richtung von $\nabla\hat{\rho}$ zeigt und dieser Vektor nach (4.23) im Kern von $\partial\partial\hat{\rho}$ liegt.

Wir werden nun zeigen, dass in einer Umgebung von u_o tatsächlich $\rho = 0$ gilt, dass die beiden Hyperflächen dort also übereinstimmen. Da dasselbe Argument auch für jeden anderen Berührpunkt zutrifft, können sich die Hyperflächen gar nicht voneinander trennen, d.h. die Menge der Berührpunkte ist in beiden Hyperflächen offen.

Annahme: $\rho(u_1) > 0$ *für ein* $u_1 \in B_r(u_o) \subset U$.
Dann ist $\rho > 0$ auch noch in einer kleinen offenen Kugel B um u_1. Wenn wir den Radius von B immer größer werden lassen, stößt der Rand von B schließlich (spätestens beim Radius r) an die Menge $\rho^{-1}(0)$, d.h. es gilt noch immer $\rho > 0$ in B, aber $\rho(u_2) = 0$ für einen Punkt $u_2 \in \partial B$. Wir werden nun eine Hilfsfunktion h in einer Umgebung von u_2 mit folgenden Eigenschaften konstruieren (s.u.):

1. $h(u_2) = 0$,
2. $h > 0$ außerhalb von $B \cup \{u_2\}$,
3. $|\nabla^g h| \leq 1$,
4. $\Delta^g h \leq -\lambda < 0$.

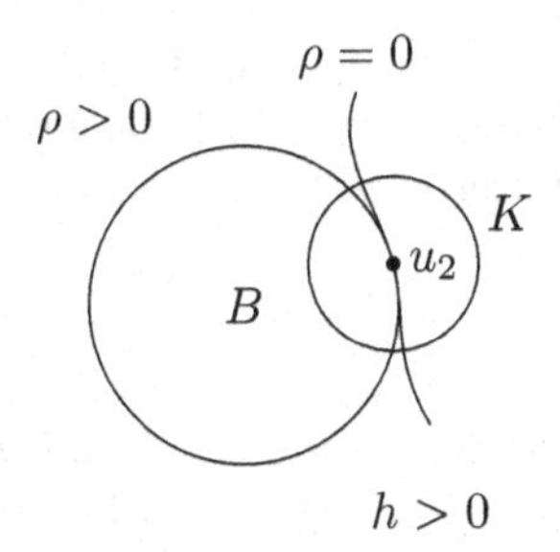

Dann betrachten wir die Funktion $\rho_\epsilon = \rho + \epsilon h$ auf einer kleinen abgeschlossenen Kugel $K = \overline{B_\delta(u_2)}$ um u_2. Da $\rho > 0$ auf B und $h > 0$ auf dem Komplement von $B \cup \{u_2\}$ ist, gilt $\rho_\epsilon > 0$ auf ∂K, falls $\epsilon > 0$ genügend klein ist, aber andererseits ist $\rho_\epsilon(u_2) = 0$. Deshalb nimmt ρ_ϵ in einem Punkt u_3 im Inneren von K ein Minimum (mit $\rho_\epsilon(u_2) \leq 0$) an. Dort verschwindet der Gradient $\nabla^g \rho_\epsilon = \nabla^g \rho + \epsilon \nabla^g h$, und aus der dritten Eigenschaft von h folgt

$$|\nabla^g \rho(u_3)| \leq \epsilon. \tag{10.4}$$

Nun ist aber $\nabla^g \rho$ die Tangentialkomponente von $\nabla \hat{\rho}$, genauer

$$\partial X . \nabla^g \rho = \nabla \hat{\rho} \circ X - (\partial_\nu \hat{\rho})\, \nu, \tag{10.5}$$
$$\nabla \hat{\rho} \circ X = \nabla^g \rho + (\partial_\nu \hat{\rho})\, \nu, \tag{10.6}$$

wobei die Vektoren auf der rechten Seite von (10.6) orthogonal sind. Da $\nabla \hat{\rho}$ und ν Einheitsvektoren sind, folgt an der Stelle u_3 mit (10.4)

$$1 = |\nabla \hat{\rho}|^2 \leq \epsilon^2 + |\partial_\nu \hat{\rho}|^2$$

und damit

$$|\partial_\nu \hat{\rho}|^2 \geq 1 - \epsilon^2. \tag{10.7}$$

Da $\nabla \hat{\rho}$ im Kern von $\partial\partial\hat{\rho}$ liegt (vgl. (4.23)), folgt aus (10.5) durch Anwenden von $\partial\partial\hat{\rho}$

$$\partial\partial\hat{\rho}(\nabla^g \rho, \nabla^g \rho) = (\partial_\nu \hat{\rho})^2\, \partial\partial\hat{\rho}(\nu, \nu). \tag{10.8}$$

Bei u_3 ergibt (10.8) zusammen mit (10.4):

$$|\partial\partial\hat{\rho}(\nu,\nu)| = \frac{1}{(\partial_\nu\hat{\rho})^2}\,|\partial\partial\hat{\rho}(\nabla^g\rho,\nabla^g\rho)| \;\leq\; \frac{\|\partial\partial\hat{\rho}\|}{1-\epsilon^2}\cdot|\nabla^g\rho|^2 \;\leq\; \mu\cdot\epsilon^2 \qquad (10.9)$$

mit $\mu = \frac{\|\partial\partial\hat{\rho}\|}{1-\epsilon^2}$, wobei $\|\partial\partial\hat{\rho}\|$ die Maximumsnorm der Bilinearform $\partial\partial\hat{\rho}$ ist. An der Stelle u_3 bzw. $X(u_3)$ erhalten wir aus (10.3) mit $\Delta\hat{\rho} \leq 0$ (Lemma 10.1.1), Gleichung (10.9) und der 4. Eigenschaft $\Delta^g h \leq -\lambda$ von h:

$$\Delta^g\rho_\epsilon = \Delta\hat{\rho} - \partial\partial\hat{\rho}(\nu,\nu) + \epsilon\Delta^g h \;\leq\; \epsilon(\epsilon\mu-\lambda) < 0 \qquad (10.10)$$

für $\epsilon < \lambda/\mu$. Aber bei u_3 nimmt ρ_ϵ ein Minimum an, weshalb dort $\Delta^g\rho_\epsilon = \mathrm{Spur}_g\, D\partial\rho \geq 0$ gelten sollte; das ist ein **Widerspruch**!

Es bleibt noch die Konstruktion der Funktion h nachzutragen. Wir wählen dazu eine etwas kleinere offene Kugel $B' \subset B$ derart, dass sich die Ränder $\partial B'$ und ∂B nur in u_2 berühren, und setzen

$$h = \alpha(1 - e^{-\beta k}) \qquad (10.11)$$

für zwei Konstanten $\alpha, \beta > 0$, wobei k eine nahe u_2 definierte Funktion ist mit nirgends verschwindender Ableitung, $k = 0$ auf $\partial B'$ und $k > 0$ außerhalb von $\overline{B'}$; z.B. kann man $k(u) = |u - u'| - r'$ wählen, wobei u' der Mittelpunkt und r' der Radius von B' ist.

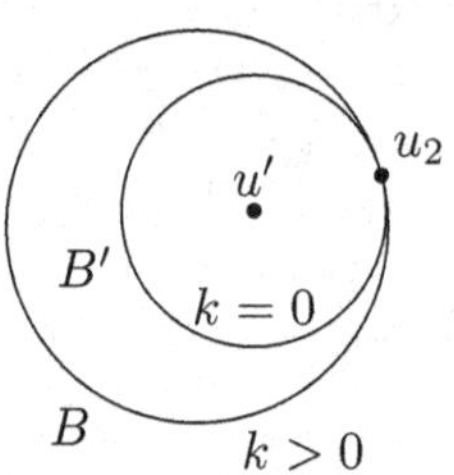

Dann sind die ersten beiden Eigenschaften für h erfüllt, und da $h = \phi \circ k$ mit $\phi(t) = \alpha(1 - e^{-\beta t})$, ist

$$\nabla^g h = \phi'(k)\nabla^g k = \alpha\beta\, e^{-\beta k}\,\nabla^g k, \qquad (10.12)$$

$$\begin{aligned}\Delta^g h &= \phi''(k)|\nabla^g k|^2 + \phi'(k)\Delta^g k \\ &= \alpha\beta\, e^{-\beta k}(-\beta|\nabla^g k|^2 + \Delta^g k). \qquad (10.13)\end{aligned}$$

Wählen wir β sehr groß, aber $\alpha\beta$ klein, so sind die dritte und vierte Eigenschaft erfüllt, da $|\nabla^g k|$ beschränkt und überall positiv ist. □

Bemerkung: Eine leichte Abänderung des Beweises zeigt, dass Satz 10.1.1 entsprechend für Hyperflächen mit gleicher *konstanter mittlerer Krümmung* $H = a =$ *const* gilt, weil es nur auf Differenz der mittleren Krümmungen von X und $\tilde{X}$ ankommt.[4] Wenn sich also zwei solche Hyperflächen einseitig

[4] Wir erhalten dann $\Delta\hat{\rho} \leq a$ in Lemma 10.1.1 und $\langle\nabla\hat{\rho}, \mathrm{Spur}_g\mathbf{h}\rangle \approx a$ in (10.2); diese beiden Anteile heben sich auf; vgl. die in Fußnote 3, S. 171 zitierte Arbeit.

berühren und in einem Berührpunkt denselben mittleren Krümmungsvektor haben, so ist die Menge der Berührpunkte in beiden Hyperflächen offen; ist eine der Hyperflächen abgeschlossen, so ist die andere ein offener Teil von ihr.

10.2 Hindernisse für Minimalflächen

In Kapitel **9** haben wir Minimalflächen mit vorgegebenem Rand kennengelernt. Dort war der Rand immer diffeomorph zur Kreislinie, aber es gibt auch Minimalflächen mit mehreren Randkomponenten.[5] Zum Beispiel können wir zwischen zwei parallele Kreislinien k_+, k_- mit gleichem Radius eine Minimalfläche einspannen, nämlich ein Katenoid (vgl. (8.55)), was man auch mit Seifenhautexperimenten simulieren kann.

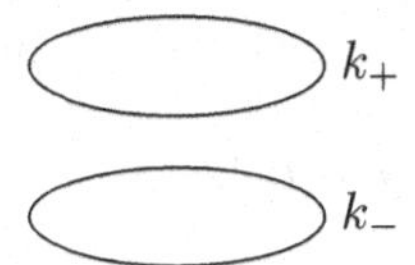

Wenn die beiden Kreise allerdings zu weit auseinandergezogen werden, reißt die Seifenhaut. In der Tat wollen wir zeigen, dass die beiden Kreise dann überhaupt keine Minimalfläche mehr beranden können (vgl. Fußnote 33 in Kapitel 9, S. 157). Zunächst gilt ganz allgemein:

Satz 10.2.1. *Jede nicht ebene, beschränkte, berandete Minimalfläche liegt im Inneren der konvexen Hülle ihres Randes.*

Beweis: Andernfalls wird die Minimalfläche in einem inneren Punkt von einer Ebene einseitig berührt und ist deshalb nach Korollar 10.1.1 ein Teil dieser Ebene, was wir gerade ausgeschlossen haben. □

Bemerkung: Aus diesem Satz ergibt sich auch direkt die offensichtliche Folgerung, dass eine in einer Ebene liegende geschlossene Kurve nur das von ihr begrenzte Ebenenstück als Minimalfläche beranden kann.[6] Würde die Minimalfläche nämlich aus der Ebene herausragen, so könnte man eine zu der ursprünglichen Ebene parallele Ebene finden, die sie in einem inneren Puntk berührt, ohne ganz mit ihr übereinzustimmen, was aber nach dem Maximumprinzip ausgeschlossen ist.

[5] Es kann allerdings sein, dass die Minimalfläche dann eine kompliziertere Topologie hat und ihr Parameterbereich U nicht mehr eine offene Teilmenge von $\mathbb{C} = \mathbb{R}^2$, sondern eine allgemeinere zweidimensionale Mannigfaltigkeit ist; die Ergebnisse des vorigen Abschnittes 10.1 bleiben aber gültig.

[6] Vgl. auch Kapitel 8, Übung 13.

Wir wollen nun sehen, für welche Radien r die parallelen Kreise

$$k_{\pm} = \{(x^1)^2 + (x^2)^2 = r^2;\ \ x^3 = \pm 1\} \tag{10.14}$$

eine Minimalfläche beranden können; Verkleinerung des Radius und Vergrößerung des Abstands sind ja bis auf zentrische Streckungen äquivalent. Die Kandidaten für eine solche Minimalfläche sind das *Standard-Katenoid*

$$K = \{x \in \mathbb{R}^3;\ \rho(x) = \cosh x^3\}$$

mit $\rho(x) = \sqrt{(x^1)^2 + (x^2)^2}$ (vgl. (8.55)) sowie seine *zentrischen Streckungen*

$$K_t = \{x;\ tx \in K\} = \{x;\ \rho(x) = t^{-1} \cosh tx^3\}$$

für $0 < t < \infty$. Die Funktion $f(t) = t^{-1} \cosh t > 0$ geht an beiden Grenzen $t \searrow 0$ und $t \nearrow \infty$ gegen ∞ und besitzt daher ein Minimum $r_o = f(t_o) > 0$.[7] Die Gleichung

$$r = t^{-1} \cosh t$$

besitzt also zwei Lösungen t für $r > r_o$, eine für $r = r_o$ und gar keine für $r < r_o$. Daher beranden die Kreise k_+ und k_- zwei Katenoide für $r > r_o$, ein Katenoid für $r = r_o$ und für $r < r_o$ gar kein Katenoid mehr.

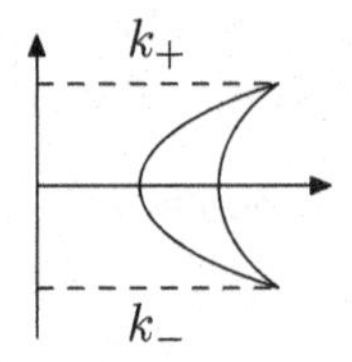

Aber vielleicht gibt es eine andere beschränkte Minimalfläche, die von den Kreisen (10.14) im Fall $r < r_o$ berandet wird? Nach Satz 10.2.1 müsste eine solche Fläche X in der konvexen Hülle der beiden Kreise, also im Zylinder

$$Z_r = \{x;\ \rho(x) \leq r,\ |x^3| \leq 1\}$$

liegen. Für $t^{-1} > r$ liegt die Vergleichsfläche K_t ganz außerhalb von Z_r (ihre „Taille" in der Ebene $x^3 = 0$ hat den Radius t^{-1}). Wenn wir t immer größer werden lassen, geht die Taillenweite t^{-1} von K_t gegen 0; für genügend große t trifft K_t daher die Fläche X. Wir betrachten das erste (kleinste) t, für das K_t den Abschluss von X trifft (berührt). Die Berührpunkte können nicht auf dem Rand von X, d.h. auf den beiden Kreisen $k_{\pm}$ liegen, denn diese sind zu K_t disjunkt. Also trifft K_t das Innere der Fläche X, und zwar in einen einseitigen Berührpunkt, da $K_{t'} \cap X = \emptyset$ für alle $t' > t$. Nach Maximumprinzip (Korollar 10.1.1) ist damit X ein Teil von K_t. Aber das ist unmöglich, weil K_t die Randkreise von X nicht trifft.

[7] Da $f'(t) = t^{-1} \sinh t - t^{-2} \cosh t$, ist $t_o \sinh t_o = \cosh t_o$, also ist t_o die Lösung der Gleichung $t_o = \coth t_o$, und es gilt $r_o = \sinh t_o$.

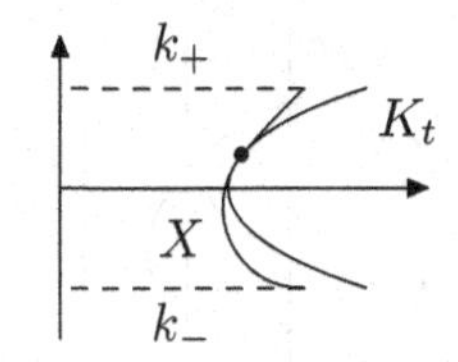

Also haben wir gesehen:[8]

Satz 10.2.2. *Für $r < r_o = \min\{\frac{\cosh t}{t};\ t > 0\}$ gibt es keine beschränkte Minimalfläche, deren Rand aus den Kreisen $k_\pm$ (10.14) besteht.* □

Das hier vorgeführte Argument, dass Minimalhyperflächen Hindernisse für andere Minimalhyperflächen bilden, hat viele weitere Anwendungen. Es lässt sich auch auf Hyperflächen mit *konstanter mittlerer Krümmung* übertragen und zeigt u.a. den folgenden bemerkenswerten

Satz 10.2.3. Satz von A.D. Alexandrov:[9] *Ist $\Omega \subset \mathbb{R}^n$ ein beschränktes offenes Gebiet und $\partial\Omega$ eine C^2-Hyperfläche mit konstanter mittlerer Krümmung, dann ist Ω eine offene Kugel, $\Omega = B_r(x_o)$ für ein $r > 0$ und ein $x_o \in \mathbb{R}^n$; die Hyperfläche konstanter mittlerer Krümmung ist also eine Sphäre.*

Zum Beweis betrachten wir eine Parallelschar von Hyperebenen

$$E_s = \{x;\ \langle x, v\rangle = s\}$$

zu einem beliebigen Einheitsvektor v. Wenn s sehr groß ist, liegt E_s außerhalb der beschränkten Menge Ω. Es gibt demnach ein erstes (größtes) $s = s_o$ mit $E_{s_o} \cap \bar{\Omega} \neq \emptyset$; diese Hyperfläche E_{s_o} berührt $\partial\Omega$ von außen. Verkleinern wir s noch ein wenig, so schneidet E_s die offene Menge Ω. Für solche $s < s_o$ betrachten wir die Spiegelung σ_s an der Hyperebene E_s sowie das gespiegelte Gebiet $\Omega_s = \sigma_s\Omega$, das einen kleinen Schnitt mit Ω hat. Wenn wir s noch weiter verkleinern, berührt $\partial\Omega_s$ schließlich die Hyperfläche $\partial\Omega$ von innen.[10]

[8] Das optimale Resultat mit der Methode der berührenden Katenoide findet man in: H.Wenk, Absolute uniqueness of minimal surfaces bounded by contours with a one-to-one projection onto a plane, Calc. Var. 27 (2006), 255–285.

[9] Alexandr Danilovic Alexandrov, 1912 (Volyn, Russland) – 1999 (St. Petersburg): Uniqueness theorems for surfaces in the large, Am. Math. Soc. Transl. (2) 21 (1962), 341–416.

[10] Der Berührpunkt kann auch am Rand von $\partial\Omega_s \cap \Omega$ liegen; die Argumente von Satz 10.1.1 gelten auch dort noch; vgl. Übung 4 oder die in Fußnote 3, S. 171 zitierte Arbeit.

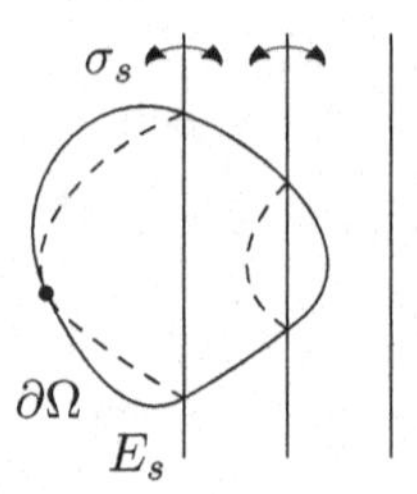

Nach den Ergebnissen des vorigen Abschnittes 10.1 (vgl. dort besonders die letzte Bemerkung) folgt $\partial\Omega_s = \partial\Omega$ und daher ist Ω invariant unter σ_s. Es gibt eine eindeutige kleinste Kugel, in der Ω enthalten ist, die *Umkugel*;[11] jede Isometrie von Ω muss diese Kugel und ihren Mittelpunkt x_o invariant lassen; wir dürfen $x_o = 0$ annehmen. Die Spiegelhyperebene E_s von σ_s geht also durch den Ursprung 0. Da v ein beliebiger Einheitsvektor war, schließen wir, dass Ω invariant unter den Spiegelungen an allen Hyperebenen durch 0 ist. Diese erzeugen die volle orthogonale Gruppe $O(n)$. Also ist Ω invariant unter $O(n)$ und damit eine Kugel mit Mittelpunkt 0. □

Dieser Satz ist aus zwei Gründen bemerkenswert. Zum einen, weil *Seifenblasen* durch Flächen konstanter mittlerer Krümmung in $\mathbb{E}^3$ beschrieben werden. Im Gegensatz zu Seifenhäuten ist bei Seifenblasen der Gasdruck auf beiden Seiten der Fläche verschieden, deshalb ist die mittlere Krümmung H zwar nicht Null, aber immer noch konstant. Der Satz von Alexandrov bestätigt also die alltägliche Beobachtung, dass Seifenblasen immer Kugelgestalt haben. Zum anderen gibt es einen engen Zusammenhang mit dem *isoperimetrischen Problem:*

> *Finde die beschränkte offene Menge $\Omega \subset \mathbb{E}^n$ mit gegebenem Volumen und glattem Rand, für die $\partial\Omega$ kleinste Oberfläche hat.*

Aus der Variationsformel für den Flächeninhalt (8.5) folgt, dass $\partial\Omega$ konstante mittlere Krümmung besitzt und damit nach Alexandrov eine Sphäre ist. Allerdings wird durch das Argument nicht gezeigt, dass ein solches Minimum der Oberfläche überhaupt existiert, nur *wenn* es existiert, ist es die Sphäre. Diese Schwierigkeit wird durch den Beweis von *E. Schmidt*[12] mit Hilfe einer

[11] Die Eindeutigkeit folgt, weil der Schnitt von zwei verschiedenen Kugeln mit gleichem Radius stets in einer Kugel von kleinerem Radius liegt.

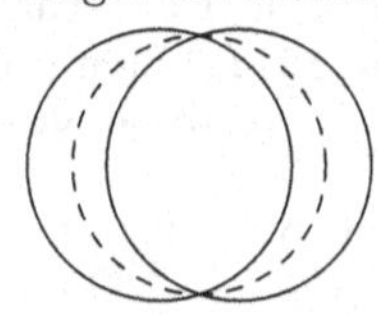

[12] Erhard Schmidt: Über eine neue Methode zur Behandlung einer Klasse isoperimetrischer Aufgaben im Großen, Math. Z. 47 (1942), 489-642. –
Beweis der isoperimetrischen Eigenschaft der Kugel im hyperbolischen und sphärischen Raum jeder Dimensionzahl, Math. Z. 49 (1943), 1-109.

konvergenten Iteration der *Steinerschen Symmetrisierung*[13] vermieden (siehe Übung 2).

10.3 Übungsaufgaben

1. *Umkugel:* Zeigen Sie, dass jede kompakte Menge $C \subset \mathbb{R}^n$ eine eindeutig bestimmte Umkugel besitzt, d.h. eine kleinste abgeschlossene Kugel K mit $C \subset K$ (vgl. Fußnote 11, S. 178).

2. *Steinersche Symmetrisierung:* Die Steinersche Symmetrisierung ordnet einer kompakten Menge $C \subset \mathbb{R}^n$ eine andere kompakte Menge $\mathsf{S}C$ mit gleichem Volumen und kleinerer Randoberfläche zu.[14] Gegeben sei eine kompakte konvexe Menge $C \subset \mathbb{R}^{m+1}$ mit glattem Rand ∂C. Wir zerlegen $\mathbb{R}^{m+1} = \mathbb{R} \times \mathbb{R}^n$, $x = (x_o, x')$, mit den Projektionen $\pi_o : \mathbb{R}^{m+1} \to \mathbb{R}$ und $\pi' : \mathbb{R}^{m+1} \to \mathbb{R}^m$, wobei $\pi_o(x) = x_o$ und $\pi'(x) = x'$. Wir denken uns C zusammengesetzt aus den vertikalen Stäben

$$C^p := (\pi')^{-1}(p) \cap C = \{x \in C;\ \pi'(x) = p\}$$

mit $p \in \pi'(C)$. Diese Stäbe verschieben wir nun in vertikaler Richtung auf eine symmetrische Position: Ist $C^p = [a,b] \times \{p\}$, dann setzen wir $\mathsf{S}C^p = [-c,c] \times \{p\}$ mit $c = (b-a)/2$ und $\mathsf{S}C = \bigcup_{p\in\pi' C} \mathsf{S}C^p$.[15]

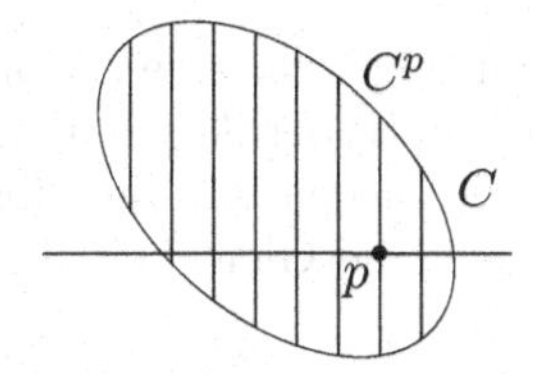

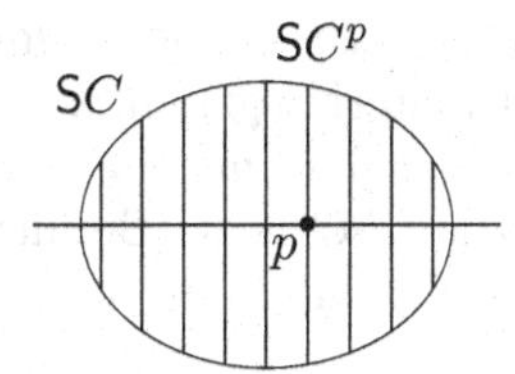

a) Zeigen Sie die Gleichheit der Volumina: $\mathcal{V}(\mathsf{S}C) = \mathcal{V}(C)$.

b) Für Teilmengen $A, B \subset \mathbb{R}^m$ und $x \in \mathbb{R}^m$ setzen wir:

$$|x, A| = \inf_{a\in A} |x-a|, \quad |A, B| = \inf_{(a,b)\in A\times B} |a-b|.$$

Für $\rho > 0$ sei

$$A_\rho = \{x \in \mathbb{R}^n;\ |x, A| \le \rho\}.$$

---

[13] Jakob Steiner, 1796 (Utzenstorf, Schweiz) – 1863 (Bern)

[14] Die folgenden Ausführungen verdanken wir einer Dissertation bei K. Leichtweiß an der Universität Stuttgart: Jürgen Schneider: *Über die Symmetrisierung kompakter Mengen im hyperbolischen Raum*, Stuttgart 1986.

[15] Man kann die Steinersche Symmetrisierung ebenso für nichtkonvexe Mengen C erklären. Dann kann C^p aus mehreren disjunkten Intervallen bestehen, die man zu einem symmetrischen Intervall der gleichen Gesamtlänge zusammenfügt.

Schließlich bezeichne $\mathsf{c}A = \mathbb{R}^n \backslash A$ das Komplement von $A \subset \mathbb{R}^n$. Zeigen Sie für kompakte Teilmenge $A, B \subset \mathbb{R}^n$ mit $A \subset B$:

$$|A, \mathsf{c}B| \leq |\mathsf{S}A, \mathsf{cS}B|. \tag{10.15}$$

Hinweis: Man zeige zunächst $|A^p, (\mathsf{c}B)^q| \leq |(\mathsf{S}A)^p, (\mathsf{cS}B)^q|$ für beliebige $p, q \in \mathbb{R}^m$ und beachte $|A, \mathsf{c}B| = \inf_{p,q} |A^p, (\mathsf{c}B)^q|$ und für beliebige $A, B \subset \mathbb{R}^{m+1}$ (mit $A^p := \{x \in \mathcal{A};\ \pi'(x) = p\}$.)

c) Folgern Sie $(\mathsf{S}C)_\rho \subset \mathsf{S}(C_\rho)$.
Hinweis: Setzen Sie $A = C$ und $B = C_\rho$ in b).

d) Zeigen Sie $\mathcal{A}(C) = \frac{d}{d\rho}\mathcal{V}(C_\rho)\Big|_{\rho=0} = \lim\limits_{\rho\to 0} \frac{1}{\rho}(\mathcal{V}(C_\rho) - \mathcal{V}(C))$.
Hinweis: Benutzen Sie lokale Parametrisierungen $\phi : U \to \mathbb{R}^{m+1}$ der Hyperfläche ∂C sowie die Substitutionsregel für die Diffeomorphismen $\Phi : (-\epsilon, \epsilon) \times U \to \mathbb{R}^{m+1}$, $\Phi(t, u) = \phi(u) + t\nu(u)$, wobei ν das Einheitsnormalenfeld auf ∂C längs ϕ ist (vgl. Abschnitt A.2).

e) Zeigen Sie die Verkleinerung der Oberfläche: $\mathcal{A}(\mathsf{S}C) \leq \mathcal{A}(C)$.[16]

3. *Einseitiges Berühren von Hyperflächen mit $H = const$:* Zeigen Sie, dass die Argumente von Satz 10.1.1 gültig bleiben, wenn die beiden Hyperflächen nicht minimal sind, sondern allgemeiner die gleiche konstante mittlere Krümmung H haben (bezüglich von Einheitsnormalenfeldern, die im Berührpunkt der Hyperflächen übereinstimmen).

4. *Einseitiges Berühren am Rand:* Man zeige, dass die Argumente von Satz 10.1.1 weiterhin gelten, wenn die beiden Hyperflächen in einer abgeschlossenen Menge C mit glattem Rand ∂C liegen und der einseitige Berührpunkt auf ∂C liegt (Berühren schließt die Gleichheit der Tangentialhyperebenen ein).

[16] In der Tat gilt sogar die strenge Ungleichheit, falls $\mathsf{S}C \neq C$, was man in (10.15) sehen kann. Da wir die Zerlegung des $\mathbb{R}^{m+1}$ in Hyperebene $\times$ Gerade beliebig drehen können (z.B. durch Wahl anderer Orthonormalbasen), sind die Kugeln die einzigen kompakten Mengen C, deren Rand sich durch die Steinersche Symmetrisierung nicht verkleinern lässt. Damit ist zwar zunächst nur die Eindeutigkeit, noch nicht die Existenz eines Minimums bewiesen, doch andererseits kann man zeigen, dass ein beliebiges C durch eine Folge von Steiner-Symmetrisierungen immer runder wird und gegen eine Kugel mit gleichem Volumen und kleinerer Oberfläche konvergiert, womit auch die Existenz gesichert ist; die Kugel hat also kleinsten Flächeninhalt bei gegebenem Volumen.

11. Innere und äußere Geometrie

11.1 Von der inneren zur Riemannschen Geometrie

Bei einer Immersion $X : U \to \mathbb{E}$ haben wir die *innere* und die *äußere* Geometrie unterschieden: Die innere Geometrie betrachtet Größen, die nur mit Hilfe der ersten Fundamentalform $g_{ij} = \langle X_i, X_j \rangle$ ausgedrückt werden können, während die äußere Geometrie die Lage des Tangentialraums $T_u \subset \mathbb{E}$ in Abhängigkeit von $u \in U$ berücksichtigt. Wie schon früher angedeutet, hat Bernhard Riemann, in seinem berühmt gewordenen Habilitationsvortrag „Über die Hypothesen, welche der Geometrie zu Grunde liegen“ [1] am 10. Juni 1854 in Göttingen die innere Geometrie in dem Sinne weiterentwickelt, dass er auf die Immersion ganz verzichtete und nur eine zusammenhängende offene Teilmenge (ein *Gebiet*) $U \subset \mathbb{R}^m$ mit einem variablen Skalarprodukt g ausstattete, das wir heute zu seinen Ehren *Riemannsche Metrik* nennen: Eine Familie von C^∞-differenzierbaren Funktionen $g_{ij} : U \to \mathbb{R}$ für $i, j \in \{1, \ldots, m\}$, für die die Matrix $g_u = (g_{ij}(u))$ an jeder Stelle $u \in U$ symmetrisch und positiv definit ist:

$$g_{ij} = g_{ji}, \quad g_{ij} a^i a^j > 0 \tag{11.1}$$

für alle $a = (a^1, \ldots, a^m) \in \mathbb{R}^m \setminus \{0\}$. Wir wollen U zusammen mit der Riemannschen Metrik g ein *Riemannsches Gebiet* nennen. Wenn g die erste Fundamentalform einer Immersion $X : U \to \mathbb{E}^n$ ist, also

$$g_{ij} = \langle X_i, X_j \rangle \tag{11.2}$$

erfüllt, nennen wir X eine *isometrische Immersion* des Riemannschen Gebietes (U, g).

Vordergründig betrachtet hat die Geometrie der Riemannschen Metriken, die *Riemannsche Geometrie*, zwei Vorzüge: Sie ist für je zwei isometrische Immersionen identisch, also unabhängig von der Auswahl einer solchen Immersion, und sie ist selbst dann noch anwendbar, wenn gar keine Immersion vorliegt. Viel wichtiger ist aber, dass Riemann damit ganz bewusst ein neues Verständnis von Geometrie begründet hat. Bis dahin herrschte die Auffassung, Geometrie sei *a priori*, d.h. vor aller Erfahrung gegeben und bilde nur die Bühne für die Erfahrungswissenschaften; ihre Gesetze seien lange bekannt

[1] [41], S. 304–319; s. auch die Kommentare von H.Weyl, ebd., S. 740–768

und durch Euklid schriftlich niedergelegt worden. Die Riemannsche Geometrie, die nun in Konkurrenz zur euklidischen Geometrie tritt, unterscheidet sich im Kleinen kaum von dieser, denn die Riemannsche Metrik hängt stetig (sogar differenzierbar) vom Punkt ab und ist daher in einer Umgebung eines gegebenen Punktes $u \in U$ nahezu mit dem konstanten Skalarprodukt g_u identisch; ihre Geometrie wird daher nahe u von der durch g_u gegebenen euklidischen Geometrie kaum zu unterscheiden sein. Andererseits muss aber der Wert von g_u doch für jedes $u \in U$ festgelegt werden, und Riemann deutet am Ende seines Vortrages an, wie eine solche Festlegung für die unserer Erfahrungswelt zugrundeliegenden Geometrie aussehen könnte: „Es muss also ... der Grund der Maßverhältnisse außerhalb, in darauf wirkenden bindenden Kräften gesucht werden.“[2] Mit anderen Worten: Es müssen physikalische Gründe sein („Kräfte“), die die Geometrie festlegen. Sie ist nicht mehr länger der invariante Hintergrund oder der feste Behälter, in dem die Physik sich abspielt, wie es Newton sich vorstellte, oder eine a priori, d.h. vor jeder konkreten Erfahrung sich vollziehende Konstruktion des menschlichen Geistes, die erst die erkenntnistheoretische Voraussetzung für die Wahrnehmung physikalischer Vorgänge bildet, wie Kant es postulierte, sondern sie ist selbst durch Physik beeinflusst. Die Allgemeine Relativitätstheorie Einsteins hat diesen Gedanken zuende geführt: Die Verteilung der Massen (Sterne, Galaxien) im Weltall bestimmt die Geometrie und wird umgekehrt von ihr bestimmt.

Ein weiterer Aspekt der Riemannschen Geometrie ist ihre Transformierbarkeit durch beliebige Diffeomorphismen: Sind zwei Gebiete $U, \tilde{U} \subset \mathbb{R}^m$ und ein Diffeomorphismus $\phi : U \to \tilde{U}$ gegeben, so erhalten wir aus einer Riemannschen Metrik $\tilde{g} = (\tilde{g}_{kl})$ auf $\tilde{U}$ eine Riemannsche Metrik $g = (g_{ij})$ auf U, die *zurückgeholte Metrik*, indem wir setzen

$$g_{ij} = g(e_i, e_j) := \tilde{g}(\partial_i \phi, \partial_j \phi) = \tilde{g}_{kl}(\phi)\, \partial_i \phi^k\, \partial_j \phi^l. \tag{11.3}$$

Bei Immersionen (vgl. (3.9)) hatten wir den Diffeomorphismus ϕ als *Parameterwechsel* bezeichnet. Wegen (11.3) ist ϕ eine *Isometrie* zwischen den Riemannschen Metriken g und $\tilde{g}$, d.h. für alle $u \in U$ und $a, b \in \mathbb{R}^m$ gilt

$$g_u(a, b) = \tilde{g}_{\tilde{u}}(\tilde{a}, \tilde{b}) \tag{11.4}$$

mit $\tilde{u} = \phi(u)$, $\tilde{a} = \partial\phi_u a$ und $\tilde{b} = \partial\phi_u b$. Damit sind (U, g) und $(\tilde{U}, \tilde{g})$ zwei Ausprägungen der gleichen Geometrie; keine von beiden ist bevorzugt.[3] Wir werden deshalb zwei solche Riemannschen Gebiete *geometrisch äquivalent* nennen. Ähnlich wie bei Immersionen interessiert eigentlich nicht das Riemannsche Gebiet selbst, sondern seine geometrische Äquivalenzklasse; wir

[2] [41], S.318

[3] Dieser Aspekt kommt in dem von Einstein geprägten Begriff „Allgemeine Relativitätstheorie“ zum Ausdruck: Gemeint war damit eine physikalische Theorie, die unter beliebigen Diffeomorphismen („allgemeinen“ Koordinatentransformationen) invariant ist.

dürfen jederzeit mit Hilfe eines Diffeomorphismus zu einem äquivalenten Gebiet übergehen.[4]

Wir können diese Transformation noch auf eine zweite Weise verstehen. An jeder Stelle u ist g_u eine symmetrische Bilinearform auf $\mathbb{R}^m$ und entsteht damit als Linearkombination von Produkten von Linearformen auf $\mathbb{R}^m$. Die Linearformen bilden den Vektorraum $(\mathbb{R}^m)^*$ mit Basis $(e^1, \dots, e^m)$ dual zu $(e_1, \dots, e_m)$, d.h. $e^i.e_j = \delta_{ij}$. Damit ist

$$g_u = \sum g_{ij}(u) e^i e^j, \tag{11.5}$$

denn die beiden Bilinearformen auf der linken und der rechten Seite haben auf jedem Paar von Basisvektoren (e_k, e_l) denselben Wert $g_{kl}(u)$. Andererseits sind die Linearformen e^i die Ableitungen (*Differentiale*) der Komponentenfunktionen $u^i : U \to \mathbb{R}$, die jedem Vektor $u = (u^1, \dots, u^m)$ seine i-te Komponente u^i zuordnen; die letzte Gleichung kann also folgendermaßen umgeschrieben werden:

$$g_u = \sum g_{ij}(u)\, \partial u^i\, \partial u^j. \tag{11.6}$$

Wir können die Funktionen $u^1, \dots, u^m$ auch durch andere Funktionen auf U ersetzen, zum Beispiel durch die Komponentenfunktionen $\phi^1, \dots, \phi^m$ unseres Diffeomorphismus $\phi : U \to \tilde{U} \subset \mathbb{R}^m$. Die Linearformen $\partial\phi^1_u, \dots, \partial\phi^m_u$ sind an jeder Stelle $u \in U$ linear unabhängig und bilden daher ebensogut wie die $e^i = \partial u^i$ eine Basis von $(\mathbb{R}^m)^*$. Also lässt sich g_u auch durch sie ausdrücken, und die Koeffizienten sind nach (11.3) gerade die $\tilde{g}_{kl}(\tilde{u})$ mit $\tilde{u} = \phi(u)$,

$$g_u = \sum \tilde{g}_{kl}(\tilde{u})\, \partial\phi^k_u\, \partial\phi^l_u. \tag{11.7}$$

Die Funktionen ϕ^k sind den u^i gleichgestellt; wir fassen sie anstelle der u^i als neue *Koordinaten* der Punkte von U auf, d.h. als m Funktionen, deren Werte an einer beliebigen Stelle u diese Stelle eindeutig bestimmen. Die Gleichungen (11.6) und (11.7) machen deutlich, warum wir die g_{ij} und die $\tilde{g}_{kl} \circ \phi$ als Koordinatenausdrücke desselben Objekts g ansehen können (vgl Übung 1),

Bemerkung: Natürlich sind solche Transformationen auch bereits für die *euklidische* Metrik möglich, die ja selbst eine Riemannsche Metrik ist, definiert durch $\tilde{g}_u(a, b) = \langle a, b\rangle$ oder $\tilde{g}_{ij}(\tilde{u}) = \delta_{ij}$ für alle $\tilde{u} \in \tilde{U}$. Nach (11.3) ist dann

$$g_{ij} = \langle \partial_i\phi, \partial_j\phi\rangle. \tag{11.8}$$

In diesem Spezialfall sieht $(\tilde{U}, \tilde{g})$ allerdings viel einfacher aus als (U, g). Umgekehrt stellt sich deshalb die Frage, wann eine gegebene Riemannsche Metrik

[4] Damit wird es möglich, Riemannsche Metriken auch auf *Mannigfaltigkeiten* zu definieren, die selbst nicht mehr Gebiete im $\mathbb{R}^m$ ist, aber aus solchen mit Hilfe von Diffeomorphismen „zusammengeklebt" sind, vgl. Abschnitt 12.7. Im jetzigen Abschnitt wollen wir uns aber ganz auf die lokalen Aspekte der Theorie beschränken.

g auf U von der Form (11.8), also eine euklidische Metrik ist, die sich nur durch eine Koordinatentransformation ϕ „verkleidet" hat. Wir können die Gleichung (11.8) als ein System von $\frac{m(m+1)}{2}$ Gleichungen für die m Unbekannten $\phi^1, \dots, \phi^m$ (die Komponenten von ϕ) ansehen. Für $m > 1$ gibt es mehr Gleichungen als Unbekannte, das System ist somit *überbestimmt* und besitzt nur dann eine Lösung, wenn zusätzlich sogenannte *Integrationsbedingungen* erfüllt sind (vgl. Abschnitt A.3). Deren geometrische Bedeutung werden wir im Abschnitt 11.3 kennenlernen: das Verschwinden des *Riemannschen Krümmungstensors.*

11.2 Die Levi-Civita-Ableitung

Alle Begriffe der *inneren Geometrie* von Immersionen lassen sich auf die Riemannsche Geometrie übertragen, denn zu ihrer Definition wurden nur g (in der Rolle der ersten Fundamentalform der Immersion) und seine Ableitungen benötigt. Insbesondere gilt das für die in Kap. 6 entwickelte *Levi-Civita-Ableitung* D_i (vgl. (6.9), (6.4)): Für jedes Vektorfeld $v = (v^1, \dots, v^m) = v^j e_j$ auf U ist

$$D_i v = \partial_i v + \Gamma_i v, \tag{11.9}$$

wobei $\Gamma_i = (\Gamma_{ij}^k)$ die (von $u \in U$ abhängige) $m \times m$-Matrix ist mit den Koeffizienten

$$\Gamma_{ij}^k = g^{kl}\Gamma_{ijl}, \quad \Gamma_{ijl} = \frac{1}{2}(\partial_i g_{jl} + \partial_j g_{il} - \partial_l g_{ij}). \tag{11.10}$$

Alle in Kapitel 6 bewiesenen Beziehungen behalten ihre Gültigkeit. Die Levi-Civita-Ableitung D_i erfüllt weitgehend dieselben Regeln wie die gewöhnliche Ableitung ∂_i, wobei das gewöhnliche Skalarprodukt durch die Riemannsche Metrik g ersetzt werden muss:

$$\partial_i \, g(v,w) = g(D_i v, w) + g(v, D_i w), \tag{11.11}$$

für beliebige Vektorfelder v, w auf U. Damit sind auch *parallele Vektorfelder* längs Kurven sowie die *Levi-Civita-Parallelverschiebung* erklärt, vgl. (6.24) und (6.25); letztere ist isometrisch bezüglich der Riemannschen Metrik, wie in Abschnitt 6.3 gezeigt.[5] Insbesondere sind *Geodäten* definiert als Kurven $\alpha : I \to U$, deren Tangentenvektor α' Levi-Civita-parallel längs α ist, d.h. α erfüllt die Differentialgleichung

$$D\alpha' = \alpha'' + \Gamma(\alpha', \alpha') = 0 \tag{11.12}$$

(vgl (6.26), (6.27)).

[5] Auf die Bedeutung der Parallelverschiebung als ein Grundbegriff der Riemannschen Geometrie hat vor allem H. Weyl [46] aufmerksam gemacht.

Diese Definition der Levi-Civita-Ableitung mag etwas willkürlich erscheinen; wir haben ja einfach die Formeln von den Immersionen übernommen. Deshalb ist die folgende axiomatische Kennzeichnung nützlich, die auch zeigt, wie die Levi-Civita-Ableitung auf geometrisch äquivalente Riemannsche Gebiete (vgl. (11.3)) übertragen wird. Anstelle von Koordinatenvektorfeldern (die ja nicht invariant unter Diffeomorphismen sind) benutzen wir beliebige Vektorfelder auf U. Die Menge dieser Vektorfelder, d.h. der C^∞-Abbildungen $a : U \to \mathbb{R}^m$, ist ein $\mathbb{R}$-Vektorraum, den wir mit $\mathcal{V}_U$ bezeichnen. Jedes $a \in \mathcal{V}_U$ kann mit einer Funktion $f : U \to \mathbb{R}$ multipliziert werden; $fa \in \mathcal{V}_U$ ist definiert durch $(fa)(u) = f(u)a(u)$.

Satz 11.2.1. (Levi-Civita) *Auf jedem Riemannschen Gebiet (U, g) gibt es genau eine bilineare Abbildung $D : \mathcal{V}_U \times \mathcal{V}_U \to \mathcal{V}_U$, genannt Levi-Civita-Ableitung, mit folgenden Eigenschaften: Für alle $a, b, c \in \mathcal{V}_U$ und für jede Funktion $f : U \to \mathbb{R}$ gilt*

(a) $D_{fa}b = fD_ab$,
(b) $D_a(fb) = (\partial_a f)b + fD_ab$,
(c) $D_ab - D_ba = \partial_ab - \partial_ba =: [a, b]$,[6]
(d) $\partial_a g(b, c) = g(D_ab, c) + g(b, D_ac)$,

und zwar gilt für beliebige Vektorfelder $a = a^ie_i$ und $b = b^je_j$:

$$D_ab = \partial_ab + a^ib^j\Gamma_{ij}^k e_k,$$
$$\Gamma_{ij}^k = \frac{1}{2}g^{kl}\left(\partial_i g_{jl} + \partial_j g_{il} - \partial_l g_{ij}\right). \qquad (11.13)$$

Lemma 11.2.1. *Eine Familie von Funktionen Γ_{ijl} auf U erfüllt*

$$\Gamma_{ijl} - \Gamma_{jil} = 0, \qquad (11.14)$$
$$\Gamma_{ijl} + \Gamma_{lji} = \partial_j g_{li} \qquad (11.15)$$

genau dann, wenn

$$\Gamma_{ijl} = \frac{1}{2}(\partial_i g_{jl} + \partial_j g_{li} - \partial_l g_{ij}). \qquad (11.16)$$

Beweis des Lemmas: Wenn wir in (11.16) die Indizes i und j vertauschen, so werden die ersten beiden Terme auf der rechten Seite vertauscht (man beachte $g_{il} = g_{li}$) und der dritte Term bleibt unverändert; daraus folgt (11.14). Vertauscht man dagegen die Indizes i und l, so bleibt der Mittelterm derselbe und die äußeren Terme $\partial_i g_{jl}$ und $\partial_l g_{ji}$ werden vertauscht. Wegen des unterschiedlichen Vorzeichens folgt (11.15). Die Umkehrung folgt wie im Beweis von Lemma 6.1.1: Wir schreiben (11.15) dreimal mit jeweils zyklisch vertauschten Indizes,

[6] Das Vektorfeld $[a, b] = \partial_ab - \partial_ba$ heißt *Lieprodukt* der Vektorfelder a, b, benannt nach Marius Sophus Lie, 1842 (Nordfjordeide, Norwegen) – 1899 (Kristiania, heute Oslo)

$$
\begin{aligned}
(+) \quad \partial_i g_{jl} &= \Gamma_{ijl} + \Gamma_{ilj}, \\
(+) \quad \partial_j g_{li} &= \Gamma_{jli} + \Gamma_{jil}, \\
(-) \quad \partial_l g_{ij} &= \Gamma_{lij} + \Gamma_{lji},
\end{aligned}
$$

addieren die ersten beiden, subtrahieren die dritte und beachten die Symmetrie in den ersten beiden Indizes nach (11.14) und erhalten schließlich (11.16).

□

Beweis des Satzes: Für zunächst beliebige Funktionen Γ_{ij}^k definieren wir $D_{e_i} e_j := \Gamma_{ij}^k e_k$. Mit (a) und (b) können wir daraus $D_a b$ für beliebige Vektorfelder $a = a^i e_i$ und $b = b^j e_j$ berechnen:

$$
D_a b = D_a(b^j e_j) = \partial_a b + a^i b^j \Gamma_{ij}^k e_k. \tag{11.17}
$$

Umgekehrt können wir (11.17) als Definition für eine lineare Abbildung $D : \mathcal{V}_U \times \mathcal{V}_U \to \mathcal{V}_U$ benutzen, und (a) und (b) folgen aus den entsprechenden Regeln für ∂.

Insbesondere ist $g(D_i e_j, e_l) = \Gamma_{ij}^k g_{kl} = \Gamma_{ijl}$. Die Eigenschaften (11.14) und (11.15) sind daher äquivalent zu

$$
\begin{aligned}
g(D_i e_j, e_l) - g(D_j e_i, e_l) &= 0, && (11.18) \\
g(D_i e_j, e_l) + g(D_i e_l, e_j) &= \partial_i g_{jl}, && (11.19)
\end{aligned}
$$

für alle i, j, l, und die erste der beiden Gleichungen sagt einfach

$$
D_i e_j - D_j e_i = 0. \tag{11.20}
$$

Dies sind die Eigenschaften (c) und (d) im Spezialfall $a = e_i$, $b = e_j$, $c = e_l$. Da $e_1, \ldots, e_m$ eine Basis bilden, folgen daraus (c) und (d) auch für beliebige Vektoren $a, b, c \in \mathbb{R}^m$,[7] womit Existenz und Eindeutigkeit von D gezeigt sind.

□

Bemerkung: Wenn man nur die Bedingungen (a) und (b) in Satz 11.2.1 fordert, erhält man einen allgemeineren Begriff, eine sog. *kovariante Ableitung*,[8]

---

[7] Beweis zu (d) für $a = e_i$, $b = b^j e_j$, $c = c^l e_l$:

$$
\begin{aligned}
g(D_i b, c) + g(D_i c, b) &= b^j c^l (g(D_i e_j, e_l) + g(D_i e_l, e_j)) + ((\partial_i b^j) c^l + (\partial_i c^l) b^j) g_{jl} \\
&\overset{11.19}{=} b^j c^l \partial_i g_{jl} + \partial_i (b^j c^l) g_{jl}, \\
\partial_i g(b, c) &= \partial_i (b^j c^l g_{jl}) \\
&= \partial_i (b^j c^l) g_{jl} + b^j c^l \partial_i g_{jl}.
\end{aligned}
$$

[8] Das Wort *kovariant* bedeutet, dass der Ausdruck sich unter Diffeomorphismen (Übergang zu einem geometrisch äquivalenten Riemannschen Gebiet) richtig transformiert und deshalb geometrische Bedeutung hat.

mit der sich dann wie in (11.12) ein Begriff von *Parallelität*, d.h. eine *Parallelverschiebung* längs Kurven definieren lässt. Weil damit ein Zusammenhang zwischen verschiedenen Tangentialräumen hergestellt wird, hat sich für eine kovariante Ableitung auch der etwas merkwürdige Begriff *Zusammenhang* eingebürgert. Die kovariante Ableitung heißt *torsionsfrei*, wenn Bedingung (c) erfüllt ist. Der Bezug zu einer Riemannschen Metrik wird erst durch (d) hergestellt. Satz 11.2.1 sagt also aus, dass eine kovariante Ableitung durch die Forderungen der Torsionsfreiheit und der Verträglichkeit mit der Metrik schon eindeutig festgelegt ist.

11.3 Der Riemannsche Krümmungstensor

Es gibt einen wichtigen Unterschied zwischen der gewöhnlichen und der Levi-Civita-Ableitung: Während die gewöhnlichen partiellen Ableitungen vertauschbar sind,

$$[\partial_i, \partial_j] = \partial_i\partial_j - \partial_j\partial_i = 0, \tag{11.21}$$

gilt dies nicht für die Levi-Civita-Ableitungen:

$$[D_i, D_j] = D_iD_j - D_jD_i =: R_{ij} \neq 0. \tag{11.22}$$

Denn nach (11.9) ist $D_iv = \partial_iv + \Gamma_iv$ mit $\Gamma_iv = \Gamma_{ij}^k v^j e_k$ und daher

$$\begin{aligned}
D_iD_jv &= (\partial_i + \Gamma_i)(\partial_j + \Gamma_j)v \\
&= \partial_i\partial_jv + \Gamma_i\Gamma_jv + \partial_i(\Gamma_jv) + \Gamma_i(\partial_jv) \\
&= \partial_i\partial_jv + \Gamma_i\Gamma_jv + (\partial_i\Gamma_j)v + \Gamma_j(\partial_iv) + \Gamma_i(\partial_jv), \\
D_jD_iv &= \partial_j\partial_iv + \Gamma_j\Gamma_iv + (\partial_j\Gamma_i)v + \Gamma_j(\partial_iv) + \Gamma_i(\partial_jv), \\
[D_i, D_j]v &= \qquad [\Gamma_i, \Gamma_j]v + (\partial_i\Gamma_j - \partial_j\Gamma_i)v.
\end{aligned}$$

Satz 11.3.1. *Für den Kommutator* $[D_i, D_j] = D_iD_j - D_jD_i$ *der Levi-Civita-Ableitungen* $D_i = \partial_i + \Gamma_i$ *gilt:*

$$[D_i, D_j] = R_{ij} = [\Gamma_i, \Gamma_j] + \partial_i\Gamma_j - \partial_j\Gamma_i. \tag{11.23}$$

Für alle i, j *ist* R_{ij} *eine (von* u *aus unserem Riemannschen Gebiet* U *abhängige) Matrix mit Matrixkoeffizienten*

$$R_{ijk}^l = \Gamma_{ir}^l\Gamma_{jk}^r - \Gamma_{jr}^l\Gamma_{ik}^r + \partial_i\Gamma_{jk}^l - \partial_j\Gamma_{ik}^l. \tag{11.24}$$

□

Der Ausdruck $[D_i, D_j]v$ enthält also gar keine Differentiation von v, sondern ist an jeder Stelle u nur die Multiplikation des Vektors $v(u)$ mit der Matrix

$R_{ij}(u) = (R^l_{ijk}(u))$. Dieser Ausdruck wird *Riemannscher Krümmungstensor* genannt.[9]

Bemerkung zur Notation: Bei der Berechnung der Koeffizienten von R_{ij} muss man beachten, dass in unserer (in der Differentialgeometrie üblichen) Schreibweise der obere Index der Zeilenindex, der untere der Spaltenindex ist. In der üblichen Matrixnotation $A = (a_{ij})$ ist der Zeilenindex der erste, der Spaltenindex der zweite; wir würden also $A = (a^i_j)$ schreiben. Aus der gewohnten Matrix-Multiplikationsformel $(AB)_{lk} = \sum_r a_{lr} b_{rk}$ wird daher $(AB)^l_k = a^l_r b^r_k$.

Beispiel: Auf einem Gebiet $U \subset \mathbb{R}^2$ betrachten wir die Riemannsche Metrik g mit $g_{11} = 1$, $g_{12} = 0$ und $g_{22} = f^2$. Die einzigen nichtverschwindenden Ableitungen sind $\partial_i g_{22} = 2ff_i$. Nach (11.10) verschwinden daher alle Γ_{ijl} außer

$$\Gamma_{122} = \Gamma_{212} = -\Gamma_{221} = ff_1, \quad \Gamma_{222} = ff_2. \tag{11.25}$$

Die Umkehrmatrix von $(g_{ij}) = \left(\begin{smallmatrix}1 & \\ & f^2\end{smallmatrix}\right)$ hat die Koeffizienten $g^{11} = 1$, $g^{12} = 0$ und $g^{22} = 1/f^2$. Also ist $\Gamma^2_{12} = \Gamma^2_{21} = f_1/f$ und $\Gamma^1_{22} = -ff_1$ und $\Gamma^2_{22} = f_2/f$; alle anderen Γ^k_{ij} verschwinden. Folglich erhalten wir

$$\Gamma_1 = \begin{pmatrix} 0 & \\ & f_1/f \end{pmatrix}, \quad \Gamma_2 = \begin{pmatrix} 0 & -ff_1 \\ f_1/f & f_2/f \end{pmatrix}, \quad [\Gamma_1, \Gamma_2] = \begin{pmatrix} & f_1^2 \\ f_1^2/f^2 & \end{pmatrix}$$

und

$$\partial_1 \Gamma_2 = \begin{pmatrix} 0 & -f_1^2 - ff_{11} \\ (f_{11}f - f_1^2)/f^2 & (f_{21}f - f_2 f_1)/f^2 \end{pmatrix},$$
$$\partial_2 \Gamma_1 = \begin{pmatrix} 0 & 0 \\ 0 & (f_{12}f - f_1 f_2)/f^2 \end{pmatrix}.$$

Also ergibt sich

$$R_{12} = [\Gamma_1, \Gamma_2] + \partial_1 \Gamma_2 - \partial_2 \Gamma_1 = \begin{pmatrix} & -ff_{11} \\ f_{11}/f & \end{pmatrix}. \tag{11.26}$$

Bemerkung: Wenn wir eine von den gewählten Koordinaten unabhängige Darstellung des Krümmungstensors wünschen, müssen wir wieder zu beliebigen Vektorfeldern $a = a^i e_i$ und $b = b^j e_j$ übergehen:

$$R(a, b) := a^i b^j R_{ij}. \tag{11.27}$$

[9] Das Wort „*Tensor*“ kommt aus der Physik und wurde zuerst für die Darstellung der Spannung („tension“) bei der Deformation eines elastischen Materials verwendet. Der Begriff dient heute allgemein zur Bezeichnung von linearen oder multilinearen Abbildungen, die noch von einem weiteren Parameter u differenzierbar abhängen und sich unter Koordinatentransformationen „homogen“ transformieren wie z.B. g in (3.8). Der Wortbestandteil „Krümmung“ wird im nächsten Abschnitt deutlich.

Dieser Ausdruck ist aber nicht mehr einfach der Kommutator $[D_a, D_b]$ der entsprechenden Levi-Civita-Richtungsableitungen, denn für jedes Vektorfeld v ist

$$D_a D_b v = D_a(b^j D_j v) = (\partial_a b^j) D_j v + a^i b^j D_i D_j v. \tag{11.28}$$

Da $\partial_a b^j - \partial_b a^j$ die Komponenten der Lieklammer $[a, b]$ sind, folgt $[D_a, D_b]v = D_{[a,b]}v + R(a, b)v$ oder

$$R(a, b)v = [D_a, D_b]v - D_{[a,b]}v. \tag{11.29}$$

Diese Darstellung hat den Vorteil, unabhängig von der speziellen Koordinatenwahl zu sein: Wir können die Vektorfelder a, b, v auf ein geometrisch äquivalentes Riemannsches Gebiet übertragen und erhalten dort die gleiche Formel.

Satz 11.3.2.

$$g(R_{ij}a, b) = -g(R_{ij}b, a) \tag{11.30}$$

für zwei beliebige Vektorfelder a, b auf U.[10]

Beweis: Wir zeigen $g(R_{ij}a, a) = 0$ für ein beliebiges Vektorfeld a, dann folgt (11.30) durch *Polarisierung*: $0 = g(R_{ij}(a+b), a+b) = g(R_{ij}a, b) + g(R_{ij}b, a)$. Dazu berechnen wir

$$\partial_i \partial_j g(a, a) = 2\partial_i g(D_j a, a) = 2\left(g(D_i D_j a, a) + g(D_j a, D_i a)\right).$$

Beim Antisymmetrisieren in i, j fällt der zweite Term weg und wir erhalten

$$0 = (\partial_i \partial_j - \partial_j \partial_i) g(a, a) = 2g(R_{ij}a, a). \quad \square$$

Bemerkung. Wir haben gesehen, dass der Ausdruck

$$R_{ijkl} := g(R_{ij}e_k, e_l) \tag{11.31}$$

in den ersten beiden und den letzten beiden Indizes jeweils antisymmetrisch ist:

$$R_{jikl} = -R_{ijkl} = R_{ijlk}. \tag{11.32}$$

Die Abbildung $(a, b) \mapsto g(R_{ij}a, b)$ definiert daher für festes i, j eine antisymmetrische Bilinearform auf $\mathbb{R}^m$, insgesamt also eine Matrix solcher Bilinearformen, die wegen $R_{ij} = -R_{ji}$ selbst schiefsymmetrisch ist. Im Fall $m = 2$ sind die Vektorräume der schiefsymmetrischen Bilinearformen und der schiefsymmetrischen Matrizen eindimensional. Es kann daher bis auf Vielfache nur einen solchen Ausdruck R_{ijkl} mit (11.32) geben, und zwar

[10] Außer der Antisymmetrie im ersten und zweiten Block, $R_{ij} = -R_{ji}$ sowie $R_{ijkl} = -R_{ijlk}$ (11.30) gibt es noch drei weitere *Krümmungsidentitäten* (Relationen zwischen den Komponenten des Krümmungstensors und seiner Ableitung): $R_{ijkl} = R_{klij}$ (Blockvertauschung), $R_{ijkl} + R_{jkil} + R_{kijl} = 0$ (Bianchi I) sowie $(D_i R)_{jk} + (D_j R)_{ki} + (D_k R)_{ij} = 0$ (Bianchi II), vgl. z.B. [27] oder [36].

$$R^o_{ijkl} := g_{jk}g_{il} - g_{ik}g_{jl},$$
$$R^o(a,b)c = g(b,c)a - g(a,c)b; \tag{11.33}$$

dieser Ausdruck erfüllt offensichtlich die gewünschte Relation (11.32). Jeder andere mögliche Krümmungstensor R ist ein Vielfaches davon:

$$R = \tilde{K} \cdot R^o \tag{11.34}$$

für eine Funktion $\tilde{K} : U \to \mathbb{R}$. Wir werden in Satz 11.5.1 sehen, dass diese bei immersierten Flächen in $\mathbb{E}^3$ die *Gauß-Krümmung* K ist. Da $R^o_{1221} = g_{11}g_{22} - g_{12}^2 = \det g$, folgt $R_{1221} = \tilde{K} \cdot R^o_{1221} = \tilde{K} \cdot \det g$ und damit

$$\tilde{K} = R_{1221} / \det g. \tag{11.35}$$

11.4 Lokal euklidische Metriken

Wir können nun die früher aufgeworfene Frage beantworten, wann eine Riemannsche Metrik nur eine verkleidete, d.h. in krummlinigen Koordinaten gegebene euklidische Metrik ist. Wir nennen ein Riemannsches Gebiet (U, g) *lokal euklidisch*, wenn es um jeden Punkt $u_o \in U$ eine Umgebung $U_o \subset U$ und einen lokalen Diffeomorphismus $\phi : U_o \to \mathbb{E}^m$ gibt, der g isometrisch in die euklidische Metrik überführt:

$$g_{ij} = \langle \partial_i \phi, \partial_j \phi \rangle = \langle \phi_i, \phi_j \rangle \tag{11.36}$$

(vgl. (11.8)). Solch eine Abbildung ϕ ist nichts anderes als eine *isometrische Immersion* von (U, g) in den euklidischen Raum $\mathbb{E}^m$ (vgl. (11.2)); das Besondere hier ist nur die Gleichheit der Dimensionen ($n = m$). Wie der folgende Satz zeigt, existiert ein solches ϕ genau dann, wenn der Krümmungstensor verschwindet, der damit also genau die lokale Abweichung der Riemannschen von der euklidischen Geometrie widerspiegelt.

Satz 11.4.1. *Ein Riemannsches Gebiet (U, g) ist genau dann lokal euklidisch, wenn der Riemannsche Krümmungstensor verschwindet.*

Beweis: Die eine Richtung ist klar nach (11.29), weil im euklidischen Raum $\mathbb{E}^m$ der Krümmungstensor verschwindet. Zu zeigen ist die Umkehrung: Wenn der Krümmungstensor verschwindet, gibt es überall lokale Isometrien nach $\mathbb{E}^m$. Eine lokale Isometrie ist eine isometrische Immersion bei gleicher Dimension von Parameterbereich und Bildraum. Für eine isometrische Immersion $X : (U_o, g) \to \mathbb{E}^n$ ist nach Abschnitt 6.1 die Levi-Civita-Ableitung gerade die Tangentialkomponente der gewöhnlichen Ableitung:

$$(\partial_i X_j)^T = D_i X_j = \Gamma_{ij}^k X_k \tag{11.37}$$

(vgl. (6.4). Wenn die Dimensionen von U und X gleich sind ($m = n$), dann ist die Tangentialkomponente der ganze Vektor. Für die partiellen Ableitungen einer solche Abbildung $X = \phi : U \to \mathbb{E}^m$ erhalten wir daher

$$\partial_i \phi_j = \Gamma_{ij}^k \, \phi_k. \tag{11.38}$$

Um ϕ zu konstruieren verstehen wir (11.38) als Differentialgleichung für die vektorwertigen Funktionen ϕ_j als Unbekannten. Wir fassen wir diese zu einer (invertierbaren) Matrix $\Phi = (\phi_1, \dots, \phi_m)$ zusammen und suchen somit eine Lösung Φ der Matrixgleichung

$$\partial_i \Phi = \Phi \Gamma_i. \tag{11.39}$$

Nach Satz A.3.1 im Anhang besitzt diese Gleichung auf jedem einfach zusammenhängenden (z.B. konvexen) Teilgebiet $U_o \subset U$ genau dann eine überall invertierbare Lösung Φ, wenn die Integrationsbedingung (A.24)

$$[\Gamma_i, \Gamma_j] + \partial_i \Gamma_j - \partial_j \Gamma_i = 0 \tag{11.40}$$

erfüllt ist, d.h. wenn $R_{ij} = 0$ gilt. Dabei können wir Φ an einer Stelle u_o frei vorgeben: $\Phi(u_o) = \Phi_o$.

Die Spalten ϕ_j der Matrix Φ erfüllen (11.38), und wegen der Symmetrie von Γ_{ij}^k in i und j gilt

$$\partial_i \phi_j = \partial_j \phi_i.$$

Deshalb sind die ϕ_i die partiellen Ableitungen einer Abbildung $\phi : U_o \to \mathbb{R}^m$, und weil die $\partial_i \phi = \phi_i$ linear unabhängig sind, ist ϕ ein lokaler Diffeomorphismus. Wir müssen nur noch (11.36) zeigen.

Dazu leiten wir mit (11.38) eine Differentialgleichung erster Ordnung für die Skalarprodukte $\bar{g}_{ij} := \langle \phi_i, \phi_j \rangle$ her:

$$\partial_k \bar{g}_{ij} = \langle \partial_k \phi_i, \phi_j \rangle + \langle \phi_i, \partial_k \phi_j \rangle = \Gamma_{ki}^l \bar{g}_{lj} + \Gamma_{kj}^l \bar{g}_{il}. \tag{11.41}$$

Dieselbe Differentialgleichung wird aber auch von den metrischen Koeffizienten g_{ij} erfüllt:

$$\partial_k g_{ij} = g(D_k e_i, e_j) + g(e_i, D_k e_j) = \Gamma_{ki}^l g_{lj} + \Gamma_{kj}^l g_{il}. \tag{11.42}$$

Der Eindeutigkeitssatz B.1.1 für Differentialgleichungen sagt daher:[11] Wenn die Matrizen g und $\bar{g} = \Phi^t \Phi$ nur an einer Stelle u_o übereinstimmen, dann gilt $g = \bar{g}$ überall und (11.36) ist erfüllt. Die Übereinstimmung bei u_o erreichen wir durch die Wahl von $\Phi_o = \Phi(u_o)$, über die wir frei verfügen können. □

[11] Da nur die partielle Ableitung nach der k-ten Variablen auftritt, sind (11.41) und (11.42) gewöhnliche Differentialgleichungen für Funktionen einer reellen Variablen, nämlich x^k; die übrigen x^j sind nur Parameter.

11.5 Gauß-Gleichung und Theorema Egregium

Wir betrachten nun wieder eine Immersion $X : U \to \mathbb{E}$ mit erster Fundamentalform $g = (g_{ij})$. Anders gesagt: X ist eine *isometrische Immersion* des Riemannschen Gebietes (U, g) in den euklidischen Raum $\mathbb{E}$, d.h. die Riemannsche Metrik g ist die erste Fundamentalform von X:

$$g_{ij} = \langle X_i, X_j \rangle. \tag{11.43}$$

Welche besondere Form muss der Krümmungtensor in diesem Fall haben? Wir wollen dazu die in 6.2 entwickelte Beziehung zwischen Vektorfeldern v auf U und tangentialen Vektorfeldern $V = v^\wedge = \partial X.v$ benutzen; insbesondere war $e_i^\wedge = X_i$. Damit lassen sich die Komponenten des Krümmungstensors einer Immersion berechnen:

$$R_{ijkl} := g(R_{ij}e_k, e_l) = \langle [D_i, D_j]X_k, X_l \rangle. \tag{11.44}$$

Die Aufspaltung von $\partial_j X_k$ in Tangential- und Normalkomponente ergibt

$$\partial_j X_k = D_j X_k + \mathbf{h}_{jk}, \tag{11.45}$$

wobei $\mathbf{h}$ wie bisher die (vektorwertige) zweite Fundamentalform bezeichnet. Weiteres Ableiten von (11.45) ergibt

$$\langle \partial_i \partial_j X_k, X_l \rangle = \langle \partial_i D_j X_k + \partial_i \mathbf{h}_{jk}, X_l \rangle = \langle D_i D_j X_k, X_l \rangle - \langle \mathbf{h}_{jk}, \mathbf{h}_{il} \rangle, \tag{11.46}$$

denn $\langle \partial_i D_j X_k, X_l \rangle = \langle D_i D_j X_k, X_l \rangle$, weil X_l tangential, und da $\mathbf{h}_{jk} \perp X_l$, ist $\langle \partial_i \mathbf{h}_{jk}, X_l \rangle = -\langle \mathbf{h}_{jk}, \partial_i X_l \rangle = -\langle \mathbf{h}_{jk}, \mathbf{h}_{il} \rangle$. Durch Antisymmetrisieren in i und j folgt die *Gaußgleichung*

$$R_{ijkl} - \langle \mathbf{h}_{jk}, \mathbf{h}_{il} \rangle + \langle \mathbf{h}_{ik}, \mathbf{h}_{jl} \rangle = 0. \tag{11.47}$$

Ist X eine Hyperfläche ($n = m+1$), so ist $\mathbf{h}_{ij} = h_{ij}\nu$ für die Einheitsnormale ν und wir erhalten

$$R_{ijkl} = h_{jk}h_{il} - h_{ik}h_{jl}. \tag{11.48}$$

Speziell für eine Fläche ($m = 2$) ergibt sich

$$R_{1221} = h_{22}h_{11} - h_{12}h_{21} = \det h \tag{11.49}$$

und mit (11.35) der folgende Satz von *Gauß*, der in der lateinisch geschriebenen Originalarbeit [15] [12] als „*theorema egregium*" (herausragender Satz) bezeichnet wurde.

Satz 11.5.1. (Theorema Egregium) *Die Gaußsche Krümmung K einer Fläche $X : U \to \mathbb{E}^3$ ist eine Größe der inneren Geometrie, genauer gilt*

$$K = \det h / \det g = R_{1221} / \det g = \tilde{K}. \tag{11.50}$$

[12] Englische Übersetzung und Kommentar in [9] sowie [44], Bd. II

In der Tat ist R_{1221} ein Ausdruck in den Komponenten von g und ihren ersten und zweiten Ableitungen (vgl. (11.24), (11.10)). Damit ist die Gaußkrümmung K eine Größe der inneren Geometrie; sie bleibt also bei Übergang zu einer zu X *isometrischen* Immersion erhalten und verändert insbesondere bei Biegungen[13] ihren Wert nicht.

Wegen (11.50) werden wir die Größe $\tilde{K}$, die den Krümmungstensor eines zweidimensionalen Riemannschen Gebietes (U, g) beschreibt (vgl. (11.34)), dann auch als *Gaußsche Krümmung* bezeichnen und K statt $\tilde{K}$ dafür schreiben, selbst wenn g gar nicht von einer Immersion herkommt.

Beispiel 1: Wir setzen das Beispiel der Drehflächen fort, vgl. Beispiel 1, S. 50 in 4.3: $X(u,v) = (r(u)\cos v, r(u)\sin v, z(u))$, wobei $u \mapsto (r(u), z(u))$ eine reguläre Kurve mit $r(u) > 0$ ist. Nach (4.15) ist $K = R_{1221}/\det g = (h_{uu}h_{vv})/(g_{uu}g_{vv}) = \kappa z'/r$, wie schon in (4.17) gezeigt.

Andererseits könnten wir R_{1221} auch aus den metrischen Koeffizienten wie im Beispiel 188 in 11.3 berechnen: Wenn die Profilkurve nach Bogenlänge parametrisiert ist, sind die metrischen Koeffizienten so wie dort mit $f = r$, also $g_{11} = 1$, $g_{12} = 0$, $g_{22} = r^2$. Nach (11.26) gilt also $R_{1221} = g(R_{12}\, e_2, e_1) = -ff_{11} = -rr''$ und $K = R_{1221}/r^2 = -r''/r$. Das stimmt mit dem obigen Ergebnis überein, denn die Krümmung der Profilkurve $c = (r, z)$ mit $(r')^2 + (z')^2 = 1$ ist $\kappa = \langle c'', Jc' \rangle = z''r' - r''z'$; daher $\kappa z' = z''r'z' - r''(z')^2 = z''r'z' - r''(1 - (r')^2) = -r''$, weil $z''r'z' + r''(r')^2 = (z''z' + r''r')r' = 0$; man beachte $0 = ((z')^2 + (r')^2)' = 2(z''z' + r''r')$.

Beispiel 2: Es sei $X : U \to \mathbb{S}^m \subset \mathbb{E}^{m+1}$ eine lokale Parametrisierung der Sphäre (vgl. Beispiel 2, S. 4.3 in 4.3). Dann ist $h_{ij} = -g_{ij}$ und nach (11.49) somit $R_{ijkl} = g_{jk}g_{il} - g_{ik}g_{jl}$. Insbesondere ist $R_{1221} = g_{22}g_{11} - (g_{12})^2 = \det g$ für $m = 2$ und wir sehen erneut $K = 1$.

Wenn wir den vollständigen Satz der Gleichungen für Immersionen aufstellen wollen, so müssen wir auch die Normalkomponenten berücksichtigen. Dies geht besonders einfach für Hyperflächen:[14] Für die Einheitsnormale ν gilt

$$\begin{aligned} \langle \partial_i \partial_j X_k, \nu \rangle &= \partial_i \langle \partial_j X_k, \nu \rangle - \langle \partial_j X_k, \partial_i \nu \rangle \\ &= \partial_i h_{jk} - \Gamma^l_{jk} \langle X_l, \partial_i \nu \rangle \\ &= \partial_i h_{jk} + \Gamma^l_{jk} h_{li} \end{aligned}$$

und durch Antisymmetrisieren in i, j folgt die *Codazzi-Mainardi-Gleichung*:[15]

$$\partial_i h_{jk} - \Gamma^l_{ik} h_{lj} = \partial_j h_{ik} - \Gamma^l_{jk} h_{li}, \tag{11.51}$$

[13] Eine *Biegung* ist eine Deformation einer Fläche im Raum, bei der die inneren Abstände lokal unverändert bleiben, wie z.B. beim Rollen eines Blatts Papier.

[14] Im Fall höherer Kodimension tritt noch eine weitere Gleichung hinzu, die nach Ricci benannt ist und die Geometrie des Normalenbündels beschreibt; vgl. [44], Bd. IV.

[15] Delfino Codazzi, 1824 (Lodi, Italien) – 1873 (Pavia),
Gaspare Mainardi, 1800 (Mailand) – 1879 (Lecco).

d.h. der Wert des Ausdrucks $\partial_i h_{jk} - \Gamma^l_{ik} h_{lj}$ ändert sich nicht bei Vertauschen von i und j. Wegen der Symmetrie von Γ^l_{ij} in i, j ist dies gleichbedeutend damit, dass der bereits in j und k symmetrische Ausdruck

$$\begin{aligned}(D_i h)_{jk} :&= \partial_i h_{jk} - \Gamma^l_{ij} h_{lk} - \Gamma^l_{ik} h_{lj} \\ &= \partial_i h(e_j, e_k) - h(D_i e_j, e_k) - h(e_j, D_i e_k)\end{aligned} \tag{11.52}$$

invariant bei Vertauschen von i und j und damit symmetrisch in allen drei Indizes ist.[16] Die Bedeutung der Gleichungen (11.48) und (11.51) liegt in folgendem Satz:

Satz 11.5.2. *Gegeben seien ein einfach zusammenhängendes Gebiet $U \subset \mathbb{R}^m$ und zwei C^∞-Abbildungen $g, h : U \to S(\mathbb{R}^m)$,*[17] *wobei g eine Riemannsche Metrik, also überall positiv definit sein soll. Dann sind g und h die erste und zweite Fundamentalform einer Hyperfläche $X : U \to \mathbb{E} = \mathbb{E}^{m+1}$ genau dann, wenn die Gleichungen von Gauss und Codazzi-Mainardi* (11.48) *und* (11.51) *erfüllt sind:*

$$R_{ijkl} = h_{jk} h_{il} - h_{ik} h_{jl}, \tag{11.53}$$

$$\partial_i h_{jk} - \Gamma^l_{ik} h_{lj} = \partial_j h_{ik} - \Gamma^l_{jk} h_{li}. \tag{11.54}$$

X ist in diesem Fall eindeutig bestimmt bis auf Isometrien von $\mathbb{E}$.

Beweis: Der Beweis dieses Satzes ähnelt dem von Satz 11.4.1: Hier wie dort suchen wir eine isometrische Immersion $X : U \to \mathbb{E}^n$, aber vorher war $n = m$, jetzt ist $n = m + 1$. Die Ableitung $\partial_i X_j$ hat jetzt auch eine Normalkomponente, die durch die zweite Fundamentalform gegeben wird:

$$\partial_i X_j = \Gamma^k_{ij} X_k + h_{ij} \nu. \tag{11.55}$$

Die Einheitsnormale ν ist ebenfalls unbekannt; für sie gilt die Gleichung

$$\partial_i \nu = -h^k_i X_k, \tag{11.56}$$

wobei $h^k_i = g^{kj} h_{ji}$ die Koeffizienten der Weingartenabbildung sind (vgl. Satz 4.3.3). Dies ist ein System von linearen Differentialgleichungen für die $\mathbb{R}^n$-wertigen Funktionen $X_1, \dots, X_m, \nu$. Fassen wir diese zu einer invertierbaren $n \times n$-Matrix $\Phi = (X_1, \dots, X_m, \nu)$ zusammen, so erhalten wir das Gleichungssystem

$$\partial_i \Phi = \Phi M_i, \quad M_i = \begin{pmatrix} \Gamma_i & -h^*_i \\ h_i & 0 \end{pmatrix} \tag{11.57}$$

[16] Der Ausdruck $D_i h$ wird als *Levi-Civita-Ableitung* der zweiten Fundamentalform h bezeichnet. Wie schon in 6.2 erläutert, wird die Levi-Civita-Ableitung eines beliebigen Tensors so definiert, dass für seine Anwendung auf Vektorfelder die Produktregel gilt, z.B. $\partial_i(h(v, w)) = (D_i h)(v, w) + h(D_i v, w) + h(v, D_i w)$. In dieser Schreibweise ist zum Beispiel (11.11) gleichbedeutend mit $D_i g = 0$.

[17] $S(\mathbb{R}^m)$ bezeichnet den Vektorraum der symmetrischen reellen $m \times m$-Matrizen.

mit $h_i = (h_{1i}, \ldots, h_{mi})$ (Zeile) und $h_i^* = (h_i^1, \ldots, h_i^m)^t = h_i^s e_s$ (Spalte). Nach Satz A.3.1 im Anhang gibt es eine Lösung Φ genau dann, wenn die Integrationsbedingung (A.24) erfüllt ist:

$$[M_i, M_j] + \partial_i M_j - \partial_j M_i = 0, \tag{11.58}$$

was äquivalent ist zu den drei Gleichungen

$$R_{ij} - h_i^* h_j + h_j^* h_i = 0, \tag{11.59}$$

$$\partial_i h_j + h_i \Gamma_j = \partial_j h_i + h_j \Gamma_i, \tag{11.60}$$

$$\partial_i h_j^* + \Gamma_i h_j^* = \partial_j h_i^* + \Gamma_j h_i^*. \tag{11.61}$$

Die ersten beiden dieser Gleichungen sind mit den Voraussetzungen (11.53) und (11.54) identisch; man muss diese nur von rechts mit g^{ls} multiplizieren und über l summieren. Die dritte Gleichung (11.61) behauptet die Symmetrie des Ausdrucks $D_i h_j^*$ in i und j. Dies ist eine andere Form der Codazzigleichung (11.51), denn nach (11.11) ist

$$\begin{aligned} g(D_i h_j^*, e_k) &= \partial_i g(h_j^*, e_k) - g(h_j^*, D_i e_k) \\ &= \partial_i h_{kj} - \Gamma_{ik}^l h_{lj}, \end{aligned}$$

und dieser Ausdruck ist nach (11.54) symmetrisch in i und j. □

11.6 Übungsaufgaben

1. *Transformation Riemannscher Metriken:* Gegeben sei ein Riemannsches Gebiet $(\tilde{U}, \tilde{g})$ und ein Diffeomorphismus $\phi : U \to \tilde{U}$.
   a) Zeigen Sie, dass durch $g_{ij} = g(\partial_i \phi, \partial_j \phi)$ eine Riemannsche Metrik g auf U erklärt ist und dass $\phi : (\tilde{U}, \tilde{g}) \to (U, g)$ eine Isometrie ist
   b) Zeigen Sie $g = g_{ij}\, \partial\phi^i \partial\phi^j$.
   c) Muss ϕ wirklich ein Diffeomorphismus sein? Welche Eigenschaft von ϕ ist notwendig und hinreichend, damit g eine Riemannsche Metrik ist?
2. *Geodäten und Isometrien:* Es seien (U, g) und $(\tilde{U}, \tilde{g})$ Riemannsche Gebiete und $\phi : U \to \tilde{U}$ eine Isometrie. Zeigen Sie, dass ϕ jede Geodäte in (U, g) auf eine Geodäte in $(\tilde{U}, \tilde{g})$ abbildet.
3. *Euklidische Metrik in Polar- und Kugelkoordinaten:*
   a) Berechnen Sie die euklidische Metrik der Ebene in Polarkoordinaten: Dabei ist $U = (0, \infty) \times (-\pi, \pi)$ und $\tilde{U} = \mathbb{R}^2 \setminus \{(x, 0);\ x \leq 0\}$ und $\phi : U \to \tilde{U}$ mit $\phi(r, \varphi) = (r \cos\varphi, r \sin\varphi)$.
   b) Dasselbe für Kugelkoordinaten im Raum (vgl. (7.5)): $U = (0, \infty) \times (-\pi, \pi) \times (0, \pi)$ und $\tilde{U} = \mathbb{R}^3 \setminus \{(x, 0, z);\ x \leq 0,\ z \in \mathbb{R}\}$ und $\phi : U \to \tilde{U}$ mit $\phi((r, \varphi, \theta) = (r \sin\theta \cos\varphi, r \sin\theta \sin\varphi; r \cos\theta)$.

4. *Riemannsche Metrik auf den positiv definiten Matrizen:* Es sei $V = S(\mathbb{R}^n)$ der Vektorraum der symmetrischen reellen $n \times n$-Matrizen ($V \cong \mathbb{R}^N$ mit $N = \frac{n(n+1)}{2}$) und $U \subset V$ die offene Teilmenge der positiv definiten symmetrischen Matrizen. Für $a, b \in V$ und $u \in U$ definieren wir
$$g_u(a, b) = \mathrm{Spur}\,(au^{-1}bu^{-1}). \tag{11.62}$$
   a) Zeigen Sie, dass (U, g) ein Riemannsches Gebiet ist.
   b) Jede invertierbare Matrix f auf $\mathbb{R}^n$ definiert einen Diffeomorphismus $\phi : U \to U$, $\phi(u) = fuf^t$. Zeigen Sie: ϕ ist eine Isometrie auf (U, g). *Hinweis:* ϕ ist Einschränkung einer linearen Abbildung $\phi : V \to V$, deshalb ist $\partial\phi_u = \phi$ für alle $u \in U$.

5. *Levi-Civita-Ableitung im $\mathbb{E}^m$:* Zeigen Sie, dass die Levi-Civita-Ableitung des euklidischen Raums $\mathbb{E}^m$ die gewöhnliche Ableitung ist: $D_a b := \partial_a b = a^i b^j_i e_j$ für Vektorfelder $a = a^i e_i$ und $b = b^j e_j$ auf $\mathbb{E}^m$.

6. *Levi-Civita-Parallelverschiebung:* Es sei (U, g) ein Riemannsches Gebiet und $\alpha : [a, b] \to U$ eine C^1-Kurve. Eine C^1-Abbildung $v : [a, b] \to \mathbb{R}^m$ (Vektorfeld längs α) heißt *Levi-Civita-parallel*, wenn gilt:
$$Dv := v' + \hat{\Gamma}(\alpha', v) = 0 \tag{11.63}$$
mit $\Gamma(a, b) := a^i b^j \Gamma^k_{ij} e_k$ für alle $a = a^i e_i$, $b = b^j e_j \in \mathbb{R}^m$. Zeigen Sie:
   a) Das parallele Vektorfeld v hat konstante Länge in der Riemannschen Metrik, d.h. $\frac{d}{dt}\, g_{\alpha(t)}(v(t), v(t)) = 0$.
   b) Die Abbildung $v(a) \mapsto v(b)$ definiert eine orthogonale Abbildung $P_\alpha : (\mathbb{R}^m, g_{\alpha(a)}) \to (\mathbb{R}^m, g_{\alpha(b)})$, genannt *Parallelverschiebung längs* α. (Etwas genauer: Ist v die Lösung von (11.63) mit Anfangswert $v(a) = x$, so setzen wir $P_\alpha(x) = v(b)$.)
   c) Unabhängigkeit von der Parametrisierung: Ist $\phi : [\tilde{a}, \tilde{b}] \to [a, b]$ ein Parameterwechsel mit $\phi' > 0$ und $\tilde{\alpha} = \alpha \circ \phi$, dann ist $P_{\tilde{\alpha}} = P_\alpha$.
   d) Für jede Kurve $\alpha : [0, 1] \to U$ definieren wir die rückwärtige Kurve $\alpha^{-1} : [0, 1] \to U$ durch $\alpha^{-1}(t) = \alpha(1 - t)$. Zeigen Sie $P_{\alpha^{-1}} = (P_\alpha)^{-1}$.

7. *Konvexe Flächen:* Es sei $C \subset \mathbb{E}^3$ eine abgeschlossene Menge mit glattem Rand, d.h. ∂C ist eine 2-dimensionale Untermannigfaltigkeit von $\mathbb{E}^3$. Zeigen Sie: Ist C konvex (d.h. liegt C auf einer Seite von jeder Tangentialhyperebene), so hat jede lokale Parametrisierung $X : U \to \partial C$ Gaußkrümmung $K \geq 0$. Gilt auch die Umkehrung?

12. Krümmung und Gestalt

12.1 Geodätische Koordinaten

So wie man eine Immersion auf verschiedene Weisen parametrisieren kann, lässt sich auch ein Riemannsches Gebiet (U, g) in unterschiedlichen *Koordinaten* beschreiben, wie wir in 11.1 gesehen haben. Zu anderen Koordinaten überzugehen bedeutet auf U einen Diffeomorphismus $\phi : U \to \tilde{U}$ anzuwenden und eine Riemannsche Metrik $\tilde{g}$ auf $\tilde{U}$ so zu definieren, dass ϕ eine Isometrie wird, vgl. (11.4), (11.7). Alle Koordinatensysteme beschreiben dieselbe Geometrie, aber manche sind besser an die Geometrie angepasst als andere. Zum Beispiel benutzen wir im euklidischen Raum gerne lineare rechtwinklige Koordinaten, in denen sich das euklidische Skalarprodukt als $g_{ij} = \delta_{ij}$ schreibt. Bei Kurven ($m = 1$) war die Parametrisierung nach der *Bogenlänge* am besten der Geometrie angepasst (vgl. Lemma 2.1.2). Im Abschnitt 8.4 hatten wir für Flächen ($m = 2$) die *konformen Parameter* kennengelernt, in denen g die einfache Form $g_{ij} = \lambda^2 \delta_{ij}$ annimmt. In diesem Abschnitt wollen wir die Koordinaten $u = (u^1, \dots, u^m)$ auf U so wählen, dass

$$g_{11} = 1, \quad g_{1k} = 0 \tag{12.1}$$

für $k = 2, \dots, m$. Sie hängen eng mit Geodäten zusammen, wie der folgende Satz klar macht; wir nennen sie deshalb *geodätische Koordinaten.* Ein Beispiel für solche Koordinaten hatten wir schon bei den Drehflächen (3.7) gesehen, wenn wir die Profilkurve nach Bogenlänge parametrisieren.

Satz 12.1.1. *Die folgenden Aussagen für ein Riemannsches Gebiet (U, g) sind äquivalent:*

(1) $g_{11} = 1, \quad g_{1k} = 0$ *für* $k = 2, \dots, m$.
(2) *Die u^1-Parameterlinien sind nach g-Bogenlänge parametrisierte Geodäten, die eine feste Koordinatenhyperfläche $\{u^1 = const\}$ g-senkrecht schneiden.*
(3) *Die u^1-Parameterlinien sind nach g-Bogenlänge parametrisierte Geodäten, die alle Koordinatenhyperflächen $\{u^1 = const\}$ g-senkrecht schneiden.*

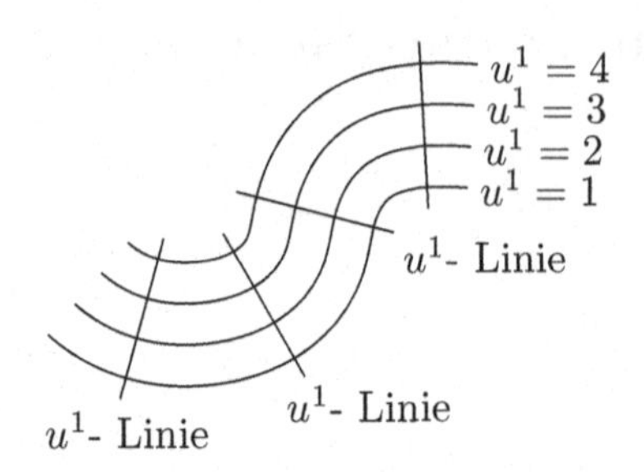

Beweis: „(1) ⇒ (3)“: Zu zeigen ist, dass die u^1-Parameterlinien $\alpha(t) = u + te_1$ Geodäten sind, d.h. $D\alpha' = 0$ (vgl. (11.12)). Da $\alpha' = e_1$, ist $D\alpha' = D_1 e_1$. Dieser Ausdruck ist einfach zu berechnen; wir brauchen gar nicht die Christoffelsymbole nach (11.10) zu bemühen: Weil $g_{1j} = const$ für alle $j \in \{1, \dots, m\}$ ist

$$0 = \partial_1 g_{1j} = g(D_1 e_1, e_j) + g(e_1, D_1 e_j)$$

und mit $D_1 e_j = D_j e_1$ (vgl. Satz 11.2.1(c)) folgt

$$-g(D_1 e_1, e_j) = g(e_1, D_1 e_j) = g(e_1, D_j e_1) = \frac{1}{2} \partial_j g_{11} = 0.$$

Damit ist $D_1 e_1 = 0$; die u^1-Parameterlinien sind also Geodäten. Da $g(e_1, e_k) = 0$ für $k \in \{2, \dots, m\}$, schneiden sie alle Hyperflächen $\{u^1 = const\}$ g-senkrecht, denn $e_2, \dots, e_m$ sind dazu tangential.

„(3) ⇒ (2)“: klar.

„(2) ⇒ (1)“: Zu zeigen ist $g_{1k} = 0$ für $k = 2, \dots, m$. Nach Voraussetzung ist dies richtig entlang der einen Hyperfläche $u^1 = const$, und

$$\partial_1 g_{1k} = g(D_1 e_1, e_k) + g(e_1, D_1 e_k).$$

Der erste Term auf der rechten Seite verschwindet, weil $D_1 e_1 = 0$; die u^1-Linien sind ja Geodäten. Für den zweiten Term gilt

$$g(e_1, D_1 e_k) = g(e_1, D_k e_1) = \frac{1}{2} \partial_k g_{11} = 0,$$

denn $g_{11} = g(e_1, e_1) = 1$, weil die u^1-Linien nach Bogenlänge parametrisiert sind. Also ist $\partial_1 g_{1k} = 0$ und damit $g_{1k} = 0$. □

Wir wollen (U, g) ein Riemannsches Gebiet in *geodätischen Koordinaten* (kurz: *geodätisches Gebiet*) nennen, wenn die Bedingung von Satz 12.1.1 erfüllt sind.

Beispiele: Für jedes Riemannsches Gebiet (U, g) kann man sich lokal geodätische Koordinaten verschaffen, indem man die Konstruktion der *äquidistanten* oder *parallelen* Hyperflächen (Abschnitt 4.4) auf Riemannsche Gebiete verallgemeinert. Durch einen beliebigen Punkt $u_o \in U$ wähle man ein kleines Hyperflächenstück, also eine $(m-1)$-dimensionale Untermannigfaltigkeit $H \subset U$ mit $u_o \in H$ und dazu eine Parametrisierung $\xi : S \to H$, definiert auf einer offenen Menge $S \subset \mathbb{R}^{m-1}$, mit $\xi(s_o) = u_o$. Dazu gibt es (bis auf Vorzeichenwahl) genau ein g-Einheitsnormalenfeld $v : S \to \mathbb{R}^m$ auf H, d.h. $g_{\xi(s)}(v(s), v(s)) = 1$ und $g_{\xi(s)}(v(s), \partial_i \xi(s)) = 0$ für $i = 1, \dots, m-1$ und für jedes $s \in S$. Nun betrachte man die Geodäten α_s mit $\alpha_s(0) = \xi(s)$ und $\alpha_s'(0) = v(s)$. Diese definieren eine Abbildung $\hat{\xi} : S \times (-\epsilon, \epsilon) \to U$, $(s,t) \mapsto \alpha_s(t)$.[1]

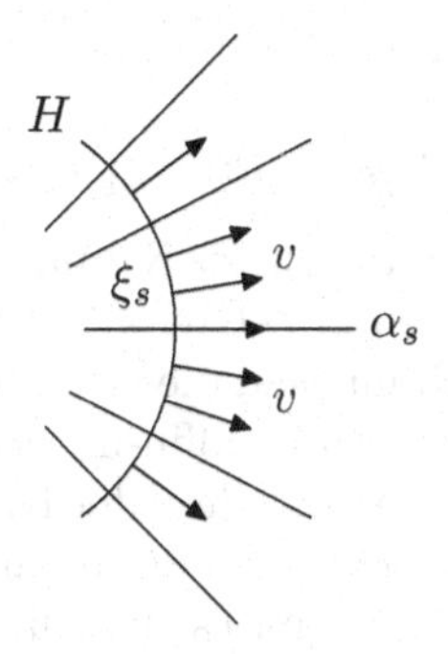

Die partiellen Ableitungen von $\hat{\xi}$ im Punkt $(s, 0)$ sind $\partial_i \hat{\xi}(s, 0) = \partial_i \xi(s)$ für $i = 1, \dots, m-1$ und $\partial_m \hat{\xi}(s, 0) = v(s)$; da diese linear unabhängig sind, ist $\hat{\xi}$ auf einer offenen Umgebung $S' \times (-\epsilon, \epsilon)$ von $(s_o, 0)$ in $\mathbb{R}^m$ ein Diffeomorphismus, den wir als Koordinatenwechsel benutzen. Die neuen Koordinaten $\hat{\xi}^{-1} = (s, t)$ auf $U' = \hat{\xi}(S' \times (-\epsilon, \epsilon))$ sind geodätisch nach Aussage (3) des vorangehenden Satzes 12.1.1, da die Geodäten α_s nach g-Bogenlänge parametrisiert sind und die Hyperfläche $H = \{t = 0\}$ g-senkrecht schneiden.[2] Auf U' sind die Hyperflächen $H^t = \hat{\xi}(S' \times \{t\})$ tatsächlich *äquidistant* in dem Sinne, dass für alle $t, t' \in (-\epsilon, \epsilon)$ mit $t < t'$ und für jedes $s \in S'$ die Geodäte $\alpha_s|_{[t,t']}$ eine (bezüglich der g-Länge) kürzeste Kurve von H^t nach $H^{t'}$ in U' ist; das lässt sich ganz ähnlich zeigen wie Satz 5.4.1.

Ein weiteres Beispiel für geodätische Koordinaten wird durch die *Exponentialabbildung* an einem festen Punkt $u_o \in U$ gegeben (vgl. Abschnitt 5.3): Wir versehen $\mathbb{R}^m$ mit dem Skalarprodukt g_{u_o}. Wählt man eine lokale Parametrisierung $v : S \to \mathsf{S}^{m-1}$ der Einheitssphäre $\mathsf{S}^{m-1} \subset \mathbb{R}^m$, so ist die Umkehrabbildung der Abbildung $\phi : S \times (0, \epsilon) \to U$, $\phi(s, t) = \exp_{u_o}(tv(s))$ nach dem Gaußlemma (Satz 5.3.1) ein geodätisches Koordinatensystem.

12.2 Die Jacobigleichung

Ein geodätisches Koordinatensystem (U, g) kann man ansehen als eine Familie von Geodäten, nämlich den u^1-Parameterlinien, die von $m-1$ weiteren Para-

---

[1] $\hat{\xi}$ entspricht der Abbildung $\hat{X}$ in Abschnitt 4.4.

[2] Die Reihenfolge der Koordinaten wurde hier wie auch im nächsten Beispiel vertauscht; die Koordinate, deren Parameterlinien Geodäten sind, ist t anstelle von u^1.

metern $u^2, \ldots, u^m$ abhängen. Die konstanten Vektorfelder e_k, $k = 2, \ldots, m$ sind die *Variationsvektorfelder* dieser Familie. Sie erfüllen daher eine lineare Differentialgleichung, die Linearisierung der Geodätengleichung:[3] Aus der geodätischen Differentialgleichung $D_1 e_1 = 0$ erhalten wir $D_k D_1 e_1 = 0$ und damit

$$D_1 D_1 e_k = D_1 D_k e_1 = R_{1k} e_1 + D_k D_1 e_1 = R_{1k} e_1.$$

Das ist die gesuchte *Jacobische Differentialgleichung* für e_k in Abhängigkeit von u^1:

$$D_1 D_1 e_k + R(e_k, e_1) e_1 = 0. \tag{12.2}$$

Sie gibt uns eine neue Interpretation des Krümmungstensors: Dieser misst die zweite Ableitung (im Sinne von Levi-Civita) eines Variationsvektorfeldes von Geodäten. Im euklidischen Raum sind die Geodäten einfach Geraden, und ein Variationsvektorfeld von Geraden ist affin-linear, d.h. seine zweite Ableitung verschwindet. Wir sehen also erneut, dass der Krümmungstensor ein Maß für die Abweichung der Riemannschen von der euklidischen Geometrie darstellt.

Im Fall von Flächen ($m = 2$) gibt es (bis auf Vorzeichen) nur ein einziges g-Einheitsvektorfeld, das g-senkrecht auf e_1 steht, nämlich $v_2 := e_2/f$ mit $f = \sqrt{g_{22}} = \sqrt{\det g}$. Da e_1 längs der u^1-Linien parallel ist und die Parallelverschiebung die g-Länge von Vektoren erhält, muss auch v_2 parallel sein (siehe auch (12.16) weiter unten). Für $e_2 = f v_2$ ergibt sich daher

$$D_1 D_1 e_2 = (\partial_1 \partial_1 f) v_2$$

und nach (11.34) ist

$$R(e_2, e_1) e_1 = K \cdot R^o(e_2, e_1) e_1 = K \cdot (g_{11} e_2 - g_{21} e_1) = K e_2 = K f v_2.$$

Aus (12.2) ergibt sich also

$$\partial_1 \partial_1 f + K f = 0. \tag{12.3}$$

Bei konstanter Krümmung $K = \mathit{const} > 0$ ist die allgemeine Lösung von (12.3)

$$f = a \sin\left(\sqrt{K}(u_1 + b)\right), \tag{12.4}$$

wobei a und b konstant bezüglich u^1 sind; sie ist also periodisch mit Periode $2\pi/\sqrt{K}$, was die Geometrie auf der Sphäre von Radius $1/\sqrt{K}$ widerspiegelt. Ist $K = \mathit{const} < 0$, so ist

$$f = a \sinh\left(\sqrt{|K|}\, u^1\right) + b \cosh\left(\sqrt{|K|}\, u^1\right). \tag{12.5}$$

[3] Eine Differentialgleichung wird entlang einer Lösung α *linearisiert*, indem man sich von α aus die Nachbarlösungen ansieht: Ist α_s, $s \in (-\epsilon, \epsilon)$ eine Schar von Lösungen mit $\alpha_0 = \alpha$, so erfüllt das Variationsvektorfeld $\delta\alpha = \frac{\partial}{\partial s}\alpha_s|_{s=0}$ die *linearisierte Differentialgleichung* (siehe Abschnitt B.4). Im Falle der geodätischen Koordinaten sind $e_2, \ldots, e_m$ Variationsvektorfelder einer Schar von Geodäten, nämlich der u^1-Parameterlinien.

Diese Funktion wächst in mindestens einer Richtung ($u^1 \to \infty$ oder $u^1 \to -\infty$) exponentiell an. Diese Geometrie werden wir im nächsten Abschnitt näher untersuchen.

Auch bei variabler Krümmung K kann man aus (12.3) das unterschiedliche Verhalten der Geodäten bei $K > 0$ und $K < 0$ erkennen: Im Fall $K > 0$ ist $f'' < 0$, die benachbarten Geodäten haben also die Tendenz, zueinander zu streben, selbst wenn sie anfänglich auseinanderlaufen; auf der Sphäre zum Beispiel treffen die vom Nordpol ausgehenden Geodäten (Meridiane) am Südpol wieder zusammen. Im Fall $K < 0$ dagegen streben sie in mindestens einer Richtung exponentiell auseinander, da $f'' > 0$. Der Fall $K = 0$ mit $f'' = 0$ liegt dazwischen: benachbarte Geraden in der Ebene können parallel sein oder linear auseinanderstreben. Die nachfolgende Figur versucht, das unterschiedliche Abstandsverhalten von Geodäten bildlich deutlich zu machen.

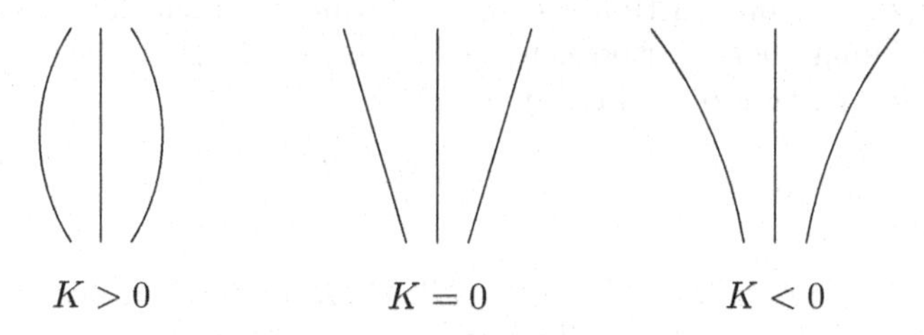

12.3 Die hyperbolische Ebene

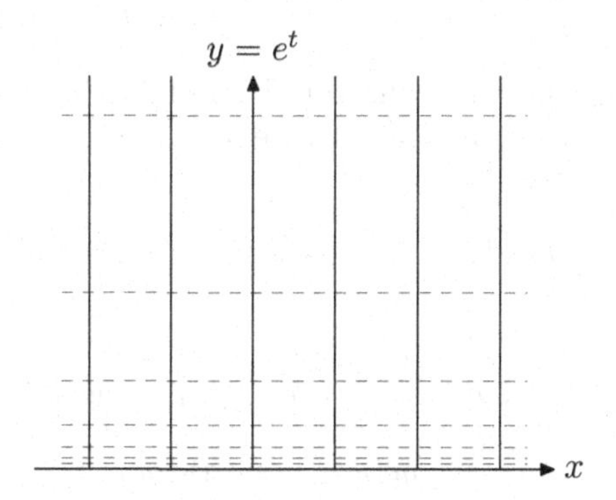

Auf der *oberen Halbebene* $U = \{(x, y) \in \mathbb{R}^2;\ y > 0\}$ betrachten wir die Riemannsche Metrik

$$g_{(x,y)}(a, b) = \langle a, b\rangle / y^2 \tag{12.6}$$

oder $g_{ij} = \delta_{ij}/y^2$, wobei $\langle a, b\rangle$ das gewöhnliche Skalarprodukt der Vektoren $a, b \in \mathbb{R}^2$ ist. Das Koordinatensystem (x, y) ist beinahe geodätisch; wir müssen es lediglich in y-Richtung strecken, d.h. den Diffeomorphismus $\phi : \mathbb{R}^2 \to U$, $\phi(x, t) = (x, e^t)$ anwenden. Dann ist $\phi_x = e_1$ und $\phi_t = e^t e_2 = y e_2$ mit $y = e^t$, und für $\tilde g_{ij} = g(\phi_i, \phi_j)$ gilt $\tilde g_{xx} = g_{xx} = 1/y^2 = e^{-2t}$, $\tilde g_{xt} = 0$

und $\tilde{g}_{tt} = y^2 g_{vv} = 1$. Das neue Koordinatensystem (t, x) ist also geodätisch, wobei t die Rolle von u^1 spielt, d.h. die t-Parameterlinien sind Bogenlängen-parametrisierte Geodäten senkrecht zu $\{t = const\}$ oder $\{y = const\}$. Für die Krümmung erhalten wir nach (12.3): $K = -f_{tt}/f$ mit $f = \sqrt{\tilde{g}_{xx}} = e^{-t}$, also $f_{tt} = f$ und $K = -1$.

Das Riemannsche Gebiet $\mathsf{H} := (U, g)$ wird *hyperbolische Ebene* genannt. Diese Fläche kann in einem bestimmten Sinn als „Gegenspieler" der Sphäre S^2 angesehen werden: Wie S^2 Gaußkrümmung $K = +1$ besitzt, so hat H Gaußkrümmung $K = -1$. Eine weitere Verwandtschaft zwischen den beiden Flächen ist ihre große Isometriegruppe. Die Sphäre $\mathsf{S}^2 \subset \mathbb{E}^3$ besitzt eine dreiparametrige Isometriegruppe, die Orthogonale Gruppe $O(3)$. Ebenso besitzt H eine dreiparametrige Gruppe von Isometrien, nämlich die Gruppe $G = SL(2, \mathbb{R})$ aller reellen 2×2-Matrizen mit Determinante Eins. Diese operiert auf der oberen Halbebene $\mathsf{H} \subset \mathbb{C}$ durch die zugehörigen gebrochen-linearen Funktionen: Wir ordnen der Matrix $A = \left(\begin{smallmatrix} a & b \\ c & d \end{smallmatrix}\right)$ für reelle a, b, c, d mit $ad - cb = 1$ die komplexe Funktion

$$f_A(z) = \frac{az + b}{cz + d} \tag{12.7}$$

mit $z = x + iy$ zu, vgl. Abschnitt 7.4. Diese nimmt auf der reellen Achse (außerhalb der Polstelle) reelle Werte an und hat dort positive Ableitung, denn

$$f_A'(z) = \frac{a(cz + d) - c(az + b)}{(cz + d)^2} = \frac{ad - cb}{(cz + d)^2} = \frac{1}{(cz + d)^2}. \tag{12.8}$$

Damit erhält f die Orientierung von $\mathbb{R}$ und bildet deshalb auch das links (= oberhalb) der orientierten reellen Achse liegende Gebiet $\mathsf{H} \subset \mathbb{C}$ auf sich selbst ab.

Satz 12.3.1. *$f = f_A : \mathsf{H} \to \mathsf{H}$ ist eine Isometrie bezüglich der Riemannschen Metrik g auf H.*

Beweis: Für $z \in \mathsf{H}$ sei $f(z) =: \tilde{z} = \tilde{x} + i\tilde{y}$. Zu zeigen ist

$$g_{\tilde{z}}(\tilde{w}, \tilde{w}) = g_z(w, w)$$

für alle $w \in \mathbb{C} = \mathbb{R}^2$ und $\tilde{w} := \partial f_z w = f'(z) w \overset{(12.8)}{=} w/(cz + d)^2$. Nach (12.6) ist

$$g_{\tilde{z}}(\tilde{w}, \tilde{w}) = \frac{1}{\tilde{y}^2} \frac{|w|^2}{|cz + d|^4}. \tag{12.9}$$

Nun ist

$$\tilde{z} = \frac{az + b}{cz + d} = \frac{(az + b)(c\bar{z} + d)}{|cz + d|^2} = \frac{acz\bar{z} + adz + bc\bar{z} + bd}{|cz + d|^2}.$$

Für $\tilde{y} = \operatorname{Im} \tilde{z}$ ist nur der mittlere Teil im Zähler des letzten Bruches von Belang (der Rest ist reell), und dafür gilt wegen $\operatorname{Im} z = y$:

$$\operatorname{Im}(adz + bc\bar{z}) = (ad - bc)y = y.$$

Somit ist

$$\tilde{y} = \frac{y}{|cz+d|^2},$$

und aus (12.9) folgt die Behauptung:

$$g_{\tilde{z}}(\tilde{w}, \tilde{w}) = \frac{|w|^2}{y^2} = g_z(w, w). \tag{12.10}$$

Korollar 12.3.1. *Die Geodäten von* (H, g) *sind die sogenannten Orthokreise: die Halbkreise mit Mittelpunkt auf der* x*-Achse (die somit die* x*-Achse senkrecht treffen) sowie die Strahlen senkrecht zur* x*-Achse.*

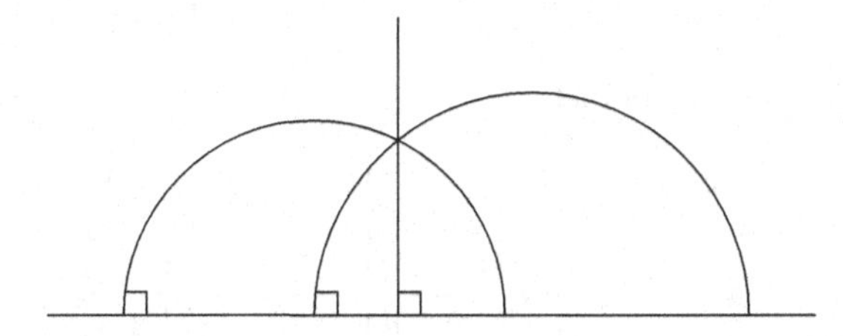

Beweis: Wir wissen bereits, dass die zur x-Achse senkrechten Strahlen Geodäten sind. Ihre Bilder unter Isometrien sind ebenfalls Geodäten. Die gebrochen-linearen Funktionen mit reellen Koeffizienten sind Isometrien. Da die Koeffizienten a, b, c, d reell sind, ist das Bild reeller Zahlen wieder reell; sie erhalten also die reelle Achse (x-Achse). Als Möbiustransformationen erhalten sie die Winkel und die Menge der Kreislinien und Geraden, daher werden die Strahlen senkrecht zur x-Achse wieder auf Strahlen oder Halbkreise senkrecht zur x-Achse abgebildet, also auf Orthokreise, und umgekehrt ist jeder Orthokreis Bild der positiven y-Achse unter einer solchen Transformation (Übung 3). Als Bilder von Geodäten unter Isometrien müssen alle Orthokreise also ebenfalls Geodäten sein (Kap. 11, Übung 2). Da durch jeden Punkt von H in jede Richtung ein Orthokreis verläuft (Übung 3b), haben wir damit alle Geodäten gefunden, vgl. Satz 5.2.1. □

Ein vielleicht noch schöneres Modell der hyperbolischen Ebene (d.h. eine Beschreibung derselben Riemannschen Metrik in anderen Koordinaten) ist die *Einheitskreisscheibe* $\mathsf{D} = \{z \in \mathbb{C};\ |z| < 1\}$, die durch die folgende gebrochen-lineare Funktion $h : \mathsf{D} \to \mathsf{H}$ mit Umkehrfunktion $h^{-1} : \mathsf{H} \to \mathsf{D}$ bijektiv auf die obere Halbebene abgebildet wird:

$$h(z) = i\,\frac{1-z}{1+z}, \quad h^{-1}(z) = \frac{i-z}{i+z} \tag{12.11}$$

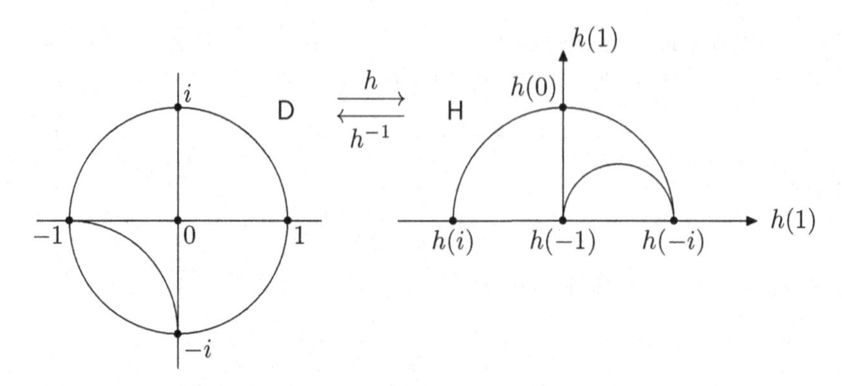

Die von H auf D übertragene („*zurückgeholte*") Riemannsche Metrik (vgl. Abschnitt 11.1) ist

$$\tilde{g}_z(v,v) := g_{h(z)}(h'(z)v, h'(z)v) = \frac{|h'(z)|^2|v|^2}{(\text{Im } h(z))^2}$$

für alle $v \in \mathbb{R}^2 = \mathbb{C}$. Dabei ist

$$h'(z) = i\,\frac{-(1+z)-(1-z)}{(1+z)^2} = \frac{-2i}{(1+z)^2},$$
$$\text{Im } h(z) = \text{Im } i\,\frac{(1-z)(1+\bar{z})}{(1+z)(1+\bar{z})} = -\frac{1-z\bar{z}}{|1+z|^2},$$

also

$$\tilde{g}_z(v,v) = \frac{4}{(1-|z|^2)^2}|v|^2. \tag{12.12}$$

Da h die reelle Gerade $\mathbb{R} \cup \infty$ auf die Einheitskreislinie abbildet und (als gebrochen-lineare Funktion) die Winkel und die Menge der Kreise und Geraden invariant lässt, werden die Geraden und Kreise, die die x-Achse senkrecht schneiden, auf Geraden oder Kreislinien abgebildet, die die Einheitskreislinie senkrecht schneiden („*Orthokreise*"); dies sind die Geodäten im Einheitskreismodell. Man nennt $(\mathsf{D}, \tilde{g})$ das *Poincaré-Modell.*[4]

Wir erwähnten zu Beginn dieses Abschnittes die Verwandtschaft zwischen der Sphäre $\mathsf{S}^2 = \{v \in \mathbb{R}^3;\ \langle v,v\rangle = 1\}$ und der hyperbolischen Ebene H. Diese Verwandtschaft wird noch deutlicher durch ein anderes Modell der hyperbolischen Ebene: Dies ergibt sich wie die Sphäre als Menge von Einheitsvektoren im $\mathbb{R}^3$, wenn wir nur das euklidische Skalarprodukt $\langle v,w\rangle = v^1w^1 + v^2w^2 + v^3w^3$ durch das *Minkowski-Skalarprodukt* (vgl. (7.28))

$$\langle v,w\rangle_- := v^1w^1 + v^2w^2 - v^3v^3 \tag{12.13}$$

ersetzen. Wir definieren die *Pseudosphäre* als die Menge

[4] Henri Poincaré, 1854 (Nancy) – 1912 (Paris).

$$\mathsf{P}^2 := \{v \in \mathbb{R}^3;\ \langle v, v\rangle_- = -1,\ v^3 > 0\}; \tag{12.14}$$

das ist eine Schale des zweischaligen Hyperboloids. Ganz ähnlich wie bei S^2 ist die Riemannsche Metrik durch das Skalarprodukt des umgebenden Raums gegeben, in diesem Fall das Minkowski-Skalarprodukt.[5] Die Gauß-Gleichungen gelten ganz entsprechend wie im Abschnitt 11.5 und ergeben $K = -1$ auf die gleiche Weise, wie wir dort $K = 1$ für S^2 abgeleitet haben (Beispiel 2, S. 193). Die Geodäten sind die Schnitte von P^2 mit Ebenen durch den Ursprung, aus dem gleichen Grund wie bei S^2, und hier wie dort sind die Isometrien die Einschränkungen der linearen Abbildungen, die das Skalarprodukt erhalten (vgl. Kap. 7, Übung 9); die Orthogonale Gruppe wird durch die *Lorentzgruppe* (die Invarianzgruppe des Minkowski-Skalarprodukts) ersetzt.

Projizieren wir die Pseudosphäre vom Ursprung 0 aus auf ihre horizontale Tangentialebene $T = e_3 + \mathbb{R}^2$, so erhalten wir noch ein weiteres Modell der hyperbolischen Ebene, das *Kleinsche Modell.*[6] Die zugrundeliegende Menge ist ebenso wie bei Poincaré der offene Einheitskreis D, aber die Geodäten sind hier nicht die Orthokreise, sondern einfach die Geradenabschnitte in D. Eine Geodäte in P^2 ist der Schnitt von P^2 mit einer Ebene E durch 0 und wird daher auf das Geradenstück $\mathsf{D} \cap E$ projiziert.

Wir gelangen vom Kleinschen zum Poincaré-Modell zurück, wenn wir den Einheitskreis zunächst mit vertikaler Projektionsrichtung auf die „Nordhalbkugel" der Sphäre S^2 projizieren (das ist die Umkehrung der Orthogonalprojektion der oberen Halbsphäre auf den Einheitskreis in der Äquatorebene). Dabei werden die Geradenstücke im Einheitsheitskreis auf Halbkreise auf der Nordhalbkugel abgebildet, die den Äquator senkrecht treffen. Wenden wir nun die stereographische Projektion vom Südpol aus an, dann werden diese Halbkreise auf diejenigen Kreisbögen oder Strecken in D abgebildet, die die Einheitskreislinie (den Äquator von S^2) senkrecht schneiden; das sind genau die Geodäten des Poincarémodells. Die folgende Figur zeigt das Verfahren, links als zweidimensionale Projektion (Schnitt), rechts als räumliches Bild.

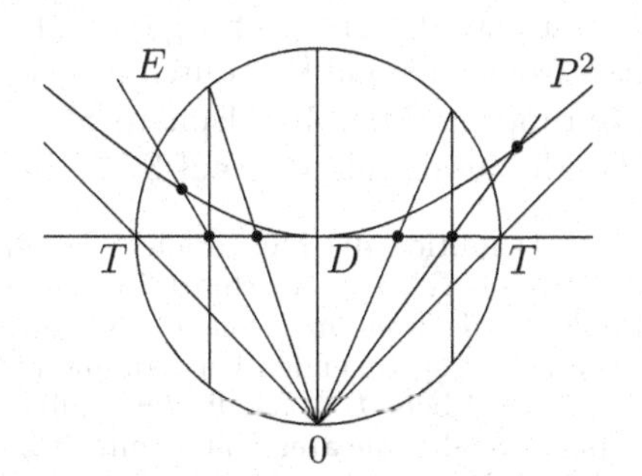

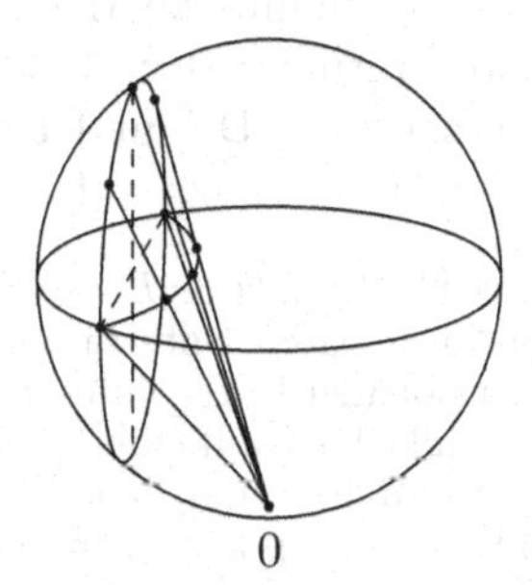

[5] Dieses ist zwar nicht positiv definit auf $\mathbb{R}^3$, wird es aber bei Einschränkung auf einen beliebigen Tangentialraum von P^2.

[6] Felix Klein, 1849 (Düsseldorf) – 1925 (Göttingen).

Direkt zum Poincaré-Modell gelangt man von der Pseudosphäre durch Anwendung der *hyperbolischen Stereographischen Projektion*, die die Pseudosphäre vom „Südpol" $S = (0, 0, -1)$ (auf der anderen Schale des Hyperboloids) auf eine horizontale Ebene projiziert; wie die euklidische Stereographische Projektion ist sie winkeltreu (Übung 8). Die Verträglichkeit mit der vorherigen Konstruktion wird in Übung 7 deutlich. Die Situation ist also wiederum für Sphäre und Pseudosphäre gleich: Projektion vom Mittelpunkt auf eine horizontale Ebene ist eine *projektive* Abbildung, die Geodäten auf Geraden abbildet, Projektion vom Südpol auf eine horizontale Ebene ergibt eine *konforme* (winkeltreue) Abbildung.

Bemerkungen: 1. Mit den beiden Modellen betten wir die hyperbolische Ebene in zwei umfassendere Geometrien ein: die Konforme (Poincaré-Modell) und die Projektive (Klein-Modell).[7] Die Isometrien der Pseudosphäre (Lorentz-Transformationen) werden dabei zu konformen bzw. projektiven Transformationen der Einheitskreisscheibe D: Die Lorentzgruppe erhält ja den Lichtkegel $L = \{x \in \mathbb{R}^3;\ \langle x, x \rangle_- = 0\}$ (vgl. Kapitel 7), und dieser wird in $\mathbb{RP}^2$ zur Kreislinie $\overline{L} = \mathsf{S}^1 = \partial\mathsf{D}$; damit wirkt die Lorentzgruppe unmittelbar durch projektive Abbildungen auf D (Kleinsches Modell) und lässt den Rand S^1 dabei invariant. Jede dieser Rand-Transformationen auf S^1 lässt sich aber auch anders auf D fortsetzen, nämlich zu einer Möbiustransformation (siehe Fußnote 8, S. 207), d.h. zu einer konformen Abbildung auf D, die die Geodäten des Poincaré-Modells erhält und damit eine Isometrie dieses Modells ist.

2. Die Dimension 2 kann durch eine beliebige Dimensioin $m \geq 2$ ersetzt werden; statt von der hyperbolischen Ebene spricht man dann bei $m \geq 3$ vom *hyperbolischen Raum*. An die Stelle von $\mathbb{R}^3$ tritt $\mathbb{R}^{m+1}$ mit dem Minkowski-Skalarprodukt $\langle v, w \rangle_- = v^1 w^1 + \ldots + v^m w^m - v^{m+1} w^{m+1}$ (vgl. (7.28)) und der Pseudosphäre $\mathsf{P}^m = \{x \in \mathbb{R}^{m+1};\ \langle x, x \rangle_- = -1\}$. Die Einheitskreisscheibe $\mathsf{D} \subset \mathbb{C}$ wird ersetzt durch die *Einheitskugel* $\mathsf{D}^m = \{x \in \mathbb{E}^m;\ |x| < 1\}$, die wahlweise als Kleinsches oder Poincaré-Modell des hyperbolischen Raumes dient; die Riemannsche Metrik des Poincaré-Modells ist $g_{ij} = \delta_{ij}/(1 - |x|^2)^2$. Die Lorentzgruppe $O(m, 1)$ wirkt durch Isometrien auf P^m, durch projektive Abbildungen auf D^m und als Möbiusgruppe auf der Randsphäre $\mathsf{S}^{m-1} = \partial\mathsf{D}^m$ (vgl. Bemerkung auf S. 93f). Die Möbiusabbildungen auf S^{m-1} lassen

[7] Die reelle *Projektive Ebene* $\mathbb{RP}^2$ ist nach Definition die Menge aller eindimensionalen linearen Unterräume des Vektorraums $\mathbb{R}^3$, vgl. Abschnitt 7.5. Die eindimensionalen Unterräume heißen „Punkte", die zweidimensionalen „Geraden". Ein Punkt liegt auf einer Geraden, wenn die entsprechenden Unterräume ineinander enthalten sind. Jeder Punkt einer affinen Ebene $E \subset \mathbb{R}^3$, die den Nullpunkt nicht enthält, spannt genau einen eindimensionalen linearen Unterraum auf; damit lässt sich E (als offene Teilmenge) in $\mathbb{RP}^2$ einbetten. Die Gruppe $GL_3(\mathbb{R})$ aller invertierbaren reellen 3×3-Matrizen operiert auf $\mathbb{RP}^2$, wobei die skalaren Vielfachen der Einheitsmatrix I gar nichts tun; die *Projektive Gruppe* ist deshalb $PGL_3(\mathbb{R}) = GL_3(\mathbb{R})/\mathbb{R}^*$. Diese Transformationen sind *projektiv*, d.h. sie bilden Geraden auf Geraden ab.

sich eindeutig zu den Möbiustransformationen der Nordhalbkugel S^m_+ von S^m fortsetzen;[8] letztere werden durch die stereographische Projektion vom Südpol von S^m in die Möbiusabbildungen der Kreisscheibe D^m überführt und sind dort Isometrien des Poincaré-Modells. Auch das Halbebenenmodell lässt sich verallgemeinern zum *Halbraum* $\mathsf{H}^m = \{x = (x^1, \dots, x^n);\ x^n > 0\}$ mit der Riemannschen Metrik $g_{ij} = \delta_{ij}/(x^n)^2$, und es gibt eine Möbiustransformation von H^m auf D^m, die die eine Metrik in die andere überführt.

3. Die hyperbolische Ebene spielte in der Geschichte der Mathematik eine bedeutende Rolle, weil in ihr alle von Euklid aufgestellten Axiome der Geometrie gelten, mit Ausnahme des Parallelenaxioms. Das besagt, dass man in der Ebene zu jeder Gerade g durch jedem Punkt außerhalb genau eine Gerade h mit $g \cap h = \emptyset$ finden kann, nämlich die *Parallele*. Ein Blick auf das Klein'sche Modell zeigt, dass es in der hyperbolischen Ebene nicht eine, sondern sehr viele solcher Geraden gibt:

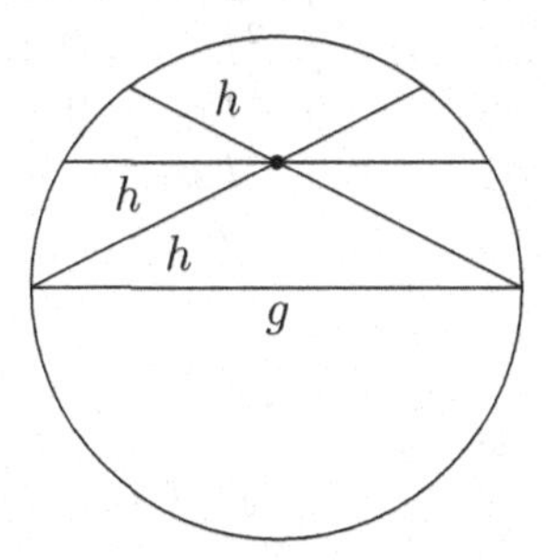

Jahrhundertelang hatte man versucht, das Parallelenaxiom aus den übrigen Axiomen Euklids abzuleiten. Erst um 1823 kamen die drei Mathematiker Bolyai, Gauß und Lobatschewski[9] unabhängig voneinander zu der Überzeugung, dass eine Geometrie möglich ist, in der das Parallelenaxiom falsch ist, aber alle übrigen Axiome gelten; man nannte sie *nichteuklidische Geometrie.* Die vorgestellten Modelle der hyperbolischen Ebene zeigen diese Möglichkeit zweifelsfrei auf. Die Entdeckung der nichteuklidischen Geometrie entfachte eine lebhafte philosophische Diskussion, denn das führende erkenntnistheoretische Werk der damaligen Zeit, die „Kritik der Reinen Vernunft" von Kant konnte so verstanden werden, dass die euklidische Geometrie einschließlich des Parallelenaxioms denknotwendig und damit alternativlos war.

[8] Jede Möbiusabbildung auf der Nordhalbkugel S^m_+ definiert durch Einschränkung eine Möbiusabbildung auf dem Äquator $\mathsf{S}^{m-1} = \partial S^m_+$. Umgekehrt lässt sich jede Möbiusabbildung auf S^{m-1} eindeutig zu einer Möbiusabbildung auf S^m_+ fortsetzen; dies folgt aus der Darstellung solcher Abbildungen als Lorentztransformationen (vgl. Bemerkung S. 93f), denn die Lorentzgruppe $O(m,1)$ ist kanonisch in $O(m+1,1)$ eingebettet.

[9] Janós Bolyai, 1802 (Kolozsvár, Cluj, Klausenburg; Ungarn, heute Rumänien) – 1860 (Marosvásárhely, Târgu Mureş, Neumarkt; Ungarn, heute Rumänien); Nikolai Ivanowitsch Lobatschewski, 1792 (Nizhny Nowgorod) - 1856 (Kasan).

12.4 Geodätische Krümmung auf Flächen

Die geometrische Bedeutung der Gaußschen Krümmung bei Flächen wird besonders deutlich durch den *Satz von Gauß-Bonnet*, den wir im nächsten Abschnitt vorstellen. Dieser Abschnitt dient dafür als Vorbereitung.

Eine Riemannsche Metrik g in geodätischen Koordinaten hat für $m = 2$ die Koeffizienten $g_{11} = 1$, $g_{12} = 0$ und $g_{22} = f^2$ für eine Funktion $f : U \to \mathbb{R}_+^*$. Die zugehörigen Christoffelsymbole Γ_{ijk} hatten wir bereits in (11.25) berechnet. Es ist etwas einfacher, statt mit e_1, e_2 mit den Vektorfeldern $v_1 = e_1$ und $v_2 = e_2/f$ zu arbeiten, die an jeder Stelle $u \in U$ eine g_u-Orthonormalbasis bilden. Insbesondere steht jede Ableitung von v_i senkrecht auf v_i bezüglich g (da $2g(D_k v_i, v_i) = \partial_k g(v_i, v_i) = 0$) und zeigt damit in Richtung v_j $(j \neq i)$. Die zugehörigen Skalarprodukte sind

$$\begin{aligned}
g(D_{v_1} v_1, v_2) &= f^{-1}\Gamma_{112} = 0 \\
g(D_{v_2} v_1, v_2) &= f^{-2}\Gamma_{212} = \partial_1 f/f \\
g(D_{v_1} v_2, v_1) &= f^{-1}\Gamma_{121} = 0 \\
g(D_{v_2} v_2, v_1) &= f^{-2}\Gamma_{221} = -\partial_1 f/f
\end{aligned} \tag{12.15}$$

und somit folgt

$$\begin{aligned}
D_{v_1} v_1 &= 0, \\
D_{v_1} v_2 &= 0, \\
D_{v_2} v_1 &= \partial_1(\log f) v_2, \\
D_{v_2} v_2 &= -\partial_1(\log f) v_1.
\end{aligned} \tag{12.16}$$

Die erste dieser Gleichungen zeigt erneut, dass $v_1 = e_1$ Tangentialfeld einer Schar von Geodäten ist, also parallel in u^1-Richtung, und das dazu senkrechte Einheitsvektorfeld v_2 muss dann ebenfalls parallel in u^1-Richtung sein, da die Levi-Civita-Parallelverschiebung orthogonal ist (vgl. 11.2 und 6.3).

Damit können wir die *geodätische Krümmung* einer Kurve $\alpha : I \to U$ berechnen. Diese war im Abschnitt 5.1 für Bogenlängen-parametrisierte Kurven $c = X \circ \alpha$ auf einer Immersion X beliebiger Dimension m als Länge des Tangentialanteils von c'' definiert worden, d.h. als $|Dc'|$ bzw. als g-Norm von $D\alpha'$. Auf Flächen ($m = 2$) können wir ähnlich wie in der Ebene (vgl. (2.20)) diese Definition durch ein Vorzeichen verfeinern: Ist α nach g-Bogenlänge parametrisiert, d.h. ist α' ein g-Einheitsvektor, so gilt $D\alpha' \perp_g \alpha'$, also zeigt der Vektor $D\alpha'$ in die Richtung von $J\alpha$, wobei J die 90°-Drehung nach links bezüglich des Skalarprodukts g ist. Die *geodätische Krümmung* ist der Proportionalitätsfaktor:

$$D\alpha' = \kappa\, J\alpha', \quad \kappa = g(D\alpha', J\alpha'). \tag{12.17}$$

Der g-Einheitsvektor α' lässt sich in der g-Orthonormalbasis (v_1, v_2) ausdrücken als

$$\alpha' = \mathsf{c}v_1 + \mathsf{s}v_2 \tag{12.18}$$

mit $\mathsf{c} = \cos\phi$, $\mathsf{s} = \sin\phi$ für einen (vom Kurvenparameter t stetig abhängigen) Winkel ϕ. Berechnen wir zunächst die Ableitungen der v_i mit Hilfe von (12.16):

$$\begin{aligned} Dv_1 &= D_{\alpha'}v_1 = D_{\mathsf{c}v_1+\mathsf{s}v_2}v_1 = \mathsf{s}D_{v_2}v_1 = \mathsf{s}\,\partial_1(\log f)v_2, \\ Dv_2 &= D_{\alpha'}v_2 = D_{\mathsf{c}v_1+\mathsf{s}v_2}v_2 = \mathsf{s}D_{v_2}v_2 = -\mathsf{s}\,\partial_1(\log f)v_1. \end{aligned}$$

Somit erhalten wir aus (12.18) für die Ableitung von α':

$$\begin{aligned} D\alpha' &= (-\mathsf{s}v_1 + \mathsf{c}v_2)\phi' + \mathsf{c}Dv_1 + \mathsf{s}Dv_2 \\ &= (-\mathsf{s}v_1 + \mathsf{c}v_2)\phi' + \mathsf{s}\,\partial_1(\log f)(\mathsf{c}v_2 - \mathsf{s}v_1) \\ &= (\phi' + \mathsf{s}\,\partial_1(\log f))J\alpha'. \end{aligned} \tag{12.19}$$

Für die geodätische Krümmung der Kurve α ergibt sich also

$$\kappa = \phi' + \mathsf{s}\,\partial_1(\log f). \tag{12.20}$$

12.5 Der Satz von Gauß-Bonnet

Die Winkelsumme eines ebenen Dreieck ist bekanntlich $180^o = \pi$, die eines ebenen Vielecks mit N Ecken ist $(N-2)\pi$.

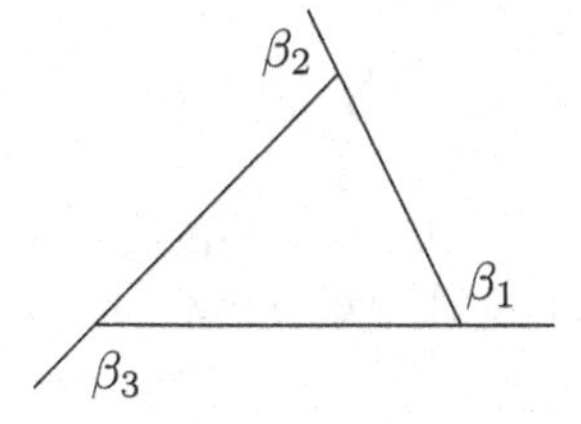

Eine Art, dies zu beweisen, ist, den Rand des Dreiecks abzulaufen; am Ende blickt man wieder in dieselbe Richtung wie am Anfang und hat sich insgesamt einmal um 2π gedreht. Da Richtungswechsel nur in den Ecken mit Knickwinkeln β_i stattgefunden haben, ist

$$\sum_i \beta_i = 2\pi \tag{12.21}$$

und somit die Summe der Innenwinkel $\sum_i \alpha_i = \sum_{i=1}^N (\pi - \beta_i) = (N-2)\pi$.

Wenn anstelle eines ebenen Polygons eine einfach geschlossene glatte Kurve $\alpha : [a,b] \to \mathbb{E}^2$ vorliegt, dann ist die gesamte Richtungsänderung ebenfalls 2π, aber sie ist über die ganze Kurve verteilt, nämlich als *Krümmung* κ der Kurve. Aus der Summe wird ein Integral über das ganze Parameterintervall und die Gleichung

$$\int_a^b \kappa(t)\, dt = 2\pi \tag{12.22}$$

ist gerade der Umlaufsatz von Hopf (Satz 2.4.1).

Auf der Kugelfläche, der Sphäre S^2, sind die Verhältnisse anders: Die Großkreisbögen, die ein Vieleck begrenzen und die die Schenkel der Knickwinkel β_i bilden, treffen sich wieder in den jeweiligen Antipodenpunkten und begrenzen dort das antipodische Bild des gegebenen Vielecks. Die Gesamtoberfläche der Kugel zerlegt sich also in das Vieleck, sein Bild unter der Antipodenabbildung $-I$ und die Zweiecke, die von den Schenkeln der Knickwinkel β_i begrenzt werden.[10]

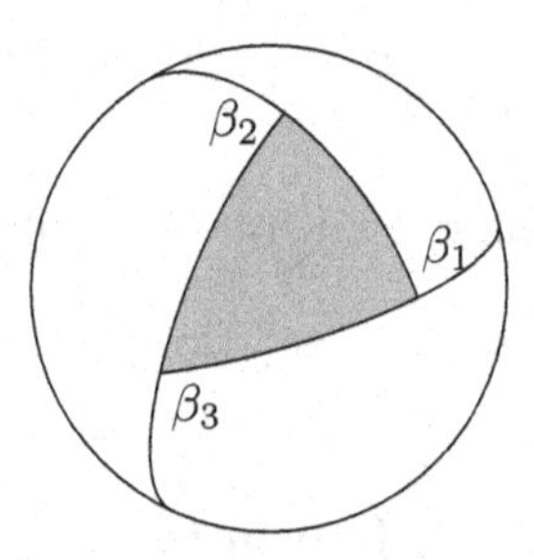

Der Flächeninhalt eines sphärischen Zweiecks mit Winkel β ist 2β, denn er steht zur Gesamtoberfläche 4π der Kugel im selben Verhältnis wie der Winkel β zum vollen Winkel 2π. Damit wird die Kugeloberfläche 4π zerlegt in $2\mathcal{A} + 2\sum_i \beta_i$, wobei wir mit $\mathcal{A}$ den Flächeninhalt des Vielecks bezeichnen. Also ist

$$\mathcal{A} + \sum_i \beta_i = 2\pi. \tag{12.23}$$

Bei sphärischen Dreiecken ist demnach die Summe der Innenwinkel $\alpha_i = \pi - \beta_i$ stets größer als π, und die Abweichung von π ist genau der Flächeninhalt des Dreiecks: $\sum_i \alpha_i - \pi = \mathcal{A}$.

Der Satz von Gauß und Bonnet[11] verallgemeinert diese Aussagen für beliebige Flächen (2-dimensionale Riemannsche Gebiete) (U, g).

Satz 12.5.1. *Es sei (U, g) ein zweidimensionales Riemannsches Gebiet in geodätischen Koordinaten und $P \subset U$ eine kompakte Teilmenge, die von einer stückweise glatten, nach g-Bogenlänge parametrisierten Kurve $\alpha : [a, b] \to U$ berandet wird. Es seien K die Gaußsche Krümmung von (U, g), κ die geodätische Krümmung von α und $\beta_1, \ldots, \beta_N$ die Knickwinkel. Dann gilt:*

$$\int_P K\, d\mathcal{A} + \int_a^b \kappa\, dt + \sum_{i=1}^N \beta_i = 2\pi. \tag{12.24}$$

[10] Man mache sich die Verhältnisse beim Schälen einer Apfelsine oder beim Zerschneiden eines Apfels klar!

[11] Pierre Ossian Bonnet, 1819 (Montpellier) – 1892 (Paris).

mit $d\mathcal{A} := \sqrt{\det g_u}\, du$ *(vgl. Abschnitt 3.3).*

Erläuterung: Eine *stückweise glatte Kurve* ist eine stetige Abbildung $\alpha : [a,b] \to U$ mit einer Unterteilung $a = t_0 < t_1 < \ldots < t_N = b$ des Definitionsintervalls derart, dass die Einschränkungen $\alpha|_{[t_{i-1},t_i]}$ glatte und reguläre Kurven sind für $i = 1, \ldots, N$. Den Winkel $\beta_i = \angle_g(\alpha'(t_i-), \alpha'(t_i+))$,[12] gemessen mit dem Skalarprodukt $g_{\alpha(t_i)}$, nennen wir den *Knickwinkel* im *Knickpunkt* $\alpha(t_i)$ für $i = 1, \ldots, N-1$. Wenn α geschlossen ist, also $\alpha(a) = \alpha(b)$, aber $\alpha'(a) \neq \alpha'(b)$, dann ist auch $t_N = b$ eine Knickstelle mit Knickwinkel $\angle_g(\alpha'(b), \alpha'(a))$. Mit dem Wort *„Winkel"* meinen wir immer den orientierten Winkel mit Werten im offenen Intervall $(-\pi, \pi)$; den Winkel $\pi = 180^o$ schließen wir als Knickwinkel aus.

Beweis: Zur Vermeidung von Indizes bezeichnen wir die Koordinaten von U mit $u^1 = x$ und $u^2 = y$ und setzen demgemäß $\alpha(t) = (x(t), y(t))$. Nach (12.3) ist $Kf = -\partial_x\partial_x f$ mit $f = \sqrt{\det g}$ und damit[13]

$$\begin{aligned}\int_P K\, d\mathcal{A} &= \int_P Kf\, dx\, dy = -\int_P \partial_x\partial_x f\, dx\, dy \\ &\stackrel{*}{=} -\int_{\partial P} \partial_x f\, dy = -\int_a^b \partial_x f\, \frac{dy}{dt}\, dt.\end{aligned}$$

Nach (12.18) ist $\alpha' = \mathsf{c} e_1 + \frac{\mathsf{s}}{f} e_2$, da $v_1 = e_1$ und $v_2 = \frac{1}{f} e_2$. Andererseits ist $\alpha' = (xe_1 + ye_2)' = x'e_1 + y'e_2$ und daher $y' = \frac{dy}{dt} = \frac{\mathsf{s}}{f}$. Somit erhalten wir

$$\int_P K\, d\mathcal{A} = -\int_a^b \frac{\mathsf{s}}{f}\, \partial_x f\, dt = -\int_a^b \mathsf{s}\, \partial_x(\log f)\, dt. \tag{12.25}$$

Die rechte Seite dieser Gleichung können wir mit (12.20) berechnen:

$$-\int_a^b \mathsf{s}\, \partial_x(\log f) dt = -\int_a^b \kappa\, dt + \int_a^b \phi'(t) dt \tag{12.26}$$

Das Integral über ϕ' berechnen wir mit dem „Hauptsatz der Differential- und Integralrechnung":

$$\begin{aligned}\int_a^b \phi'(t) dt &= \sum_{i=1}^N \int_{t_{i-1}}^{t_i} \phi'(t) dt = \sum_{i=1}^N (\phi(t_i-) - \phi(t_{i-1}+)) \\ &= -\left\{\sum_{i=1}^{N-1} (\phi(t_i+) - \phi(t_i-))\right\} - \phi(a) + \phi(b) = -\sum_{i=1}^N (\beta_i + 2\pi k_i)\end{aligned}$$

---

[12] $\alpha'(t_i+) := \lim_{t \searrow t_i} \alpha'(t)$ und $\alpha'(t_i-) := \lim_{t \nearrow t_i} \alpha'(t)$.

[13] Bei $\stackrel{*}{=}$ wirde der Satz von Stokes (Satz A.1.1) verwendet; wenn P ein Rechteck ist, kann man auch direkt den Hauptsatz der Differential- und Integralrechnung benutzen.

für ganze Zahlen k_i, denn die Sprünge der Winkelfunktion ϕ sind bis auf ganzzahlige Vielfache von 2π gerade die Knickwinkel. Also erhalten wir

$$\int_a^b \phi'(t)dt = -\sum_{i=1}^{N} \beta_i + 2\pi k \tag{12.27}$$

für eine ganze Zahl $k = -\sum k_i$. Wir wollen $k = 1$ zeigen. Wäre g die euklidische Metrik, also das gewöhnliche konstante Skalarprodukt $g_o = \langle\ ,\ \rangle$ auf $U \subset \mathbb{R}^2$, so wäre dies gerade der Umlaufssatz von Hopf (Satz 2.4.1).[14] Die beliebige Riemannsche Metrik g können wir aber in die euklidische Metrik g_o *deformieren*, etwa durch die stetige Schar von Riemannschen Metriken $g_s = sg + (1-s)g_o$ mit $s \in [0,1]$. Für jede der Zwischenmetriken g_s ist der Ausdruck in (12.27) ein ganzzahliges Vielfaches von 2π; der ganzzahlige Faktor $k = k_s$ hängt aber stetig von s ab und muss daher konstant gleich $k_0 = 1$ sein. Nun folgt die Behauptung aus (12.25) und (12.26), indem wir (12.27) mit $k = 1$ einsetzen. □

12.6 Zusammenhangsform und Krümmung

Der Satz von Gauß-Bonnet kann auch auf Riemannsche Gebiete, die nicht mehr durch ein einziges System von geodätischen Koordinanten überdeckt werden können, und sogar auf zweidimensionale *Riemannsche Mannigfaltigkeiten*[15] angewandt werden; wir müssen dann das Gebiet oder die Mannigfaltigkeit in kleinere Teile zerlegen, die jeweils in geodätischen Koordinatenumgebungen liegen. Die geodätischen Koordinaten sind jedoch nur eine Hilfskonstruktion und für den Beweis nicht wirklich wesentlich. Wir geben daher im nächsten Abschnitt noch einen zweiten unabhängigen Beweis, der ganz auf die Wahl spezieller Koordinaten verzichtet und auf *kompakte* 2-dimensionale Riemannsche Mannigfaltigkeiten anwendbar ist. Dazu benötigen wir zunächst einen neuen Begriff, die *Zusammenhangsform.*

Gegeben sei ein *Einheitsvektorfeld* v auf einem Riemannschen Gebiet (U,g), d.h. eine differenzierbare Abbildung $v : U \to \mathbb{R}^2$ mit $g(v,v) = 1$.

[14] Dort wird nur $k = \pm 1$ behauptet, aber bei richtiger Wahl der Durchlaufrichtung von α, nämlich so, dass P immer links von $\alpha = \partial P$ liegt, folgt $k = 1$. Der Satz 2.4.1 wurde allerdings nur für glatte Kurven bewiesen. Es ist aber nicht schwer, den Beweis auf stückweise glatte Kurven zu verallgemeinern oder diese durch glatte Kurven zu approximieren.

[15] Eine Riemannsche Mannigfaltigkeit ist eine Mannigfaltigkeit M mit einem Skalarprodukt g_p auf jedem Tangentialraum T_pM, $p \in M$, dessen Koeffizienten in einer Karte differenzierbar vom Punkt p abhängen. In lokalen Koordinaten ist eine Riemannsche Mannigfaltigkeit nichts anderes als ein Riemannsches Gebiet, d.h. für jede lokale Parametrisierung $\phi : U \to M$ definieren die Funktionen $g_{ij}(u) := \hat{g}_{\phi(u)}(\phi_i(u), \phi_j(u))$ eine Riemannsche Metrik g auf U.

Die Levi-Civita-Ableitung von v definiert eine *Linearform* oder 1-*Form* (vgl. Abschnitt A.1) $\theta = g(Dv, Jv) = (\theta_1, \theta_2)$ auf U mit den Komponenten

$$\theta_i v = g(D_i v, Jv) \tag{12.28}$$

für $i = 1, 2$, wobei wie bisher $J = J(u)$ an jeder Stelle $u \in U$ die 90°-Drehung nach links bezüglich des Skalarprodukts g_u bezeichnet. Da $D_i v$ ein Vielfaches von Jv ist (da $D_i v \perp_g v$ wegen $g(v, v) = const$), wird die Levi-Civita-Ableitung von v vollständig durch die 1-Form θ beschrieben, die deshalb auch *Zusammenhangsform*[16] genannt wird:

$$D_i v = \theta_i Jv\,. \tag{12.29}$$

Die *Cartan-Ableitung*[17] $d\theta$ von θ ist die antisymmetrische Bilinearform mit den Komponenten

$$(d\theta)_{ij} = \partial_i \theta_j - \partial_j \theta_i \tag{12.30}$$

(siehe Abschnitt A.1); in Dimension 2 ist $(d\theta)_{12} = -(d\theta)_{21}$ die einzige nichtverschwindende Komponente. Damit lässt sich die *Gaußsche Krümmung* K von (U, g) berechnen:

Satz 12.6.1.

$$(d\theta)_{12} = -K\sqrt{\det g}. \tag{12.31}$$

Beweis:

$$\begin{aligned}(d\theta)_{12} &= \partial_1\theta_2 - \partial_2\theta_1\\ &= \partial_1 g(D_2 v, Jv) - \partial_2 g(D_1 v, Jv)\\ &= g(D_1D_2 v, Jv) - g(D_2 D_1 v, Jv)\\ &\quad + g(D_2 v, JD_1 v) - g(D_1 v, JD_2 v)\\ &= g(R_{12}v, Jv),\end{aligned} \tag{12.32}$$

denn die beiden Terme in der vorletzten Zeile von (12.32) verschwinden, weil $D_1 v$ und $D_2 v$ beide Vielfache von Jv sind und weil $g(v, Jv) = 0$. Dabei haben wir auch (8.60), die Parallelität von J verwendet. Die Bilinearform $\rho := g(R_{12}.,.)$ ist nach (11.22) schiefsymmetrisch, also gilt $\rho(v, Jv) = \det(v, Jv)\cdot\rho(e_1, e_2)$. Weil (v, Jv) eine g-Orthonormalbasis ist, ist $\det(v, Jv) = 1/\sqrt{\det g}$.[18] Mit (12.32) und wegen $K = R_{1221}/\det g$ (11.50) folgt

$$d\theta_{12} = g(R_{12}v, Jv) = \frac{R_{1212}}{\sqrt{\det g}} = -K\sqrt{\det g}.$$ □

[16] Die Levi-Civita-Ableitung D wird oft als *Zusammenhang* bezeichnet, weil sie (durch die Parallelverschiebung) einen Zusammenhang zwischen den verschiedenen Tangentialräumen herstellt; daher der Name „Zusammenhangsform".

[17] Elie Joseph Cartan, 1869 (Dolomieu, Savoyen) – 1951 (Paris).

[18] Für jede positiv definite symmetrische Matrix g auf $\mathbb{R}^m$ gilt: Ist $V = (v_1, \dots, v_m)$ eine g-Orthonormalbasis, so gilt $\langle v_i, gv_j\rangle = \delta_{ij}$ oder in Matrixform $V^T gV = I$. Damit folgt $1 = \det(V^T gV) = (\det V)^2 \det g$ und somit $\det V = 1/\sqrt{\det g}$.

Es gibt natürlich viele verschiedene Einheitsvektorfelder v auf U, und jedesmal gilt die Beziehung (12.31) für die zugehörige Zusammenhangsform. Wie hängt diese von v ab? Zwei Einheitsvektorfelder v und $\tilde{v}$ unterscheiden sich an jeder Stelle $u \in U$ um einen Winkel [19] $\varphi(u) = \angle_{g_u}(v(u), \tilde{v}(u))$, d.h.

$$\tilde{v} = \mathsf{c}v + \mathsf{s}Jv \tag{12.33}$$

mit $\mathsf{c} = \cos\varphi$, $\mathsf{s} = \sin\varphi$. Dann ist $J\tilde{v} = -\mathsf{s}v + \mathsf{c}Jv$ und mit (8.60) und (12.29) folgt

$$\begin{aligned} D_i\tilde{v} &= \partial_i\varphi \cdot (-\mathsf{s}v + \mathsf{c}Jv) + \mathsf{c}D_iv + \mathsf{s}JD_iv \\ &= \partial_i\varphi \cdot J\tilde{v} + \mathsf{c}\theta_iJv - \mathsf{s}\theta_iv \\ &= (\partial_i\varphi + \theta_i)J\tilde{v}. \end{aligned} \tag{12.34}$$

Andererseits ist nach (12.29) auch $D_i\tilde{v} = \tilde{\theta}_iJ\tilde{v}$ und damit

$$\tilde{\theta}_i = \partial_i\varphi + \theta_i. \tag{12.35}$$

12.7 Der Satz von Gauß-Bonnet im Großen

Bisher haben wir die Differentialgeometrie ganz in lokalen Koordinaten oder Parametrisierungen entwickelt. In diesem letzten Abschnitt wollen wir diesen Standpunkt verlassen und einen kleinen Ausblick auf die globalen Objekte der Differentialgeometrie geben, die *Mannigfaltigkeiten*, die aus mehreren Koordinatensystemen zusammengesetzt sind. Um die Notation einfach zu halten, werden wir unter *Mannigfaltigkeiten* nur *Untermannigfaltigkeiten* des $\mathbb{R}^n$ verstehen (Teilmengen $M \subset \mathbb{R}^n$, die lokal diffeomorph zu offenen Teilmengen $U \subset \mathbb{R}^m$ sind, vgl. 1.3); die lokalen Diffeomorphismen $\phi : U \to M$ heißen *lokale Parametrisierungen.*[20] Die Mannigfaltigkeit M heißt *orientiert*, wenn die lokalen Parametrisierungen so gewählt sind, dass ihre Parameterwechsel $\alpha = \tilde{\phi} \circ \phi^{-1}$ positive Jacobideterminante haben: $\det \partial\alpha_u > 0$ für alle u. Mannigfaltigkeiten haben gegenüber Gebieten im $\mathbb{R}^m$ den Vorteil, dass sie kompakt sein können.

Nun sei $M \subset \mathbb{R}^n$ eine orientierte 2-dimensionale Mannigfaltigkeit ($m = 2$) und $w : M \to \mathbb{R}^n$ ein *tangentiales Vektorfeld*, d.h. w ist differenzierbar mit $w(p) \in T_pM$ für alle $p \in M$. Wir setzen voraus, dass die Nullstellen von w (die Punkte $p \in M$ mit $w(p) = 0$) *isolierte* Punkte sind: Ist $w(p) = 0$, so soll $w(q) \neq 0$ sein für alle $q \neq p$ in einer Umgebung von p. Diese Bedingung lässt sich durch eine kleine Störung eines gegebenen Vektorfeld leicht erfüllen.

[19] Der Winkel $\varphi(u)$ ist nur bis auf eine Konstante in $2\pi\mathbb{Z}$ bestimmt und vielleicht gar nicht als stetige Funktion auf ganz U definierbar, aber für die partiellen Ableitungen $\partial_i\varphi$ spielt die Konstante keine Rolle, diese sind deshalb auf ganz U eindeutig definiert.

[20] Es gibt auch den abstrakten Begriff der Mannigfaltigkeit, der auf den umgebenden Raum $\mathbb{R}^n$ ganz verzichtet; vgl. z.B. [27].

Mit Hilfe einer lokalen Parametrisierung $\phi : U \to M$ mit $\phi(0) = p$ können wir w nahe p als ein Vektorfeld auf U betrachten: Am Punkt $q = \phi(u)$ ist $w(q) = \partial\phi_u\, \tilde{w}(u)$ mit $\tilde{w} : U \to \mathbb{R}^2$. Nach Voraussetzung ist $\tilde{w} \neq 0$ auf einer kleinen Kreislinie $\mathsf{S}_\epsilon = \{u \in \mathbb{R}^m;\ |u| = \epsilon\} \subset U$. Wir können dort also das Einheitsvektorfeld $v := \tilde{w}/|\tilde{w}|$ betrachten. Dann ist $v(\epsilon\cos t, \epsilon\sin t) = (\cos\varphi(t), \sin\varphi(t))$ für eine stetige Funktion $\varphi : [0, 2\pi] \to \mathbb{R}$ (vgl. Lemma 2.3.1, Gleichung (2.29)), und weil der Vektor v bei $t = 0$ und $t = 2\pi$ derselbe ist, gilt

$$\varphi(2\pi) - \varphi(0) = k \cdot 2\pi \tag{12.36}$$

für ein ganze Zahl k, die angibt, wie oft sich v bei einem Umlauf um S_ϵ dreht. Die Zahl k ist von der Wahl der lokalen Parametrisierung ϕ unabhängig und heißt der *Index des Vektorfeldes w an der Nullstelle p*. Wenn M kompakt ist, hat w nur endlich viele, weil als isoliert vorausgesetzte Nullstellen $p_1, \ldots, p_N$, und die Summe der zugehörigen Indizes $k_1, \ldots, k_N$ heißt die *Indexsumme* $\chi(w)$:

$$\chi(w) := k_1 + \ldots + k_N. \tag{12.37}$$

Satz 12.7.1. *Es sei $(M, \hat{g})$ eine zweidimensionale kompakte orientierte Riemannsche Mannigfaltigkeit mit Gaußscher Krümmung K und w ein tangentiales Vektorfeld auf M mit isolierten Nullstellen. Dann gilt:*

$$\int_M K\, d\mathcal{A} = 2\pi\chi(w) \tag{12.38}$$

mit $d\mathcal{A} := \sqrt{\det g_u}\, du$ in jedem Parameterbereich.

Beweis: Die Nullstellen von w seien $p_1, \ldots, p_N$. Wir wählen um jede Nullstelle p_i eine kleine offene Kreisscheibe $D_i \subset M$ vom Radius ϵ in einer Parametrisierung $\phi_i : U_i \to M$ um p_i, und zwar so, dass die Abschlüsse $\overline{D_1}$, ..., $\overline{D_N}$ noch disjunkt sind, und setzen

$$P = M \setminus (D_1 \cup \ldots \cup D_N).$$

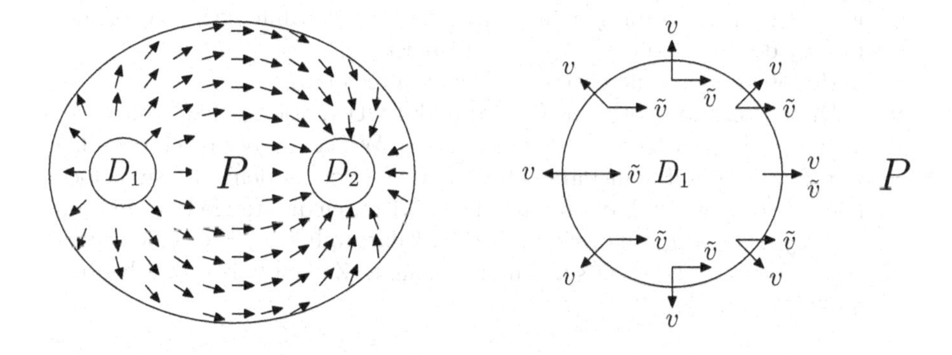

Auf $M \setminus \{p_1, \dots, p_N\}$ ist das $\hat{g}$-Einheitsvektorfeld $v = w/\sqrt{\hat{g}(w,w)}$ definiert. Auf einer Umgebung von jedem $\overline{D_i}$ wählen wir ein zweites $\hat{g}$-Einheitsvektorfeld $\tilde{v}$, zum Beispiel $\tilde{v} = e_1/\sqrt{g_{11}}$ im Parameterbereich U_i. Längs der Kreislinie ∂D_i sind also beide Vektorfelder v und $\tilde{v}$ erklärt. Die zu v und $\tilde{v}$ gehörigen Zusammenhangsformen seien θ und $\tilde{\theta}$, und $\varphi = \angle(\tilde{v}, v)$ sei der Winkel, wie im vorigen Abschnitt definiert, mit vertauschten Rollen von v und $\tilde{v}$. Dann ist $\theta = \tilde{\theta} + \partial\varphi$ (12.35). Nach dem Satz von *Stokes* (Satz A.1.1) gilt:

$$-\int_P K\, d\mathcal{A} = \int_P d\theta = \int_{\partial P} \theta = \int_{\partial P} \tilde{\theta} + \int_{\partial P} d\varphi. \tag{12.39}$$

Wenn wir nun $\epsilon \to 0$ schicken, dann geht die linke Seite gegen $\int_M K\, d\mathcal{A}$, und auf der rechten Seite geht der erste Term $\int_{\partial P} \tilde{\theta}$ gegen Null, denn die Länge der Zusammenhangskomponenten ∂D_i von ∂P geht gegen Null und $\tilde{\theta}$ bleibt beschränkt, weil das Vektorfeld $\tilde{v}$ (im Gegensatz zu v) auch in dem Mittelpunkten p_i von D_i definiert ist. Für den zweiten Term auf der rechten Seite von (12.39) aber gilt unabhängig von ϵ:

$$\begin{aligned}
\int_{\partial P} d\varphi &\overset{1}{=} -\sum_{i=1}^{N} \int_{\partial D_i} d\varphi \\
&\overset{2}{=} -\sum_{i=1}^{N} \int_0^{2\pi} \varphi_i'(t)dt \\
&\overset{3}{=} -\sum_{i=1}^{N} (\varphi_i(2\pi) - \varphi_i(0)) \\
&\overset{4}{=} -2\pi\chi(w).
\end{aligned} \tag{12.40}$$

Die Behauptung folgt nun aus (12.40) und (12.39).

Zu 1: Da P und D_i auf verschiedenen Seiten von ∂D_i liegen, sind die Orientierungen von ∂P und ∂D_i entgegengesetzt, daher das Vorzeichen.

Zu 2: Der Winkel $\varphi = \angle(v, \tilde{v})$ ist auf einer Umgebung von ∂D_i nur bis auf ganze Vielfache von 2π erklärt. Längs $\partial D_i = \{\phi_i(\epsilon \cos t, \epsilon \sin t);\ t \in [0, 2\pi]\}$ wählen wir ihn gemäß Lemma 2.3.1 als eine differenzierbare Funktion φ_i des Parameters $t \in [0, 2\pi]$. Dort ist $d\varphi|_{\partial D_i} = \frac{d\varphi_i}{dt}\, dt$.

Zu 3: Hauptsatz der Differential- und Integralrechnung.

Zu 4: Diese Gleichheit folgt aus (12.36) und der Definition (12.37) von $\chi(w)$. Wir müssen allerdings beachten, dass der Winkel φ_i bezüglich des Skalarprodukts g auf dem Parameterbereich U_i von ϕ_i definiert ist, jedoch können wir g wie im Beweis von Satz 12.5.1 durch die stetige Deformation $g_s = sg + (1-s)g_o$ auf das euklidische Skalarprodukt $g_o = \langle\ ,\ \rangle$ deformieren, wobei die stetig von s abhängigen ganzen Zahlen k_i konstant bleiben müssen.

□

Bemerkung 1: Der Satz kennzeichnet die Zahl $\chi(w)$ auf zwei ganz unterschiedliche Weisen: Die linke Seite $\int_M K\,d\mathcal{A}$ der Gleichung (12.38) hängt von der Riemannschen Metrik, aber nicht vom Vektorfeld ab, während die rechte Seite $2\pi\chi(w)$ vom Vektorfeld, aber nicht von der Riemannschen Metrik abhängt. Die Größe $\chi(w)$ kann daher weder vom Vektorfeld w noch von der Riemannschen Metrik g abhängen, sondern allein vom topologischen Typ der Fläche M; daher bezeichnen wir sie besser als $\chi(M)$ statt $\chi(w)$. Sie wurde zuerst von Euler eingeführt und heißt deshalb *Eulercharakteristik*.

Wenn die Fläche M eine zweidimensionale Untermannigfaltigkeit des $\mathbb{E}^3$ ist, kann man als Vektorfeld w oft die Tangentialkomponente des Vektors $-e_3 = (0,0,-1)$, d.h. den negativen Gradienten der *Höhenfunktion* $M \ni x \mapsto x^3 = \langle x, e_3 \rangle$ wählen; vgl. Abschnitt 6.4. Ist M zum Beispiel eine runde Kugelfläche, so hat w nur zwei Nullstellen, nämlich Maximum („*Gipfel*") und Minimum („*Tal*") der Höhenfunktion; beide haben Index 1 und die Indexsumme, die Eulercharakteristik ist 2. Wenn M eine aufrecht stehende Ringfläche (*Torus*) ist,

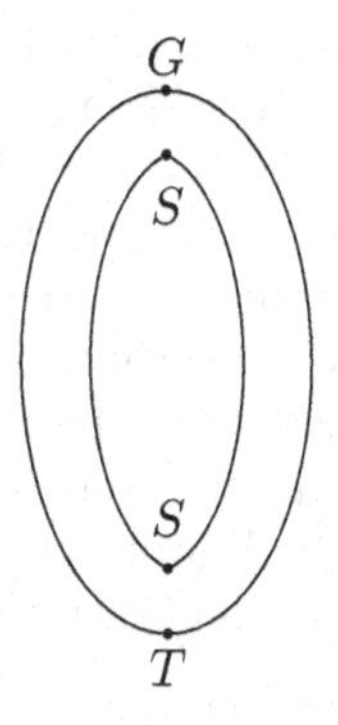

so gibt es zusätzlich zwei *Sättel* mit Index -1, die Indexsumme ist daher Null. Wenn die Fläche aus einer Anzahl g von Ringflächen (Tori) zusammengeschweißt ist (die Zahl g nennt man das *Geschlecht* der Fläche), gibt es $2g$ zusätzliche Sättel und die Indexsumme ist $2 - 2g$.[21]

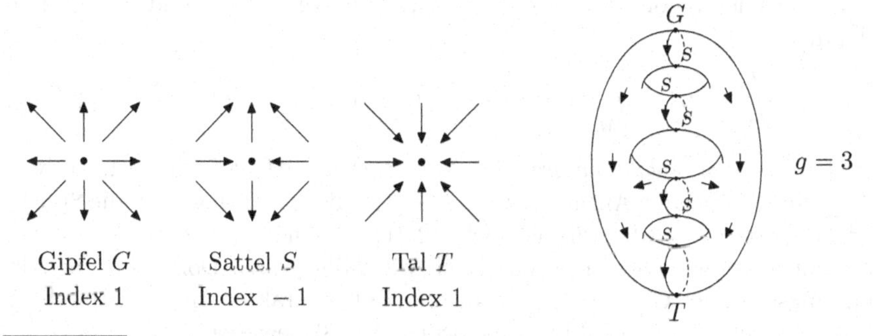

[21] Andere kompakte orientierte Flächen gibt es nicht; ein Beweis findet sich z.B. in [45], S. 225 ff oder auf andere Weise in [20], S. 200–207.

Die ursprünglich von Euler gegebene Definition der Zahl $\chi(M)$ ist etwas anders: Man betrachtet dazu eine *Triangulierung* von M, d.h. eine Zerlegung in Dreiecke (allgemeiner: Polygone). Zum Beispiel stellt die Oberfläche des *Oktaeders* eine Triangulierung der Kugelfläche durch 8 Dreiecke dar.

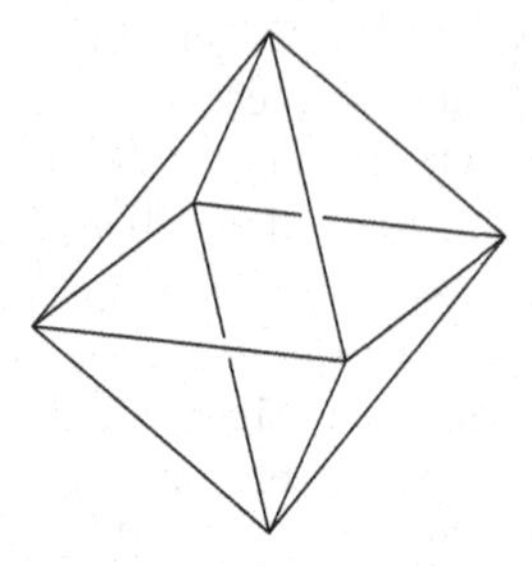

Die Eulerzahl ist dann $\chi = e - k + f$, wobei e die Zahl der Eckpunkte, k die Zahl der Kanten und f die Zahl der Flächen bezeichnet. Beim Oktaeder ist $e = 6$, $k = 12$, $f = 8$; für die Kugelfläche wäre also $\chi = 6 - 12 + 8 = 2$ wie vorher. Der Zusammenhang mit der Indexsumme von Vektorfeldern ist einfach herzustellen: Zu gegebener Triangulierung können wir leicht eine C^∞-Funktion auf M finden, die in jedem Eckpunkt ein Maximum, in jedem Kantenmittelpunkt einen Sattel und in jedem Flächenmittelpunkt ein Minimum besitzt; die Indexsumme des zugehörigen Gradientenvektorfeldes (bezüglich einer beliebigen Riemannschen Metrik) ist dann gerade $e - k + f$. Insbesondere ist diese Zahl $e-k+f$ von der polygonalen Zerlegung der Fläche unabhängig; für die Sphäre (z.B. für konvexe Polyeder) ist sie immer gleich 2 (*Eulerscher Polyedersatz*). Die Platonischen Körper (z.B. das in der Figur dargestellte Oktaeder) sind einfache Beispiele dafür.

Bemerkung 2. Für kompakte Flächen im Raum, $M \subset \mathbb{R}^3$, mit ihrer vom umgebenden Raum induzierten Riemannschen Metrik (*erste Fundamentalform*) gibt es noch einen ganz anderen Beweis der Gauß-Bonnet-Formel (12.38) mit Hilfe der *äußeren Geometrie*: Wenn man die Gaußsche Normalenabbildung ν als Abbildung $\nu : M \to \mathrm{S}^2$ auffasst statt als Abbildung auf dem Parametergebiet U, so gilt $K = \det \partial\nu$ (vgl. (4.14) und (4.10)) und damit

$$\int_M K\, d\mathcal{A} = \int_M \det \partial\nu\, d\mathcal{A} = d(\nu) \cdot \mathrm{vol}(\mathrm{S}^2) = 4\pi\, d(\nu) \tag{12.41}$$

wobei $d(\nu)$ den *Abbildungsgrad* der Abbildung $\nu : M \to \mathrm{S}^2$ bezeichnet (vgl. [37]), anschaulich die Anzahl, wie oft M durch die Abbildung ν auf die Sphäre S^2 aufgewickelt wird;[22] die Formel (12.41) ist eine Verallgemeinerung des Transformationssatzes, siehe das Buch von Milnor [37]. Dort wird der Abbildungsgrad der Gaußabbildung mit der Eulercharakteristik in Verbindung gebracht und so die Gauß-Bonnet-Formel (12.38) bewiesen.

[22] Für „Hyperflächen" in $\mathbb{E}^2$, nämlich ebenen Kurven ($m = 1$), entspricht $d(\nu)$ der *Tangentendrehzahl*.

Bemerkung 3. Diese Beweisidee funktioniert auch noch für höhere Dimension und Kodimension, wie C.B. Allendoerfer, A. Weil[23] und W. Fenchel[24] zeigen konnten. Kurze Zeit danach fand S.S. Chern[25] für diese verallgemeinerte Gauß-Bonnet-Formel auf Riemannschen Mannigfaltigkeiten mit gerader Dimension m einen Beweis, der wieder nur die innere Geometrie benutzte. Die Beweisidee ist ähnlich wie die von Satz 12.7.1, wobei die 2-Form $d\theta = g(R_{ij}v, Jv)du^i du^j$, über die integriert wird, durch eine m-Form Ω ersetzt wird, die ebenfalls ein Ausdruck in den Komponenten des Krümmungstensors ist (vgl. [44]). Dies führte schließlich zu einem der wichtigsten Konzepte der modernen Geometrie, der Theorie der *Chernschen Klassen.*[26]

12.8 Übungsaufgaben

1. *Flächen in isothermen Parametern*

   Gegeben sei ein zweidimensionales Riemannsches Gebiet (U, g) mit $g = e^{2f} g_o$, wobei $g_o(a, b) = \langle a, b\rangle$ die euklidische Metrik auf $\mathbb{R}^2$ und $f : U \to \mathbb{R}$ eine beliebige C^2-Funktion ist. Zeigen Sie für die Christoffel-Matrizen $\Gamma_i = (\Gamma_{ij}^k)$ (mit $f_i = \partial_i f$):

   $$\Gamma_1 = \begin{pmatrix} f_1 & f_2 \\ -f_2 & f_1 \end{pmatrix}, \qquad \Gamma_2 = \begin{pmatrix} f_2 & -f_1 \\ f_1 & f_2 \end{pmatrix}$$

   und folgern Sie mit (11.23):

   $$R_{12} = \partial_1 \Gamma_2 - \partial_2 \Gamma_1 = \begin{pmatrix} 0 & -\Delta f \\ \Delta f & 0 \end{pmatrix}$$

   Zeigen Sie daraus mit (11.50) für die Gaußkrümmung K der Metrik $e^{2f} g_o$:

   $$K = -e^{-2f} \Delta f. \tag{12.42}$$

2. *Hyperbolische Ebene und Sphäre*

   Zeigen Sie mit der vorigen Aufgabe noch einmal, dass die hyperbolische (vgl. (12.12)) und die sphärische[27] Metrik

---

[23] C.B. Allendoerfer: The Euler number of a Riemann manifold, Amer. J. Math. 62, 243–248 (1940), C.B. Allendoerfer, A. Weil: The Gauss-Bonnet theorem for Riemannian polyhedra, Ann. Math. 45 (1944), 747–752.

[24] W.Fenchel: On the total curvatures of Riemannian manifolds, J. London Math. Soc. 15, 15–22 (1940)

[25] S.S.Chern: A simple intrinsic proof of the Gauss-Bonnet formula for closed Riemannian manifolds, Ann. Math. 45 (1944), 747–752

[26] Shiing-shen Chern, 1911–2004: Chia-hsing (= Jiaxing, Zhejiang, China), Tientsin (= Tianjin, China), Hamburg, Paris, Princeton, Chicago, Berkeley, Tianjin

[27] Das ist die übliche Metrik auf $S^2 \subset \mathbb{R}^3$, die durch die stereographische Projektion $\Phi : \mathbb{R}^2 \to \mathrm{S}^2$ auf $\mathbb{R}^2$ zurückgeholt worden ist, vgl (7.35).

$$g_- = \frac{4}{1-|x|^2}\, g_o, \qquad g_+ = \frac{4}{1+|x|^2}\, g_o \tag{12.43}$$

auf dem Einheitskreis bzw. der ganzen Ebene konstante Gaußkrümmung $K = -1$ bzw. $K = +1$ haben.

3. *Geodäten der Hyperbolischen Ebene (1)*
   Betrachten Sie die hyperbolischen Ebene (obere Halbebene)
   $$\mathsf{H} = \{x + iy;\ y > 0\}$$
   mit der Metrik $g = g_o/y^2$. Zeigen Sie, dass die vertikalen Geraden, die Parallelen zur y-Achse, Kürzeste bezüglich g sind.
   Hinweis: Jede Abweichung des Tangentenvektors von der Vertikalen (Vielfache von e_2) verlängert die Kurve, vgl. Beweise zu 2.1.1 und 5.3.2!

4. *Geodäten der Hyperbolischen Ebene (2)*
   a) Zeigen Sie: Für beliebige $s, t \in \mathbb{R}$ bildet die gebrochen-lineare Transformation $f : \hat{\mathbb{C}} \to \hat{\mathbb{C}}$, $f(z) = \frac{z-s}{z-t}$ die y-Achse auf den Kreis k ab, der die x-Achse in den Punkten s, t senkrecht schneidet (*Orthokreis*). Folgern Sie, dass $k \cap \mathsf{H}$ Geodäte, sogar Kürzeste in H ist.
   b) Zeigen Sie (elementargeometrisch oder analytisch), dass es zu je zwei Punkten $z, w \in \mathsf{H}$ mit unterschiedlichen Realteilen genau einen Orthokreis k mit $z, w \in k$ gibt. Wie ist es, wenn z, w gleichen Realteil haben (aber verschiedenen Imaginärteil)? Folgern Sie mit Satz 5.4.1, dass es keine weiteren Geodäten in H außer den Orthokreisen sowie der y-Achse und ihren Parallelen gibt.

5. *Hyperbolische Gruppe*
   a) Zeigen Sie, dass es zu je drei reellen Zahlen $x_0 < x_1 < x_\infty$ genau eine (reelle) gebrochen-lineare Funktion $f(x) = \frac{ax+b}{cx+d}$ gibt mit $f(0) = x_0$, $f(1) = x_1$, $f(\infty) = x_\infty$ (wobei $f(\infty) = \lim_{x\to\infty} \frac{ax+b}{cx+d} = \frac{a}{c}$), und diese ist invertierbar. Auf $\mathbb{C}$ fortgesetzt bildet f die obere Halbebene H auf sich ab, warum?
   b) Folgern Sie, dass es zu zwei beliebigen reellen Zahlentripeln $x_1 < x_2 < x_3$ und $y_1 < y_2 < y_3$ genau eine (reelle) gebrochen-lineare Funktion f mit $f(x_i) = y_i$ für $i = 1, 2, 3$ gibt, und $f|_{\mathsf{H}}$ ist eine hyperbolische Isometrie. (Die Gruppe der hyperbolischen Isometrien wirkt damit *dreifach transitiv* auf $\mathbb{R} \cup \{\infty\} = \partial\mathsf{H}$.)
   c) Zeigen Sie damit erneut, dass es zu jedem Orthokreis k in H Isometrien gibt, die die positive y-Achse auf k abbilden. Wenn wir *eine* solche Isometrie f gefunden haben, wie sehen alle anderen Isometrien $\tilde{f}$ mit derselben Eigenschaft aus? *Hinweis*: Welche geometrische Eigenschaft hat die Isometrie $g = f^{-1}\tilde{f}$?

d) Zeigen Sie: Es gibt eine Folge von hyperbolischen Isometrien, die gegen eine konstante Abbildung konvergiert. *Hinweis*: Sie können z.B. Isometrien betrachten, die die positive y-Achse auf eine Folge von konzentrischen Orthokreisen abbilden, deren Radius gegen Null strebt.

6. *Hyperbolische Ebene und Traktrix-Fläche:*

Es sei $c = (\rho, z) : (0, \infty) \to \mathbb{R}^2$ die nach Bogenlänge parametrisierte Ziehkurve oder Traktrix und $X : (0, \infty) \times \mathbb{R} \to \mathbb{E}^3 = \mathbb{C} \times \mathbb{R}$, $X(u, v) = (\rho(u)e^{iv}; z(u))$ die zugehörige Drehfläche, vgl. Übung 10 in Kapitel 4. Weiterhin sei $U = \{s + it;\ s \in \mathbb{R},\ t > 1\} \subset \mathsf{H}$. Finden Sie einen Parameterwechsel $\phi : U \to (0, \infty) \times \mathbb{R}$ mit der Eigenschaft, dass $\tilde{X} = X \circ \phi$ bezüglich der hyperbolischen Metrik $g = g_o/t^2$ auf U eine isometrische Immersion ist.

7. *Klein- und Poincaré-Modell:*

Der Punkt $H = (x_H, y_H)$ befinde sich auf dem $(y > 0)$-Ast der Hyperbel mit der Gleichung $y^2 - x^2 = 1$. Die Strecke $[0, H]$ schneidet die horizontale Gerade $y = 1$ im Punkt $K = (x_K, 1)$ (K wie *Klein*) mit $|x_K| < 1$. Senkrecht darüber auf der Kreislinie vom Radius 1 um $N = (0, 1)$ befindet sich der Punkt $P' = (x_H, 1 + \sqrt{1 - x_K^2})$. Der Schnittpunkt der Strecke $[0, P']$ mit der Geraden $y = 1$ sei der Punkt $P = (x_P, 1)$ (wie *Poincaré*). Zeigen Sie, dass die Geraden $0P$ und SH mit $S = (0, -1)$ parallel sind. Zeigen Sie damit, dass die beiden Konstruktionen des Poincaré-Modells auf den Seiten 205 und 206 zum gleichen Ergebnis führen.

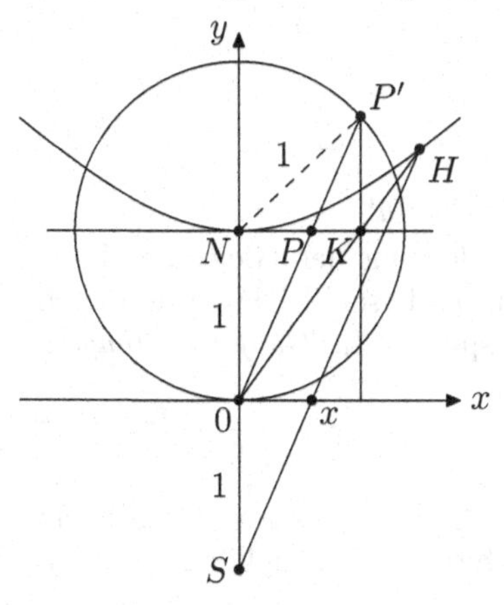

8. *Hyperbolische Stereographische Projektion:*

Es sei $\mathsf{P}^n = \{(x; y) \in \mathbb{R}^n \times \mathbb{R};\ y^2 - |x|^2 = 1,\ y > 0\}$ und $S = (0; -1) \in \mathbb{R}^n \times \mathbb{R}$. Die *hyperbolische Stereographische Projektion* $\Phi_h : \mathbb{R}^n \to \mathsf{P}^n$ ordnet jedem Punkt $x \in \mathbb{R}^n$ den Schnnittpunkt H der Geraden Sx mit P zu, siehe vorstehende Figur. Leiten Sie für diese Abbildung eine Formel ähnlich wie (7.25) her und zeigen Sie analog zu Übung 5 in Kapitel 7, dass Φ_h konform ist. Genau wie bei der Sphäre ist $T_w\mathsf{P} = w^\perp$ für alle $w =$

$(x; y) \in \mathsf{P}$, wobei wir das Minkowski-Skalarprodukt $\langle w, w \rangle_- = |x|^2 - y^2$ auf $\mathbb{R}^{n+1} = \mathbb{R}^n \times \mathbb{R}$ benutzen.

9. *Hyperbolische Geometrie und Statistik:*
In der Statistik möchte man aus Beobachtungsdaten die zugrundeliegende Wahrscheinlichkeitsverteilung ermitteln. Gegeben ist eine Familie von Wahrscheinlichkeitsdichten $(p^u)_{u \in U}$, d.h. jedes p^u ist eine nirgends negative Funktion auf $\mathbb{R}$ mit $\int_{\mathbb{R}} p^u = \int_{-\infty}^{\infty} p^u(x)dx = 1$, wobei der Parameter u in einer offenen Teilmenge $U \subset \mathbb{R}^m$ variiert; gesucht ist der „richtige" Parameter $u = u_o$. Diese Aufgabe wird umso leichter sein, je mehr sich die p^u voneinander unterscheiden, je „größer" also die partiellen Ableitungen bezüglich u sind. Ein Maß dafür ist die *Fisher-Informationsmatrix* $g_u = (g_{ij}(u))$: Wir setzen $L^u = \log p^u$ und $L^u_i = \partial L^u / \partial u^i$ und definieren $g_{ij}(u)$ als das L^2-Skalarprodukt mit Dichte p^u,
$$\langle f|g \rangle_u := \int_{\mathbb{R}} (fgp^u) = \int_{-\infty}^{\infty} f(x)g(x)p^u(x)dx,$$
für $f = L^u_i$ und $g = L^u_j$, oder auch als Erwartungswert von $L^u_i L^u_j$ bezüglich der Wahrscheinlichkeitsdichte p^u:
$$g_{ij}(u) = \int_{\mathbb{R}} (L^u_i L^u_j p^u) = \langle L^u_i | L^u_j \rangle_u \tag{12.44}$$
a) Zeigen Sie, dass g_u positiv semidefinit ist. Wenn wir Regularität voraussetzen, definiert g_u damit eine Riemannsche Metrik auf U, die *Fishermetrik.*
b) Zeigen Sie
$$g_{ij}(u) = -\int_{\mathbb{R}} (L^u_{ij} p^u) \tag{12.45}$$
mit $L^u_{ij} = \partial^2 L^u / \partial u^j \partial u^i$.
Hinweis: Die Ableitung der Gleichung $1 = \int p^u$ ergibt $0 = \int p^u_i = \int (L^u_i p^u)$; leiten Sie diese Gleichung nun nach u^j ab!
c) Betrachten Sie speziell die *Gaußverteilungen*:
$$p^u = \frac{1}{\sigma\sqrt{2\pi}} e^{-(x-\mu)^2/(2\sigma^2)} \tag{12.46}$$
mit $u = (\mu, \sigma) \in \mathbb{R} \times (0, \infty) = U$ (Mittelwert und Standardabweichung). Zeigen Sie für die zugehörige Fishermetrik
$$g_{\mu\mu} = \frac{1}{\sigma^2}, \quad g_{\sigma\sigma} = \frac{2}{\sigma^2}, \quad g_{\mu\sigma} = 0. \tag{12.47}$$
Zeigen Sie durch eine (sehr einfache) Parametertransformation, dass die Metrik (12.47) äquivalent ist zur hyperbolischen Metrik (12.6) auf der oberen Halbebene H.[28]

[28] Eine Einordnung dieses Sachverhalts vom Standpunkt der Riemannschen Geometrie findet sich in: M. Lovrić, M. Min-Oo, E. Ruh: Multivariate normal distri-

Hinweise: Beachten Sie, dass $\int_{\mathbb{R}} y^2 e^{-y^2/2} dy = \int_{\mathbb{R}} y \cdot y e^{-y^2/2} dy$ mit partieller Integration auf $\int_{\mathbb{R}} e^{-y^2/2} dy = \sqrt{2\pi}$ zurückgeführt werden kann. Alternativ dazu kann man p^u in (12.46) durch eine Parametertransformation $\tilde{u} = \phi(u)$ auf die Gestalt einer *Exponentialfamilie*

$$p^{\tilde{u}}(x) = e^{a(x) + \langle b(x), \tilde{u} \rangle - c(\tilde{u})} \tag{12.48}$$

für geeignete Funktionen a, b, c bringen. In den $\tilde{u}$-Parametern ist die Metrik leicht zu berechnen, da $L^{\tilde{u}}_{ij} = -c_{ij}$ (Indizes bezeichnen partielle Ableitungen); danach transformiere man sie zurück in die alten Parameter $u = (\mu, \sigma)$.

10. *Riemannsche Metriken auf* $\mathbb{R}^2$

    Zeigen Sie mit Hilfe des Satzes von Gauß-Bonnet, dass man die euklidische Metrik der Ebene $\mathbb{R}^2$ nicht auf einer beschränkten offenen Menge Ω so abändern kann, dass sie dort positive Gaußkrümmung $K > 0$ hat: Es gibt keine Riemannschen Metrik g auf $\mathbb{R}^2$ mit $g_{ij} = \delta_{ij}$ auf $\mathbb{R}^2 \setminus \Omega$ und $K > 0$ auf Ω. Gilt dasselbe auch für $K < 0$ statt $K > 0$?

11. *Biegungsinvarianz der Krümmung bei Polyedern:*

    Ein Polyeder ist eine abgeschlossene Menge $P \subset \mathbb{R}^3$ mit nichtleerem Inneren, deren Rand ∂P aus ebenen Polygonen[29] zusammengesetzt ist. Obwohl die Polyederfläche ∂P an den Polygonkanten nicht differenzierbar („geknickt") ist, hat sie doch eine Art Gaußabbildung:

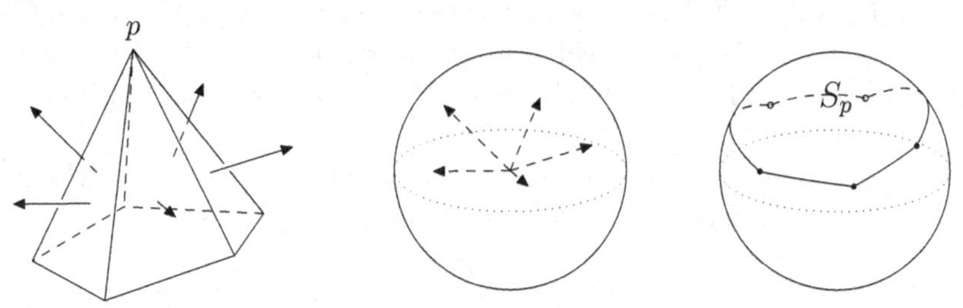

Jedes der begrenzenden ebenen Polygone hat einen Normalenvektor, und die Normalvektoren aller Polygone, die eine Ecke p gemeinsam haben, bilden die Ecken eines sphärischen Polygons S_p (eines von Großkreisstücken begrenztes Gebiets auf der Sphäre $\mathbb{S}^2$). Dieses sphärische Polygon wird als Gaußbild der Ecke p oder besser einer kleinen Umgebung davon definiert. Wenn man die Ecken und Kanten ein bisschen abrundet, wird daraus das entsprechende Gaußbild für die geglättete Fläche (Kap. 4, Übung 3); machen Sie sich dies bitte klar. Der Flächeninhalt von S_p

butions parametrized as a Riemannian symmetric space, Journal of Multivariate Analysis, 74 (2000), 36–48

[29] Polyeder = Körper mit vielen ebenen Seitenflächen, Polygon = ebenes Vieleck (mit der griechischen Vorsilbe „poly-" für „viel").

wird als *Gaußkrümmung* K_p der (Umgebung der) Ecke p definiert, analog zum Fall glatter Flächen.[30] Man stelle sich vor, dass die Polygone der Polyederfläche aus einem starren Material bestehen, aber in den Kanten bewegt werden können, wobei die Kantenwinkel sich natürlich ändern. Machen Sie sich die Situation an einem Pappmodell einer Polyederecke klar. Zeigen Sie nun, dass die Gaußkrümmung der Polyederfläche unter solchen Biegungen erhalten bleibt.[31]

Hinweis: Der Flächeninhalt eines sphärischen Polygons hängt nur von seinen Winkeln ab, vgl. (12.23).

12. *Nullstellen vom Index 2:*

a) Zeigen Sie, dass die Vektorfelder $v_\pm : \mathbb{C} \to \mathbb{C}$, $v_\pm(z) = \pm z^2$ im Nullpunkt eine Nullstelle vom Index 2 besitzen. Skizzieren Sie diese Vektorfelder in einer kleinen Kreisscheibe um 0.

b) Das konstante Vektorfeld $e_1(z) = e_1 = 1$ (wir identifizieren $\mathbb{C}$ mit $\mathbb{R}^2$) wird durch die Stereographische Projektion $\Phi : \mathbb{C} \to \mathsf{S}^2$ zu einem tangentialen Vektorfeld v an die Sphäre: $v(\Phi(z)) = \partial\Phi_z e_1$. Zeigen Sie, dass v auch am „Nordpol" $N = (0;1)$ differenzierbar ist und dort eine Nullstelle vom Index 2 hat.
Hinweis: Bei N ist $\Phi = \Phi_+$ nicht definiert. benutzen Sie deshalb nahe N die stereographische Projektion Φ_- vom „Südpol" $S = (0;-1)$ (vgl. Kapitel 7, Übung 4) oder besser noch $\tilde{\Phi}_- = \Phi_- \circ \kappa$, wobei $\kappa(z) = \bar{z}$ die komplexe Konjugation ist. Berechnen Sie den Parameterwechsel $\tilde{\Phi}_-^{-1} \circ \Phi_+$ mit der gerade erwähnten Übung 4 aus Kapitel 7 und zeigen Sie, dass das Vektorfeld v in der Karte $\tilde{\Phi}_-^{-1}$ den Ausdruck $\tilde{v}(z) := \partial(\tilde{\Phi}_-)_z^{-1} v(\tilde{\Phi}_-(z)) = -z^2$ und damit im Ursprung eine Nullstelle vom Index 2 hat.

c) Zeigen Sie für jedes tangentiale Vektorfeld v auf der Sphäre S^2 mit nur einer Nullstelle, dass v dort den Index 2 haben muss.

[30] Die Gaußkrümmung ist eigentlich keine Funktion K, sondern ein Maß $K d\mathcal{A}$ auf der Fläche; bei einer Polyederfläche ist dieses Maß in den Eckpunkten konzentriert.

[31] Weil man jede Fläche durch eine Polyederfläche beliebig genau approximieren kann, kann dies als ein anderer Beweis dafür angesehen werden, dass die Gaußkrümmung eine Größe der inneren Geometrie und damit invariant bei isometrischen Deformationen ist. Die Beweisidee stammt aus dem schönen klassischen Buch von Hilbert und Cohn-Vossen [18].

A. Integration

A.1 Cartanableitung und Integration

Unter den C^1-Vektorfeldern $v = (v^1, \dots, v^m)^t : U \to \mathbb{R}^m$, definiert auf einem Gebiet $U \subset \mathbb{R}^m$, spielen die *Gradientenfelder* eine besondere Rolle: $v = \nabla f = (\partial_1 f, \dots, \partial_m f)^t$ für eine C^2-Funktion $f : U \to \mathbb{R}$. Weil $\partial_i \partial_j f = \partial_j \partial_i f$, muss für Gradientenfelder v die Beziehung

$$\partial_i v^j = \partial_j v^i \tag{A.1}$$

gelten, und falls U *einfach zusammenhängt*,[1] ist diese Bedingung auch bereits hinreichend.[2] Anders ausgedrückt: Das Gleichungssystem

$$\partial_i f = v^i, \quad i = 1, \dots, m \tag{A.2}$$

(v^i gegeben, f gesucht) besteht aus m Gleichungen für die eine skalare Funktion f, es ist also *überbestimmt* und ohne Zusatzbedingung nicht lösbar; die Zusatzbedingung, die (A.2) lösbar macht (*Integrationsbedingung*) ist (A.1). Der Ausdruck $(\partial_i v^j - \partial_j v^i)$ aber ist für *jedes* Vektorfeld v erklärt; er bildet eine schiefsymmetrische Matrix $\operatorname{Rot} v$, die *Rotation* von v, deren Verschwinden erst die Lösung von (A.2) ermöglicht.

Dieser Sachverhalt lässt sich weitreichend verallgemeinern. Dazu gehen wir besser zu den dualen Objekten über, Linearformen statt Vektorfeldern. Eine *Linearform* (*1-Form*) auf U ist eine differenzierbare Abbildung $\theta = (\theta_1, \dots, \theta_m) : U \to (\mathbb{R}^m)^* = \operatorname{Hom}(\mathbb{R}^m, \mathbb{R})$; die Komponenten $\theta_i = \theta.e_i$ von θ sind m reellwertige Funktionen auf U (für $i = 1, \dots, m$). Damit ist $\theta.a = \theta_i a^i$ für jedes Vektorfeld $a = a^i e_i$. Eine besondere 1-Form ist die *Ableitung einer*

[1] Das Gebiet U heißt *einfach zusammenhängend*, wenn je zwei Wege in U mit gleichen Anfangs- und Endpunkten u_0 und u_1 *eigentlich homotop* sind. Genauer: Für alle $u_o, u_1 \in U$ und alle stetigen Abbildungen $w, \tilde{w} : I = [0,1] \to U$ mit $w(0) = \tilde{w}(0) = u_o$ und $w(1) = \tilde{w}(1) = u_1$ („*Wege von u_o nach u_1 in U*") gibt es eine stetige Fortsetzung $W : I \times I \to U$, $W(s,t) = w_s(t)$, mit $w_0 = w$ und $w_1 = \tilde{w}$ und $w_s(0) = u_o$, $w_s(1) = u_1$ für alle $s \in I$. Jede konvexe Menge in $\mathbb{R}^m$ hat diese Eigenschaft, aber auch z.B. das Komplement einer Kugel im $\mathbb{R}^m$ für $m \geq 3$.

[2] Vgl. Abschnitt A.3 oder [14].

Funktion, $\theta = \partial f = (\partial_1 f, \dots, \partial_m f)$ für ein $f : U \to \mathbb{R}$.[3] Wie oben gilt, falls U einfach zusammenhängend ist: $\theta = \partial f \iff \partial_i \theta_j = \partial_j \theta_i$. Der Ausdruck

$$(d\theta)_{ij} := \partial_i \theta_j - \partial_j \theta_i \tag{A.3}$$

ist aber für *jede* 1-Form erklärt und bildet die Komponenten einer antisymmetrischen Bilinearform (2-Form) $d\theta$ (genauer: einer differenzierbaren Abbildung $d\theta$ von U in den Vektorraum der antisymmetrischen Bilinearformen) mit $d\theta(e_i, e_j) = (d\theta)_{ij}$. Die 2-Form $d\theta$ heißt *Cartan-Ableitung* der 1-Form θ; ihr Verschwinden kennzeichnet die *Ableitungen* unter den 1-Formen.

Bemerkung: Mit Hilfe des Skalarprodukts lässt sich ein Vektorfeld v mit einer 1-Form $\theta = \langle v, \ \rangle$ mit $\theta_i = v^i$ identifizieren. Dann ist $d\theta(a,b) = \langle (\mathrm{Rot}\, v)a, b \rangle$. In Dimension $m = 3$ lassen sich Vektoren auch mit schiefsymmetrischen Matrizen identifizieren, und zwar mit Hilfe des Vektorprodukts: Zu jedem Vektor $v \in \mathbb{R}^3$ gehört die schiefsymmetrische Matrix A_v mit $A_v w = v \times w$. Der Vektor, der zu $\mathrm{Rot}\, v$ gehört, ist die übliche vektorwertige Rotation $\mathrm{rot}\, v$, d.h. $(\mathrm{Rot}\, v)w = (\mathrm{rot}\, v) \times w$. Damit gilt für $\theta = \langle v, \ \rangle$:

$$d\theta(a,b) = \langle \mathrm{rot}\, v \times a, b \rangle = \det(\mathrm{rot}\, v, a, b). \tag{A.4}$$

Es gibt noch eine ganz andere Motivation für die Einführung der Cartan-Ableitung. Mit Hilfe eines Diffeomorphismus oder allgemeiner einer differenzierbaren Abbildung $\alpha : \tilde{U} \to U$ (auf einem Gebiet $\tilde{U} \subset \mathbb{R}^{\tilde{m}}$) können wir jede 1-Form θ von U nach $\tilde{U}$ verpflanzen („zurückholen") und erhalten auf $\tilde{U}$ die (durch α) *zurückgeholte 1-Form* $\alpha^*\theta = \tilde{\theta}$:

$$\tilde{\theta}.\tilde{a} = \theta.\partial\alpha.\tilde{a}, \quad \tilde{\theta}_k = \tilde{\theta}.e_k = \theta(\partial_k \alpha) = \partial_k \alpha^j \theta_j. \tag{A.5}$$

Derselbe Verpflanzungsprozess lässt sich auch auf *Formen von höherem Grad* p (das sind differenzierbare Abbildungen von U in den Vektorraum der p-fachen Multilinearformen) anwenden, z.B. auf eine 2-Form $\omega = (\omega_{ij})$:

$$(\alpha^*\omega)(\tilde{a}, \tilde{b}) = \omega(\partial\alpha.\tilde{a}, \partial\alpha.\tilde{b}), \quad (\alpha^*\omega)_{kl} = (\partial_k \alpha^j)(\partial_l \alpha^i)\omega_{ij} \tag{A.6}$$

Ein Beispiel einer 2-Form ist die *Ableitung* einer 1-Form, $\partial\theta = (\partial_i \theta_j)$. Leider ist das Ableiten nicht mit dem Zurückholen verträglich:

$$\begin{aligned} \partial_l \tilde{\theta}_k &= \partial_l \left((\partial_k \alpha^j)(\theta_j \circ \alpha) \right) \\ &= (\partial_l \partial_k \alpha^j)(\theta_j \circ \alpha) + (\partial_k \alpha^j)\partial_l(\theta_j \circ \alpha) \\ &= (\partial_l \partial_k \alpha^j)(\theta_j \circ \alpha) + (\partial_k \alpha^j)(\partial_l \alpha^i)\partial_i \theta_j. \end{aligned} \tag{A.7}$$

[3] Man ändert hier die Bezeichnung und schreibt statt ∂f meist df. – Die einfachste Funktion ist die Koordinatenfunktion (Projektion) $f = u^i$, die jedem $u = (u^1, \dots, u^m) \in U$ seine i-te Komponente zuordnet; da sie linear ist, ist ihre Ableitung $\partial u^i_u = du^i$ an jeder Stelle u wieder die i-te Projektion, und insbesondere gilz $du^i(e_j) = \delta_{ij}$. Für jede 1-Form θ gilt damit $\theta = \theta_i\, du^i$, denn $(\theta_i\, du^i).e_j = \theta_j = \theta.e_j$; die 1-Formen $du^1, \dots, du^m$ bilden also die duale Basis.

Der unerwünschte Term (die zweite Ableitung von α) ist allerdings symmetrisch in k und l, und beim Antisymmetrisieren verschwindet er:

$$\begin{aligned}\partial_l\tilde\theta_k - \partial_l\tilde\theta_k &= (\partial_k\alpha^j)(\partial_l\alpha^i)\partial_i\theta_j - (\partial_l\alpha^j)(\partial_k\alpha^i)\partial_i\theta_j \\ &= (\partial_k\alpha^j)(\partial_l\alpha^i)\left(\partial_i\theta_j - \partial_j\theta_i\right),\end{aligned} \tag{A.8}$$

wobei im zweiten Term rechts die Summationsindizes i und j vertauscht wurden. Dieser *antisymmetrische Anteil* von $\partial\theta$ ist gerade die in (A.3) definierte Cartanableitung[4] $d\theta$, und nach (A.8) gilt die Transformationsformel

$$d(\alpha^*\theta) = \alpha^*(d\theta). \tag{A.11}$$

Ganz analog kann man die Cartan-Ableitung $d\omega$ für eine antisymmetrische p-Form ω erklären, als Antisymmetrisierung von $\partial\omega$; dies ergibt eine antisymmetrische $(p+1)$-Form, und es gilt die entsprechende Transformationsformel (siehe [43]).[5] Differentialformen ω mit $d\omega = 0$ ($\omega \in \ker d$) heißen *geschlossen*, solche im Bild von d, also $\omega = d\alpha$ für eine andere Differentialform α, nennt man *exakt*. Exakte Differentialformen sind auch geschlossen, denn es gilt $dd = 0$.[6]

Die antisymmetrischen p-fachen Multilinearformen auf dem $\mathbb{R}^m$ bilden einen Vektorraum der Dimension $\binom{m}{p}$; für $p = m$ ist diese Dimension Eins. Eine antisymmetrische Form ω von höchstmöglichem Gewicht, eine m-Form auf einem Gebiet $U \subset \mathbb{R}^m$, ist daher an jeder Stelle $u \in U$ ein Vielfaches einer speziellen m-Form, der *Determinante*, die wir hier mit $du = du^1du^2\dots du^m$ bezeichnen wollen (vgl. (A.9)); sie ordnet m Vektoren $v_1,\dots,v_m \in \mathbb{R}^m$ die Determinante der Matrix $(v_1,\dots,v_m)$ zu. Es gilt also

$$\omega = w\,du \tag{A.12}$$

---

[4] Die Cartanableitung lässt sich einfacher darstellen mit Hilfe des *äußeren Produkts*: Für zwei 1-Formen η,θ ist $\eta\wedge\theta$ oder kurz $\eta\theta$ die 2-Form

$$(\eta\theta)(a,b) = \eta(a)\theta(b) - \eta(b)\theta(a),$$

und bei mehr Faktoren $\theta_1,\dots,\theta_p$ ist $\theta_1\dots\theta_p$ die p-Form

$$(\theta_1\dots\theta_p)(a_1,\dots,a_p) = \sum_{\sigma\in S_p}\operatorname{sgn}(\sigma)\,\theta_1(a_{\sigma 1})\dots\theta_p(a_{\sigma p}). \tag{A.9}$$

Für $\theta = \theta_i du^i$ ist dann

$$d\theta = d\theta_i\,du^i, \tag{A.10}$$

denn wegen $d\theta_i = \partial_j\theta_i du^j$ ist $d\theta_i du^i = \partial_j\theta_i\,du^j du^i = \sum_{i<j}(\partial_j\theta_i - \partial_i\theta_j)du^i du^j$.

[5] In Koordinaten sieht die Cartan-Ableitung so aus: Jede p-Form ω lässt sich darstellen als $\omega = \sum_I w_I du^I$ für Funktionen w_I, wobei I alle geordneten Indexfolgen $I = (i_1 < i_2 < \dots < i_p)$ zwischen 1 und m durchläuft und $du^I = du^{i_1}\dots du^{i_k}$. Dann ist $d\omega = \sum_I dw_I du^I = \sum_{i,I}\partial_i w_I\,du^i du^I$.

[6] $dd\omega = d(\sum_{i,I}\partial_i w_I\,du^i du^I) = \sum_{i,j,I}\partial_j\partial_i w_I\,du^j du^i du^I = 0$, weil $\partial_i\partial_j = \partial_j\partial_i$, aber $du^i du^j = -du^j du^i$.

für eine Funktion $w : U \to \mathbb{R}$. Speziell für $m = 2$ ist

$$\omega = \omega_{12}\, du\,, \tag{A.13}$$

denn $\omega_{12} = \omega(e_1, e_2) = w\, du(e_1, e_2) = w$. Das Zurückholen mit einem Diffeomorphismus α wird bei Formen von höchstem Gewicht (m-Formen) besonders einfach:

$$\alpha^*\omega = \alpha^*(w\, du) = (w \circ \alpha) \cdot (\alpha^* du) = (w \circ \alpha) \cdot (\det \partial\alpha) \cdot d\tilde{u}, \tag{A.14}$$

wobei $d\tilde{u}$ die Determinante auf $\tilde{U}$ bezeichnet; man beachte $\det(Av_1, \dots, Av_m) = \det A \cdot \det(v_1, \dots, v_m)$ für jede lineare Abbildung A auf $\mathbb{R}^m$.

Für jede kompakte Teilmenge $P \subset U$ definieren wir nun das *Integral über* ω als Integral über die Funktion w:

$$\int_P \omega := \int_P w(u)\, du. \tag{A.15}$$

Anders als das Integral über Funktionen ist das Integral über eine m-Form invariant unter orientierten Diffeomorphismen $\alpha : \tilde{U} \to U$, denn nach dem Transformationssatz gilt für $\tilde{P} = \alpha^{-1}(P)$:

$$\int_{\tilde{P}} \tilde{\omega} = \int_{\tilde{P}} \det(\partial\alpha_{\tilde{u}}) w(\alpha(\tilde{u}))\, d\tilde{u} = \int_P w(u)\, du = \int_P \omega. \tag{A.16}$$

Ebenso kann man auch eine p-Form für $p \leq m$ über eine p-dimensionale Untermannigfaltigkeit $M \subset U$ integrieren, indem man sie durch eine lokale Parametrisierung $\phi : \tilde{U} \to M$ auf eine offene Menge $\tilde{U} \subset \mathbb{R}^p$ zurückholt; das so definierte Integral ist invariant unter Parameterwechseln.

Satz A.1.1. Satz von Stokes: *Ist $P \subset U$ kompakt mit (stückweise) glattem Rand ∂P und θ eine $(m-1)$-Form auf U, dann gilt*

$$\int_P d\theta = \int_{\partial P} \theta. \tag{A.17}$$

Beweis für $m = 2$:[7] Dann ist $\theta = \theta_i du^i$ und $d\theta = (\partial_1\theta_2 - \partial_2\theta_1)du$. Wir führen den Beweis in drei Schritten: Zunächst sei P ein *Rechteck*, $P = [a, b] \times [c, d]$. Dann gilt mit Fubini und dem Hauptsatz der Differential- und Integralrechnung:

$$\begin{aligned}
\int_P d\theta &= \int_a^b \int_c^d (\partial_1\theta_2 - \partial_2\theta_1) du^1 du^2 \\
&= \int_c^d \left(\int_a^b \partial_1\theta_2\, du^1 \right) du^2 - \int_a^b \left(\int_c^d \partial_2\theta_1\, du^2 \right) du^1
\end{aligned}$$

[7] Einen vollständigen Beweis findet man z.B. bei Spivak [43] oder Bott-Tu [3].

$$= \int_c^d (\theta_2(b,u_2) - \theta_2(a,u_2))\, du^2 - \int_a^b (\theta_1(u_1,d) - \theta_1(u_1,c))\, du^1$$
$$= \int_{\partial P} \theta.$$

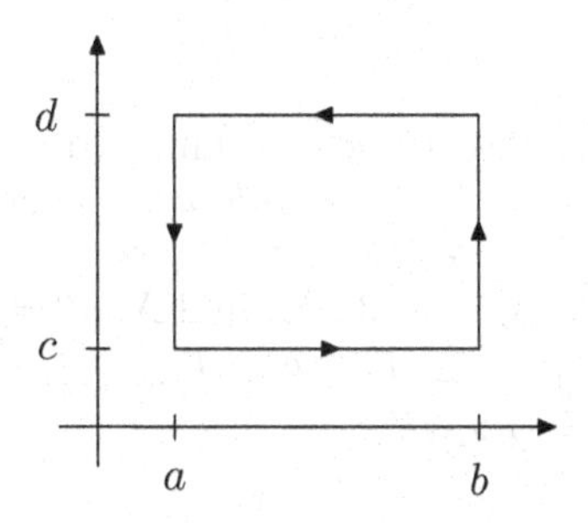

Wegen der Transformationseigenschaften bleibt die Formel richtig, wenn P ein „differenzierbares Rechteck“ ist, d.h. das Bild eines Rechtecks unter einem Diffeomorphismus, $P = \alpha(\tilde{P})$ mit $\tilde{P} = [a,b] \times [c,d]$.

Schließlich überdecken wir die kompakte Menge P durch endlich viele offene Mengen B_a, $a = 1,\dots,N$, derart, dass jedes $B_a \cap P$ entweder zur offenen Kreisscheibe $D = \{u \in \mathbb{R}^2;\ |u| < 1\}$ oder zur Halbkreisscheibe $D_+ = \{u = (u^1,u^2) \in D;\ u^2 \geq 0\}$ diffeomorph ist. Mit Hilfe einer zugehörigen *Zerlegung der Eins* (f_a) [8] können wir dann θ auf P zerlegen in eine Summe $\theta = \sum_{a=1}^N \theta_a$, wobei jeder Summand $\theta_a = f_a \cdot \theta$ außerhalb von B_a verschwindet. Nun vergrößern wir jedes $B_a \cap P$ zu einem differenzierbaren Rechteck $P_a \subset U$ mit der Eigenschaft, dass $\partial P_a \cap \partial P$ entweder leer ist oder aus einer Kante von ∂P_a besteht. Dann ist

$$\int_P d\theta = \sum_a \int_P d\theta_a = \sum_a \int_{P_a} d\theta_a = \sum_a \int_{\partial P_a} \theta_a = \sum_a \int_{\partial P} \theta_a = \int_{\partial P} \theta.$$

□

Satz A.1.2. Klassischer Satz von Stokes: *Gegeben seien offene Mengen $U \subset \mathbb{R}^2$ und $W \subset \mathbb{E}^3$ sowie eine Immersion (Fläche) $X : U \to W$ mit Einheitsnormale ν und ein Vektorfeld $v : W \to \mathbb{E}^3$ auf W. Ferner sei $P \subset U$ eine kompakte Teilmenge mit glattem Rand ∂P, der durch eine reguläre Kurve $\alpha : [a,b] \to \partial P$ parametrisiert ist, und es sei $c = X \circ \alpha$. Mit $d\mathcal{A} = \sqrt{\det g_u}\, du$ sei wieder das Oberflächenelement von X bezeichnet. Dann gilt:*

$$\int_P \langle (\operatorname{rot} v)_X, \nu \rangle\, d\mathcal{A} = \int_a^b \langle v_{c(t)}, c'(t) \rangle\, dt. \tag{A.18}$$

[8] Das ist eine Familie von C^∞-Funktionen $f_a : U \to \mathbb{R}$, $a = 1,\dots,N$, mit den Eigenschaften $\sum_a f_a = 1$ und $f_a|_{U \setminus B_a} = 0$ für alle a. Im Beweis von Satz 8.1.2 hatten wir bereits eine Funktion $\tilde{f}_a$ mit $\tilde{f}_a > 0$ auf B_a und $\tilde{f}_a = 0$ außerhalb von B_a konstruiert. Damit ist $\tilde{f} := \sum \tilde{f}_a$ überall positiv und $f_a = \tilde{f}_a / \tilde{f}$ hat die gewünschten Eigenschaften.

Beweis: Es sei $\theta = \langle v, . \rangle$ die aus dem Vektorfeld v durch Einsetzen in das Skalarprodukt entstehende 1-Form auf W und $\tilde{\theta} = X^*\theta$ die zurückgeholte Form auf U. Nach dem vorigen Satz gilt

$$\int_P d\tilde{\theta} = \int_{\partial P} \tilde{\theta}. \tag{A.19}$$

Wir wollen zeigen, dass diese Gleichung mit (A.18) identisch ist.
Linke Seite: Es ist $d\tilde{\theta} = X^* d\theta$ und $d\theta(a, b) = \det(\operatorname{rot} v, a, b)$ nach (A.4), also gilt $X^* d\theta(e_1, e_2) = \det(\operatorname{rot} v, X_1, X_2) = \langle \operatorname{rot} v, \nu \rangle \det(\nu, X_1, X_2) = \langle \operatorname{rot} v, \nu \rangle \sqrt{\det g}$ (mit (3.18) und (3.20)) und $X^* d\theta = \langle \operatorname{rot} v, \nu \rangle \, d\mathcal{A}$ mit (A.13).
Rechte Seite: Es ist $\int_{\partial P} \tilde{\theta} = \int_a^b \alpha^* \tilde{\theta} = \int_a^b \alpha^* X^* \theta = \int_a^b (X \circ \alpha)^* \theta = \int_a^b c^* \theta$, und $c^*\theta = \theta_{c(t)} c'(t)\, dt = \langle v_{c(t)}, c'(t) \rangle \, dt$. □

A.2 Der Divergenzsatz

Satz A.2.1. *Gegeben sei eine kompakte Teilmenge $P \subset \mathbb{E} = \mathbb{E}^n$ mit glattem Rand ∂P, d.h. ∂P ist eine C^1-Hyperfläche (eine $(n-1)$-dimensionale Untermannigfaltigkeit) in $\mathbb{E}^n$, und $\nu : \partial P \to \mathsf{S}^{n-1}$ sei das nach außen weisende Einheitsnormalenfeld auf ∂P. Dann gilt für jedes in einer offenen Umgebung von P definierte C^1-Vektorfeld v:*

$$\int_P \operatorname{div} v = \int_{\partial P} \langle v, \nu \rangle \, d\mathcal{A}. \tag{A.20}$$

Dabei ist $d\mathcal{A}$ das Oberflächenelement der Hyperfläche ∂P, d.h. für jede lokale Parametrisierung $X : U \to \partial P \subset \mathbb{E}$ gilt $d\mathcal{A} = \sqrt{\det g_u}\, du$, wobei g_u die erste Fundamentalform von X in u ist, d.h. die Matrix $(g_{ij}(u))$ mit $g_{ij} = \langle X_i, X_j \rangle$, vgl. (3.22).

Bemerkung: Der Divergenzsatz kann als ein Spezialfall des Satzes von Stokes, Satz A.1.1 angesehen werden: $\int_P d\omega = \int_{\partial P} \omega$ für die $n-1$-Form $\omega(v_1, \dots, v_{n-1}) = \det(v, v_1, \dots, v_{n-1})$, vgl. Übung 2. Wir wollen aber einen eigenen alternativen Beweis geben. Wenn man $\mathbb{E}^n$ durch eine beliebige Riemannsche Mannigfaltigkeit oder ein Riemannsches Gebiet ersetzt (vgl. Übung 4), dann ist der Divergenzsatz sogar etwas allgemeiner als der Satz von Stokes.

Beweis: Wir benutzen den *Fluss* des Vektorfeldes v (vgl. Abschnitt B.5): eine Schar von lokal definierten Diffeomorphismen $(\phi_t)_{t \in \mathbb{R}}$, die das Anfangswertproblem

$$\frac{d}{dt} \phi_t(x) = v(\phi_t(x)), \quad \phi_0(x) = x$$

lösen (nach Satz B.1.1). Da v in einer Umgebung der kompakten Menge P definiert ist, ist ϕ_t für $|t| < \epsilon$ auf ganz P definiert; wir setzen $P_t := \phi_t(P)$.

Da beide Seiten der behaupteten Gleichung linear in v sind, dürfen wir ohne Beschränkung der Allgemeinheit annehmen, dass $v|_{\partial P}$ nach außen weist, also $\langle v, \nu \rangle > 0$, und damit $P_t \supset P$ gilt, denn jedes beliebige Vektorfeld v kann als Differenz zweier nach außen weisender Vektorfelder dargestellt werden.[9] Wir berechnen nun die Anfangsableitung des Volumens, $\frac{d}{dt}\mathrm{vol}(P_t)|_{t=0}$, auf zwei verschiedene Arten:

(1) Wir berechnen das Volumen von $P_t = \phi_t(P)$ mit Hilfe des Transformationssatzes.
(2) Wir berechnen das Volumen des „Überschusses" $P_t \setminus P$, der durch den Rand ∂P nach außen geflossen ist.

Deutet man (1) als das Volumen, das durch den expandierenden Fluss neu entstanden ist und (2) als dasjenige, das durch ∂P abfließt, so lässt sich der Beweis „hydrodynamisch" interpretieren:

Was im Inneren von P neu entsteht, muss durch den Rand von P abfließen.

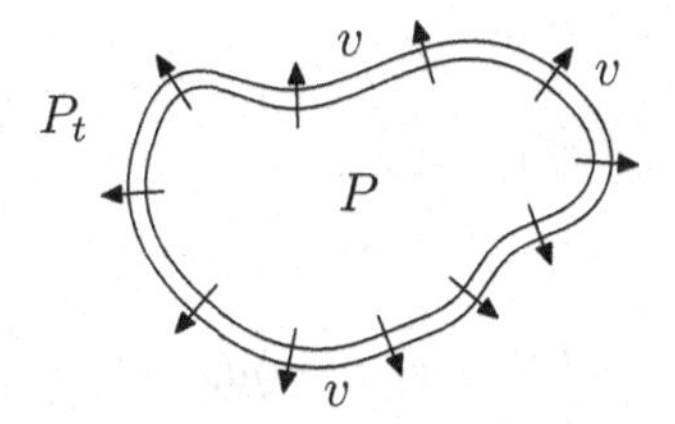

Wir betrachten nun die beiden Berechnungsarten im Einzelnen.

Zu (1): Nach dem Transformationssatz ist $\mathrm{vol}(\Phi_t(P)) = \int_P |\det \partial\phi_t|$. Die Determinante ist automatisch positiv (wir können also die Betragsstriche weglassen), da $\det(\partial\phi_0)_x = \det I = 1$ und $t \mapsto \det(\partial\phi_t)_x$ stetig ist und nicht Null werden kann. Mit Lemma 8.1.2 erhalten wir

$$\left.\frac{\partial}{\partial t}\right|_0 \det \partial\phi_t = \mathrm{Spur} \left.\frac{\partial}{\partial t}\right|_0 \partial\phi_t = \mathrm{Spur}\, \partial \left(\left.\frac{\partial\phi_t}{\partial t}\right|_0 \right) = \mathrm{Spur}\, \partial v = \mathrm{div}\, v$$

und damit

$$\left.\frac{d}{dt}\right|_0 \mathrm{vol}(P_t) = \int_P \left.\frac{\partial}{\partial t}\right|_0 \det \partial\phi_t = \int_P \mathrm{div}\, v.$$

Dies ist die linke Seite der gesuchten Gleichung.

Zu (2): Wir können $\mathrm{vol}(P_t \setminus P)$ mit Hilfe des Transformationssatzes für die Abbildung

$$\Phi : \partial P \times (-\epsilon, \epsilon) \to \mathbb{R}^n, \quad \Phi(x,t) = \phi_t(x)$$

[9] Ist ein beliebiges Vektorfeld v auf ∂P gegeben, so gibt es aus Kompaktheitsgründen eine (genügend große) Zahl $\lambda > 0$ derart, dass auch $v + \lambda\nu$ nach außen weist, wobei ν das nach außen weisende Einheitsnormalenfeld auf ∂P ist.

berechnen, da $P \setminus P_t = \Phi(\partial P \times [0,t])$ für $0 < t < \epsilon$. Dafür ist $|\det \partial\Phi_{(x,0)}|$ zu berechnen für die lineare Abbildung $\partial\Phi_{(x,0)} : T_x(\partial P) \oplus \mathbb{R} \to \mathbb{R}^n$. Wir wählen dazu eine Orthonormalbasis $v_1, \ldots, v_{n-1}$ von $T_x(\partial P)$ und ergänzen sie durch $v_n := \nu(x)$ zu einer Orthonormalbasis von $\mathbb{R}^n$. Dann ist $\partial\Phi_{(x,0)} v_i = v_i$ für $i = 1, \ldots, n-1$ (da $\Phi|_{\partial P \times \{0\}} = \phi_0|_{\partial P} = \mathrm{id}|_{\partial P}$) und

$$\left.\frac{\partial\Phi(x,t)}{\partial t}\right|_{t=0} = \left.\frac{d}{dt}\right|_0 \phi_t(x) = v(x),$$

der Einheitsvektor des Faktors $\mathbb{R}$ in der direkten Summe $T_x(\partial P) \oplus \mathbb{R}$ wird also durch $\partial\Phi_{(x,0)}$ auf $v(x)$ abgebildet. Also ist

$$\begin{aligned}\det \partial\Phi_{(x,0)} &= \det(v_1, ..., v_{n-1}, v(x)) \\ &= \det(v_1, \ldots, v_{n-1}, v_n)\langle v_n, v(x)\rangle = \langle \nu(x), v(x)\rangle > 0,\end{aligned}$$

und wir erhalten

$$\begin{aligned}\left.\frac{d}{dt}\right|_0 \mathrm{vol}(P_t) &= \left.\frac{d}{dt}\right|_0 \mathrm{vol}(P_t \setminus P) \\ &= \left.\frac{d}{dt}\right|_0 \int_0^t \int_{\partial P} |\det \partial\Phi_{(x,\tau)}| d\mathcal{A}(x)\, d\tau \\ &= \int_{\partial P} |\det \partial\Phi_{(x,0)}| d\mathcal{A}(x) \\ &= \int_{\partial P} \langle v(x), \nu(x)\rangle d\mathcal{A}(x).\end{aligned}$$

Dies ist die rechte Seite der gesuchten Gleichung. □

A.3 Integrationsbedingungen

Integrationsbedingungen treten bei Differentialgleichungssystemen mit mehr Gleichungen als Unbekannten auf, sog. *überbestimmten Systemen*. Zu viele Forderungen kann man nicht gleichzeitig erfüllen, es sei denn, es liegen besondere Verhältnisse vor. Die einfachste solche Situation haben wir schon am Anfang von Abschnitt A.1 behandelt, nämlich die Gleichung (A.2) $\nabla f = v$, d.h. die Frage, ob ein gegebenen Vektorfeld v der Gradient einer (zu bestimmenden) Funktion f ist. In der Differentialgeometrie treten etwas kompliziertere Probleme mit Integrationsbedingungen auf, die alle als Spezialfälle des *Satzes von Frobenius* betrachtet werden können (vgl. [44], Bd. I). Wir wollen hier nur einen für uns relevanten Spezialfall behandeln.

Gegeben seien ein Gebiet $U \subset \mathbb{R}^m$ und eine C^∞-Abbildung $\Phi : U \to GL(n)$, wobei $GL(n) \subset \mathbb{R}^{n\times n}$ die Menge der $n \times n$-Matrizen mit Determinante $\neq 0$ bezeichnet. Setzen wir $\Phi^{-1}\partial_j\Phi =: M_j$, also

$$\partial_j \Phi = \Phi M_j, \tag{A.21}$$

so ist

$$\partial_i \partial_j \Phi = \partial_i (\Phi M_j) = (\partial_i \Phi) M_j + \Phi \partial_i M_j = \Phi(M_i M_j + \partial_i M_j)$$

und mit $[\partial_i, \partial_j] = 0$ erhalten wir

$$[M_i, M_j] + \partial_i M_j - \partial_j M_i = 0. \tag{A.22}$$

Diese Gleichung wird auch *Maurer-Cartan-Gleichung* genannt.

Wir geben nun umgekehrt matrixwertige Abbildungen $M_1, ..., M_m : U \to \mathbb{R}^{n \times n}$ vor und fragen, wann es eine Abbildung $\Phi : U \to GL(n)$ gibt, die die Differentialgleichung $\partial_j \Phi = \Phi M_j$ erfüllt.[10] Wir haben gerade gesehen, dass (A.22) eine notwendige Bedingung für die Existenz einer Lösung Φ ist. Der folgende Satz zeigt, dass diese Bedingung im einfach zusammenhängenden Fall auch hinreichend ist:

Satz A.3.1. *Es seien $U \subset \mathbb{R}^m$ ein einfach zusammenhängendes Gebiet und $M_1, ..., M_m : U \to \mathbb{R}^{n \times n}$ gegebene C^∞-Abbildungen. Das System von Differentialgleichungen*

$$\partial_i \Phi = \Phi M_i \tag{A.23}$$

besitzt genau dann eine Lösung $\Phi : U \to GL(n)$, wenn die M_i die Integrationsbedingung

$$[M_i, M_j] + \partial_i M_j - \partial_j M_i = 0 \tag{A.24}$$

erfüllen. Je zwei Lösungen $\Phi, \tilde{\Phi}$ unterscheiden sich um eine konstante invertierbare Matrix, d.h. $\tilde{\Phi} = A\Phi$ für ein $A \in GL(n)$. Eine Lösung ist daher durch ihren Wert in einem Punkt eindeutig festgelegt.

Beweis: Die Notwendigkeit der Bedingung (A.24) ist schon gezeigt worden. Die Eindeutigkeitsaussage ist einfach: Sind zwei Lösungen $\Phi, \tilde{\Phi}$ von (A.23) gegeben, so müssen wir zeigen, dass $A = \tilde{\Phi}\Phi^{-1}$ konstant ist. Nun ist $\tilde{\Phi} = A\Phi$ und daher

$$\begin{aligned} \tilde{\Phi} M_i = \partial_i \tilde{\Phi} = \partial_i (A\Phi) &= (\partial_i A)\Phi + A \partial_i \Phi \\ &= (\partial_i A)\Phi + A\Phi M_i \\ &= (\partial_i A)\Phi + \tilde{\Phi} M_i, \end{aligned}$$

woraus $(\partial_i A)\Phi = 0$ und damit $\partial_i A = 0$ folgt, also ist A konstant.

Gegeben seien nun $M_1, ..., M_m : U \to \mathbb{R}^{n \times n}$ mit (A.24), d.h. es gilt

$$M_i M_j + \partial_i M_j = M_j M_i + \partial_j M_i. \tag{A.25}$$

[10] Für $n = 1$ ist dies genau das eingangs erwähnte Problem $\nabla f = v$ oder $\partial_j f = v^j$ mit $v^j = M_j$ und $f = \log \Phi$,

Gesucht ist Φ mit (A.23). Wir beschränken uns zunächst auf einen beliebigen offenen *Quader* $Q = J_1 \times ... \times J_m \subset U$, dessen Abschluss noch ganz in U liegt, wobei $J_1, ..., J_m$ offene Intervalle sind. Wir wählen einen Anfangspunkt $u_o \in Q$ und geben uns eine invertierbare Matrix $\Phi(u_o) = \Phi_o$ als Anfangswert frei vor. Nun definieren wir Φ auf Q folgendermaßen: Wir variieren zunächst nur die erste Koordinate und lösen die gewöhnliche lineare Differentialgleichung $\partial_1 \Phi = \Phi M_1$ mit Anfangswert $\Phi(u_o) = \Phi_o$ auf dem Geradenstück

$$Q_1 = \{u \in Q; u^i = u_o^i \; \forall i > 1\};$$

die Lösung bleibt überall invertierbar (Satz B.2.1). Ausgehend von jedem Punkt $u_1 \in Q_1$ variieren wir nun die zweite Koordinate und lösen die Gleichung $\partial_2 \Phi = \Phi M_2$ auf dem Ebenenstück

$$Q_2 = \{u \in Q; \; u^i = u_o^i \; \forall i > 2\} \supset Q_1$$

wobei der Anfangswert von Φ bei $u_1 \in Q_1$ im ersten Schritt bestimmt wurde. So machen wir weiter, bis wir im m-ten Schritt die Abbildung Φ auf ganz Q definiert haben, und $\Phi(u)$ ist für alle $u \in Q$ invertierbar. Allerdings haben wir nur die letzte Gleichung $\partial_m \Phi = \Phi M_m$ auf ganz $Q = Q_m$ gelöst, während die übrigen Gleichungen $\partial_i \Phi = \Phi M_i$ zunächst nur auf den Teilmengen Q_i gelten. Ähnlich wie im Beweis des letzten Satzes zeigen wir die Gültigkeit auf ganz Q.

Es sei also j bereits ein „guter Index", für den die Gleichung $\partial_j \Phi = \Phi M_j$ auf ganz Q gilt (z.B. $j = m$). Um zu sehen, dass ein anderer Index i ebenfalls diese Eigenschaft hat, also $\partial_i \Phi = \Phi M_i$ nicht nur auf Q_i, sondern sogar auf ganz Q gilt, differenzieren wir beide Seiten dieser Gleichung nach u^j und benutzen (A.25):

$$\begin{aligned}
\partial_j \partial_i \Phi &= \partial_i \partial_j \Phi = \partial_i (\Phi M_j) \\
&= (\partial_i \Phi) M_j + \Phi \partial_i M_j, \\
\partial_j (\Phi M_i) &= (\partial_j \Phi) M_i + \Phi \partial_j M_i = \Phi M_j M_i + \Phi \partial_j M_i \\
&= \Phi M_i M_j + \Phi \partial_i M_j \\
\partial_j (\partial_i \Phi - \Phi M_i) &= (\partial_i \Phi - \Phi M_i) M_j
\end{aligned}$$

Die Differenz $\Delta = \partial_i \Phi - \Phi M_i$ erfüllt daher die Differentialgleichung

$$\partial_j \Delta = \Delta M_j. \tag{A.26}$$

Wenn Δ also in einem Punkt u einer u^j-Koordinatenlinie verschwindet, dann verschwindet sie nach dem Eindeutigkeitssatz für gewöhnliche Differentialgleichungen entlang der ganzen Koordinatenlinie, denn die Konstante Null ist ebenfalls eine in u verschwindende Lösung von (A.26).

Mit diesem Argument für $i = m - 1$ und $j = m$ sehen wir zunächst, dass auch $m-1$ ein guter Index ist, denn jede u^m-Koordinatenlinie schneidet Q_{m-1}, wo die Gleichung bereits gilt. Nun wählen wir $i = m-2$ und $j = m-1$. Die Gleichung (A.23) für $i = m - 2$ gilt zunächst auf Q_{m-2} und wird in zwei

Schritten erst auf Q_{m-1} und dann auf $Q = Q_m$ erweitert. Damit ist auch $m-2$ ein guter Index. Durch Induktion sehen wir, dass alle Indizes gut sind und (A.23) damit für alle i auf ganz Q gilt.

Um nun Φ auf ganz U zu definieren, verbinden wir u_o mit einem beliebigen Punkt $u \in U$ durch einen Weg w in U und überdecken dessen Bild $w(I)$ durch endlich viele offene Quader $Q = Q_0, Q_1, .., Q_N$, deren Abschlüsse alle ganz in U liegen. Für jedes $r = 1, ..., N$ wählen wir Punkte $u_r \in Q_{r-1} \cap Q_r$. Wir starten mit einer Lösung $\Phi = \Phi_0$ auf Q_0 mit Anfangswert $\Phi_0(u_o) = \Phi_o$ wie oben, definieren dann eine Lösung Φ_1 auf Q_1 mit Anfangswert $\Phi_1(u_1) = \Phi_o(u_1)$, dann Φ_2 auf Q_2 mit Anfangswert $\Phi_2(u_2) = \Phi_1(u_2)$ usw. Wegen der Eindeutigkeit sind die Lösungen Φ_{r-1} und Φ_r auf dem Quader $Q_{r-1} \cap Q_r$ jeweils identisch. Der gesuchte Wert ist dann $\Phi_N(u)$. Mit dem Eindeutigkeitsargument ist leicht zu sehen, dass wir denselben Wert erhalten, wenn wir w durch einen homotopen Weg $\tilde{w}$ von u_o nach u ersetzen. Da U einfach zusammenhängend ist, haben wir damit die Existenz der Lösung Φ auf U gezeigt. □

A.4 Übungsaufgaben

1. *Volumen und Oberfläche der Kugel:*

   Zeigen Sie für die Kugel $K_r = \{x \in \mathbb{R}^n;\ |x| \leq r\}$ die Beziehung zwischen Volumen und Oberfläche

   $$n \operatorname{vol}(K_r) = r \mathcal{A}(\partial K_r) \tag{A.27}$$

   Hinweis: Benutzen Sie den Divergenzsatz (A.20) für $P = K_r$ und $v = \mathrm{id}$ ($v(x) = x$ für alle $x \in \mathbb{R}^n$).

2. *Divergenz als Cartan-Ableitung:*

   Es sei $v = (v^1, \dots, v^n)$ ein Vektorfeld auf $U \subset \mathbb{R}^n$ und ω die $(n-1)$-Form auf U, definiert durch $\omega(v_1, \dots, v_{n-1}) = \det(v, v_1, \dots, w_{n-1})$. Zeigen Sie

   $$d\omega = \operatorname{div}(v) \det = \operatorname{div}(v) du. \tag{A.28}$$

   Hinweis: Zeigen Sie $\omega = \sum_i (-1)^{i-1} v^i du^1 \dots \widehat{du^i} \dots du^n$ (d.h. du^i *fehlt* in dem Produkt) und berechnen Sie $d\omega$ nach Fußnote 5.

3. *Riemannsche Divergenz und Laplace-Beltrami-Operator:*

   Es sei (U, g) ein Riemannsches Gebiet, $U \subset \mathbb{R}^m$, und $v = v^i e_i : U \to \mathbb{R}^m$ sei ein Vektorfeld. Die *Riemannsche Divergenz* von v ist definiert als

   $$\operatorname{div}_g v = \operatorname{Spur} Dv \tag{A.29}$$

   wobei D die Levi-Civita-Ableitung bezüglich der Metrik g ist (vgl. Abschnitt 6.4). Weiterhin sei ϕ_t der Fluss von v, und $\omega = d\mathcal{V} = \sqrt{\det g}\, du$ sei die m-Form, mit der das m-dimensionale Volumen auf (U, g) berechnet wird, die *Volumenform* oder das *Volumenelement* von (U, g).[11]

a) Mit $\phi_t^* \omega$ bezeichnen wir die zurückgeholten m-Formen

$$(\phi_t^* \omega)_u(v_1, \dots, v_m) = \omega_{\phi_t^{-1}(u)} \left((\partial\phi_t)_u v_1, \dots, (\partial\phi_t)_u v_m\right),$$

(vgl. (A.5)). Zeigen Sie:

$$\left.\frac{d}{dt}\right|_{t=0} \phi_t^* \omega(e_1, \dots, e_m) = \sqrt{\det g}\, \mathrm{div}_g\, v \tag{A.30}$$

b) Zeigen Sie andererseits für dieselbe m-Form $\phi_t^* \omega = \phi_t^*(\sqrt{\det g}\, du) = (\sqrt{\det g} \circ \phi_t)\, \phi_t^* du$ nach (A.14):

$$\left.\frac{d}{dt}\right|_{t=0} \phi_t^* \omega(e_1, \dots, e_m) = \partial_i(\sqrt{g}\, v^i). \tag{A.31}$$

c) Folgern Sie

$$\mathrm{div}_g\, v = \frac{1}{\sqrt{\det g}}\, \partial_i(\sqrt{\det g}\, v^i) \tag{A.32}$$

Wenden Sie dies auf das g-Gradientenvektorfeld einer Funktion $f : U \to \mathbb{R}$ and, $v = \nabla^g f$ mit $v^i = g^{ij} \partial_j f$ und zeigen Sie für den Laplace-Beltrami-Operator die Formel

$$\Delta_g f = \mathrm{div}_g\, \nabla^g f = \frac{1}{\sqrt{\det g}}\, \partial_i(\sqrt{\det g}\, g^{ij} \partial_j f). \tag{A.33}$$

4. *Riemannscher Divergenzsatz:*

   Zeigen Sie nach dem Muster des Beweises von Satz A.2.1 mit (A.30) den analogen Satz in der Riemannschen Geometrie:

   Gegeben sei ein m-dimensionales Riemannsches Gebiet (W, g) und eine kompakte Teilmenge $P \subset W$ mit glattem Rand ∂P, d.h. ∂P ist eine C^1-Hyperfläche (eine $(n-1)$-dimensionale Untermannigfaltigkeit) in W, und $\nu : \partial P \to \mathbb{R}^m$ sei das nach außen weisende g-Einheitsnormalenfeld auf ∂P. Dann gilt für jedes C^1-Vektorfeld v auf W

$$\int_P \mathrm{div}_g\, v\, d\mathcal{V} = \int_{\partial P} g(v, \nu)\, d\mathcal{A}. \tag{A.34}$$

   Dabei ist $d\mathcal{V} = \sqrt{\det g_w}\, dw$ die Volumenelement von (W, g) und $d\mathcal{A}$ das Oberflächenelement der Hyperfläche ∂P, d.h. für jede lokale Parametrisierung $X : U \to \partial P \subset W$ gilt $d\mathcal{A} = \sqrt{\det \bar{g}_u}\, du$, wobei $\bar{g}_u = (\bar{g}_{ij}(u))$ die „induzierte Metrik“ von X in u ist, d.h. $g_{ij}(u) = g_u(X_i(u), X_j(u))$.

[11] Die Bezeichnungen $d\mathcal{A}$ und $d\mathcal{V}$ meinen dasselbe; bei $d\mathcal{A}$ denkt man allerdings speziell an (Hyper-)Flächen. In dem Fall redet man lieber von *Oberflächenelement* statt von Volumenelement.

B. Gewöhnliche Differentialgleichungen

B.1 Existenz und Eindeutigkeit

Wirft man ein Stück Holz in einen Fluss, so ist der „Fahrplan“ dieses Holzes durch den Zeitpunkt t_o und den Ort x_0 des Einwurfs eindeutig bestimmt und hängt stetig von diesen „Anfangsdaten“ ab. Dies ist der Inhalt des Existenz- und Eindeutigkeitssatzes für gewöhnliche Differentialgleichungen: Ist $x(t)$ der Ort des Holzes zur Zeit t und ist $v(x,t)$ die Strömungsgeschwindigkeit des Flusses am Ort x zur Zeit t, so ist der „Fahrplan“ $x(t)$ Lösung der gewöhnlichen Differentialgleichung $x'(t) = v(x(t),t)$ mit Anfangsbedingung $x(t_o) = x_0$.

Gegeben seien also eine offene Menge $U \subset \mathbb{R}^n$ mit Abschluss $\bar{U}$, ein offenes Intervall I und eine stetige Abbildung $v : \bar{U} \times I \to \mathbb{R}^n$. Wir machen folgende Voraussetzungen (diese sind lokal immer erfüllt, falls v stetig differenzierbar ist):

1. v ist in der ersten Variablen *gleichmäßig Lipschitz-stetig*,[1] d.h. es gibt eine Konstante $L > 0$ mit
$$|v(x,t) - v(\tilde{x},t)| \leq L \cdot |x - \tilde{x}|$$
für alle $x, \tilde{x} \in \bar{U}$ und $t \in I$.
2. v ist *beschränkt*, also $|v| \leq C$. (Diese Voraussetzung ist unnötig, wenn $U = \mathbb{R}^n$).

Auf Teilintervallen $J \subset I$ suchen wir differenzierbare Abbildungen (Kurven) $x : J \to U$ mit
$$x'(t) = v(x(t),t) \tag{B.1}$$
für alle $t \in J$. Dies ist eine *gewöhnliche Differentialgleichung erster Ordnung.* Allgemein heißt eine Gleichung der Form
$$x^{(k)}(t) = w(x(t), x'(t), ..., x^{(k-1)}(t), t) \tag{B.2}$$
für eine C^k-Kurve $x : J \to \mathbb{R}^n$ eine *gewöhnliche Differentialgleichung k-ter Ordnung.* Sie lässt sich auf eine Differentialgleichung erster Ordnung der

[1] Rudolf Otto Sigismund Lipschitz, 1832 (Königsberg) – 1903 (Bonn)

Form (B.1) zurückführen, indem wir zu der Kurve $\hat{x} = (x_1, x_2, ..., x_k) : J \to (\mathbb{R}^n)^k = \mathbb{R}^{kn}$ mit $x_1 = x$, $x_2 = x'$, ..., $x_k = x^{(k-1)}$ übergehen; $\hat{x}$ erfüllt die Gleichung (B.1) mit

$$v(\hat{x}, t) = (x_2, ..., x_k, w(x_1, ..., x_k, t)) \tag{B.3}$$

genau dann, wenn x die Gleichung (B.2) erfüllt. Es genügt also, Lösungen von (B.1) zu untersuchen.

Satz B.1.1. Existenz- und Eindeutigkeitssatz (Picard - Lindelöf): *Unter den obigen Voraussetzungen (a) und (b) gibt es zu jedem Anfangswert $a \in U$, jedem Anfangszeitpunkt $t_o \in I$ und jedem $\epsilon > 0$ mit (i) $\epsilon \leq \frac{1}{2L}$ und (ii) $B_\rho(a) \subset U$ für $\rho = C\epsilon$ genau eine auf $J = (t_o - \epsilon, t_o + \epsilon) \cap I$ definierte Lösung $x : J \to U$ von (B.1) mit $x(t_o) = a$.*

Beweis: Nach dem Hauptsatz der Differential- und Integralrechung ist eine stetige Abbildung $x : J \to U$ genau dann eine Lösung von (B.1) mit Anfangswert $x(t_o) = a$ (insbesondere differenzierbar), wenn x für alle $t \in J$ die Integralgleichung

$$x(t) = a + \int_{t_o}^{t} v(x(\tau), \tau) d\tau \tag{B.4}$$

erfüllt. Die Idee des Beweises ist, (B.4) als eine Fixpunktgleichung im Raum $\mathcal{B}$ aller stetigen beschränkten Abbildungen $x : J \to \mathbb{R}^n$ anzusehen und darauf den Banachschen[2] Fixpunktsatz anzuwenden. $\mathcal{B}$ wird mit der Supremumsnorm

$$\|x\| = \sup\{|x(t)|;\ t \in J\}$$

ein vollständiger normierter Vektorraum (Banachraum). Wir betrachten darin die abgeschlossenen Teilmenge

$$\mathcal{A} = \{x \in \mathcal{B};\ \mathrm{Bild}\, x \subset \bar{U}\}$$

und definieren die linke Seite von (B.4) als Abbildung $T : \mathcal{A} \to \mathcal{A}$, $x \mapsto Tx$, nämlich

$$(Tx)(t) = a + \int_{t_o}^{t} v(x(\tau), \tau) d\tau.$$

Da $|v(x, \tau)| \leq C$ und $|t - t_o| < \epsilon$, ist $|(Tx)(t) - a| \leq C\epsilon = \rho$, also $(Tx)(t) \in B_\rho(a) \subset U$. Somit ist Tx stetig und beschränkt mit Werten in U, also $Tx \in \mathcal{A}$. Wir zeigen nun, dass T eine Kontraktion mit Kontraktionsfaktor $1/2$ ist: Für $x, \tilde{x} \in \mathcal{A}$ gilt für alle $t \in J$:

$$|(Tx)(t) - (T\tilde{x})(t)| \leq \int_{t_o}^{t} |v(x(\tau), \tau) - v(\tilde{x}(\tau), \tau)|\, d\tau \leq \epsilon \cdot L \cdot \|x - \tilde{x}\|$$

---

[2] Stefan Banach, 1892 (Krakow, Krakau) – 1945 (Lvov, Lemberg; heute Ukraine)

denn für den Integranden gilt:

$$|v(x(\tau),\tau) - v(\tilde{x}(\tau),\tau)| \leq L \cdot |x(\tau) - \tilde{x}(\tau)| \leq L \cdot \|x - \tilde{x}\|.$$

Da $\epsilon \cdot L \leq 1/2$, folgt die gewünschte Kontraktionseigenschaft $\|Tx - T\tilde{x}\| \leq \frac{1}{2}\|x - \tilde{x}\|$. Nach dem Banachschen Fixpunktsatz [26] hat die Gleichung $x = Tx$ (Gleichung (B.4)) also genau eine Lösung $x \in \mathcal{A}$, die man konstruktiv als Limes der Folge

$$x_0 \equiv a, \; x_1 = Tx_0, \; x_2 = Tx_1, \; ...$$

erhält.[3] Zunächst wissen wir allerdings nur $x(J) \subset \bar{U}$, aber nach (B.4) ist $|x(t) - a| \leq C|t - t_o| < C\epsilon = \rho$, also $x(t) \in B_\rho(a) \subset U$. □

Bemerkung: Das Existenzintervall J für die Lösung x von (B.1) mit Anfangswert $x(t_o) = a$ kann folgendermaßen erweitert werden: Für jedes $t_1 \in J$ gibt es nach dem Existenz- und Eindeutigkeitssatz eine Intervallumgebung J_1 und eine Lösung $x_1 : J_1 \to U$ von (B.1) mit $x_1(t_1) = x(t_1)$, und wegen der Eindeutigkeit gilt $x_1 = x$ auf $J \cap J_1$. Also lassen sich x und x_1 zu einer einzigen Lösung vereinigen, die auf dem größeren Intervall $J \cup J_1$ definiert ist. Durch immer weitere Zusammensetzung erreichen wir schließlich das *maximale Existenzintervall* $J_{max} \subset I$ für die Lösung x von (B.1) mit Anfangswert $x(t_o) = a$. Auch J_{max} kann noch immer eine echte Teilmenge von I sein: Im Falle der Differentialgleichung $x' = -x^2$ ist $I = \mathbb{R}$, aber die Lösungen $x(t) = 1/(t + const)$ haben einen Pol, sind also nicht auf ganz $\mathbb{R}$ definiert.

B.2 Lineare Differentialgleichungen

Ist die Abbildung v in der Differentialgleichung (B.1) linear in der ersten Variablen, d.h. $U = \mathbb{R}^n$ und $v(x,t) = A(t)x$ für eine stetige Schar von $n \times n$-Matrizen $A(t)$, $t \in I$, also eine stetige Abbildung $A : I \to \mathbb{R}^{n \times n}$, so nimmt (B.1) die Form

$$x'(t) = A(t)x(t) \tag{B.5}$$

an; eine solche Gleichung heißt *lineare Differentialgleichung.*

Satz B.2.1.
(a) Das maximale Existenzintervall jeder Lösung von (B.5) ist ganz I.
(b) Ist x_a die Lösung von (B.5) mit Anfangswert $x_a(t_o) = a$, so ist für jedes $t \in I$ die Abbildung $a \mapsto x_a(t) : \mathbb{R}^n \to \mathbb{R}^n$ linear und invertierbar.

[3] Der Beweis des Banachschen Fixpunktsatzes ist so einfach, dass wir ihn hier wiedergeben wollen: Wegen $\|x_{i+1} - x_i\| = \|Tx_i - Tx_{i-1}\| \leq \frac{1}{2}\|x_i - x_{i-1}\|$ ist $\|x_{i+1} - x_i\| \leq (\frac{1}{2})^i b$ mit $b = \|Tx_0 - x_0\|$. Da die Folge $((\frac{1}{2})^i b)$ summierbar ist, ist (x_i) eine Cauchyfolge, also konvergent, und für $x = \lim x_i$ gilt $Tx = T(\lim x_i) = \lim Tx_i = \lim x_{i+1} = x$. Ist $\tilde{x}$ eine zweite Lösung der Fixpunktgleichung, $T\tilde{x} = \tilde{x}$, so gilt $\|\tilde{x} - x\| = \|T\tilde{x} - Tx\| \leq \frac{1}{2}\|\tilde{x} - x\|$, also $\|\tilde{x} - x\| = 0$ und damit $\tilde{x} = x$.

Beweis: Es sei I_0 ein beliebiges offenes Teilintervall von I mit kompaktem Abschluss in I. Wegen der Stetigkeit ist die Matrixnorm[4] von $A(t)$ auf I_0 gleichmäßig beschränkt; es sei $L = \sup_{t \in I_0} \|A(t)\|$. Für beliebige $x, \tilde{x} \in \mathbb{R}^n$ ist damit $|A(t)x - A(t)\tilde{x}| \leq L|x - \tilde{x}|$, also ist L eine Lipschitzkonstante für die erste Variable der Abbildung $v(x,t) = A(t)x$. Für jeden Anfangszeitpunkt $t_o \in I$ können wir daher die Lösung x von (B.1) mit $x(t_o) = a$ für beliebiges $a \in \mathbb{R}^n$ auf $J = (t_o - \epsilon, t_o + \epsilon) \cap I_0$ mit $\epsilon = 1/(2L)$ definieren (die Bedingung (ii) für ϵ in Satz B.1.1 entfällt wegen $U = \mathbb{R}^n$). Das Fortsetzungsargument (vgl. Bemerkung S. 239) zeigt somit $J_{max} \supset I_0$, da wir immer um dasselbe Stück ϵ weiter fortsetzen können, bis wir den Rand von I_0 erreichen. Da wir I durch Intervalle der Form I_0 ausschöpfen können, haben wir damit $J_{max} = I$ gezeigt.

Behauptung (b) folgt aus der Linearität und dem Eindeutigkeitssatz: Sind $a, b \in \mathbb{R}^n$ beliebige Anfangswerte und x_a, x_b die zugehörigen Lösungen von (B.5), so ist wegen der Linearität dieser Gleichung auch $\tilde{x} := x_a + x_b$ eine Lösung, und $\tilde{x}(t_o) = x_a(t_o) + x_b(t_o) = a + b$, also ist $\tilde{x} = x_{a+b}$. Ebenso folgt $\lambda \cdot x_a = x_{\lambda \cdot a}$ für alle $\lambda \in \mathbb{R}$. Insbesondere ist die Abbildung $a \mapsto x_a(t)$ linear. Der Kern dieser Abbildung muss Null sein, denn aus $x_a(t) = 0$ folgt $x_a \equiv 0$ nach dem Eindeutigkeitssatz für den Anfangszeitpunkt t, also war bereits $a = 0$. □

B.3 Stetige Abhängigkeit von Parametern und Anfangswerten

Häufig hat man es nicht nur mit *einer* Gleichung vom Typ (B.1) zu tun, sondern mit einer ganzen Schar solcher Gleichungen, wobei die Abbildungen $v(x,t)$ zusätzlich noch von einem Parameter s abhängen. Eine leichte Modifikation des Beweises des Existenz- und Eindeutigkeitssatzes zeigt, dass die Lösungen $x(t)$ dann stetig von diesem Parameter abhängen. Gegeben seien also zusätzlich eine offene Teilmenge $S \subset \mathbb{R}^k$ und eine stetige Abbildung $v : \bar{U} \times I \times S \to \mathbb{R}^n$, $(x,t,s) \mapsto v_s(x,t)$, die beschränkt ($|v| \leq C$) und in der ersten Variablen gleichmäßig Lipschitz-stetig ist, d.h. es gibt eine Konstante L mit

$$|v_s(x,t) - v_s(\tilde{x},t)| = L \cdot |x - \tilde{x}|$$

für alle $x, \tilde{x} \in \bar{U}$, $t \in I$ und $s \in S$. Nach dem Existenz- und Eindeutigkeitssatz gibt es zu jedem $s \in S$ genau eine Lösung $x_s : J \to U$ des Anfangswertproblems

$$x_s'(t) = v_s(x_s(t), t), \quad x_s(t_o) = a, \tag{B.6}$$

[4] Für eine Matrix A ist die *Matrixnorm* definiert als $\|A\| = \sup_{|x|=1} |Ax|$. Damit gilt $|Ax| = |A\frac{x}{|x|}||x| \leq \|A\||x|$ für alle x.

wobei das Intervall J wie in Abschnitt B.1 definiert ist. Um zu sehen, dass die Abbildung $(s,t) \mapsto x_s(t)$ stetig ist, wiederholen wir den Beweis des Existenz- und Eindeutigkeitssatzes mit einem erweiterten Banachraum, nämlich dem Banachraum $\mathcal{B}$ aller beschränkten stetigen Funktionen $x : S \times J \to \mathbb{R}^n$ mit der Supremumsnorm. Darin sei $\mathcal{A}$ wieder die abgeschlossene Teilmenge aller $x \in \mathcal{B}$ mit Bild $x \subset \bar{U}$. Wie vorher ist die Abbildung $T : \mathcal{A} \to \mathcal{A}$, definiert durch

$$(Tx)_s(t) = a + \int_{t_o}^{t} v_s(x_s(\tau), \tau) d\tau$$

eine Kontraktion mit Kontraktionsfaktor $\frac{1}{2}$, also gibt es nach dem Banachschen Fixpunktsatz genau eine Lösung $x \in \mathcal{A}$ mit $Tx = x$. Da $x : (s,t) \mapsto x_s(t)$ nach Definition von $\mathcal{A}$ stetig in beiden Variablen ist und andererseits $x_s : t \mapsto x_s(t)$ Lösung des Anfangswertproblems (B.6) ist, haben wir die stetige Abhängigkeit vom Parameter gezeigt.

Noch wichtiger ist die Abhängigkeit von den Anfangswerten. Wir betrachten dazu wieder unsere Differentialgleichung ohne Parameter:

$$x'(t) = v(x(t), t) \tag{B.1}$$

mit $|v| \leq C$ und $|v(\tilde{x}, t) - v(x, t)| \leq L|\tilde{x} - x|$. Die Lösung x mit Anfangswert $x(t_o) = a$ nennen wir $x_a(t)$. Wir wählen $\epsilon \leq \frac{1}{2L}$ und variieren a in der offenen Teilmenge $U_\rho \subset U$, deren Punkte mindestens um $\rho = C\epsilon$ vom Rand von U entfernt sind, d.h. $U_\rho = \{a \in U;\ B_\rho(a) \subset U\}$. Dann ist x_a für alle $a \in U_\rho$ auf $J = (t_o - \epsilon, t_o + \epsilon) \cap I$ definiert. Wir wollen zeigen, dass $x_a(t)$ von $a \in U_\rho$ Lipschitz-stetig abhängt.

Dazu betrachten wir zwei verschiedene Lösungen $x, \tilde{x}$ von (B.1) und ihre Differenz $y = x - \tilde{x}$. Aus der Lipschitz-Bedingung für v erhalten wir

$$|y'| = |x' - \tilde{x}'| = |v(x,t) - v(\tilde{x},t)| \leq L \cdot |y|. \tag{B.7}$$

Da y niemals Null wird (sonst wären x und $\tilde{x}$ nach dem Eindeutigkeitssatz gleich), ist die Funktion $|y|$ differenzierbar mit Ableitung

$$|y|' = (\sqrt{\langle y, y \rangle})' = \langle y', y \rangle / |y|,$$

also nach Cauchy-Schwarz

$$-|y'| \leq |y|' \leq |y'| \tag{B.8}$$

Mit (B.7) folgt $|y|' \leq L \cdot |y|$, also $(\ln |y|)' \leq L$, und durch Integration für $t > t_o$:

$$\ln \frac{|y(t)|}{|y(t_o)|} \leq L \cdot (t - t_o),$$

Aus $|y|' \geq -|y'|$ in (B.8) erhalten wir andererseits $|y|' \geq -L \cdot |y|$ und somit

$$\ln \frac{|y(t_o)|}{|y(t)|} \geq L \cdot (t_o - t)$$

für $t < t_o$. Insgesamt folgt für alle $t \in J$:[5]

$$|y(t)| \leq |y(t_o)| \cdot e^{L \cdot |t - t_o|}.$$

Für $x = x_a$ und $\tilde{x} = x_{\tilde{a}}$ folgt daher

$$|x_a(t) - x_{\tilde{a}}(t)| \leq |a - \tilde{a}| \cdot e^{L \cdot |t - t_o|}. \tag{B.9}$$

Damit haben wir die Lipschitzstetigkeit der Abbildung $a \mapsto x_a(t)$ mit der Lipschitz-Konstanten $e^{L \cdot |t - t_o|}$ gezeigt.

B.4 Differenzierbare Abhängigkeit von den Anfangswerten

Wir benutzen die Ergebnisse des vorigen Abschnitts B.3, um zu zeigen, dass die Abhängigkeit von $x_a(t)$ vom Anfangswert a sogar C^∞ ist, falls v eine C^∞-Abbildung ist. Um die Bezeichnung zu vereinfachen, nehmen wir an, dass v nicht explizit von t abhängt;[6] wir betrachten also ein *Vektorfeld* $v : \bar{U} \to \mathbb{R}^n$ und die zugehörige „*autonome*“ Gleichung $x' = v \circ x$, kurz: $x' = v(x)$; ihre Lösungen heißen *Integralkurven* des Vektorfeldes v.

Es sei also $v : \bar{U} \to \mathbb{R}^n$ zunächst nur einmal stetig differenzierbar und außerdem beschränkt und mit beschränkter Ableitung (Lipschitz-Bedingung). Wir verwenden die folgende lokale Darstellung von v:

Lemma B.4.1. *Zu jeder C^1-Abbildung $v : U_o \to \mathbb{R}^n$, wobei $U_o \subset \mathbb{R}^n$ offen und konvex ist, gibt eine matrixwertige stetige Abbildung $A : U_o \times U_o \to \mathbb{R}^{n \times n}$ mit*

$$v(\tilde{x}) - v(x) = A(\tilde{x}, x)(\tilde{x} - x)$$

für alle $x, \tilde{x} \in U$. Dabei ist $A(x, x) = \partial v_x$.

Beweis:

$$v(\tilde{x}) - v(x) = \int_0^1 \frac{d}{du} v(x + u(\tilde{x} - x))du = \int_0^1 \partial v_{x+u(\tilde{x}-x)}(\tilde{x} - x)du.$$

Die Behauptung folgt für

$$A(\tilde{x}, x) = \int_0^1 \partial v_{x+u(\tilde{x}-x)} du. \qquad \square$$

---

[5] Das ist ein Spezialfall des *Gronwall-Lemmas*.

[6] Der allgemeine Fall $x'(t) = v(x(t), t)$ kann darauf zurückgeführt werden, indem wir $\hat{x}(t) = (x(t), t)$ und $\hat{v}(x, t) = (v(x, t), 1)$ setzen; dann ist das Anfangswertproblem $x'(t) = v(x(t), t)$, $x(t_o) = a$ äquivalent zu $\hat{x}' = \hat{v} \circ \hat{x}$, $\hat{x}(t_o) = (a, t_o)$.

Lemma B.4.2. *Es sei $a(s)$ eine C^1-Kurve von Anfangswerten in einer konvexen offenen Menge $U_o \subset U$, parametrisiert auf einem Intervall $-\alpha < s < \alpha$, und $x_s = x_{a(s)} : J \to U_o$ sei die Lösung des Anfangswertproblems*

$$x_s' = v(x_s), \quad x_s(t_o) = a(s). \tag{B.10}$$

Dann ist x_s nach s differenzierbar, und $\xi(t) = \frac{\partial}{\partial s} x_s(t)|_{s=0}$ ist die Lösung des linearen Anfangswertproblems

$$\xi'(t) = A(t)\xi(t), \quad \xi(t_o) = b \tag{B.11}$$

mit $A(t) = \partial v_{x_0(t)}$ und $b = a'(0) = \frac{da(s)}{ds}|_{s=0}$.

Beweis: Wäre die Abbildung $(s,t) \mapsto x_s(t)$ zweimal stetig differenzierbar, könnten wir (B.10) nach s differenzieren; wegen der Vertauschbarkeit der Ableitungen nach s und t würde $\xi_0 := \frac{\partial x_s}{\partial s}|_{s=0}$ dann (B.11) erfüllen. Wir wissen jedoch nicht einmal die einfache Differenzierbarkeit von $x_s(t)$ nach s. Aber unabhängig davon gibt es nach Abschnitt B.2 eine eindeutige Lösung $\xi : J \to \mathbb{R}^n$ des Anfangswertproblems (B.11) (des *linearisierten* Anfangswertproblems). Wir werden nun zeigen, dass x_s bei $s = 0$ tatsächlich nach s differenzierbar ist und ξ als Ableitung hat.

Dazu müssen wir den Differenzenquotienten $\xi_s = (x_s - x_0)/s$ betrachten und $s \to 0$ gehen lassen. Für ξ_s leiten wir ebenfalls eine Differentialgleichung her: Nach (B.10) und Lemma 1 ist

$$(x_s - x_0)' = v(x_s) - v(x_0) = A(x_s, x_0)(x_s - x_0).$$

Setzen wir

$$A_s(t) := A(x_s(t), x_0(t))$$

(speziell ist $A_0(t) = \partial v_{x_0(t)} = A(t)$), so ist $\xi_s : J \to U$ die Lösung des Anfangswertproblems

$$\xi_s'(t) = A_s(t)\xi_s(t), \quad \xi_s(t_o) = b(s) \tag{B.12}$$

mit $b(s) = (a(s) - a(0))/s$. Die Abbildung $(s,t) \mapsto A_s(t)$ ist stetig, und auch die Anfangswerte $b(s)$ lassen sich bei $s = 0$ durch $b(0) = a'(0) = b$ stetig fortsetzen. Also ist (B.11) der Spezialfall $s = 0$ von (B.12). Aus der stetigen Parameterabhängigkeit (Abschnitt B.3) folgt damit die Stetigkeit von $(s,t) \mapsto \xi_s(t)$ mit $\xi_0 = \xi$ und insbesondere folgt $\xi_s(t) \to \xi(t)$ für $s \to 0$. Der Differenzenquotient konvergiert also gegen $\xi(t)$ und somit ist tatsächlich $\xi(t) = \frac{\partial}{\partial s} x_s(t)|_{s=0}$. □

Lemma B.4.3. *Es sei $U \subset \mathbb{R}^n$ offen, $v : U \to \mathbb{R}^n$ ein C^1-Vektorfeld und für jedes $a \in U$ sei $t \mapsto x(a,t)$ die Lösung des Anfangswertproblems*

$$x' = v(x), \quad x(a, t_o) = a. \tag{B.13}$$

mit $' = \frac{\partial}{\partial t}$. Dann ist x eine C^1-Abbildung, definiert auf einer offenen Umgebung von $U \times \{t_o\}$ in $U \times \mathbb{R}$.

Beweis: Für festes $a \in U$ und $b \in \mathbb{R}^n$ setzen wir $a(s) = a + sb$. Wir wählen eine offene konvexe Umgebung $U_o \subset U$ um a so klein, dass die Integralkurven $x_{\tilde{a}}$ von v für alle $\tilde{a} \in U_o$ auf einem gemeinsamen Intervall J um t_o herum definiert sind. Dann ist $\xi(t) = \frac{\partial}{\partial s} x_{a(s)}(t)|_{s=0}$ gleich der Richtungsableitung $\partial_b x(a,t)$; alle Richtungsableitungen (insbesondere alle partiellen Ableitungen) von x existieren also. Setzen wir

$$y(a,b,t) = \partial_b x(a,t),$$

so erfüllt das Paar (x,y) nach (B.10) und (B.11) das Gleichungssystem

$$\begin{array}{rlrl} x' = & v(x), & x(a,t_o) & = a \\ y' = & \partial v_x b, & y(a,b,t_o) & = b \end{array} \tag{B.14}$$

Nach Abschnitt B.3 sind die Lösungen (x,y) dieses Gleichungssystems stetig (sogar Lipschitz-stetig) vom Anfangswert (a,b) abhängig; insbesondere sind y und damit alle partiellen Ableitungen stetig von a abhängig. Somit ist x stetig differenzierbar. □

Satz B.4.1. *Die Lösungen einer autonomen Differentialgleichung $x' = v(x)$ hängen C^k-differenzierbar von den Anfangswerten ab, wenn das gegebene Vektorfeld $v : U \to \mathbb{R}^n$ eine C^k-Abbildung ist. Ist v sogar C^∞, so ist die Abhängigkeit von den Anfangswerten ebenfalls C^∞.*

Beweis: Die zweite Aussage folgt unmittelbar aus der ersten. Diese beweisen wir durch Induktion nach k. Lemma 3 zeigt den Fall $k = 1$. Wenn v eine C^2-Abbildung ist ($k = 2$), so wenden wir Lemma 3 nicht mehr auf (B.13), sondern auf (B.14) an. Setzen wir $\hat{x} = (x,y)$ mit $y(a,v,t) = \partial_v x(a,t)$ wie oben, so ist (B.14) von derselben Form wie (B.13):

$$\hat{x}' = \hat{v}(\hat{x}), \quad \hat{x}(\hat{a},t_o) = \hat{a}, \tag{B.15}$$

wobei $\hat{a} = (a,v)$ und $\hat{v} : U \times \mathbb{R}^n \to \mathbb{R}^{2n} : (x,y) \mapsto (v(x), \partial v_x(y))$; nach Voraussetzung ist $\hat{v}$ wieder C^1. Mit Lemma 3 folgt also, dass auch $\hat{x}$ eine C^1-Abbildung ist. Insbesondere ist y eine C^1-Abbildung in der Variablen a, damit sind die partiellen Ableitungen von x alle C^1, und x ist somit C^2. Der allgemeine Induktionsschluss $k \to k+1$ geht ebenso: Wir wenden die Induktionsvoraussetzung auf die Gleichung (B.15) für $\hat{x} = (x,y)$ an: Wenn v eine C^{k+1}-Abbildung ist, so ist $\hat{v} = (v, \partial v)$ noch immer C^k und nach Induktionsvoraussetzung dann auch $\hat{x} = (x,y)$. Also ist auch y eine C^k-Abbildung, und x ist daher C^{k+1}.

B.5 Der Fluss eines Vektorfeldes

Gegeben sei ein C^∞-Vektorfeld $v : U \to \mathbb{R}^n$ auf einer offenen Teilmenge $U \subset \mathbb{R}^n$. Wir betrachten die Lösungen $x_a(t) = x(a,t)$ des autonomen Anfangswertproblems

$$x' = v(x), \quad x(a,0) = a. \tag{B.16}$$

In Abschnitt B.4 haben wir gesehen, dass x eine C^∞-Abbildung ist, definiert auf einer (schwer zu bestimmenden) Umgebung der Menge $U \times \{0\}$ in $U \times \mathbb{R}$. Bisher haben wir $x(a,t)$ hauptsächlich als Funktion von t für festes a, d.h. als Integralkurve von v gesehen; jetzt wollen wir x als Funktion von a für festes t deuten: Wir definieren eine Schar von Abbildungen Φ_t (genannt *Fluss von* v) durch

$$\Phi_t(a) = x(t,a).$$

Für genügend kleine $|t|$ ist Φ_t auf einer (nichtleeren) offenen Teilmenge von U definiert.

Satz B.5.1.
(a) $\Phi_0 = id$,
(b) $\Phi_t \circ \Phi_s = \Phi_{t+s}$ *wo immer beide Seiten definiert sind,*
(c) Φ_s *ist in seinem Definitionsbereich ein Diffeomorphismus auf sein Bild, und* $\Phi_s^{-1} = \Phi_{-s}$.

Beweis: (a) ist klar nach Definition, denn $\Phi_0(a) = x(0,a) = a$.

Zu (b): $\Phi_t(\Phi_s(a)) = \Phi_t(x(a,s)) = x(x(a,s),t)$ und $\Phi_{t+s}(a) = x(a,t+s)$. Nach dem Eindeutigkeitssatz ist also nur zu zeigen, dass die Kurve $\tilde{x}(t) = x(a,t+s)$ die Gleichung $\tilde{x}' = v(\tilde{x})$ mit Anfangswert $\tilde{x}(0) = x(a,s)$ löst. Dies ist sofort zu sehen: $\tilde{x}' = \frac{d}{dt}x_a(t+s) = x_a'(t+s) = v(x_a(t+s)) = v(\tilde{x}(t))$ und $\tilde{x}(0) = x(a,0+s)$.

Zu (c): Zu zeigen ist: Die Integralkurve x_b mit $b := x_a(s)$ ist in $-s$ definiert und hat dort den Wert a. In der Tat: Die Kurve $\tilde{x}(t) = x_a(t+s)$ ist in $t = -s$ definiert mit $\tilde{x}(-s) = x_a(0) = a$ und ist Lösung von $\tilde{x}' = v(\tilde{x})$ mit $\tilde{x}(0) = b$, also gilt $\tilde{x} = x_b$ und die Behauptung folgt. □

Man kann also den Fluss eines Vektorfeldes lokal als einen Gruppenhomomorphismus von der Gruppe $(\mathbb{R}, +)$ in die Gruppe der Diffeomorphismen von U deuten; (a), (b) und (c) sind die Gesetze für einen Homomorphismus. Leider sind die Φ_t zunächst nur für genügend kleine $|t|$ definiert und auch nur auf Teilmengen von U. Für manche Vektorfelder aber gibt es ein $\epsilon > 0$ mit der Eigenschaft, dass Φ_t für alle $|t| < \epsilon$ auf ganz U erklärt ist, z.B. wenn v am Rand von U gegen 0 geht; solche Vektorfelder nennt man *vollständig*. Dann kann man in der Tat Φ_t für alle $t \in \mathbb{R}$ erklären: Ist $s = t/N \in (-\epsilon, \epsilon)$, so setzt man $\Phi_t = (\Phi_s)^N$. Wegen der lokalen Homomorphie-Eigenschaft (siehe Satz B.5.1) ist Φ_t für alle $t \in \mathbb{R}$ wohldefiniert und ein globaler Homomorphismus in die Diffeomorphismengruppe von U, und jede Kurve $x_a : \mathbb{R} \to U$, $x_a(t) = \Phi_t(a)$ ist Lösung des Anfangswertproblems (B.16).

Für weiterführende Überlegungen verweisen wir auf [?].

B.6 Übungsaufgaben

1. *Planetenbewegung:*

   Die Anziehungskraft einer im Nullpunkt verankerten Masse M auf eine andere Masse m, die sich zur Zeit t am Ort $x = x(t) \in \mathbb{R}^3$ befindet, ist $-\frac{Mm}{|x|^2}\frac{x}{|x|}$; nach der Newtonschen Gleichung ist also $m\ddot{x} = -\frac{Mm}{|x|^3}x$ (mit $^{\cdot} = \frac{d}{dt}$) und damit

$$\ddot{x} = -\frac{M}{|x|^3}x. \tag{B.17}$$

   Da $(x \times \dot{x})^{\cdot} = \dot{x} \times \dot{x} + \frac{M}{|x|^3}\, x \times x = 0$, ist die von x und $\dot{x}$ aufgespannte Ebene konstant; wir dürfen annehmen, dass es die Ebene $\mathbb{R}^2 = \mathbb{C}$ ist. Setzen wir $x(t) = r(t)e^{i\varphi(t)}$, so folgt

$$-\frac{M}{r^2}e^{i\varphi} = (re^{i\varphi})^{\cdot\cdot} = (\ddot{r} - r\dot{\varphi}^2)e^{i\varphi} + (2\dot{r}\dot{\varphi} + r\ddot{\varphi})ie^{i\varphi}$$

   und damit

$$-\frac{M}{r^2} = \ddot{r} - r\dot{\varphi}^2, \tag{B.18}$$

$$0 = 2\dot{r}\dot{\varphi} + r\ddot{\varphi} = (r^2\dot{\varphi})^{\cdot}/r. \tag{B.19}$$

   Aus der zweiten Gleichung (B.19) entnehmen wir $(r^2\dot{\varphi})^{\cdot} = 0$, also

$$r^2\dot{\varphi} = const = L \overset{oE}{>} 0 \tag{B.20}$$

   (Drehimpulssatz).[7] Damit ist $\dot{\varphi} = L/r^2$ und wir können φ aus der ersten Gleichung (B.18) eliminieren und erhalten die Differentialgleichung

$$\ddot{r} - \frac{L^2}{r^3} + \frac{M}{r^2} = 0. \tag{B.21}$$

   a) Wir betrachten $\varphi(t)$ als Parameterwechsel (beachte $\dot{\varphi} = L/r^2 > 0$) und parametrisieren jede Funktion $f(t)$ (z.B. $r(t)$, $\dot{r}(t)$ usw.) nach φ um: $f(\varphi) := f(t(\varphi))$. Die Ableitung $\frac{d}{d\varphi}$ bezeichnen wir mit $'$. Zeigen Sie

$$f' = \frac{r^2}{L}\dot{f}. \tag{B.22}$$

   b) Zeigen Sie mit (B.22) und (B.21) für die Funktion $f = 1/r$:

$$f'' + f = \frac{M}{L^2}. \tag{B.23}$$

[7] Der folgt natürlich auch bereits aus $(x \times \dot{x})^{\cdot} = 0$.

c) Zeigen Sie, dass $f(\varphi) = \frac{M}{L^2} - B\cos(\varphi + \varphi_o)$ mit einer Konstanten B die allgemeine Lösung dieser inhomogen linearen Gleichung ist (Wir setzen o.E. $\varphi_o = 0$).

d) Zeigen Sie mit (2.50) in Kapitel 2, Übung 12, dass die Bahn $r(\varphi)e^{i\varphi}$ eine Ellipse ist, falls $\frac{BL^2}{M} < 1$, wobei

$$\frac{e}{b^2} = B,$$
$$\frac{e}{a} = \frac{BL^2}{M}$$
$$\frac{b^2}{a} = \frac{L^2}{M} \tag{B.24}$$

2. *Keplersche Gesetze:*[8]

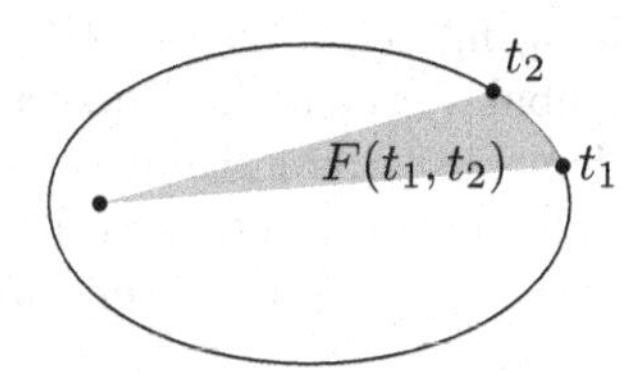

Zeigen Sie mit Hilfe von Aufgabe 1 das zweite und dritte Keplersche Gesetz:[9]

a) „*In gleichen Zeiten gleiche Flächen*":
Für zwei beliebige Zeitpunkte $t_1 < t_2$ sei $F(t_1, t_2)$ die vom Ortsvektor $x(t)$ des Planeten im Zeitintervall $t \in [t_1, t_2]$ überstrichene Fläche,

$$F(t_1, t_2) = \int_{\varphi(t_1)}^{\varphi(t_2)} \int_0^{r(\varphi)} r\,dr\,d\varphi. \tag{B.25}$$

Benutzen Sie die Substitution $\varphi(t)$ (mit $d\varphi = \dot{\varphi}\,dt$) sowie den Drehimpulssatz (B.20), um zu zeigen:

$$F(t_1, t_2) = \frac{1}{2}(t_2 - t_1)L \tag{B.26}$$

b) „*Quadrate der Umlaufszeiten $\sim$ Kuben der großen Halbachsen*":
Für $t_2 - t_1 = T$ (Umlaufszeit) ist $F(t_1, t_2)$ der Flächeninhalt πab der ganzen Ellipse. Zeigen Sie mit (B.24):

$$T^2 = \frac{(2\pi)^2}{M}a^3. \tag{B.27}$$

[8] Johannes Kepler, 1571 (Weil der Stadt) – 1630 (Regensburg).

[9] Das erste Keplersche Gesetz sagt, dass die Planeten sich auf Ellipenbahnen bewegen, bei denen die Sonne in einem der Brennpunkte steht; das haben wir in Aufgabe 1 schon bewiesen.

3. *Erhaltungsgrößen:*

   Zeigen Sie, dass es für die Planetenbewegung $x(t) = r(t)e^{i\varphi(t)} \in \mathbb{C}$ mit (B.17) außer dem Drehimpuls $L = r^2\dot{\varphi}$ und der *Energie* $E = \frac{1}{2}|\dot{x}|^2 - \frac{M}{|x|}$ (deren t-Ableitung nach (B.17) Null ist) noch eine vektorwertige Erhaltungsgröße[10] gibt: den *Runge-Lenz-Vektor*[11]

$$A = Li\dot{x} + \frac{M}{r}x \tag{B.28}$$

   mit $r = |x|$ und $i = \sqrt{-1} \in \mathbb{C}$.[12]
   Hinweis: Leiten Sie A nach t ab. Verwenden Sie die Polarkoordinatendarstellung $x = re^{i\varphi}$ und ersetzen Sie $\dot{\varphi}$ durch L/r^2 und $\ddot{r}$ durch (B.21).

4. *Runge-Lenz-Vektor und Kepler-Ellipsen:*

   Durch Wahl der Koordinaten dürfen wir annehmen, dass der konstante Vektor A in e_1-Richtung zeigt, also in $\mathbb{R}^2 = \mathbb{C}$ reell positiv ist. Zeigen Sie für die Planetenbahn erneut die Ellipsengleichung (Kegelschnittgleichung) (2.50), indem Sie (B.28) skalar mit x multiplizieren. Zeigen Sie dazu zunächst $\langle x, A\rangle = Ar\cos\varphi$ und $\langle x, i\dot{x}\rangle = -r^2\dot{\varphi} = -L$. Die Erhaltung des Runge-Lenz-Vektors ist also eng mit den Kegelschnitt-Bahnen verbunden.

5. *Warum ist bei uns der Sommer länger als der Winter?*

   Das Sommerhalbjahr (21. März – 23. September) ist um 6–7 Tage länger als das Winterhalbjahr (23. September – 21. März); woran liegt das?

   Hinweise: Die Erdbahn ist eine Ellipse; im Perihel (Sonnen-nächster Punkt der Bahn, Anfang Januar) ist die Entfernung zur Sonne ca. 147,1 Mio. km, im Aphel (Sonnen-fernster Punkt, Anfang Juli) 152,1 Mio. km. Die Erdachse, die Drehachse der Erde (deren Richtung sich beim Umlauf nicht ändert), ist gegenüber dem (in Richtung der Nordhalbkugel weisenden) Normalvektor der Erdbahnebene leicht geneigt, um $23{,}45^o$, und zwar in Richtung des Aphels. Dadurch entstehen die Jahreszeiten: In unserem Sommer ist die Nordhalbkugel der Sonne zugewandt. Am 21. März und 23. September steht die Erdachse senkrecht auf der Verbindungsstrecke Erde – Sonne.[13]

---

[10] Eine *Erhaltungsgröße* einer Differentialgleichung zweiter Ordnung $\ddot{x} = F(x, \dot{x}, t)$ ist eine Funktion von x und $\dot{x}$, die längs jeder Lösungskurve konstant ist.

[11] Carle David Tolmé Runge, 1856 (Bremen) – 1927 (Göttingen); Wilhelm Lenz, 1888 (Frankfurt/Main) – 1957 (Hamburg). Gefunden wurde diese Erhaltungsgröße bereits von Jakob Hermann, 1678 – 1733 (Basel) und seitdem mehrfach wiederentdeckt, u.a. von Laplace.

[12] Mit dem Drehimpulsvektor $\mathbf{L} = \dot{x} \times x = Le_3$ schreibt sich diese Gleichung $A = \mathbf{L} \times \dot{x} - U(x)x$ mit $U(x) = -\frac{M}{|x|}$ (Potential). Bei den Physikern wird meistens $-A$ als Runge-Lenz-Vektor bezeichnet.

[13] http://de.wikipedia.org/wiki/Erdbahn

Literatur

1. B. Aulbach: *Gewöhnliche Differentialgleichungen*, Spektrum-Verlag 2004
2. Chr. Bär: *Elementare Differentialgeometrie*, De Gruyter 2000
3. M. Berger: *Geometry*, 2 Bde., Springer 1996
4. W. Blaschke: *Vorlesungen über Differentialgeometrie*, 3 Bde., Springer 1945
5. R. Bott, L.W. Tu: *Differential Forms in Algebraic Topology*, Springer 1982
6. R. Courant: *Dirichlet's Principle, Conformal Mappings and Minimal Surfaces*, Interscience 1950 – *Plateau's Problem and Dirichlet's Principle*, Ann. of Math. 38 (1937), 679–725
7. U. Dierkes, S. Hildebrandt, F. Sauvigny: *Minimal Surfaces*, Springer, 2010
8. U. Dierkes, S. Hildebrandt, A. Tromba: *Regularity of Minimal Surfaces*, Springer, 2010
9. U. Dierkes, S. Hildebrandt, A. Tromba: *Global Analysis of Minimal Surfaces*, Springer, 2010
10. M. do Carmo: *Differential Geometry of Curves and Surfaces*, Prentice Hall 1976,
    Differentialgeometrie von Kurven und Flächen, 3. Aufl., Vieweg 1993
11. P. Dombrowski: *150 years after Gauss' "Disquisitiones generales circa superficies curvas"*, Astérisque 32 (1979)
12. P. Dombrowski: *Wege in euklidischen Ebenen*, Springer 1999
13. J.-H. Eschenburg: *Geometrie*. Vorlesungskript Wintersemester 2011, www.math.uni-augsburg.de/diff/lehre/index.html
14. Euklid: *Die Elemente*, übersetzt u. herausgegeben von C. Thaer, 7. Aufl., Vieweg, Braunschweig, 1973
15. W. Fischer, I. Lieb: *Funktionentheorie*, 8. Aufl., Vieweg 2003
16. O. Forster: *Analysis 1*, 8. Aufl., Vieweg 2006
17. O. Forster: *Analysis 2*, 7. Aufl., Vieweg 2006
18. C.F. Gauß: *Disquisitiones generales circa superficies curvas* (Allgemeine Untersuchungen über gekrümmte Flächen), Göttingen 1828. In: Werke Bd. IV, 219–258, http://dz-srv1.sub.uni-goettingen.de/cache/toc/D233999.html
19. A. Gray: *Differentialgeometrie*, Spektrum 1994
20. D. Hilbert: *Grundlagen der Geometrie*, 14. Aufl., Teubner, Leipzig 1999
21. D. Hilbert, S. Cohn-Vossen: *Anschauliche Geometrie*, Springer 1932
22. S. Hildebrandt, A. Tromba: *Kugel, Kreis und Seifenblasen*, Birkhäuser, Basel, 1996
23. M.W. Hirsch: *Differential Topology*, Springer 1991
24. H. Hopf: *Differential Geometry in the Large*, Seminar Lectures New York University 1946, Stanford University 1956, Springer Lecture Notes in Mathematics 1000 (1983)
25. K. Jänich: *Funktionentheorie. Eine Einführung*, 6. Aufl., Springer 2004
26. J. Jost: *Differentialgeometrie und Minimalflächen*, Springer 1994
27. J. Jost: *Two-dimensional Geometric Variational Problems*, Wiley 1991

28. J. Jost: *Compact Riemann Surfaces*, 3.Aufl., Springer 2006
29. J. Jost: *Postmodern Analysis*, Springer, 3.Aufl., 2005
30. J. Jost: *Riemannian Geometry and Geometric Analysis*, Springer, 6.Aufl., 2011
31. H. Karcher: *Eingebettete Minimalflächen und ihre Riemannschen Flächen*, Jber. d. Dt. Math. Verein. 101 (1999), 72–96
32. K. Königsberger: *Analysis 1*, 3. Aufl., Springer 1995
33. K. Königsberger: *Analysis 2*, 5. Aufl., Springer 2004
34. W. Kühnel: *Differentialgeometrie, Kurven – Flächen – Mannigfaltigkeiten*, 3. Aufl., Vieweg 2005
35. W. Klingenberg: *Eine Vorlesung über Differentialgeometrie*, Springer 1973
36. W. Klingenberg: *Klassische Differentialgeometrie*, EAG Leipzig 2004
37. D. Laugwitz: *Differentialgeometrie*, Teubner 1960
38. B. Lawson: *Lecture Notes on Minimal Submanifolds, Vol. I*, Publish or Perish 1980
39. F. Morgan: *Geometric Measure Theory. A Beginner's Guide*, Academic Press 1988
40. J. Milnor: *Morse Theory*, Princeton University Press 1963
41. J. Milnor: *Topology from the Differentiable View Point*, University Press of Virginia 1965
42. J. Nitsche: *Vorlesungen über Minimalflächen*, Springer 1975
43. J. Nitsche: *Lectures on Minimal Surfaces*, Vol. I, Cambr. Univ. Press, 1989
44. H. Reckziegel, M. Kriemer, K. Pawel: *Elementare Differentialgeometrie mit Maple*, Vieweg 1998
45. B. Riemann: *Über die Hypothesen, welche der Geometrie zu Grunde liegen*, historisch und mathematisch kommentiert von Jürgen Jost, Springer Spektrum 2013
46. C.J. Scriba, P. Schreiber: *5000 Jahre Geometrie*, Springer 2001
47. M. Spivak: *Calculus on Manifolds*, Perseus Books 1965
48. M. Spivak: *A Comprehensive Introduction to Differential Geometry*, Vol. I–V, 3rd ed., Publish or Perish 1999
49. T. tom Dieck: *Topologie*. 2. Aufl., De Gruyter 2000
50. H. Weyl: *Raum, Zeit, Materie*, Springer 1923

Sachverzeichnis

1-Form, *siehe* Linearform
2-Form, 226

Abbildung
– differenzierbare, 6
– harmonische, 137
– konforme, 81
– reguläre, *siehe* Immersion
Abbildungsgrad, 218
Ableitung, 4, 6, 76, 183, 226
– Cartan-, 213, 225–227
– komplexe, 86
– kovariante, 186
– partielle, 6, 35
– Richtungs-, 45
– Wirtinger-, 86, 111, 165
– zweite, 52, 76
Abstand, 3, 13, 51, 172
abwickelbar, 42, 43
affiner Unterraum, 2
Alexandrov, A.D., 132
Anfangswert, 238–240, 242
Anfangswertproblem, 240, 242, 243
Anschauung, 1, 5
a priori, 15, 181
äquidistant, 51, 199
Aristoteles, 5
assoziierte Familie, 114, 116, 132
Asymptotenlinie, 60
Asymptotenrichtung, 79, 130, 131
Atlas, 96
äußere Normale, 117
äußeres Produkt, 227

Banach, Stefan, 238, 239, 241
Banachscher Fixpunktsatz, 239
Beltrami, Eugenio, 77
Berührung, 21, 33
beschränkt, 237
Betrag, 3, 14
Bewegung, 12, 27, 60
– Roll-, 33
Biegung, 193, 223
Bilinearform, 74, 76, 183, 213
Bogenlänge, 11, 13, 14, 18, 25, 29, 35, 40, 61, 197
Bolyai, Janós, 207
Bonnet, P.O., 210
Brachystochrone, 32
Breitenkreis, 10, 30, 37, 50, 58, 59, 69, 79, 97
Brunelleschi, Filippo, 5

Calabi, Eugenio, 171
Cartan, Elie, 213, 226
Cauchy, A.L., 16
Cauchy-Schwarz-Ungleichung, 16, 127, 142, 241
Cauchysche Integralformel, 166
Cauchyscher Integralsatz, 165
Chern, S.S., 219
Chernsche Klasse, 219
Christoffel, E.B., 63
Christoffelsymbol, 63, 71, 72
– bei konformer Parametrisierung, 80
– einer Drehfläche, 79
C^k, 13, 27, 45, 81, 244
Clairaut, A.C., 69
Codazzi-Mainardi-Gleichung, 193
Cosinussatz, 12
Courant, Richard, 134
Courant-Lebesgue-Lemma, 141

δ, 18, 61, 66, 68, 99, 100, 106, 107, 127
Dandelinsche Kugeln, 33
Delaunay, C.E., 130
Descartes, René, 2
Determinante, 39, 40, 60, 117, 227

Diffeomorphismus, 6, 53, 81, 85, 183, 199
Differential, *siehe* Ableitung
Differentialform, 105, 156, 226
- exakte, 227
- geschlossene, 165, 227
- Integration, 228
- zurückgeholte, 226, 230, 236
Differentialgleichung, 237
- autonome, 242, 244
- Cauchy-Riemannsche, 86, 111, 165
- Jacobische, 199, 200
- lineare, 75, 239, 243
- linearisierte, 200, 243
- überbestimmte, 184
Differentialtopologie, 9
Dirichlet, Lejeune, 136
Dirichletintegral, 134–136
Dirichletproblem, 150, 162
Dirichletsches Prinzip, 134
- für glatte Randwerte, 137, 139
- für stetige Randwerte, 138
Divergenz, 103, 235
- Riemannsche, 235
Divergenzsatz, 146, 158, 230, 235, 236
Douglas, J., 133
Douglas-Radó-Lösung, 144
Douglasproblem, 157
Drehfläche
- minimale, 129
- mit $H = const$, 130
- mit $K = const$, 59
Drehimpuls, 70, 246
Drehstreckung, 85, 89
Drehung, 27
Dualisierung, 74

Ebene, 2
- hyperbolische, 201, 202, 219–221
- Schmieg-, 28, 55
-- einer Asymptotenlinie, 60
einfach geschlossen, 23, 133
einfach zusammenhängend, 77, 103, 114, 191, 194, 225

Einstein, Albert, 93, 182
Ellipse, 18, 30, 32, 130, 247
Energie, 68, 134, 135, 248
Eratosthenes, 10, 12
Erde, 1, 10, 12, 30, 37, 47, 79, 97, 248
Erhaltungsgesetz, 127, 248
Euklid, 1, 4, 182, 207
Euklidische Gruppe, 12
Euler, Leonhard, 102, 217, 218
Euler-Lagrange-Gleichung, 102, 127
Eulercharakteristik, 217, 218
Eulerscher Polyedersatz, 218
Evolute, 30
Evolvente, 30
Existenzintervall, 239
expandierend, 124
Exponentialabbildung, 65, 69, 199
Extremum, 26, 80, 102, 128

Fenchel, Werner, 25
Fläche, 6
- Dreh-, 36, 44, 46, 50, 58, 59, 69
- Enneper-, 118
- Geschlecht einer, 217
- Graphen-, 43
- isotherme, 110
- Kegel-, 41, 59, 79
- konjugierte, 118
- Parallel-, 60, 198
- Regel-, 43
- Tangenten-, 43
- Zylinder-, 41, 59, 60
Flächeninhalt, 39, 44, 99, 100, 102, 135, 180, 235, 247
- des Gaußbildes, 58
- des Rotationstorus, 43
- von Graphen, 43
flächentreu, 44
Fluss, 230, 235, 244, 245
Foucault, Léon, 79
Foucaultsche Pendel, 79
Fréchet, M.R., 169
Frenet, J.F., 27
Frenet-Gleichungen, 20, 28

Frenet-Kurve, 27
Fundamentalform
- erste, 10, 36, 37, 39, 41, 43, 60, 72, 73, 100, 181, 184, 192, 194
- zweite, 11, 45, 47, 49, 51–53, 56, 60, 75, 76, 78, 100, 132, 192, 194

Galilei, Galileo, 5
ganze Funktion, 123
Gauß, C.F., 47, 192, 207
Gaußabbildung, 46, 47, 50, 116
Gaußbild, 57, 58
Gaußgleichung, 192, 205
Gaußlemma, 66
Gaußverteilung, 47, 222
Gebiet, 181
- geodätisches, 197, 198
- Riemannsches, 181
gebrochen-linear, 88, 202
Geodäsie, 9, 10, 30, 47
Geodäte, 62, 63, 67, 68, 70, 75, 184, 195, 220
- auf Drehflächen, 69
- auf Sphären, 69
Geometrie, 1, 6, 35, 182
- analytische, 2
- äußere, 11, 45, 55, 75, 181, 218
- Differential-, 9
- euklidische, 2, 62, 65
- innere, 10, 41, 63, 65, 181, 184, 192, 224
- nichteuklidische, 207
- Riemannsche, 72, 181, 184
geometrisch, 4, 6, 7, 37, 40, 67, 186
geometrisch äquivalent, 6, 11, 182, 186, 189
Geometrische Maßtheorie, 156
Geraden auf Flächen, 70
Geschlecht einer Fläche, 217
glatt, 6
gleichgradig stetig, 141, 142
Gradient, 76, 80, 121, 158, 225
Gram, J.P., 27
Gram-Schmidt-Orthonormalisierung, 27
Graph, 30, 53, 122, 129
- minimaler, 123, 126, 127
Grassmann-Mannigfaltigkeit, 50
Green, George, 159
Greensche Formel
- erste, 158
- zweite, 158
Greensche Funktion, 160
Großkreis, 62, 68, 69, 98
Gruppenwirkung, 89

Halbebene, 201
Halbraum, 207
Halbsphäre, 25, 205, 207
Hamilton, W.R., 98
harmonisch, 133, 157, 170
harmonisch konjugiert, 120, 121
Harnack, C.G.A., 139
Harnacksches Prinzip, 139
Helikoid, *siehe* Wendelfläche
Hermann, Jakob, 248
Hermite, Charles, 112
Hesse, Ludwig Otto, 52
Hesseform, 52, 54, 55, 76, 80, 171
Hilbert, David, 2
Höhenfunktion, 54, 78, 116, 217
holomorph, 86, 111, 113, 115, 132, 164
homogen, 4
homotop
- eigentlich, 225
- regulär, 23
Hopf, Eberhard, 171
Hopf, Heinz, 23, 132, 210
Hopf-Differential, 132
Huygens, Christiaan, 32
hyperbolische Gruppe, 220
Hyperboloid, 57
- einschaliges, 57, 70
- zweischaliges, 57, 205
Hyperfläche, 46, 53
- Graphen-, 53
- $H = const$, 174, 177
- Niveau-, 51

Immersion, 7, 8
- isometrische, 181, 190, 192, 193
Index eines Vektorfeldes, 215, 224
Indexsumme, 215
Integral, 40, 158, 225
Integralkern, 148
Integralkurve, 242
Integrationsbedingung, 184, 225, 232, 233
Inversion, 87, 88, 95, 97, 160
- holomorphe, 89
Involution, 88
Isometrie, 4, 12, 70, 87, 98, 182, 190, 195, 202, 206, 221
- radiale, 66
isometrisch, 41, 110
isoperimetrisches Problem, 178
isotherm, 110
isotrop, 4, 112, 113

Jacobi, C.G.J., 6, 200
Jacobimatrix, *siehe* Ableitung
Jordankurve, 155

Kähler, Erich, 131
Kählerform, 131, 153
Kalibrierung, 105, 131
Kant, Immanuel, 15, 182, 207
Karte, 96
Kartesisches Produkt, 2
Katenoid, 44, 57, 58, 117, 118, 129, 132, 176
Kepler, Johannes, 247
Kettenlinie, 118, 128
Killing, Wilhelm, 70
Killingfeld, 70
Klein, Felix, 205
Kompaktheit, 64, 214
komplex differenzierbar, 85
konfokale Quadriken, 94
konform, 44, 80, 81, 84, 85, 87, 110, 120, 135, 144, 170, 197, 206, 219
- schwach, 133
konformer Faktor, 85, 111
konjugierte Richtungen, 79
konvex, 103, 196, 225
Koordinaten, 2, 183, 190
- geodätische, 197, 198, 208, 210
- kartesische, 2, 87
- Kugel-, 83, 195
- Polar-, 82, 87, 195
Koordinatenhyperebene, 82
Koordinatensystem, 197, 201, 203, 214
Koordinatenwechsel, 4, 199
Kreis, 6, 12, 17, 19–21, 27, 82, 103, 132, 133, 140, 149, 157, 175, 177, 203–205
kreistreu, 87
kritisch, 56, 77
Krümmung, 11, 19, 20, 30, 50, 54, 56, 79, 209
- Gauß-, 42, 49, 59, 60, 66, 190, 193, 213, 219, 224
- Gauß-Kronecker-, 49
- geodätische, 62, 69, 79, 208, 209
- Haupt-, 49, 54, 56, 58, 129, 132
- mittlere, 49, 59, 102, 106, 132, 180
- Normal-, 56, 59, 132
- Total-, 22, 23, 25, 27, 151
Krümmungsidentitäten, 189
Krümmungskreis, 21
Krümmungslinie, 60, 83, 110
Krümmungsmittelpunkt, 21, 29, 30, 57
Krümmungsradius, 21, 29, 30
Krümmungsrichtung, 49, 57, 83
Krümmungstensor, 184, 187, 188
Krümmungsvektor, 19
- geodätischer, 62, 76
Kugel, 88, 206, 235
Kugelfläche, *siehe* Sphäre
Kugelgleichung, 88
kugeltreu, 86, 87
Kurve, 4, 6, 35
- auf einer Immersion, 36, 54, 61
- Frenet-, 34
- geschlossene, 23

- Parallel-, 29
- Parameter-, 36, 54, 62
- Profil-, 36, 50
- reguläre, 11, 13
- Roll-, 33
Kürzeste, 67, 68

Lagrange, J.-L., 102, 108
Lagrange-Multiplikator, 57, 108
Lamé, Gabriel, 110
Längenkreis, *siehe* Meridian
Laplace, P.-S., 52, 248
Laplace-Gleichung
- Fundamentallösung, 158, 159
Laplace-Operator, 52, 77, 111, 112, 235, 236
Leitkurve, 43
Lenz, Wilhelm, 248
Levi-Civita, Tullio, 72
Levi-Civita-Ableitung, 72, 73, 184, 185, 194, 196
- längs einer Kurve, 76
Lichtkegel, 94
Lie, Sophus, 185
Lieprodukt, 185
Lindelöf, E.L., 63
Linearform, 73, 183, 213, 225
Liouville, Joseph, 86, 123, 167, 170
Lipschitz, R.O.S., 237, 240, 242
Lobatschewski, N.I., 207
Logarithmus, 114
lokal euklidisch, 190
Lorentz, H.A., 93
Lorentzgruppe, 205–207

Mannigfaltigkeit, 96, 183, 214
- Riemannsche, 212, 215
Matrixnorm, 240
Maupertuis, 10, 30
Maurer-Cartan-Gleichung, 233
maximales Existenzintervall, 239
Maximumprinzip, 138, 150, 162, 171, 180
Mercator, Gerhard, 97
Mercatorprojektion, 97
Meridian, 37, 69, 97, 118
meromorph, 115
Metrik
- euklidische, 183, 184, 190, 195
- Fisher-, 222
- induzierte, 236
- zurückgeholte, 182, 204, 219
Meusnier, J.-B., 55
minimal, 101, 102
- bei konstantem Volumen, 106
minimaler Kegel, 126
Minimalfläche, 99, 102, 106, 113–116, 118, 120, 122, 123, 129, 130, 132–134, 154, 155, 157, 170, 171, 175
- assoziierte, 116, 132
- Fundamentalformen, 132
- konjugierte, 115
- Scherksche, 156
Minkowski, Hermann, 93
Mittelwertformel, 161
mittlerer Krümmungsvektor, 78
Möbius, A.F., 88
Möbiustransformation, 87, 88, 206
Modell
- Kleinsches, 205, 206, 221
- Poincaré-, 204, 206, 221
monoton, 140, 152

Nabelpunkt, 81
Nabelpunkthyperfläche, 81
Nebenbedingung, 80
Neile'sche Parabel, 7, 153
Neile, William, 7
Newton, 31
Newton, Isaac, 5, 182, 246
Nordpol, 91
Norm, 14, 238
Normalenschnitt, 56
Normalraum, 7

$o(h)$, 86
Oktaeder, 218
orientiert, 7, 19, 27, 30, 48, 49, 54, 85, 105, 117, 214

Orthogonale Gruppe, 12, 85, 202, 205
orthogonale Matrix, 4, 12, 85, 87, 98
orthogonales Hyperflächensystem, 82
Orthokreis, 203, 204, 220

Palais-Prinzip, 130
Paraboloid, 57, 70
parallel, 51, 74, 75, 184, 187, 196, 207
Parallelverschiebung, 75, 79, 184, 187, 196, 208, 213
Parameterwechsel, 6, 41, 48, 49, 65, 77, 110, 122, 182, 246
Parametrisierung, 6, 9, 37, 44, 96, 110
- Bogenlängen-, 14, 110
- konforme, 110, 120, 123
- lokale, 8, 214
partielle Integration, 18
Picard, C.E., 63
Planetenbewegung, 246
Plateau, J.A.F., 133
Poincaré, Henri, 204
Poisson, S.D., 161
Poissondarstellung, 157, 161, 168
Polarisation, 12
Polarisierung, 189
Polstelle, 115
Polyeder, 223
projektiv, 206
Projektive Ebene, 206
Projektive Gerade, 89
Projektive Gruppe, 89, 206
Projektiver Raum, 93
Pseudosphäre, 204, 206
Pythagoras, 3, 14

Quader, 234
Quadrik, 94
Quaternionen, 98

radiale Funktion, 158
Radó, Tibor, 133
Rand, 140, 157, 169, 170, 180
Raum
- affiner, 4
- Anschauungs-, 2
- euklidischer, 4
- hyperbolischer, 206
- Normal-, 7
- Tangential-, 7, 45
- Vektor-, 4
Regelfläche, 43, 44, 60, 70, 79, 118
- minimale, 131
Regelgerade, 43, 118
reguäres Urbild, 8
Regularität, 11
rektifizierbar, 17, 150
Relativitätstheorie
- Allgemeine, 182
- Spezielle, 93
Ricci-Curbastro, G., 38, 193
Riemann, Bernhard, 136, 181
Riemannsche Metrik, 36, 70, 181, 195, 196, 208
Riemannscher Abbildungssatz, 151
Rotation, 103, 225, 226
Runge, C.D.T., 248
Runge-Lenz-Vektor, 248

Sattel, 217
Satz von Alexandrov, 109, 177
Satz von Arzelà-Ascoli, 141
Satz von Bernstein, 123
Satz von Clairaut, 69
Satz von Fenchel, 25
Satz von Frobenius, 232
Satz von Gauß-Bonnet, 208, 210, 215, 218, 219
Satz von Liouville, 81, 86, 123, 167, 170
Satz von Meusnier, 50, 55, 58
Satz von Picard-Lindelöf, 63, 238
Satz von Stokes
- allgemeiner, 105, 216, 228, 230
- klassischer, 104, 229
Satz von Thales, 12

Satz von Whitney und Graustein, 23
Schmidt, Erhard, 27, 178
Schmiegtorse, 79
Schraubenlinie, 27, 34
Schwarz, H.A., 16, 150
Seifenblasen, 106, 109, 132
Selbstschnitt, 8, 23, 35, 110, 153–155
Skalarprodukt, 3, 14, 36, 37, 73, 226
- Hermitesches, 112, 131
- L^2-, 108, 142
- Minkowski-, 93, 204
Spat, 39
Sphäre, 9, 19, 44, 79, 86, 88, 98, 193, 210, 219
Spray-Eigenschaft, 64, 65
Spur, 39, 78
Stammfunktion, 113, 167
stationär, 56, 102, 127
Steiner, Jakob, 179
Steinersche Symmetrisierung, 179
Stereographische Projektion, 87, 91, 96, 97, 224
- hyperbolische, 206, 221
Strecke, 15
stückweise, 22, 139, 211
Substitutionsregel, 14, 39, 40, 142, 218, 228, 231
Summenkonvention, 38

Tangente, 13, 92
Tangentenbild, 25
Tangentendrehzahl, 23, 218
Tangentenkegel, 79
Tangentialanteil, 49, 72
Tangentialraum, 7
Tautochrone, 31, 32
Tensor, 188
Thales, 12
Theorema Egregium, 192
topologischer Typ, 156, 157, 175, 217
Torse, 60, 79
Torsion, 27, 28, 34
torsionsfrei, 187
Torus, 41, 217
- flacher, 41
- Rotations-, 42, 58
Traktrix, 59, 221
Transformationssatz, *siehe* Substitutionsregel
Translation, 12, 87
Transponierte, 35
Triangulierung, 218

überbestimmte Systeme, 225, 232
Uhr, 32
Umkehrsatz, 8, 9
Umkugel, 178, 179
Umlaufsatz von Hopf, 23, 210
Undoloid, 130
Untermannigfaltigkeit, 8, 9, 35, 170, 214

Variation, 18, 61, 68, 127
- kompakte, 99
- mit konstantem Volumen, 106
- normale, 100
Variationsgleichung, 102
Variationsprinzip, 127–129
Vektor, 4
- Ableitungs-, 13
- Binormalen-, 28
- Krümmungs-, 19, 54
- Normalen-, 19, 28, 46, 248
- Sekanten-, 24
- Tangenten-, 4, 13, 28, 84
Vektorfeld, 18, 45, 72, 212, 224, 242
- tangentiales, 72, 74, 75, 99, 214
- Variations-, 18, 200
- vollständiges, 245
Vektorprodukt, 27, 28, 46, 226
verknotet, 27, 151, 155, 157
Verzweigungspunkt, 134, 153
Volumen, 39, 179, 231, 235
Volumenform, 236

Weierstraß, Karl, 115, 136

Weierstraß-Darstellung, 115
Weingarten, Julius, 49
Weingartenabbildung, 48–52, 55, 56, 60, 79, 81, 102, 113, 194
Wendelfläche, 44, 58, 70, 117, 118, 131, 132
Windung, *siehe* Torsion
Winkel, 3, 4, 21, 35, 36, 44, 79, 81, 209, 211, 214, 216, 224
winkeltreu, *siehe* konform
Wirtinger, Wilhelm, 111
Wuff, Alois, 59

Zenit, 10, 47
zentrische Streckung, 87, 92, 114, 176
Zerlegung, 16
Zerlegung der Eins, 229
Zusammenhang, 187, 213
Zusammenhangsform, 213
Zykloide, 29, 31, 32
Zykloidenpendel, 32